土木工程制图

主　编　高丽燕　赵景伟
副主编　於　辉　宋　琦
魏秀婷　尹华勇

中国建材工业出版社

图书在版编目（CIP）数据

土木工程制图/高丽燕，赵景伟，主编．—北京：中国建材工业出版社，2006.8（2009.8重印）
ISBN 978－7－80227－096－1

Ⅰ.土...　Ⅱ.①高...②赵...　Ⅲ.土木工程—建筑制图　Ⅳ.TU204

中国版本图书馆CIP数据核字（2006）第064782号

内容简介

本书是在总结了同类院校土木工程制图课程教学改革成果的基础上，依据“画法几何及工程制图课程教学的基本要求”编写而成。

内容编排由浅入深、由简到繁，同时注重与实践的结合，具有较强的系统性。本书不仅注重文字叙述的简洁明了，同时详细介绍了新国家标准及“平法制图”，加强了本书的“平台”作用。

本书适合土木建筑类以及相关的给水排水、建筑设备、工程造价、工程管理、房地产开发与管理专业师生使用。

土木工程制图
高丽燕　赵景伟　主编

出版发行：中国建材工业出版社
地　　址：北京市西城区车公庄大街6号
邮　　编：100044
经　　销：全国各地新华书店
印　　刷：北京鑫正大印刷有限公司
开　　本：787mm×1092mm　1/16
印　　张：20
字　　数：493千字
版　　次：2006年8月第1版
印　　次：2009年8月第2次
定　　价：32.00元

网上书店：www.jccbs.com.cn
本书如出现印装质量问题，由我社发行部负责调换。联系电话：（010）88386906

前　　言

在科技水平迅速发展的今天，知识更新越来越快。伴随着知识经济和信息时代的到来，社会对人才培养的要求也在发生着巨大的变化。“基础扎实、知识面宽、能力强、素质高”已成为21世纪对人才的基本要求。

“土木工程制图”作为一门重要的专业技术基础课，为土木建筑类以及相关的给水排水、建筑设备、工程造价、工程管理、房地产开发与管理等专业的学生提供制图知识和技能两方面的训练。

本书是根据教育部制定的高等学校工科本科“画法几何及工程制图课程教学基本要求”，在充分总结了同类院校土木工程制图课程教学改革成果的基础上编写而成，在教材中做到了基础知识和现代科技新知识的结合，兼顾了理论学习和实践技能两方面培养的要求。使学生在学习制图基本知识、进行制图基本训练的同时，得到科学思维方法的培养以及空间思维能力和创新能力的开发与提高。

全书共分十四章，书后增加了附录，并列出了有关的参考文献。

主要内容有：制图基本知识和技能、正投影的基础知识、立体和组合体的投影、轴测图、房屋建筑的图样画法、建筑施工图、结构施工图、设备施工图、路桥施工图、机械图。在编写内容上做到了由浅入深、由简及繁，并使之环环相扣，具有较强的系统性。

本书特点主要有以下几个方面：

1. 文中叙述力求简洁明了，重要的作图大多选择了分步图的形式，对基本概念、投影规律以及较为复杂的投影图，绘制了空间示意图。

2. 书中采用了建设部2002年颁布实施的最新6项建筑制图国家标准和《钢筋混凝土结构设计规范》(GB 50010—2002)，使教材更符合当前设计和施工的生产实际。

3. 本书详细介绍了混凝土结构施工图平面整体表示方法（简称平法）。平法是中国建筑标准设计研究院的研究成果——《混凝土结构施工图平面整体表示方法制图规则和构造详图》(2003G101—1)，建设部已在全国推广使用。

4. 加强了本书的“平台”作用，对各种施工图都进行了详细的介绍与分析。书中所选取的施工图实例，特色鲜明，典型实用。

本书作为普通高等学校本科土木建筑类以及与土木建筑相关各专业的教材，也可作为工程技术人员的培训教材和参考技术资料。与本书配套的宋琦、赵景伟主编的《土木工程制图习题集》也由中国建材工业出版社同时出版。

本书授课计划70～100学时，采用本教材时，可根据各专业的具体情况，由教师酌情取舍。

本书由青岛理工大学高丽燕和山东科技大学赵景伟担任主编，青岛理工大学於辉、宋琦，山东科技大学魏秀婷、尹华勇担任副主编。本书由宋琦统稿，参加编写和整理工作的还有：青岛理工大学刘平、张琳、魏兆连。

在编写过程中，编者吸收和借鉴了国内外同行专家的一些先进经验和成果，也得到了中国建材工业出版社的热情帮助，在此表示衷心地感谢！

本书是对土木建筑类以及相关专业制图教学的一种尝试，由于水平有限，书中难免会有不足之处，敬请广大同仁和读者批评指正。

编者

2006 年 6 月

目　录

0 绪　论

0.1 本课程的性质、地位

在建筑工程中，无论是建造厂房、住宅、学校、桥梁、道路、商场或其他建筑，都要依据图样进行施工，这是因为建筑的形状、尺寸、设备、装修等都是不能用人类普通的语言或文字描述清楚的。

在建筑工程技术中，把能够表达房屋建筑的外部形状、内部布置、地理环境、结构构造、装修装饰等的图样称为建筑工程图。建筑技术人员只有通过在图纸上绘制一系列的图样，通过图样来表达设计构思，进行技术交流，所以图纸是各项建筑工程不可缺少的重要技术资料。

建筑工程图作为工程制图的一种类别，同样被喻为是“工程技术界的共同语言”。此外，它还是一种国际语言，因为各国的图纸是根据统一的投影理论绘制出来的，各国的建筑工程技术界之间经常以建筑工程图为媒介，进行研讨、交流、竞赛、招标等活动。

为了培养能胜任建筑工程相关工作的高级工程技术应用型人才，在高等院校土建类各专业的教学计划中都设置了《土建工程制图》专业技术基础课，主要就是培养学生绘图、读图、图解和设计表达的能力，为后续课程、各种实习、设计以及将来的工作打下坚实的基础。

0.2 本课程的任务

本课程分为画法几何和专业制图两部分内容。画法几何是专业制图的理论基础，主要研究在平面上用图形来表示空间的几何形体和如何运用几何作图来解决空间几何问题的基本理论和方法，它比较抽象，系统性和理论性较强；专业制图是应用画法几何原理绘制和阅读建筑图样的一门学科，它实践性较强，一般需要通过绘制一系列的建筑图样进行掌握和提高。

通过专业制图的学习，应掌握土建工程制图的内容与特点，初步掌握绘制和阅读专业建筑图样的方法；能正确、熟练地绘制和阅读中等复杂程度的建筑施工图、结构（如钢筋混凝土结构、砖混结构、钢结构等）施工图、给水排水施工图、采暖通风施工图以及路桥施工图。

本课程的主要任务是：

（1）学习各种投影法（正投影法、轴测投影法）的基本理论及其应用；

（2）研究常用的图解方法，培养空间几何问题的图解能力；

（3）学习各种绘图工具和仪器的使用，掌握徒手做图的技巧；

（4）学习土建类各有关专业的国家制图标准，培养绘制和阅读土建工程图的能力；

（5）培养和发展空间想象能力和空间构思能力；

（6）培养学生认真细致、一丝不苟的工作作风，将良好的、全面的素质培养和思想品德修养贯穿于教学的全过程。

此外，在学习本课程的过程中，还必须注重自学能力、分析问题以及解决问题的能力的培养。

0.3　本课程的学习方法

本课程由于具有相当强的实践性，只有通过认真完成一定数量的绘图作业和习题，正确运用各种投影法的规律，才能不断地提高空间想象能力和空间思维能力。另外还需注意以下几点：

(1) 端正态度，刻苦钻研。本课程一般安排在一年级，对于刚刚进入大学的学生来说，还没有完全适应大学课堂教学的特点。所以，必须端正学习态度，克服困难，不断进取。

(2) 大力培养空间想象能力和空间思维能力。任何一个物体都有三个向度（长度、宽度、高度），习惯上称为三维形体，而在图纸上表达三维形体，必须通过二维图形来实现，这就需要建立由“三维”到“二维”、由“二维”到“三维”的转换能力。对于初学者来说，培养空间想象能力和空间思维能力是本门课程的最大困难，有的学生直到课程结束，还是没有建立“二维”、“三维”之间的相互转换或者不能由物画图、由图画物。所以在学习中，必须下大力通过各种途径培养这些能力。

(3) 要培养解题能力。本课程的另一个困难是“听易做难”：听课简单，一听就会；做题犯难，绞尽脑汁也不得要领。解决这类问题，一定要将空间问题拿到空间去分析研究，以决定解题的方法和步骤。

(4) 充分认识点、直线、平面投影的重要性。这些内容包括点、直线、平面的投影及直线、平面之间的相对位置等，一般在课程的前面学习，后面大部分内容如立体、截交线、相贯线等都是以此为基础的。画法几何的内容一环扣一环，如果前面的学习不透彻、不牢固，后面的学习必然会越来越难。

(5) 养成良好的课前预习、课后复习的习惯。上课前应预习教材，善于发现问题，带着问题听教师讲课。课后要及时复习，图文结合，吃透教材。

(6) 认真完成作业，不懂就问。作业是检验听课效果的有效方式，同时通过作业，还可以再进一步复习、巩固所学内容。遇到不懂或不清楚的问题要勇于向教师提问，或同其他同学商讨、解决。

(7) 严格要求，作图要符合国家标准。施工图是施工的重要依据，图纸上一字一线的差错都会给建设工程造成巨大的损失。所以应该从初学开始，就要养成认真负责、力求符合国家标准的工作态度。

0.4　工程制图发展概述

有史以来，人类就试图用图形来表达和交流思想，从远古的洞穴中的石刻可以看出：在没有语言、文字前，图形就是一种有效的交流思想的工具。考古发现，早在公元前2600年就出现了可以称其为工程图样的图，那是一幅刻在泥板上的神庙地图。直到公元1500年文艺复兴时期，才出现将平面图和其他多面图画在同一幅画面上的设计图。1795年，法国著名科学家加斯帕·蒙日将各种表达方法归纳，发表了《画法几何》著作，蒙日所说明的画法是以互相垂直的两个平面作为投影面的正投影法。蒙日的方法对世界各国科学技术的发展产生了巨大影响，并在科技界，尤其在工程界得到广泛的应用和发展。

中国是世界上文化发展最早的国家之一。在数千年的悠久历史中，勤劳智慧的劳动人民创造了光辉灿烂的文化。历代封建王朝，统治阶级都曾大兴土木，为自己修建宫殿、苑囿、陵寝。

1977年冬，在河北省平山县出土的公元前323～公元前309年的战国中山王墓，在大批出土的青铜器中发现一块长94cm、宽48cm、厚约1cm的铜板，上面用镶嵌金银线表示出国王和皇后的坟墓和相应享堂的位置和尺寸，这也是世界上罕见的最早工程图样。该图是用1∶500的比例绘制成图，其绘图原理酷似现代图学中的正投影法，这说明我国在2000年前就有了正投影法表达的工程图样。

中国古代传统的工程制图技术，与造纸术一起于唐代同一时期（公元751年后）传到西方。公元1100年宋代李诫（字明仲）所著的雕版印刷书《营造法式》中，有图样6卷，约1000余幅图，是世界上最早的一部建筑规范巨著，对建筑技术、用工用料估算以及装修等都有详细的论述，充分反映了900多年前中国工程制图技术的先进和高超。图0－1所示的大殿构造是用剖面图来表示的。

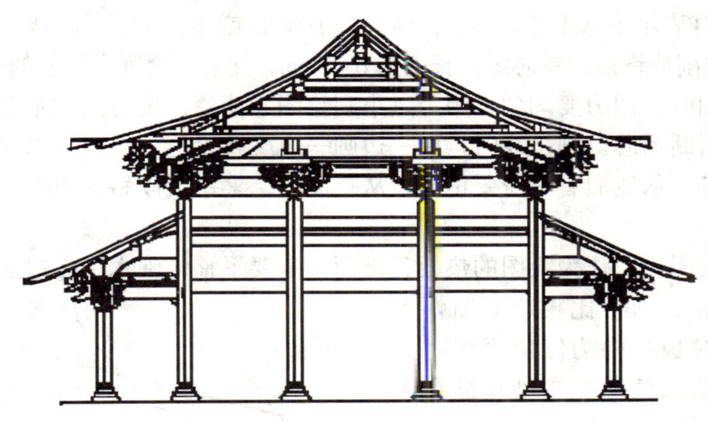

图0－1　《营造法式》的插图

新中国成立后，随着社会主义建设事业的蓬勃发展和对外交流的日益增长，工程制图学科得到了飞快发展，学术活动频繁，画法几何、射影几何、透视投影等理论的研究得到了进一步深入发展，并广泛与生产、科研相结合。国家适时地制定了相应的制图标准，制图的理论、应用以及制图技术都有了前所未有的发展。

随着电子计算机的诞生和发展，计算机辅助设计（Computer Aided Design，CAD）使制图技术产生了根本性的革命。CAD技术是以计算机绘图（Computer Graphies，CG）为基础而发展起来的一种新技术，它是建立于图形学、应用数学和计算机科学三者的基础上，应用计算机及其图形输入、输出设备，实现图形显示、辅助设计与绘图的一门新兴学科。利用计算机绘图可以完全取代手工绘图，使工程设计人员真正从手工设计绘图的繁琐、低效和重复性的劳动中解脱出来，以缩短设计周期，提高设计质量，降低成本。

在我国，除了国外一批先进的图形、图像软件如AutoCAD、Pro/E、3D Studio MAX、Photoshop等得到广泛使用外，我国自主开发的一批国产绘图软件，如天正建筑CAD、开目CAD、凯图CAD、CAXA电子图板等也在设计、教学、科研生产单位得到了广泛使用。随着科学技术的迅猛发展，计算机辅助设计必然能够发挥越来越重要的作用。

第1章　建筑制图的基本知识

1.1　制图工具、仪器及使用方法简介

充分了解各种制图工具、仪器的性能，熟练掌握正确的使用方法，经常注意保养维护，是保证制图质量、加快制图速度、提高制图效率的必要条件之一。

1.1.1　铅笔

铅笔分为木铅笔和活动铅笔两种类型。通常铅芯有不同的硬度，分别用 B、H、HB 表示。B、2B、…、6B 表示软铅芯，数字越大表示铅芯越软；H、2H、…、6H 表示硬铅芯，数字越大表示铅芯越硬；HB 表示不软不硬。画底稿时，一般用 H 或 2H，图形加深时常用 B 或 HB。削铅笔时应将铅笔尖削成锥形，铅芯露出长度为 6 ~ 8mm，注意不要削有标号的一端。

使用铅笔绘图时，用力要均匀。用力过小则绘图不清楚，用力过大则会划破图纸或在纸上留下凹痕甚至折断铅芯。画长线时，要一边画一边旋转铅笔，这样可以保持线条的粗细一致。画线时的姿势，从侧面看笔身要铅直，从正面看，笔身要倾斜约 60°。

1.1.2　图板

图板用于固定图纸，作为绘图的垫板，板面一定要平整，硬木工作边要保持笔直。图板有大小不同的规格，通常比相应的图幅尺寸略大，画图时板身略为倾斜画图时比较方便。图纸的四角用胶带纸粘贴在图板上，位置要适中，如图 1－1 所示。注意，切勿用小刀在图板上裁纸，以防划伤图板，同时应注意防止潮湿、暴晒、重压等对图板的破坏。

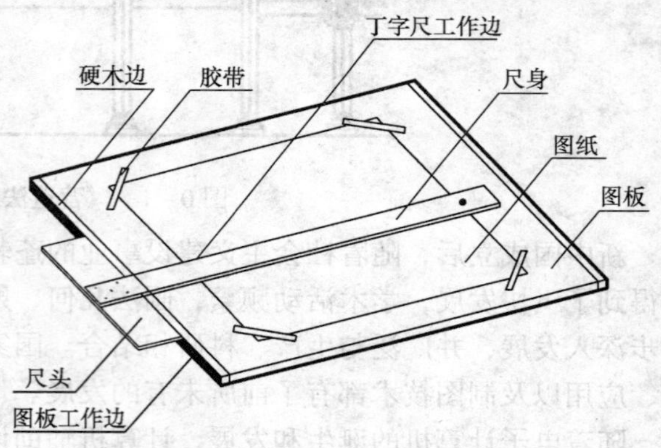

图 1－1　图板与丁字尺

1.1.3　丁字尺

丁字尺由尺头和尺身组成，是用来与图板配合画水平线的工具，尺身的工作边（有刻度的一边）必须保持平直光滑。在画图时，尺头只能紧靠在图板的左边（不能靠在右边、上边或下边）上下移动，画出一系列的水平线，或结合三角板画出一系列的垂直线，如图 1－2 所示。

丁字尺在使用时，切勿用小刀靠近工作边裁纸，用完之后要挂起，防止丁字尺变形。

1.1.4　三角板

一副三角板有 30° × 60° × 90°和 45° × 45° × 90°两块。三角板的长度有多种规格，如 25cm、30cm 等，绘图时应根据图样的大小，选用相应长度的三角板。三角板除了结合丁字尺画出一系列的垂直线外，还可以配合画出 15°、30°、45°、60°、75°等角度的斜线，如图 1－3 所示。

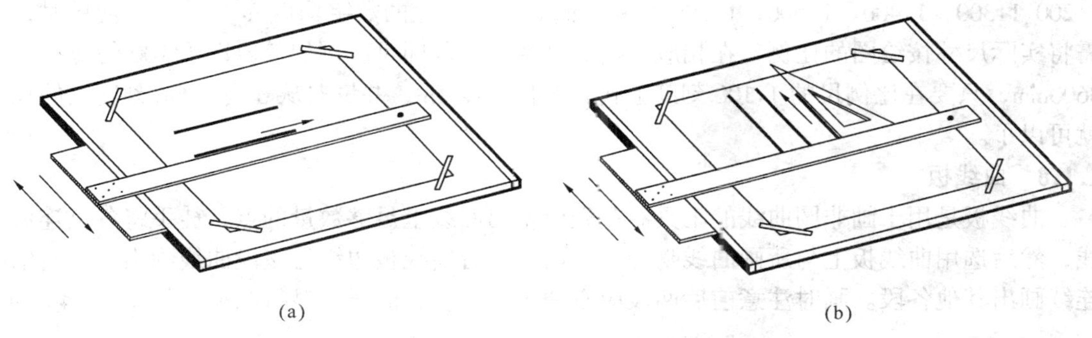

图 1-2　丁字尺的使用

(a) 画平行线；(b) 画垂直线

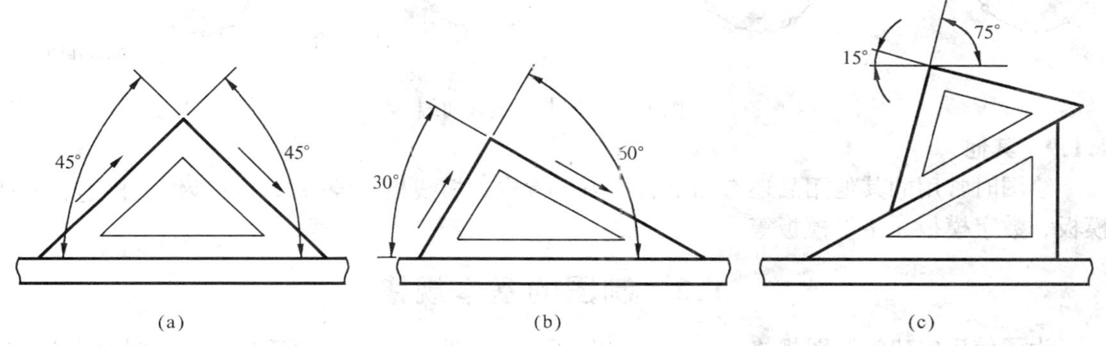

图 1-3　画 15°、30°、45°、60°、75°的斜线

(a) 45°线；(b) 30°、60°线；(c) 15°、75°线

1.1.5　圆规和分规

圆规主要用来画圆或圆弧。常见的是三用圆规，定圆心的一条腿是钢针，两端都为圆锥形，应选用有台肩的一端（圆规针脚一端有台肩，另一端没有）放在圆心，并可按需要适当调节长度；另一条腿的端部可按需要装上有铅芯的插腿，可绘制铅笔线圆（弧）；装上墨线笔头的插腿可绘制墨线圆（弧）；装上钢针的插腿，可作为分规使用。

当使用铅芯绘图时，应将铅芯削成斜圆柱状，斜面向外，并且应将定圆心的钢针台肩调整到与铅芯（或墨水笔头）的端部平齐。

分规的形状与圆规相似，只是两腿都装有钢针，用来量取线段的长度，或用来等分直线段或圆弧。

1.1.6　绘图墨水笔

绘图墨水笔（也称针管笔）的形状与普通钢笔差不多，笔尖为一针管，内有通针，针管有不同的规格，以便画出不同线宽的墨线。由于绘图墨水笔可以存储墨水，所以在绘图中不需经常加墨水。为保证墨水能顺利流出，应使用不含杂质的碳素墨水或专用绘图墨水。绘图时笔的正面稍向前倾，笔的侧面垂直纸面。长期不使用时，应将笔管和笔尖清洗干净，防止墨水在笔内干涸，影响下次使用。

1.1.7　比例尺

比例尺常做成三棱柱状，所以也称为三棱尺，比例尺的三个棱面上共刻有 1∶100、

1∶200、1∶300、1∶400、1∶500、1∶600 六种比例。比例尺上的数字均以 m 为单位，使用时，只需将实际尺寸按绘图的比例，在相应的棱面刻度上量取即可。例如，要以 1∶100 的比例尺画 3600mm，只要在比例尺的 1∶100 刻度上找到单位长度 1m，并量取从 0 到 3.6m 刻度点的长度就可以了。

1.1.8 曲线板

曲线板是用于画非圆曲线的工具。首先要定出曲线上足够数量的点，徒手将各点连成曲线，然后选用曲线板上与所画曲线吻合的一段，沿着曲线板边缘将该段曲线画出，然后依次连续画出其他各段。画时注意前后两段应有一小段重合，曲线才显得圆滑，如图 1－4 所示。

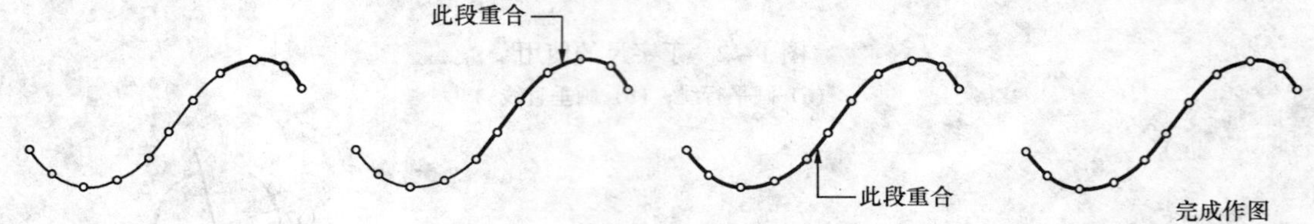

图 1－4 用曲线板画曲线

1.1.9 其他

绘图时常用的其他用品还有图纸、小刀、橡皮、擦线板、胶带纸、细砂纸、排笔、专业模板、数字模板、字母模板等。

1.2 制图的基本规格

为了使房屋建筑制图规格基本统一，图面清晰简明，保证图面质量，符合设计、施工、存档的要求，以适应新时期工程建设的需要，在我国，由建设部会同有关职能部门对原六项标准进行了修订并于 2002 年 3 月 1 日起颁布实施。实施后的六项标准分别是：《房屋建筑制图统一标准》（GB/T 50001—2001）、《总图制图标准》（GB/T 50103—2001）、《建筑制图标准》（GB/T 50104—2001）、《建筑结构制图标准》（GB/T 50105—2001）、《给水排水制图标准》（GB/T 50106—2001）和《暖通空调制图标准》（GB/T 50114—2001）。

标准的基本内容包括对图幅、字体、图线、比例、尺寸标注、专用符号、代号、图例、图样画法（包括投影法、规定画法、简化画法等）、专用表格等项目的规定，这些都是各类建筑工程图必须统一的内容。

1.2.1 图纸的幅面和格式

图纸的幅面是指图纸本身的大小规格。图框是图纸上所供绘图范围的边线。图纸幅面及图框尺寸，应符合表 1－1 的规定及图 1－5 的格式。

表 1－1 幅面及图框尺寸 单位：mm

幅面代号 / 尺寸代号	A0	A1	A2	A3	A4
$b \times l$	841 × 1189	594 × 841	420 × 594	297 × 420	210 × 297
c	10			5	
a	25				

A0 ~ A3 图纸宜采用横式（以图纸短边作垂直边），必要时也可采用竖式（以图纸短边作

水平边），如图 1－5 所示。一个工程设计中，每个专业所使用的图纸，不宜多于两种幅面（不含目录及表格所采用的 A4 幅面）。需要微缩复制的图纸，其一个边上应附有一段精确的米制尺度，四个边上均应附有对中标志，对中标志应画在图纸各边长的中点处，线宽应为 0.35mm，线长从纸边界开始至伸入图框内约 5mm。

图纸的短边一般不应加长，长边可加长，但应符合表 1－2 的规定，有特殊需要的图纸可采用 841mm×891mm 与 1189mm×1261mm 的幅面。

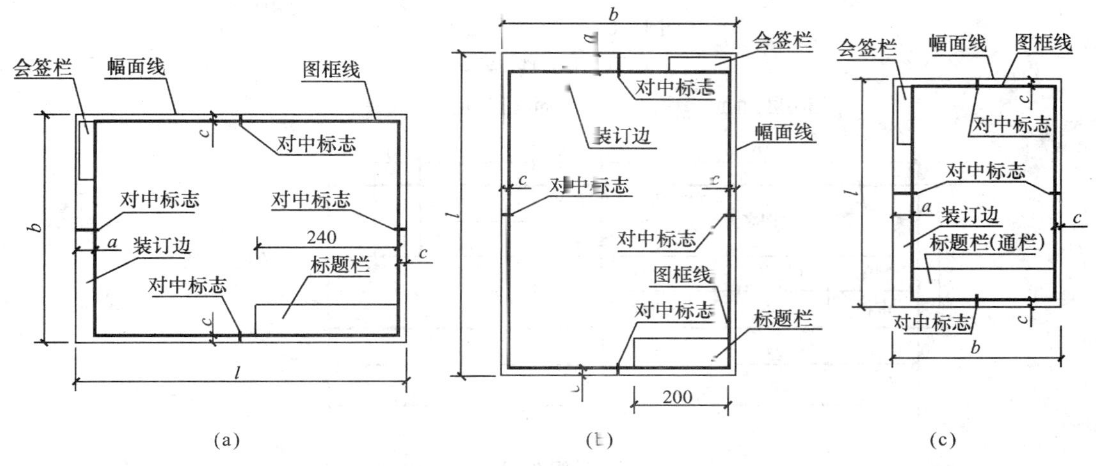

图 1－5 图纸幅面

（a）A0～A3 横式幅面；（b）A0～A3 立式幅面；（c）A4 立式幅面

表 1－2 图纸长边加长尺寸 单位：mm

幅面代号	长边尺寸	长边加长后尺寸
A0	1189	1486、1635、1783、1932、2080、2230、2378
A1	841	1051、1261、1471、1682、1892、2102
A2	594	743、891、1041、1189、1338、1486、1635、1783、1932、2080
A3	420	630、841、1051、1261、1471、1682、1892

1.2.2 图纸标题栏及会签栏

图纸标题栏用于填写工程名称、图名、图号以及设计人、制图人、审批人的签名和日期等，简称图标。标题栏的方向应与看图的方向一致。图纸标题栏长边的长度应为 240（200）mm，短边的长度宜采用 40（30、50）mm，如图 1－6（a）所示。会签栏应按图 1－6（b）的格式绘制，其尺寸应为 100mm×20mm，栏内应填写会签人员所代表的专业、姓名、日期。一个会签栏不够时，可另加一个，两个会签栏应并列，不需会签的图纸可不设会签栏。

在学习阶段，标题栏可采取图 1－7 的具体格式，不设会签栏。图框线、标题栏线和会签栏线的线宽，应按表 1－3 选用。

表 1－3 图框线、标题栏线和会签栏线的宽度 单位：mm

幅面代号	图框线	标题栏外框线	标题栏分格线及会签栏线
A0、A1	1.4	0.7	0.35
A2、A3、A4	1.0	0.7	0.35

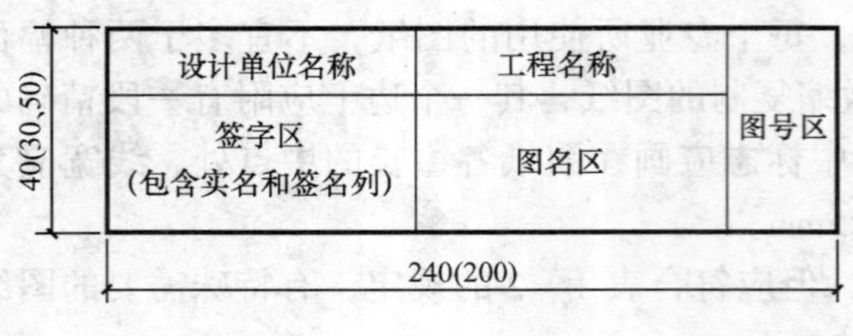

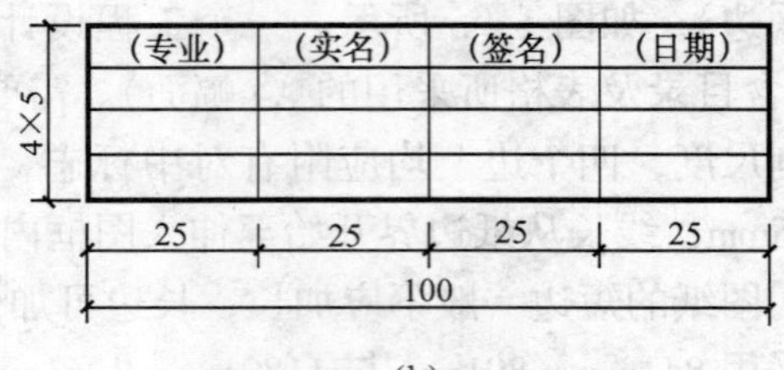

图 1－6　标题栏和会签栏

（a）标题栏；（b）会签栏

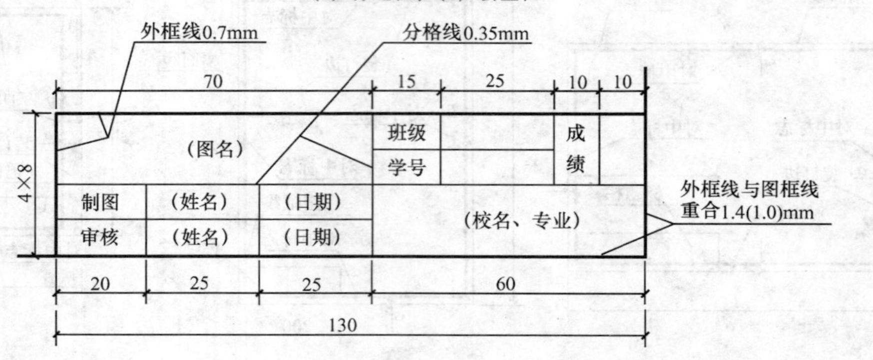

图 1－7　学习阶段的标题栏

1.2.3　图线

在图纸上绘制的线条称为图线。工程图中的内容，必须采用不同的线型和线宽来表示。每个图样，应根据复杂程度与比例大小，先选定基本线宽 b，再选用表 1－4 中相应的线宽组。应当注意：需要微缩的图纸，不宜采用 0.18mm 及更细的线宽；在同一张图纸内，各不同线宽中的细线，可统一采用较细的线宽组的细线；同一张图纸内相同比例的各图样，应选用相同的线宽组。

表 1－4　线　宽　组　　单位：mm

线宽比	线宽组					
b	2.0	1.4	1.0	0.7	0.5	0.35
$0.5b$	1.0	0.7	0.5	0.35	0.25	0.18
$0.25b$	0.5	0.35	0.25	0.18	—	—

建筑工程中，常用的几种图线的名称、线型、线宽和一般用途见表 1－5。图线在工程中的实际应用见图 1－8。

表 1－5　线　型

名　称	线　型	线　宽	一　般　用　途
粗实线	————	b	主要可见轮廓线；剖面图中被剖切的主要建筑构造（包括构配件）的轮廓线；建筑立面图或室内立面图的外轮廓线；详图中主要部分的断面轮廓线和外轮廓线；平面图、立面图、剖面图的剖切符号；总平面图中新建建筑物 ±0.00 高度的可见轮廓线；新建的铁路、管线；图名下横线

续表

名 称	线 型	线 宽	一 般 用 途
中粗实线	————————	0.5b	建筑平面图、立面图、剖面图中一般构配件的轮廓线；平面图、剖面图中次要断面的轮廓线；总平面图中新建构筑物、道路、桥涵、围墙等设施的可见轮廓线；场地、区域分界线、用地红线、建筑红线、河道蓝线；新建建筑物±0.00高度以外的可见轮廓线；尺寸起止符号
细实线	————————	0.25b	总平面图中新建道路路肩、人行道、排水沟、树丛、草地、花坛等可见轮廓线；原有建筑物、构筑物、铁路、道路、桥涵、围墙的可见轮廓线；坐标网线、图例线、索引符号、尺寸线、尺寸界线、引出线、标高符号、较小图形的中心线等
粗虚线	— — — — — —	b	新建建筑物、构筑物的不可见轮廓线
中粗虚线	— — — — — —	0.5b	一般不可见轮廓线；建筑构造及建筑构配件不可见轮廓线；总平面图计划扩建的建筑物、构筑物、道路、桥涵、围墙及其他设施的轮廓线；洪水淹没线、平面图中起重机（吊车）轮廓线
细虚线	— — — — — —	0.25b	总平面图上原有建筑物、构筑物和道路、桥涵、围墙等设施的不可见轮廓线；图例线
粗单点长画线	—— - —— - ——	b	起重机（吊车）轨道线；总平面图中露天矿开采边界线
中粗单点长画线	—— - —— - ——	0.5b	土方填挖区的零点线
细单点长画线	—— - —— - ——	0.25b	分水线、中心线、对称线、定位轴线
粗双点长画线	—— - - ——	b	地下开采区塌落界线
细双点长画线	—— - - ——	0.25b	假想轮廓线、成型前原始轮廓线
折断线	——\/\——	0.25b	不需画全的断开界线
波浪线	～～～	0.25b	不需画全的断开界线；构造层次的断开界线

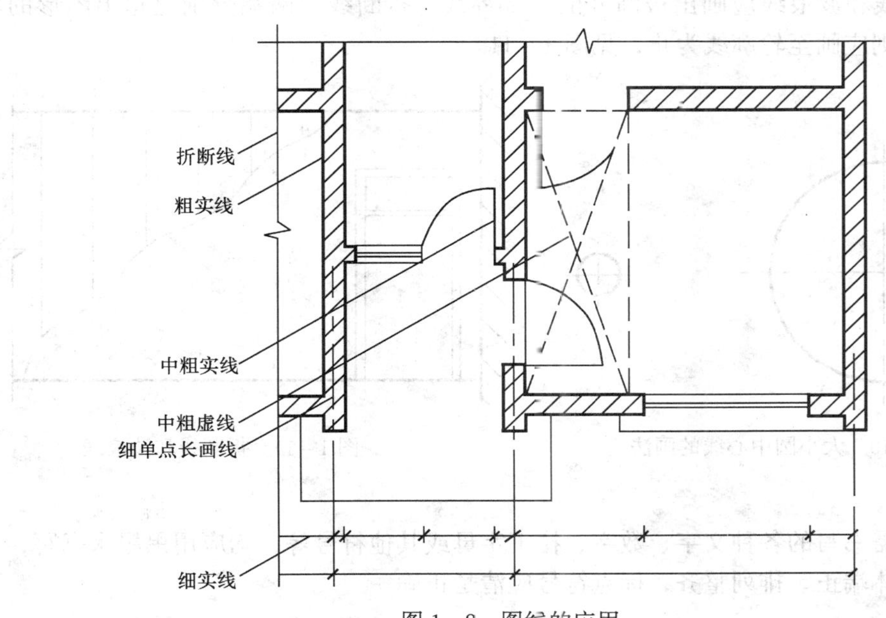

图1-8　图线的应用

画线时，还应注意以下几点：

（1）单点长画线或双点长画线的线段长度应保持一致，约等于 15～20mm，线段的间隔宜相等；虚线的线段和间隔也应保持长短一致，线段长约 3～6mm，间隔约为 0.5～1mm。

（2）单点长画线、双点长画线的两端是线段，而不是点。

（3）见图 1－9，虚线与虚线、点画线与点画线、虚线或点画线与其他图线交接时，应是线段交接；虚线与实线交接，当虚线在实线的延长线上时，不得与实线连接，应留有一间距。

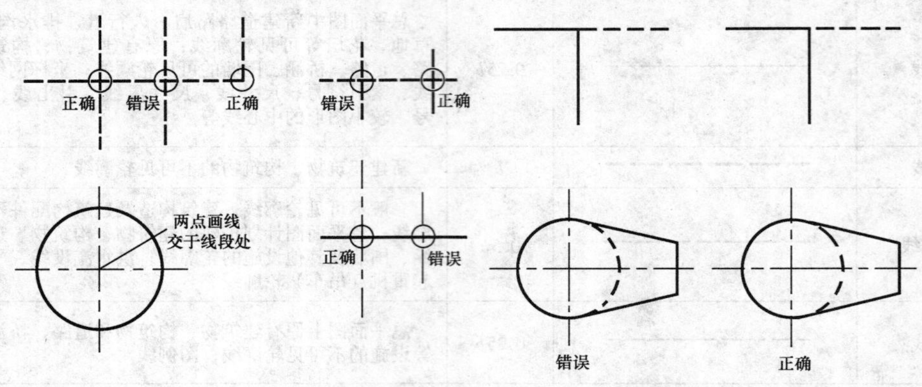

图 1－9　画虚线和点画线的方法

（4）在较小的图形中绘制单点长画线及双点长画线有困难时，可用细实线代替，见图 1－10。

（5）相互平行的图线，其间隙不宜小于其中的粗线宽度，且不宜小于 0.7mm。

（6）图线不得与文字、数字或符号重叠、混淆，不可避免时，应首先保证文字等的清晰。

（7）折断线和波浪线应画出被断开的全部界线，折断线在两端分别应超出图形的轮廓线，而波浪线则应画至轮廓线为止，见图 1－11。

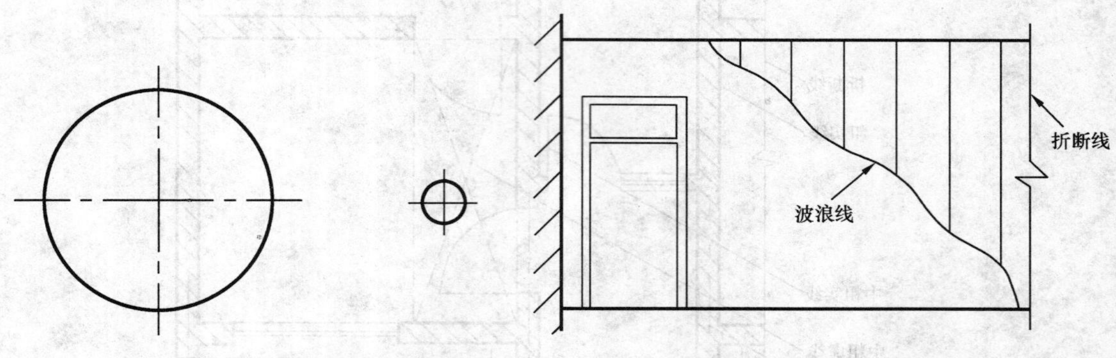

图 1－10　大小圆中心线的画法

图 1－11　折断线和波浪线

1.2.4　字体

图纸上所需书写的各种文字、数字、拉丁字母或其他符号等，均应用黑墨水书写，且要笔画清晰、字体端正、排列整齐，标点符号应清楚正确。

1. 汉字

图样及说明中的汉字，应遵守《汉字简化方案》和有关规定，书写成长仿宋体。长仿宋字体的字高与字宽的比例约为$\sqrt{2}:1$，如图1－12所示。长仿宋字体高宽的关系见表1－6。

横平竖直起落分明排列整齐构思

建筑厂房平立剖面详图门窗阳台

工程图上应书写长仿宋体汉字体打好格子笔画

楼梯一二三四五六七八九十制钢筋混凝土均匀

大学院系专业班级材料预算招投标建设监理正投影透视动冬季横

尺寸大小空间绿化树木水体瀑数字严谨细致新开处方案效果投标

图1－12　长仿宋字示例

表1－6　长仿宋字体字高与字宽关系　　单位：mm

字　高	20	14	10	7	5	3.5
字　宽	14	10	7	5	3.5	2.5

工程图上书写的长仿宋汉字，其高度应不小于3.5mm。在写字前，应先打格再书写。长仿宋体字的特点是：笔画横平竖直、起落分明、笔锋满格、字体结构匀称。书写时一定严格，认真书写。

2．拉丁字母和数字

拉丁字母、阿拉伯数字或罗马数字同汉字并列书写时，它们的字高比汉字的字高宜小一号或两号，且不应小于2.5mm。

拉丁字母、阿拉伯数字或罗马数字都可以写成竖笔铅垂的直体字或竖笔与水平线成75°的斜体字，见图1－13。小写的拉丁字母的高度应为大写字母高度h的7/10，字母间距为$2h/10$，上下行基准线间距最小为$15h/10$。

表示数量的数值，应用正体阿拉伯数字书写；各种计量单位凡前面有量值的，均应采用国家颁布的单位符号注写，例如三千五百毫米应写成3500mm，三百五十二吨应写成352t，五十千克每立方米应写成50kg/m^3。

表示分数时，不得将数字与文字混合书写，例如：四分之三应写成3/4，不得写成4分之3，百分之三十五应写成35%，不得写成百分之35；表示比例数时，应采用数学符号，例如：一比二十应写成1:20。

当注写的数字小于1时，必须写出个位的“0”，小数点应采用圆点，齐基准线书写，如0.15、0.004等。

ABCDEFGHIJ
KLMNOPQRS
TUVWXYZ
abcdefghijklm
nopqrstuvwxy
1234567890
ABCabc1240

图 1－13　拉丁字母、数字示例

1.2.5　尺寸标注

建筑工程图中除了画出建筑物及其各部分的形状外，还必须准确、详尽和清晰地标注各部分实际尺寸，以确定其大小，作为施工的依据。

1.2.5.1　尺寸的组成

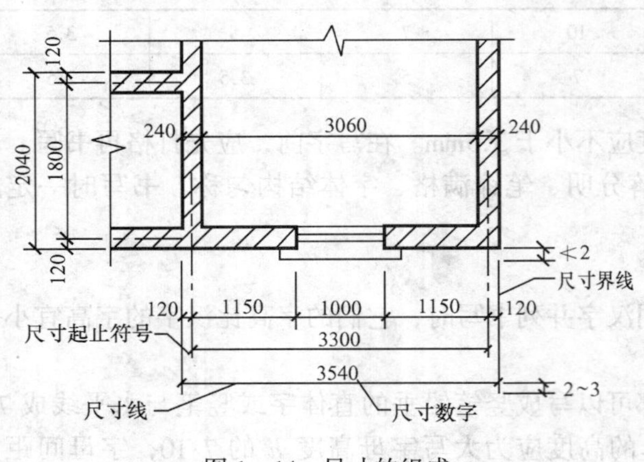

图 1－14　尺寸的组成

图样上的尺寸，包括尺寸界线、尺寸线、尺寸起止符号和尺寸数字，如图 1－14所示。尺寸界线应用细实线绘制，一般应与被注长度垂直，其一端应离开图样轮廓线不小于 2mm，另一端宜超出尺寸线 2～3mm，必要时，图样轮廓线可用作尺寸界线。尺寸线应用细实线绘制，应与被注长度平行，应注意：图样本身的任何图线均不得用作尺寸线。尺寸起止符号一般用中粗斜短线绘制，其倾斜方向应与尺寸界线成顺时针 45°角，长度宜为 2～3mm。

图样上的尺寸，应以尺寸数字为准，不得从图上直接量取。图样上的尺寸单位，除标高及总平面图以 m 为单位外，其他必须以 mm 为单位，图上尺寸数字不再注写单位。尺寸数字应写在尺寸线的中部，在水平尺寸线上的应从左到右写在尺寸线上方，在铅直尺寸线上的，应从下到上写在尺寸线左方。

相互平行的尺寸线，应从被注写的图样轮廓线由近向远整齐排列，较小尺寸应离轮廓线较近，较大尺寸应离轮廓线较远；图样轮廓线以外的尺寸线，距图样最外轮廓之间的距离不宜小于 10mm，平行排列的尺寸线之间的距离宜为 7～10mm，并应保持一致。总尺寸的尺寸界线应靠近所指部位，中间的分尺寸的尺寸界线可稍短，但其长度应相等。

1.2.5.2 圆、圆弧、球的尺寸标注

圆和大于半圆的弧，一般标注直径，尺寸线通过圆心，用箭头作尺寸的起止符号，指向圆弧，并在直径数字前加注直径符号“ϕ”。较小圆的尺寸可以标注在圆外，见图 1－15。其中箭头的画法见下图，b 为粗实线宽度。

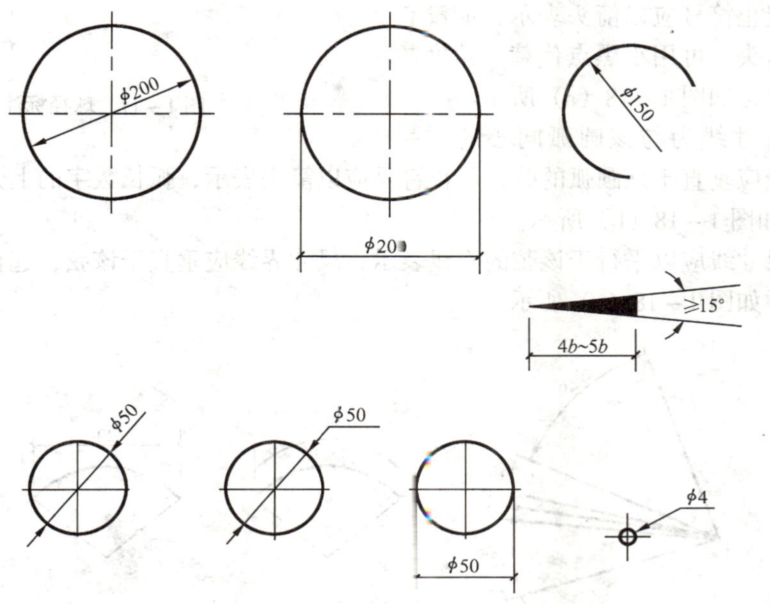

图 1－15　直径标注

半圆和小于半圆的弧，一般标注半径，尺寸线的一端从圆心开始，另一端用箭头指向圆弧，在半径数字前加注半径符号“R”。较小圆弧的半径数字，可引出标注，较大圆弧的尺寸线画成折线状，但必须对准圆心，如图 1－16 所示。

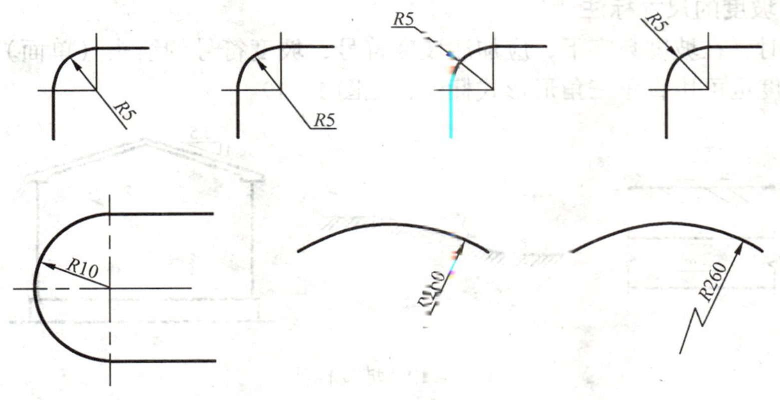

图 1－16　半径标注

球的尺寸标注与圆的尺寸标注基本相同，只是在半径或直径符号（R 或 ϕ）前加注“S”，如图 1－17 所示。

注意：直径尺寸还可标注在平行于任一直径的尺寸线上，此时需画出垂直于该直径的两条尺寸界线，且起止符号改用 45°中粗斜短线，如图 1－15 所示。

1.2.5.3 角度、弧长、弦长的尺寸标注

角度的尺寸线应以圆弧表示。该圆弧的圆心应是该角的顶点，角的两个边为尺寸界线，角度的起止符号应以箭头表示，如没有足够位置画箭头，可用小黑点代替。角度数字应水平书写，如图 1－18（a）所示。

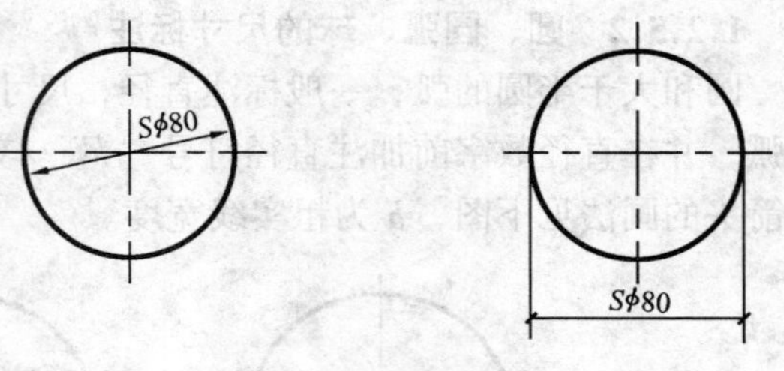

图 1－17 球径标注

弧长的尺寸线为与该圆弧同心的圆弧时，尺寸界线应垂直于该圆弧的弦，起止符号应以箭头表示，弧长数字的上方应加注圆弧符号“⌒”，如图 1－18（b）所示。

弦长的尺寸线应以平行于该弦的直线表示，尺寸界线应垂直于该弦，起止符号应以中粗斜短线表示，如图 1－18（c）所示。

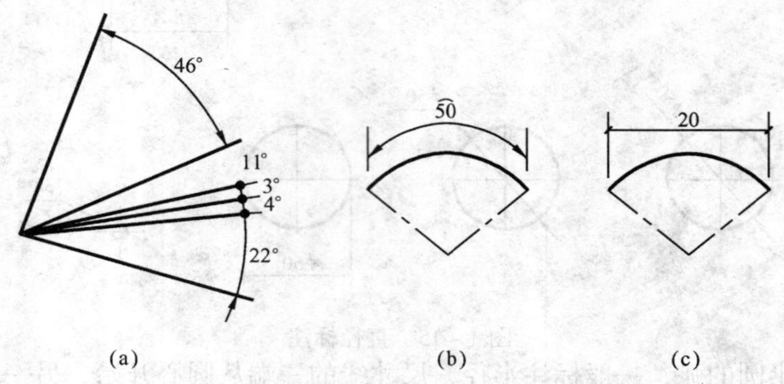

图 1－18 角度、弧长、弦长的尺寸标注

（a）角度标注；（b）弧长标注；（c）弦长标注

1.2.5.4 坡度的尺寸标注

标注坡度时，在坡度数字下，应加注坡度符号，坡度符号的箭头（单面），一般应指向下坡方向。坡度也可用直角三角形形式标注，见图 1－19。

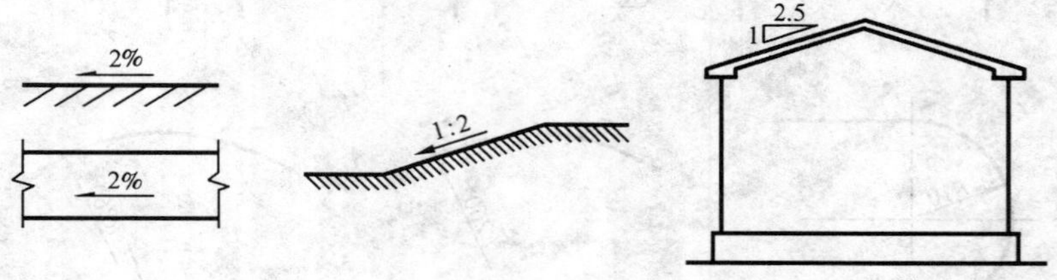

图 1－19 坡度标注

1.2.5.5 尺寸的简化标注

（1）杆件或管线的长度，在单线图（桁架简图、钢筋简图、管线简图）上，可直接将尺寸数字沿杆件或管线的一侧注写，见图 1－20。

（2）连续排列的等长尺寸，可用“个数 × 等长尺寸 = 总长”的形式标注，见图 1－21。构配件内的构造要素（孔、槽等）如相同，可仅标注其中一个要素的尺寸，如 ϕ25，并在前注明数量。

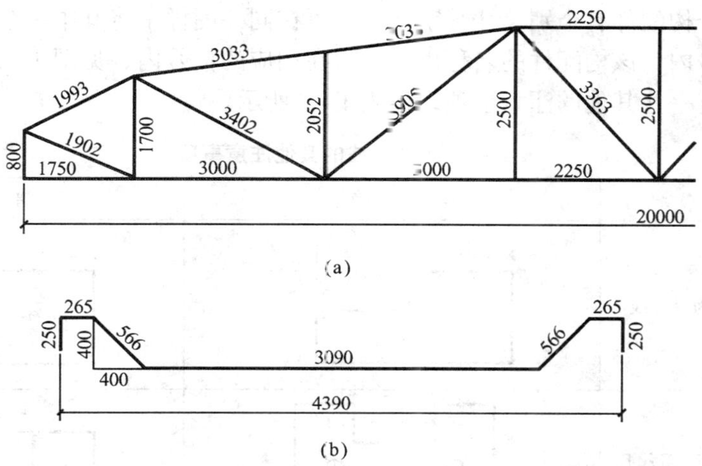

图 1-20　单线图的尺寸标注

(a) 桁架简图；(b) 钢筋简图

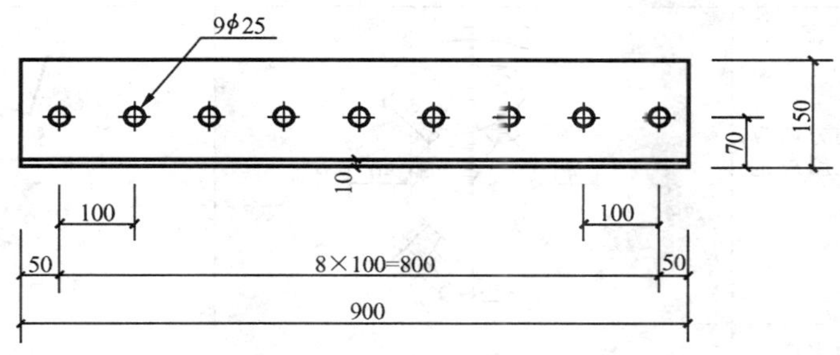

图 1-21　相同要素连续排列的尺寸标注

(3) 对称构配件如果采用对称省略画法，则该对称构配件的尺寸线应略超过对称中心（符号），仅在尺寸线的一端画尺寸起止符号，尺寸数字按整体全尺寸注写，并且应注写在与对称中心（符号）对齐处，如图 1-20（a）中的尺寸 20000。

(4) 数个构配件，如仅有某些尺寸不同，这些有变化的尺寸数字，可用拉丁字母注写在同一图样中，另列表格写明其具体尺寸，如图 1-22（a）。

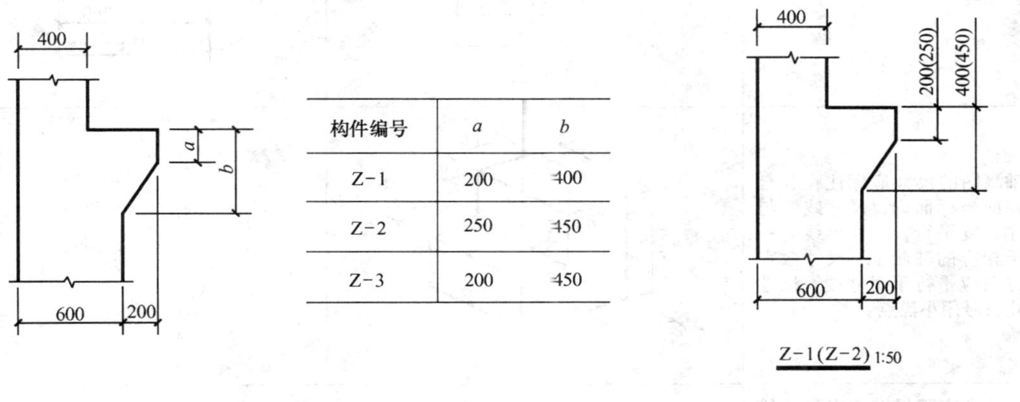

构件编号	a	b
Z-1	200	400
Z-2	250	450
Z-3	200	450

图 1-22　多个构配件的尺寸标注

(a) 相似构配件尺寸表格式标注；(b) 两个相似构配件的尺寸标注

注：如果两个构配件有个别尺寸数字不同，可在同一图样中将其中一个构配件的不同尺寸数字注写在括号内，该构配件的名称也应注写在相应的括号内，见图 1 – 22（b）。

标注尺寸还有一些其他的注意事项，如表 1 – 7 所示。

表 1 – 7　尺寸标注的其他注意事项

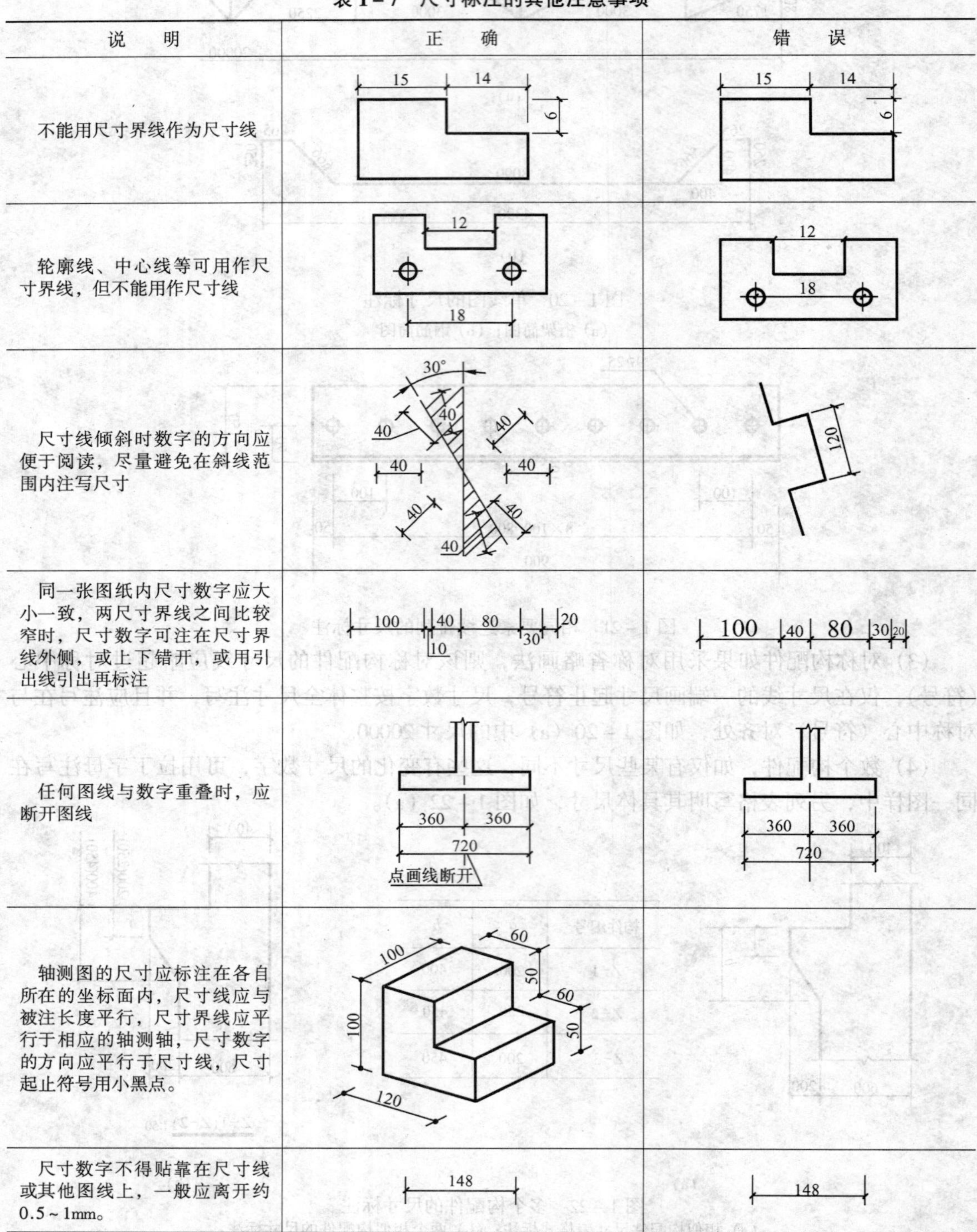

说　明	正　确	错　误
不能用尺寸界线作为尺寸线		
轮廓线、中心线等可用作尺寸界线，但不能用作尺寸线		
尺寸线倾斜时数字的方向应便于阅读，尽量避免在斜线范围内注写尺寸		
同一张图纸内尺寸数字应大小一致，两尺寸界线之间比较窄时，尺寸数字可注在尺寸界线外侧，或上下错开，或用引出线引出再标注		
任何图线与数字重叠时，应断开图线	点画线断开	
轴测图的尺寸应标注在各自所在的坐标面内，尺寸线应与被注长度平行，尺寸界线应平行于相应的轴测轴，尺寸数字的方向应平行于尺寸线，尺寸起止符号用小黑点。		
尺寸数字不得贴靠在尺寸线或其他图线上，一般应离开约 0.5 ~ 1mm。		

1.2.6 图名和比例

按规定，在图样下方应用长仿宋体字写上图样名称和绘图比例。比例宜注写在图名的右侧，字的基准线应取平；比例的字高宜比图名字高小一号或二号，图名下应画一条粗横线，其粗度不应粗于本图纸所画图形中的粗实线，同一张图纸上的这种横线粗度应一致，其长度应与图名文字所占长度相同，见图 1－23。

当一张图纸中的各图只用一种比例时，也可把该比例统一书写在图纸标题栏内。

图样的比例，应为图形与实物相对应的线性尺寸之比。比例的符号为“:”，比例应以阿拉伯数字表示，比例的大小是指其比值的大小，如 1:50 大于 1:100。相同的构造，用不同的比例所画出的图样大小是不一样的，见图 1－24。

底层平面图 1:100

图 1－23　图名和比例

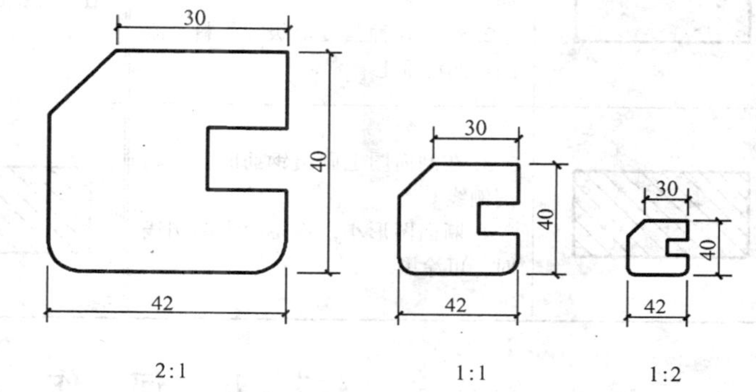

图 1－24　不同比例的图样

有时，也可用比例尺的形式标注比例，一般是在图样中的垂直或水平方向加画比例尺。

1.2.7 常用的建筑材料图例

建筑工程中常采用一些图例来表示建筑材料，表 1－8 选列了一些常用的建筑材料断面图例，其他的建筑材料图例见《房屋建筑制图统一标准》（GB/T 50001—2001）。

表 1－8　常用建筑材料图例

图　例	名称与说明	图　例	名称与说明
	自然土壤		多孔材料 包括水泥珍珠岩、沥青珍珠岩、泡沫混凝土、非承重加气混凝土、软木、蛭石制品等。
	素土夯实		木材 左图为垫木、木砖或木龙骨； 右图为横断面
	左：砂、灰土　靠近轮廓线绘较密的点 右：粉刷材料，采用较稀的点		金属 1. 包括各种金属 2. 图形小时，可涂黑

续表

图 例	名称与说明	图 例	名称与说明
	普通砖 1. 包括实心砖、多孔砖、砌块等砌体 2. 断面较窄、不易画出图例线时，可涂红		防水材料 构造层次多或比例大时，采用上面图例
	上：混凝土 下：钢筋混凝土 1. 本图例指能承重的混凝土及钢筋混凝土 2. 包括各种强度等级、骨料、添加剂的混凝土		饰面砖 包括铺地砖、马赛克、陶瓷锦砖、人造大理石等
	3. 在剖面图上画出钢筋时，不画图例线 4. 断面图形小，不易画出图例线时，可涂黑		石材

1.3 几 何 作 图

表示建筑物形状的图形是由各种几何图形组合而成的，只有熟练地掌握各种几何图形的作图原理和方法，才能更快更好地手工绘制各种建筑物的图形。对于中学阶段已经掌握的几何作图（如等分直线段、作垂直线等），本书不作介绍，下面介绍其他的几种基本几何作图。

1.3.1 过三已知点作圆

已知点 *A*、*B* 和 *C* 作圆，见图 1－25（a）。

作图步骤如下：

（1）连接 *AB*、*AC*（或 *BC*），分别作出它们的垂直平分线，交得点 *O*，见图 1－25（b）。

（2）以点 *O* 为圆心，*OA*（或 *OB* 或 *OC*）为半径，作一圆，即为所求，见图 1－25（c）。

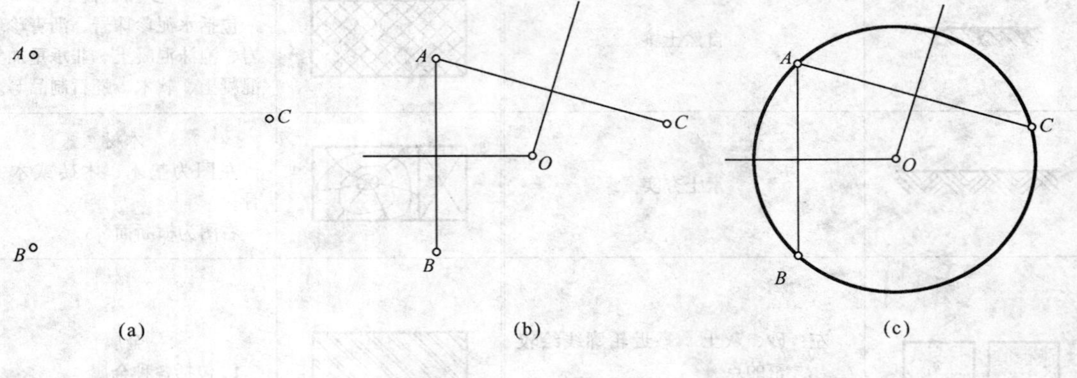

图 1－25　过已知三点作圆

(a) 已知条件

1.3.2 作已知圆的内接正五边形

已知圆 O，见图 1－26（a）。

作图步骤如下：

（1）求出半径 OF 的中点 G，以 G 为圆心，GA 为半径画弧，交水平直径于点 H，见图 1－26（b）。

（2）以 AH 为截取长度，由点 A 开始将圆周五等分，依次连接 AB、BC、CD、DE、EA，见图 1－26（c）。

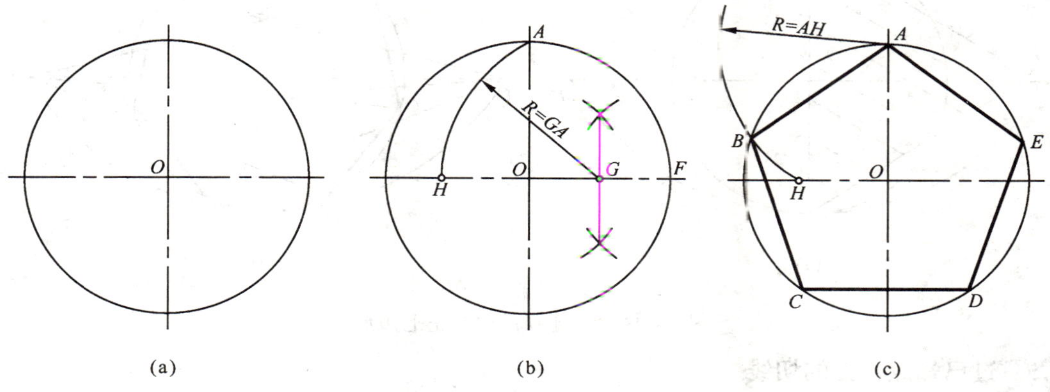

图 1－26 作圆 O 的内接正五边形

（a）已知条件

1.3.3 作已知圆的内接正六边形

已知圆 O，见图 1－27（a）。

作图步骤如下：

以圆 O 半径 R 为截取长度，由 A 点（可以是圆周上的任一点）开始将圆周六等分，顺次连接各等分点 A、B、C、D、E、F、A，即为所求，见图 1－27（b）。

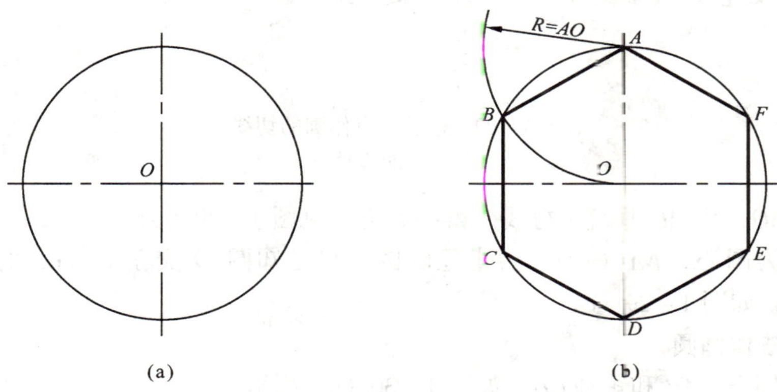

图 1－27 作圆 O 的内接正六边形

（a）已知条件

1.3.4 作已知圆的内接正七边形（近似作法）

已知圆 O，见图 1－28（a）。

作图步骤如下：

（1）将已知圆 O 的垂直直径 AN 七等分，得等分点 1、2、3、4、5、6，以 A 为圆心，AN 为半径作弧，与圆 O 水平中心线的延长线交得 M_1、M_2，见图 1－28（a）。

（2）过 M_1、M_2 分别向等分点 2、4、6 引直线，并延长到与圆周相交，得 B、C、D、G、F、E，由 A 点开始，顺次连接 A、B、C、D、E、F、G、A，即为所求，见图 1－28（b）。

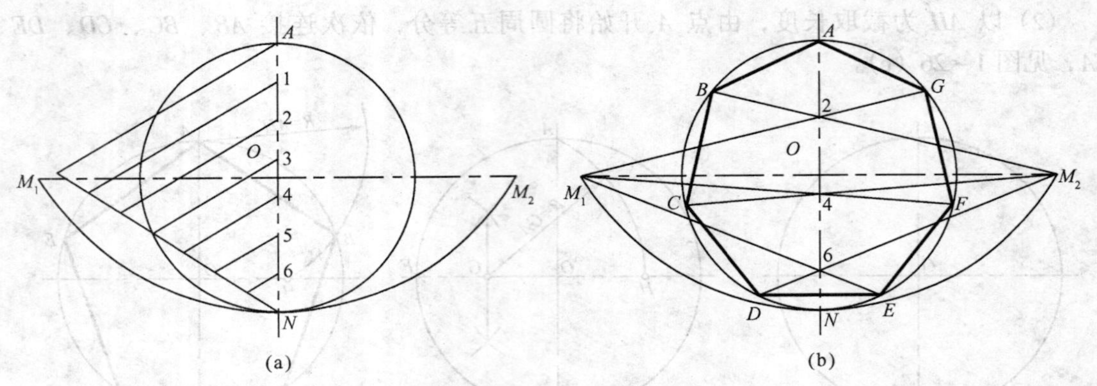

图 1－28　作圆 O 的内接正七边形

1.3.5　过已知点作圆的切线

已知圆 O 以及圆外一点 A，见图 1－29（a）。

作图步骤如下：

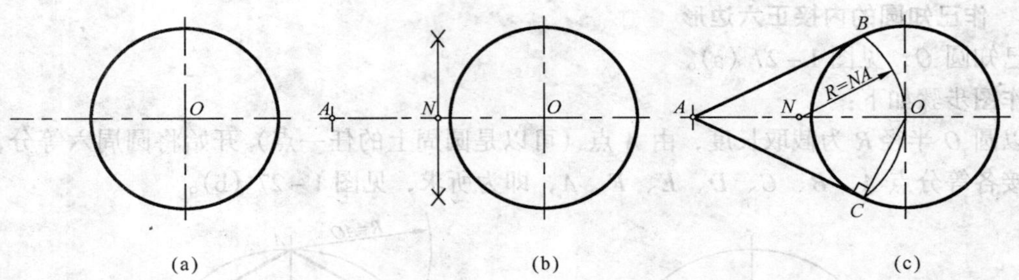

图 1－29　过已知点作圆的切线

（a）已知条件

（1）连接 AO，作 AO 垂直平分线，得中点 N，见图 1－29（b）。

（2）以 N 为圆心，NA（NO）为半径画圆，与已知圆 O 交于 B、C 两点，连接 AB、AC，即为所求，如图 1－29（c）所示。

1.3.6　同心圆法作椭圆

已知椭圆的长轴 AB 和短轴 CD，如图 1－30（a）所示。

作图步骤如下：

（1）分别以 AB 和 CD 为直径作大小两圆，并等分两圆周为十二等份（也可是其他若干等份），见图 1－30（b）。

（2）由大圆各等分点作竖直线，与由小圆各对应等分点所作的水平线相交，得椭圆上各点，用曲线板（或徒手）连接起来，即为所求，如图 1－30（c）所示。

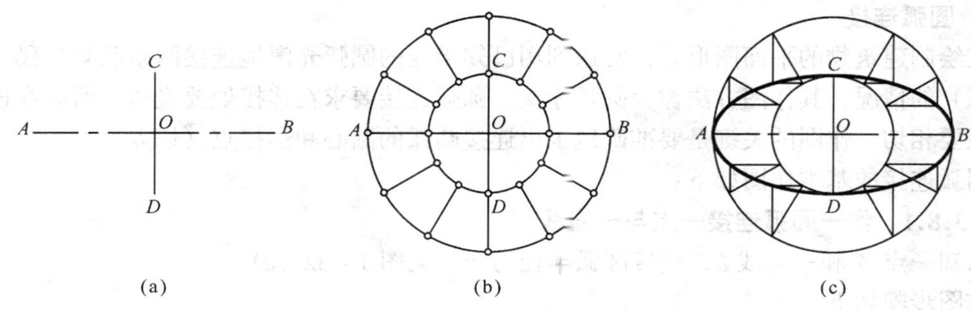

图 1-30 同心圆法作椭圆

(a) 已知条件

1.3.7 四心法作椭圆

已知椭圆的长轴 *AB* 和短轴 *CD*，见图 1-31（a）。

作图步骤如下：

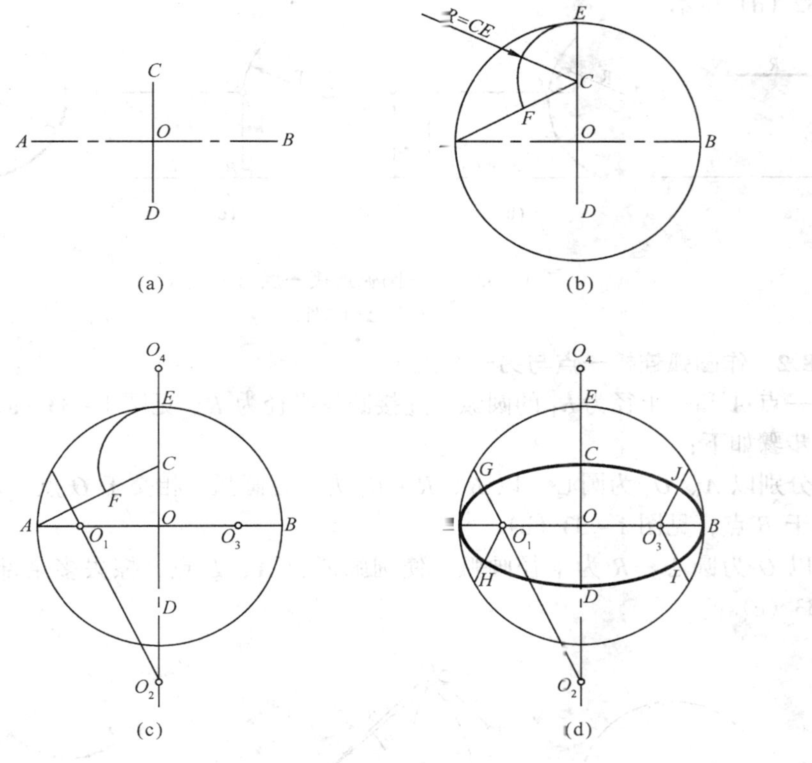

图 1-31 四心法作椭圆

(a) 已知条件

(1) 以 O 为圆心，OA 为半径，作圆弧，交 DC 延长线于点 E，连接 AC，以 C 为圆心，CE 为半径，画弧交 CA 于点 F，见图 1-31（b）。

(2) 作 AF 的垂直平分线，交 AO 于 O_1，交 DO 于 O_2，在 OB 上截取 $OO_3 = OO_1$，在 OC 上截取 $OO_4 = OO_2$，如图 1-31（c）所示。

(3) 分别以 O_1、O_2、O_3、O_4 为圆心，O_1A、O_2C、O_3B、O_4D 为半径作圆弧，使各弧在 O_2O_1、O_2O_3、O_4O_1、O_4O_3 的延长线上的 G、J、H、I 四点处连接，见图 1-31（d）。

1.3.8 圆弧连接

在绘制建筑物的平面图形时，常遇到用已知半径的圆弧光滑地连接两条已知线段（直线或圆弧）的情况，其作图方法称为圆弧连接。圆弧连接要求在连接处要光滑，所以在连接处两线段要相切。作图的关键是要准确地求出连接圆弧的圆心和连接点（切点）。

圆弧连接的基本作图如下：

1.3.8.1 作一圆弧连接一点与一直线

已知一点 A 和一直线 L，连接圆弧半径为 R，见图 1－32（a）。

作图步骤如下：

（1）以 A 为圆心，R 为半径画弧。作与直线 L 距离为 R 的平行线 L_1，与所作圆弧交于 O 点，见图 1－32（b）。

（2）过 O 作直线 L 的垂线，垂足为 B，见图 1－32（c）。

（3）以 O 为圆心，R 为半径画弧，使圆弧通过 A、B 两点，擦去多余部分，即为所求，见图 1－32（d）所示。

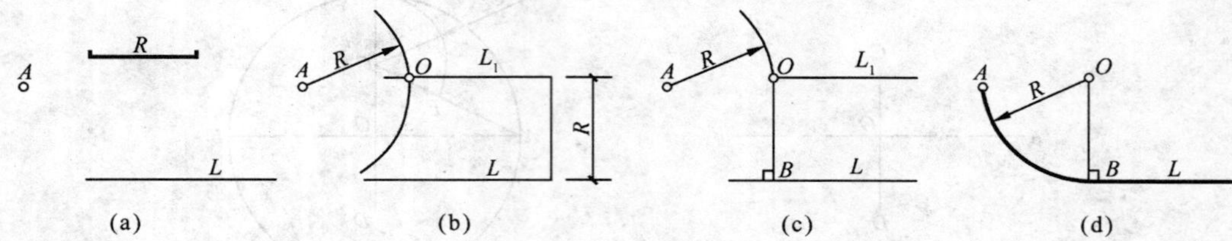

图 1－32 作一圆弧连接一点与一直线

（a）已知条件

1.3.8.2 作圆弧连接一点与另一圆弧

已知一点 A 和一半径为 R_1 的圆弧，连接圆弧半径为 R，见图 1－33（a）。

作图步骤如下：

（1）分别以 A、O_1 为圆心，以 R、$R+R_1$ 为半径画弧，相交于 O 点，连接 O_1、O，交已知圆弧于 B 点，见图 1－33（b）。

（2）以 O 为圆心，R 为半径画弧，使圆弧通过 A、B 点，擦去多余部分，完成作图，见图 1－33（c）。

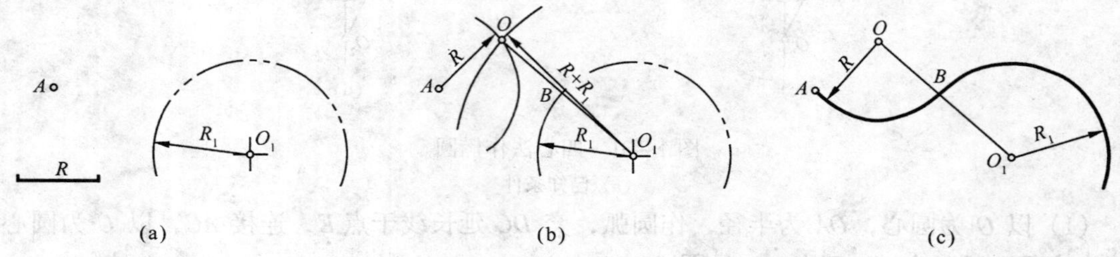

图 1－33 作圆弧连接一点与另一圆弧

（a）已知条件

1.3.8.3 作圆弧连接一直线与另一圆弧

已知一直线 L 和一半径为 R_1 的圆弧，连接圆弧半径为 R，见图 1－34（a）。

作图步骤如下：

(1) 作与直线 L 距离为 R 的平行线 L_1，以 O_1 为圆心，$R+R_1$ 为半径画弧，交 L_1 于 O 点，过 O 作直线 L 的垂线，垂足为 A。连接 OO_1，交已知圆弧于 B 点，见图 1－34（b）。

(2) 以 O 为圆心，R 为半径画弧，使圆弧通过 A、B 点，擦去多余部分，完成作图，见图 1－34（c）。

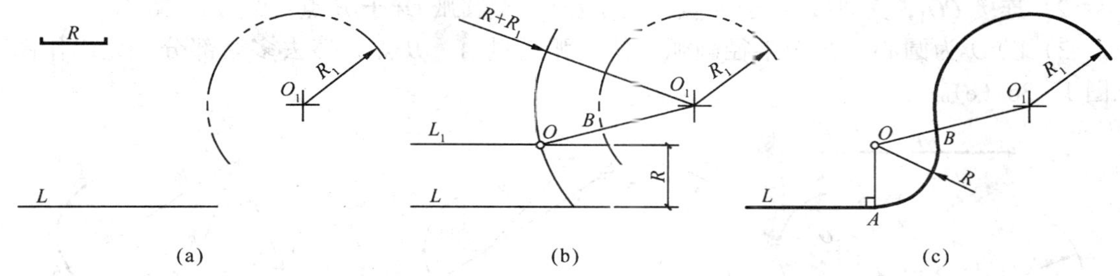

图 1－34　作圆弧连接一直线与另一圆弧

(a) 已知条件

1.3.8.4　作圆弧与两已知圆弧外切连接

已知半径分别为 R_1、R_2 的两圆弧，连接圆弧半径为 R，见图 1－35（a）。

作图步骤如下：

(1) 分别以 O_1、O_2 为圆心，以 $R+R_1$、$R+R_2$ 为半径画弧，相交于 O 点，见图 1－35（b）。

(2) 连接 OO_1，交圆弧 O_1 于 A 点；连接 OO_2，交圆弧 O_2 于 B 点，见图 1－35（c）。

(3) 以 O 为圆心，R 为半径画弧，使圆弧通过 A、B 点，擦去多余部分，完成作图，见图 1－35（d）。

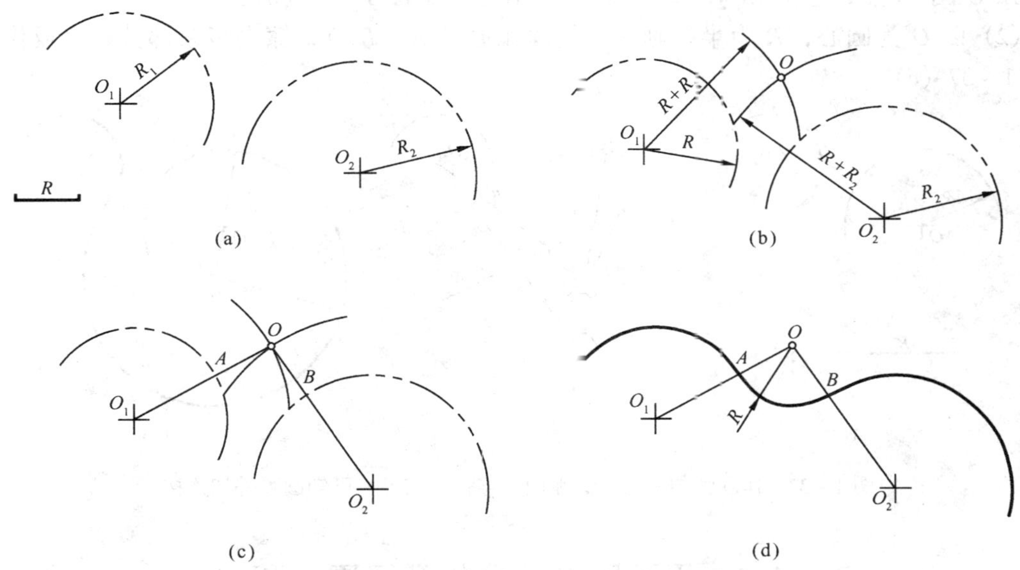

图 1－35　作圆弧与两已知圆弧外切连接

(a) 已知条件

1.3.8.5 作圆弧与两已知圆弧内切连接

已知半径分别为 R_1、R_2 的两圆弧，连接圆弧半径为 R，见图 1－36（a）。

作图步骤如下：

（1）分别以 O_1、O_2 为圆心，以 $R-R_1$、$R-R_2$ 为半径画弧，相交于 O 点，见图 1－36（b）。

（2）连接 OO_1，交圆弧 O_1 于 A 点；连接 OO_2，交圆弧 O_2 于 B 点，见图 1－36（b）。

（3）以 O 为圆心，R 为半径画弧，使圆弧通过 A、B 点，擦去多余部分，完成作图，见图 1－36（c）。

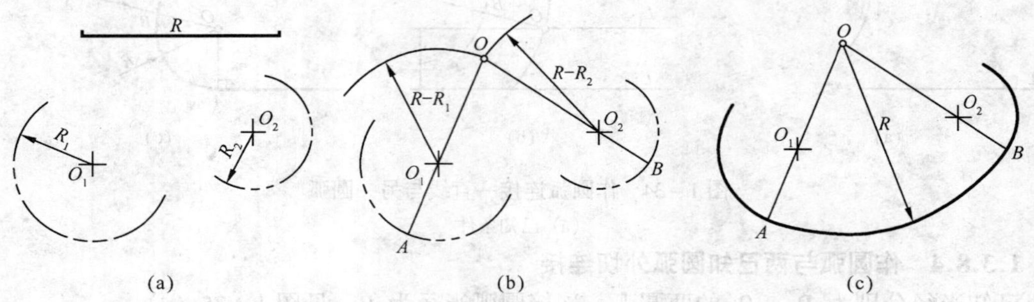

图 1－36 作圆弧与两已知圆弧内切连接

（a）已知条件

1.3.8.6 作圆弧与一已知圆弧内切连接，与另一圆弧外切连接

已知半径分别为 R_1、R_2 的两圆弧，连接圆弧半径为 R，见图 1－37（a）。

作图步骤如下：

（1）分别以 O_1、O_2 为圆心，以 $R-R_1$、$R+R_2$ 为半径画弧，相交于 O 点；连接 OO_1，交圆弧 O_1 于 A 点，连接 OO_2，交圆弧 O_2 于 B 点，见图 1－37（b）。

（2）以 O 为圆心，R 为半径画弧，使圆弧通过 A、B 点，擦去多余部分，完成作图，见图 1－37（c）。

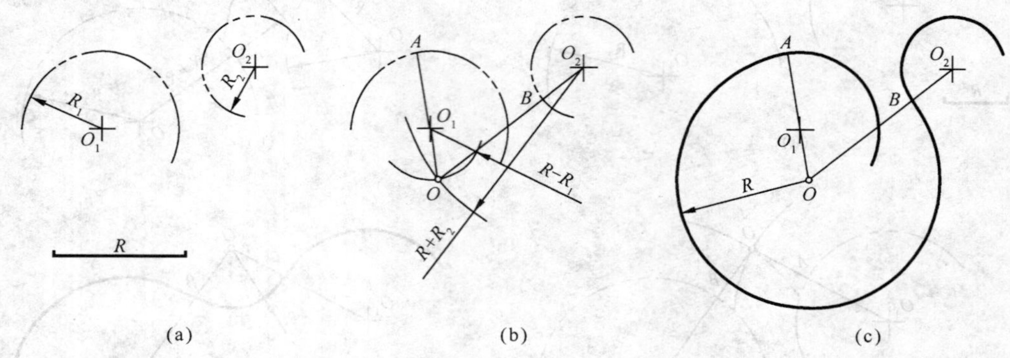

图 1－37 作圆弧与一已知圆弧内切连接，与另一已知圆弧外切连接

（a）已知条件

1.4 平面图形的分析及画图步骤

一般平面图形都是由若干线段（直线或曲线）连接而成。要正确绘制一个平面图形，必

须对平面图形进行尺寸分析和线段分析。

1.4.1 平面图形的尺寸分析

尺寸按其在平面图形中所起的作用，可分为细部尺寸和定位尺寸。要确定平面图形中线段的相对位置，还要引入尺寸基准的概念。

1. 尺寸基准

确定尺寸位置的点、线、面称为尺寸基准，也就是注写尺寸的起点。对于平面图形，应分别按水平方向和竖直方向确定一个尺寸基准。尺寸基准往往可用对称图形的对称中心线、图形的底边和侧边、较大圆的中心线等，在图 1－38 所示的平面图形中，水平方向的尺寸基准取左边的 ϕ12 圆的竖直中心线，竖直方向的尺寸基准取整个图形的水平对称线。

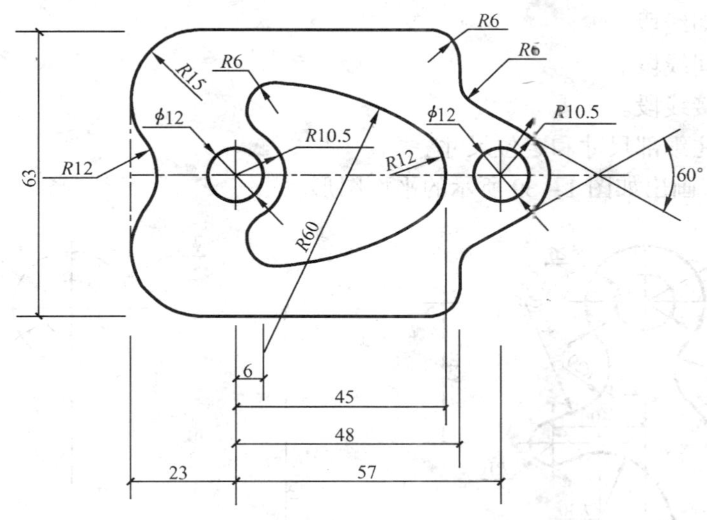

图 1－38　平面图形的尺寸分析

2. 细部尺寸

确定平面图形各组成部分形状、大小的尺寸，称为细部尺寸，如确定直线的长度、角度的大小，圆弧的半径（直径）等的尺寸。图 1－38 中 *R*6、ϕ12、*R*15、*R*60、60°等都是细部尺寸。

3. 定位尺寸

确定平面图形各组成部分相对位置的尺寸，称为定位尺寸。图 1－38 中 23、6、45、57 等都是定位尺寸。

1.4.2 平面图形的线段分析

根据线段在图形中的细部尺寸和定位尺寸是否齐全，通常分成三类线段，即已知线段、中间线段、连接线段。

1. 已知线段

已知线段是根据给出的尺寸可直接画出的线段。如图 1－38 中两个 ϕ12 的圆，作图时只要在图形对称线上定出两个圆心，就可以画出这两个圆。又如图中半径分别为 10.5 和 60 的圆弧也是已知线段。

2. 中间线段

中间线段是指缺少一个条件，需要依据相切或相接的条件才能画出的线段，如图 1－38中的所有直线线段等。

3. 连接线段

连接线段是指缺少两个条件，完全依据两端相切或相接的条件才能画出的线段，如图 1－38中半径分别为 15 和 6 的圆弧。

在绘制平面图形时，应先画已知线段，再画中间线段，最后画连接线段。

1.4.3 平面图形的作图步骤

（1）选定比例，布置图面，使图形在图纸上位置适中。

（2）画出基准线。

（3）画出已知线段。

（4）画出中间线段。

（5）画出连接线段。

（6）分别标注细部尺寸和定位尺寸。

【例 1－1】 画出如图 1－39 所示的平面图形。

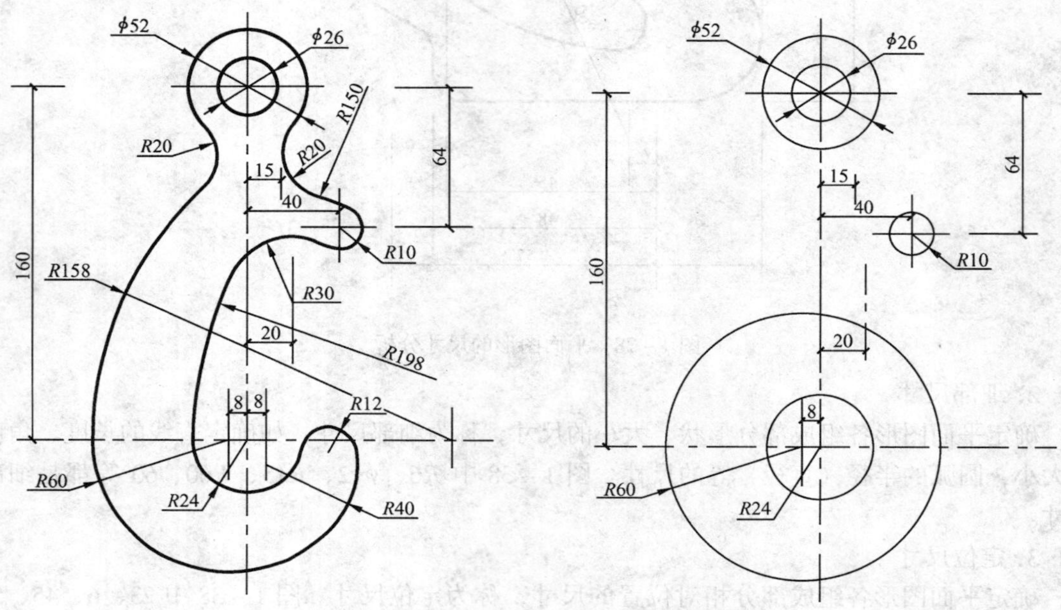

图 1－39 已知平面图形

图 1－40 定基准线，画出已知圆弧

通过对图形分析可知，组成该平面图形的线段均为圆或圆弧，由于各线段的半径或直径都是已知，故要画出这些线段，必须首先确定它们的圆心。作图步骤如下：

（1）作上下各一条水平基准线，它们之间的距离为 160mm，同时作出竖直基准线并由此基准线分别确定 8、15、20、40 这几个相关的尺寸。所有线段中有 5 条线段已知圆心，所以可以先画出这些已知的圆，如图 1－40 所示。

（2）为表达清楚，我们将刚才画出的已知线段用双点画线表示，如图 1－41 所示。下面以半径为 30mm 的圆弧为例进行说明中间线段的作图。显然该圆弧与已知半径为 10mm 的圆弧外切，又知该圆弧的圆心位于竖直基准线右侧 20mm 的竖直线上。因此，可以以已知 *R*10

圆弧的圆心为圆心，以 40（30 +10）为半径作圆弧，所作圆弧与位于竖直基准线右侧 20mm 的竖直线相交而得到的交点，即为所求圆弧的圆心，然后根据圆心和半径画出该中间线段即可。其他几条中间线段，可参见图中表示，不再赘述。

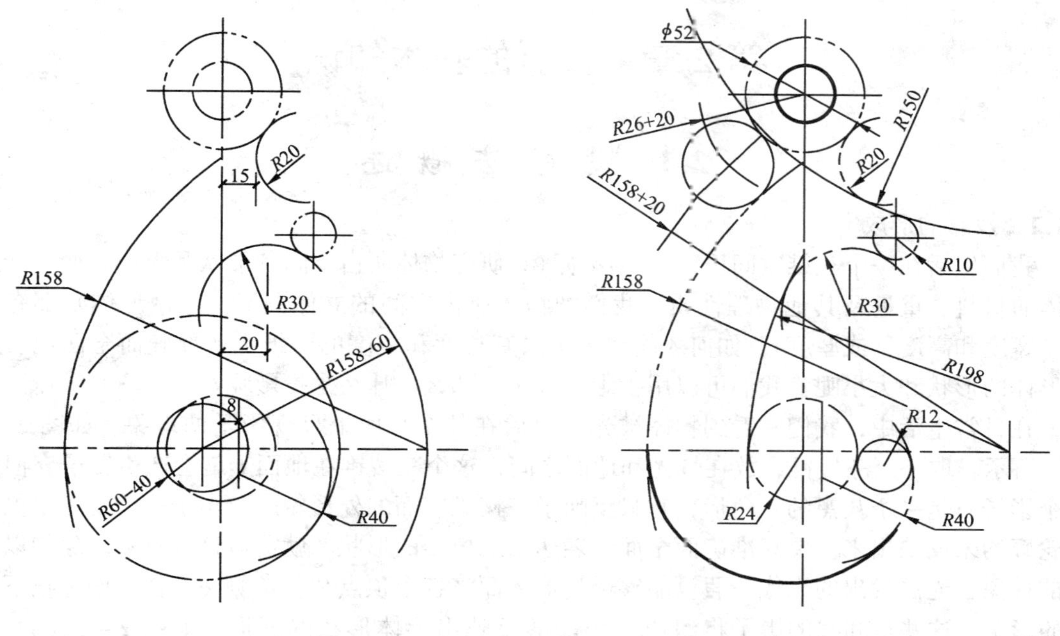

图 1－41　画出中间线段　　　　图 1－42　画出连接线段

（3）作出连接线段。如图 1－42 所示，除了已经确定的线段用粗线表示外，其他已经作出但还没有确定起（止）点的线段均用双点画线表示，该步骤要作出的线段用细实线表示。以半径为 20mm 的圆弧为例，该圆弧与相邻的两圆弧均是外切连接，因此在确定该圆弧的圆心时，我们要分别用 46（26＋20）和 178（158＋20）为半径，以对应的圆弧圆心为圆心作出两个圆弧，其交点即为所求圆弧的圆心，最后根据圆心和半径画出该连接线段。其他 3 条连接线段的作图过程，读者可自行分析。

（4）加粗、加深图形轮廓线，擦掉多余的图线，并且标注尺寸，完成作图，见图1－39。

第 2 章　投影的基本知识

2.1　投影法概述

2.1.1　投影的形成

我们生活在一个三维空间里，一切形体（只研究物体所占空间的形状和大小，而不涉及物体的材料、重量及其他物理性质。我们把物体所占空间的立体图形，叫做形体）都有长度、宽度和高度（或厚度），如何才能在一张只有长度和宽度的图纸上，准确而全面地表达出形体的形状和大小呢？我们可以用投影的方法。那么，什么是投影呢？

在日常生活中，我们常看到物体被光照射后在某个平面上呈现影子的现象。如图 2－1（a）所示。取一个三棱锥，放在灯光和地面之间，这个三棱锥在地面上就会产生影子，但是这个影子只是一个灰黑的三角形，它只反映了三棱锥底面的外形轮廓，至于三棱锥三个侧面的轮廓均未反映出来。要想准确而全面地表达出三棱锥的形状，就需对这种自然现象加以科学的抽象：光源发出的光线，假设能够透过形体而将各个顶点和各条侧棱都在地面上投下它们的影子，这些点和线的影子将组成一个能够反映出形体形状的图形，如图 2－1（b）所示。这个图形通常称为形体的投影，光源 S 称为投影中心，影子投落的平面 P 称为投影面。连接投影中心与形体上的点的直线称为投影线。通过一点的投影线与投影面的交点就是该点在该投影面上的投影。作出形体的投影的方法，称为投影法。由此可见，投影线、被投影的物体和投影面是进行投影时必须具备的三个要素。

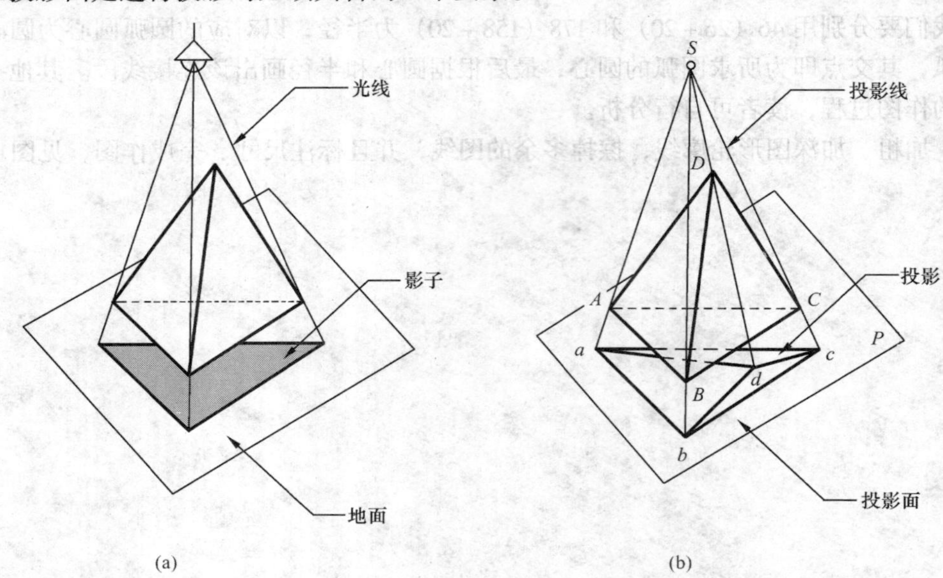

图 2－1　三棱锥的影子和投影

（a）影子；（b）投影

2.1.2 投影法分类

投影法可分为中心投影法和平行投影法两大类。

2.1.2.1 中心投影法

当投影中心距离投影面为有限远时，所有的投影线都汇交于一点，这种投影法称为中心投影法，如图 2-1（b）所示，用这种方法所得的投影称为中心投影。

2.1.2.2 平行投影法

当投影中心距离投影面为无限远时，所有的投影线均可看作互相平行，这种投影法称为平行投影法（见图 2-2）。根据投影线与投影面的倾角不同，平行投影法又分为斜投影法和正投影法两种。

（1）斜投影法：当投影线倾斜于投影面时，称为斜投影法，见图 2-2（a），用这种方法所得的投影称为斜投影。

（2）正投影法：当投影线垂直于投影面时，称为正投影法，见图 2-2（b）。用这种方法所得的投影称为正投影。

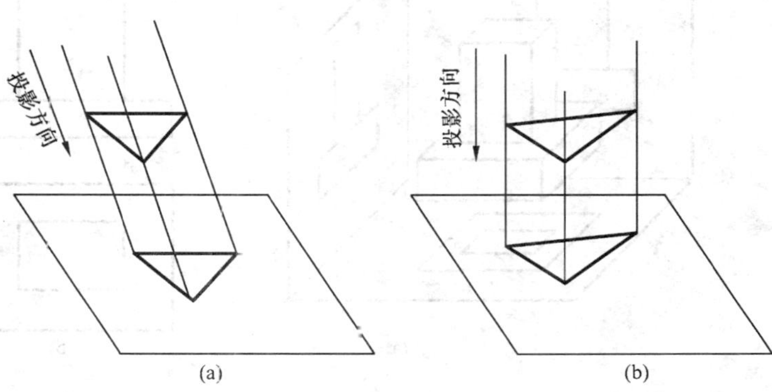

图 2-2 平行投影法

（a）斜投影去；（b）正投影法

通过对投影法的分析可以知道，无论是中心投影法还是平行投影法，在投影面和投影中心或投影方向确定之后，形体上每一点必有其惟一的一个投影，建立起一一对应的关系，一点在一投影线上移动，无论该点到投影面的距离如何，该点在投影面上的位置不变。

2.1.3 工程中常用的几种投影图

表达工程物体时，由于表达目的和被表达对象特性的不同，往往需要采用不同的投影图。常用的投影图有四种：

2.1.3.1 透视投影图

透视投影图简称为透视图，它是按中心投影法绘制的，如图 2-3 所示。这种图的优点是形象逼真，立体感强，其图样常用作建筑设计方案的比较、展览，如图 2-3（b）。缺点是绘图较繁，度量性差。

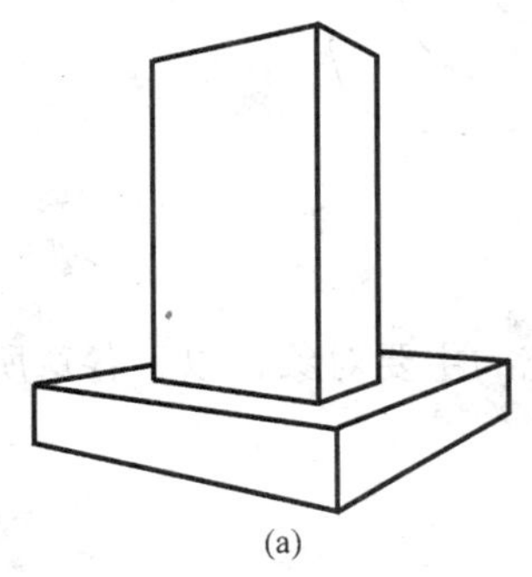

图 2-3 透视投影图

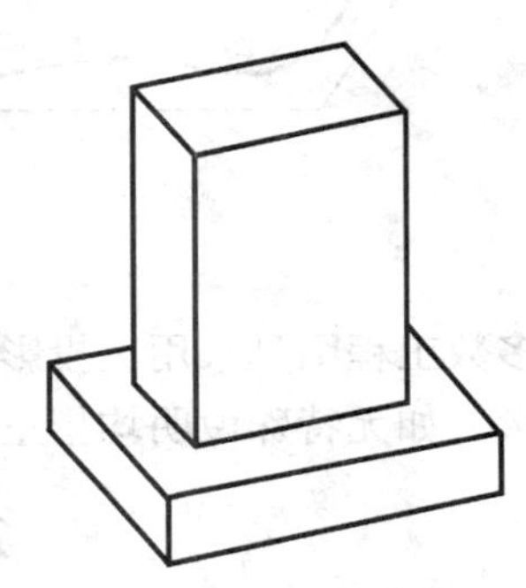

图 2-4 轴测投影图

2.1.3.2　轴测投影图

轴测投影图简称为轴测图，它是按平行投影法绘制的，如图2-4所示。这种图的优点是立体感较强。缺点是度量性不够理想，作图较麻烦，工程中常用作辅助图样。

2.1.3.3　多面正投影图

用正投影法把物体向两个或两个以上互相垂直的投影面进行投影所得到的图样称为多面正投影图，简称为正投影图，如图2-5所示。这种图的优点是能准确地反映物体的形状和大小，作图方便，度量性好，在工程中应用最广。缺点是立体感差，需经过一定的训练才能看懂。

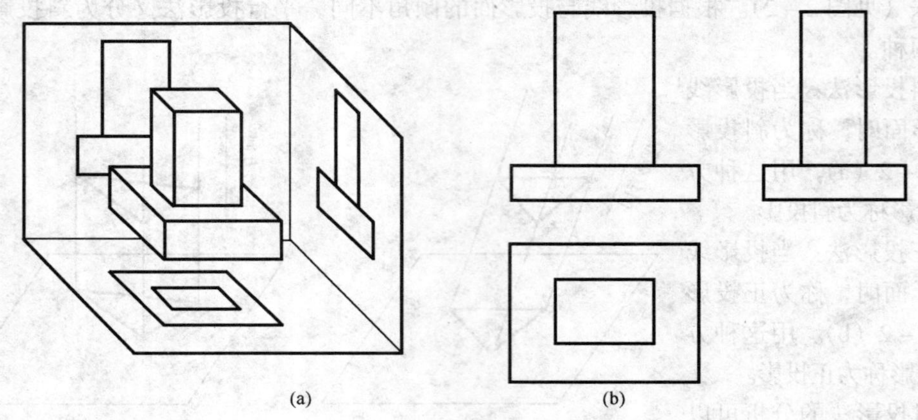

图2-5　多面正投影图

2.1.3.4　标高投影图

标高投影图是一种带有数字标记的单面正投影图，如图2-6所示。标高投影图常用来表达地面的形状。作图时用间隔相等的水平面截割地形面，其交线即为等高线，将不同高程的等高线投影在水平的投影面上，并标出各等高线的高程，即为标高投影图，从而表达出该处的地形情况。

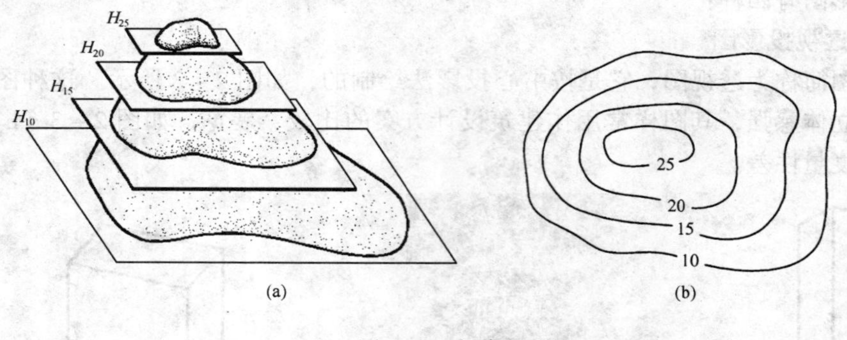

图2-6　标高投影图

大多数工程图是采用正投影法绘制的。正投影法是本课程研究的主要对象，以下各章所指的投影，如无特殊说明均指正投影。

2.2　平行投影的特性

在土建工程制图中，最经常使用的投影法是平行投影，平行投影一般有以下几个特性：

（1）实形性。当直线线段或平面图形平行于投影面时，其投影反映实长或实形，如图 2－7（a）、图 2－7（b）所示。

（2）积聚性。当直线或平面平行于投影线时（在正投影中垂直于投影面），其投影积聚为一点或一直线，如图 2－7（c）、图 2－7（d）所示。

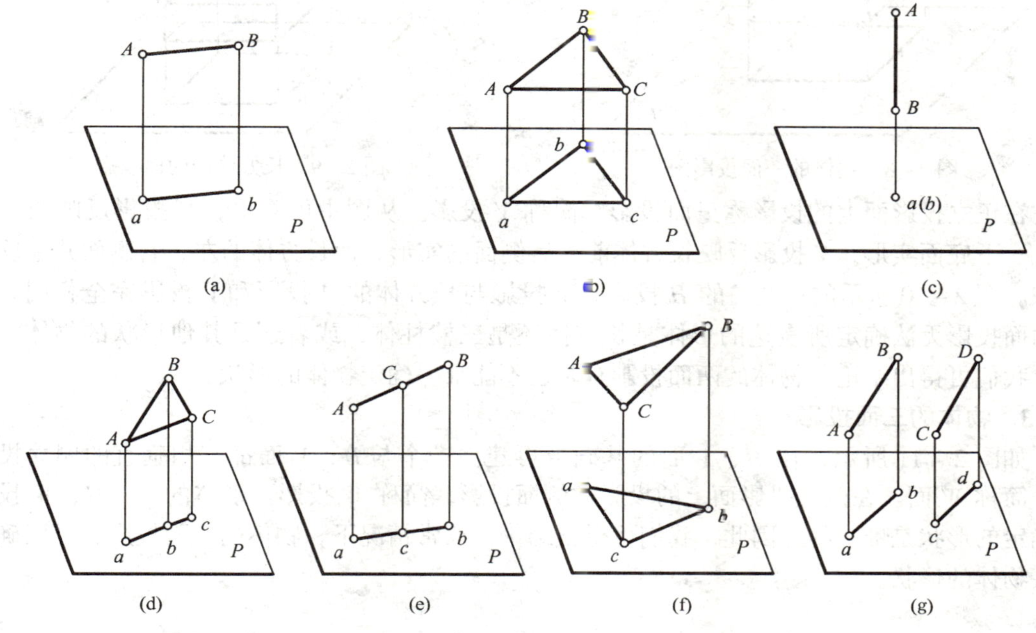

图 2－7　正投影的特性

（3）类似性。当直线或平面倾斜于投影面而又不平行于投影线时，其投影小于实长或不反映实形，但与原形类似，如图 2－7（e）、图 2－7（f）所示。

（4）平行性。互相平行的两直线在同一投影面上的投影保持平行，如图 2－7（g）所示，$AB \parallel cd$，则 $ab \parallel cd$。

（5）从属性。若点在直线上，则点的投影必在直线的投影上，如图 2－7（e）中 C 点在 AB 上，C 点的投影 c 必在 AB 的投影 ab 上。

（6）定比性。直线上一点所分直线线段的长度之比等于它们的投影长度之比；两平行线段的长度之比等于它们没有积聚性的投影长度之比，如图 2－7（e）中 $AC:CB = ac:cb$，图 2－7（g）中 $AB:CD = ab:cd$。

2.3　三面投影图

2.3.1　物体的一面投影

如图 2－8 所示，在长方体的下面放一个水平投影面 H，简称 H 面。在水平投影面上的投影称水平投影，简称 H 投影。从图 2－8 中可看出，长方体的 H 投影只反映长方体的长度和宽度，不能反映其高度，因此不能反映其形状。由此，我们可以得出结论，物体的一面投影不能确定物体的形状。

2.3.2　物体的两面投影

如图 2－9 所示，在水平投影面 H 的基础上，建立一个与其垂直的正立投影面，简称 V

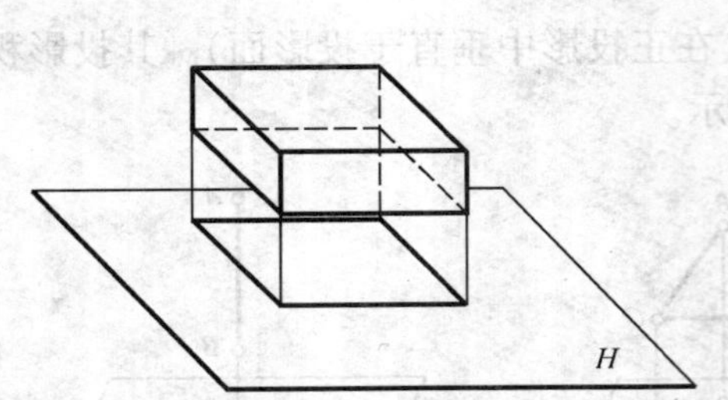

图 2-8　物体的一面投影图

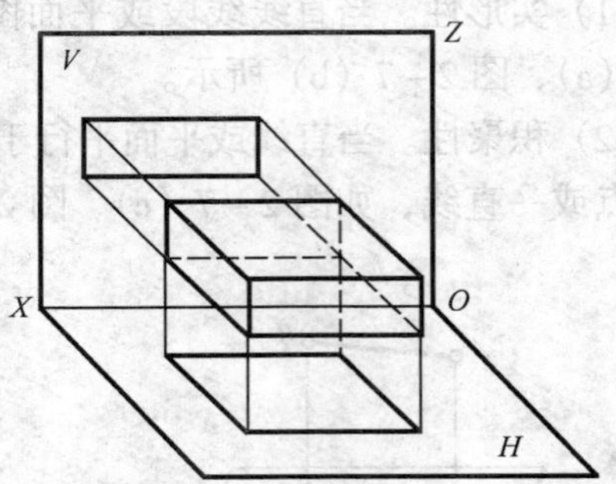

图 2-9　长方体的两面投影

面。在正立投影面上的投影称正面投影，简称 *V* 投影。从图中可看出，*H* 投影反映长方体的上、下底面实形，*V* 投影反映长方体前、后侧面的实形，而长方体的左、右侧面并未反映出来。图 2-10 所示的三棱柱的 *H* 投影和 *V* 投影与长方体的 *H* 投影和 *V* 投影完全相同。根据两面投影无法确定所表达的形体是长方体还是三棱柱体，或者还是其他形状的物体。因此，我们可得出结论：物体的两面投影有时也不能唯一确定物体的形状。

2.3.3　物体的三面投影

如图 2-11 所示，在 *H*、*V* 面的基础上再建立一个与 *H*、*V* 面都互相垂直的侧立投影面，简称 *W* 面。在侧立投影面上的投影称侧面投影，简称 *W* 投影。形体的 *V*、*H*、*W* 投影所确定的形状是惟一的。因此，我们可得出结论：通常情况下，物体的三面投影，可以确定惟一物体的形状。

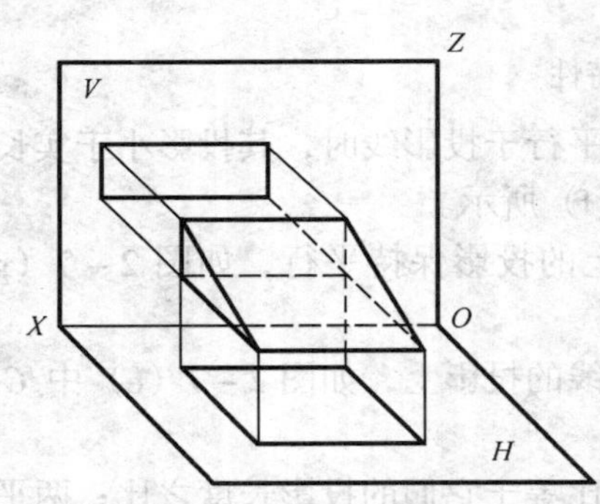

图 2-10　三棱柱的两面投影图

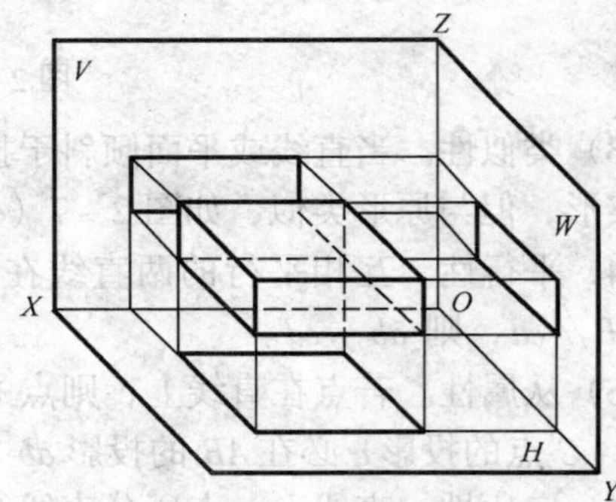

图 2-11　物体的三面投影

V 面、*H* 面和 *W* 面共同组成一个三面投影体系，三投影面两两相交的交线 *OX*、*OY* 和 *OZ* 称投影轴，三投影轴的交点 *O* 称为原点。

2.3.4　投影面的展开

为使三个投影面处于同一个图纸平面上，我们需要把三个投影面展开。如图 2-12（a）所示，规定 *V* 面固定不动，*H* 面绕 *OX* 轴向下旋转 90°，*W* 面绕 *OZ* 轴向右旋转 90°，从而都与 *V* 面处在同一平面上。这时 *OY* 轴分为两条，一条随 *H* 面转到与 *OZ* 轴在同一铅直线上，标注为 OY_H；另一条随 *W* 面转到与 *OX* 轴在同一水平线上，标注为 OY_W，如图 2-12（b）所示。正面投影（*V* 投影）、水平投影（*H* 投影）和侧面投影（*W* 投影）组成的投影图，称为三面投影图。

实际作图时，只需画出物体的三个投影而不需画投影面边框线，如图 2-13 所示。能熟练作图后，三条轴线亦可省去。

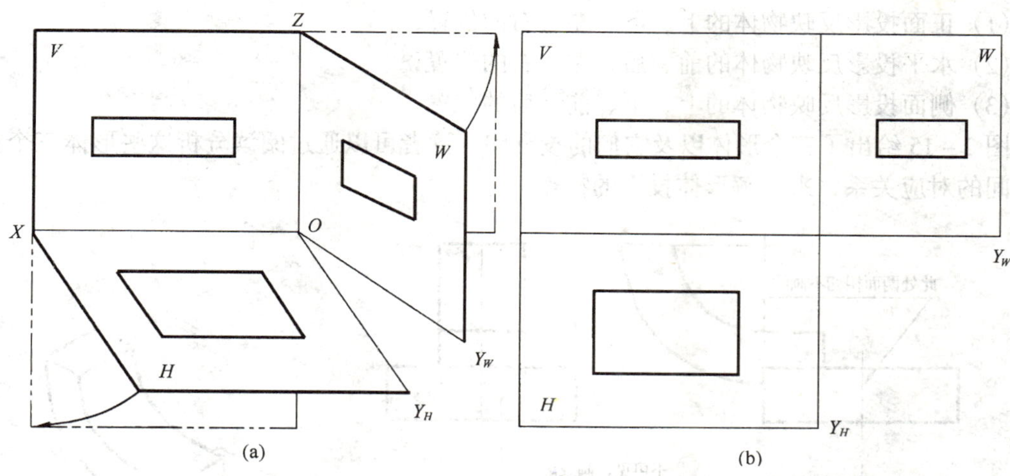

图 2－12　三面投影图的展开

2.3.5　三面投影图的对应关系

2.3.5.1　度量对应关系

三面投影图是在物体安放位置不变的情况下，从三个不同方向投影所得到的，它们共同表达同一物体，因此它们之间存在着紧密的关系，如图 2－13 所示：*V*、*H* 两面投影都反映物体的长度，因此画图时，正面投影和水平投影要左右对齐；*V*、*W* 两面投影都反映物体的高度，因此画图时，正面投影和侧面投影要上下平齐；*H*、*W* 两面投影都反映物体的宽度，因此水平投影和侧面投影要宽度相等。总结起来，三面投影图的度量对应关系就是：长对正、高平齐、宽相等。这种关系称为三面投影图的投影规律，简称三等规律。应该指出：三等规律不仅适用于物体总的轮廓，也适用于物体的局部。

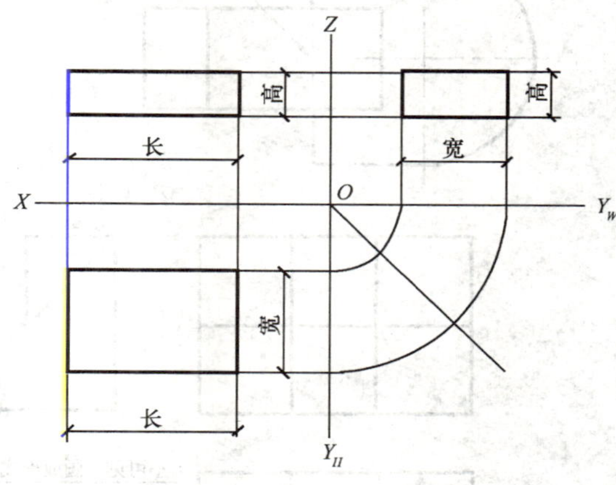

图 2－13　三面投影图的度量对应关系

2.3.5.2　位置对应关系

从图 2－14 中可以看出：物体的三面投影图与物体之间的位置对应关系为：

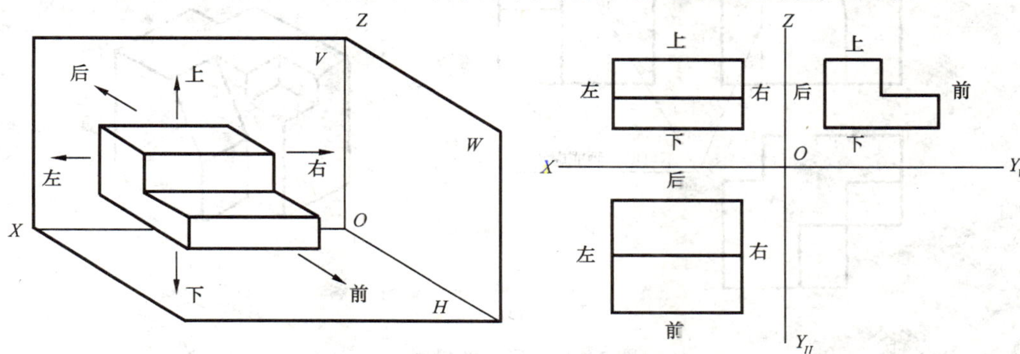

图 2－14　投影图和物体的位置对应关系

（1）正面投影反映物体的上、下、左、右的位置；

（2）水平投影反映物体的前、后、左、右的位置；

（3）侧面投影反映物体的上、下、前、后的位置。

图 2－15 给出了三个形体以及它们的投影图，读者可以通过阅读分析这些形体三个投影图之间的对应关系，来了解形体投影的特点。

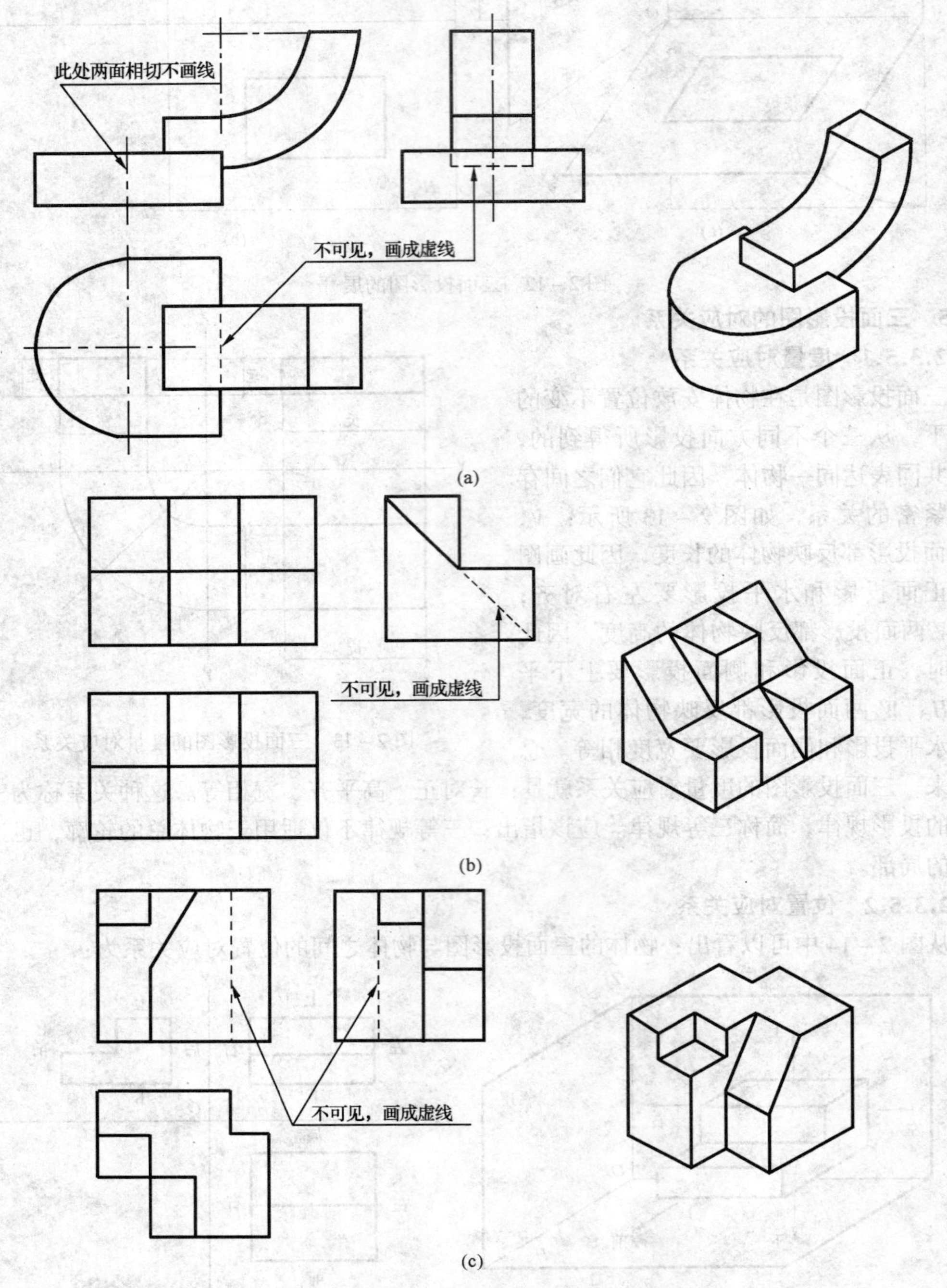

图 2－15　形体的投影图

第3章　点、线、面的投影

任何形体都是由多个表面所围成的，这些表面都可以看成是由点、线等几何元素所组成的。形体各表面相交，产生多条侧棱，各侧棱又分别相交于多个顶点，如图3－1所示。作该形体的投影图时，只需要将这些顶点的投影画出来，然后月直线将各点的投影一一相连即可。因此，点是组成空间形体最基本的几何元素，要研究形体的投影问题，首先要研究点的投影。

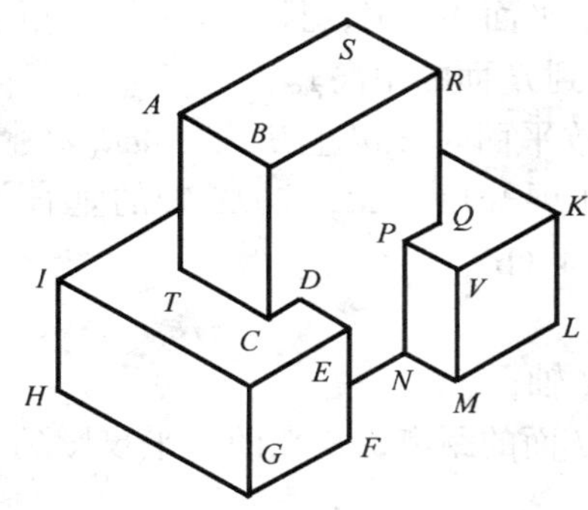

图3－1　建筑形体的表面和棱线

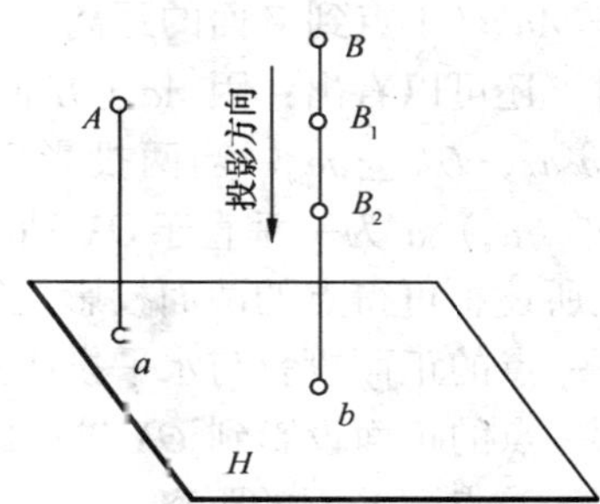

图3－2　点的一面投影

3.1　点　的　投　影

3.1.1　点的一面投影

点的一面投影不能确定其在空间的位置，它至少需要两面投影。如图3－2所示，若投影方向确定后，*A*点在*H*面上就有惟一确定的投影*a*，反之，仅凭*B*点的水平投影*b*，并不能确定*B*点的空间位置，故需要研究点的多面投影问题。

3.1.2　点的两面投影

3.1.2.1　两面投影体系

如图3－3所示，取互相垂直的两个投影面*H*和*V*，两者的交线为*OX*轴，在几何学中，平面是广阔无边的。使*V*面向下延伸，*H*面向后延伸，则将空间划分为四个部分，称四个分角。在*V*之前*H*之上的称为第一分角；*V*之后*H*之上的称为第二分角；*V*之后*H*之下的称为第三分角；*V*之前*H*之下的称为第四分角，则该体系称为两投影面体系。我国制图标准规定，画投影图时物体处于第一分角，所得的投影称为第一分角投影。

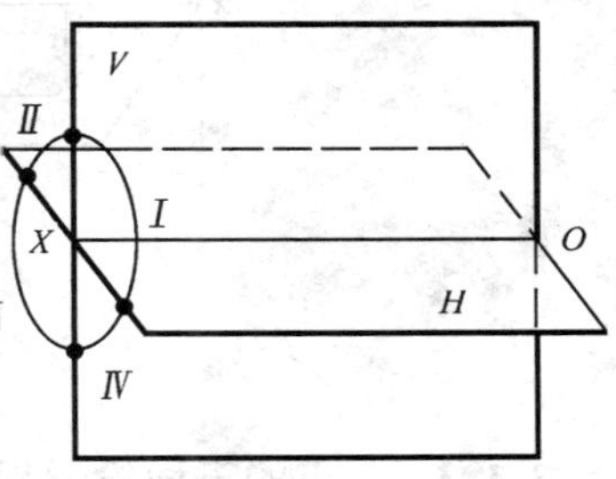

图3－3　两面投影体系

3.1.2.2　点的两面投影及其投影规律

如图3-4（a）所示，空间点 A 在第Ⅰ分角内，由 A 点向 H 面作垂线，此垂线与 H 面的交点称为 A 点在 H 面上的投影，用 a 表示，由 A 点向 V 面作垂线，此垂线与 V 面的交点称为 A 点在 V 面上的投影，用 a' 表示。规定空间点用大写字母标记，如 A、B、C……，H 面投影用相应的小写字母标记，如 a、b、c……，V 面投影用相应的小写字母加一撇标记，如 a'、b'、c'……。A 点的两个投影 a' 和 a 便可惟一确定空间点的位置。

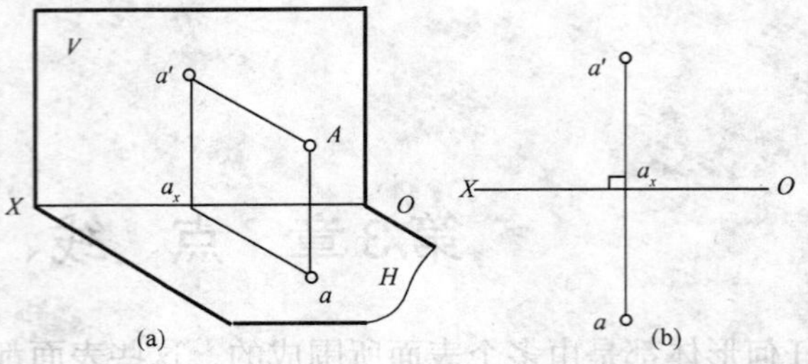

图3-4　点的两面投影及其投影规律

（a）空间状况；（b）投影图

由图3-4（a）可看出，由 Aa' 和 Aa 可以确定一个平面 Aaa_xa'，且 Aaa_xa' 为一矩形，故得：$aa_x = Aa'$（A 点到 V 面的距离），$a'a_x = Aa$（A 点到 H 面的距离）。

同时，还可以看出：因 $Aa \perp H$ 面，$Aa' \perp V$ 面，故平面 $Aaa_xa' \perp H$ 面，$Aaa_x a' \perp V$ 面，则 $OX \perp a'a_x$，$OX \perp aa_x$。当两投影面体系按展开规律展开后，aa_x 与 OX 轴的垂直关系不变，故 a'（a_x）a 为一垂直于 OX 轴的直线，见图3-4（b）。

综上所述，可得点的两面投影规律如下：

（1）一点的正面投影与水平投影的连线垂直于 OX 轴；

（2）一点的正面投影到 OX 轴的距离等于该点到 H 面的距离，一点的水平投影到 OX 轴的距离等于该点到 V 面的距离。

3.1.3　点的三面投影

3.1.3.1　求点的三面投影

如图3-5（a）所示，将空间点 A 放在如前所述的三投影面体系中，由 A 点分别向 H、V、W 面作垂线 Aa、Aa'、Aa''，垂足 a、a'、a''（读作 a 两撇），分别称为 A 点的水平投影、正面投影、侧面投影。将三面投影体系按投影面展开规律展开，便得到 A 点的三面投影图，因为投影面的大小不受限制，所以通常不必画出投影面的边框，如图3-5（b）所示。

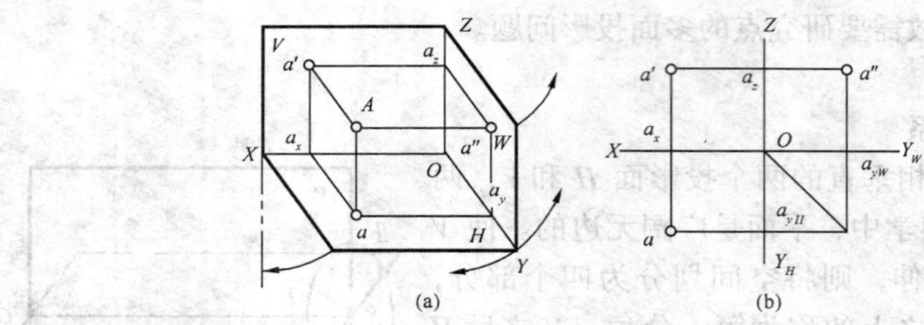

图3-5　点的三面投影

（a）空间状况；（b）投影图

3.1.3.2　点的三面投影规律

从图3-5（a）可看出：$aa_x = Aa' = a''a_z$，即 A 点的水平投影 a 到 OX 轴的距离等于 A 点的侧面投影 a'' 到 OZ 轴的距离，都等于 A 点到 V 面的距离。在图3-5（b）中，根据点的两面投影规律，$aa' \perp OX$ 轴，同理可得出 $a'a'' \perp OZ$ 轴。

综上所述，可得点的三面投影规律如下：

（1）一点的水平投影与正面投影的连线垂直于 OX 轴；

（2）一点的正面投影与侧面投影的连线垂直于 OZ 轴；

（3）一点的水平投影到 OX 轴的距离等于该点的侧面投影到 OZ 轴的距离，都反映该点到 V 面的距离。

由上述规律可知，已知点的两个投影便可求出第三个投影。

【例 3-1】 见图 3-6（a），已知点 A、B 的两面投影，求作第三面投影。

根据"长对正、高平齐、宽相等"的三面投影关系，可以利用已知的两面投影求出第三面投影。

作图步骤为：

（1）在图面右下角的空白地方，过原点 O 画一条 45°的斜线作为宽相等的辅助作图线。

（2）过 A 点的水平投影 a 向右画一条水平线，与 45°斜线相交后，再向上画铅垂线，与过 A 点的正面投影 a' 所作的水平线相交于一点，此点即为 A 点的侧面投影 a''。

（3）求 B 点的水平投影时，需过 b'' 向下作铅垂线，与 45°斜线相交后，再向左画水平线，与过 b' 所作的铅垂线相交于一点，此点即为 B 点的水平面投影 b。作图过程如图 3-6（b）所示。

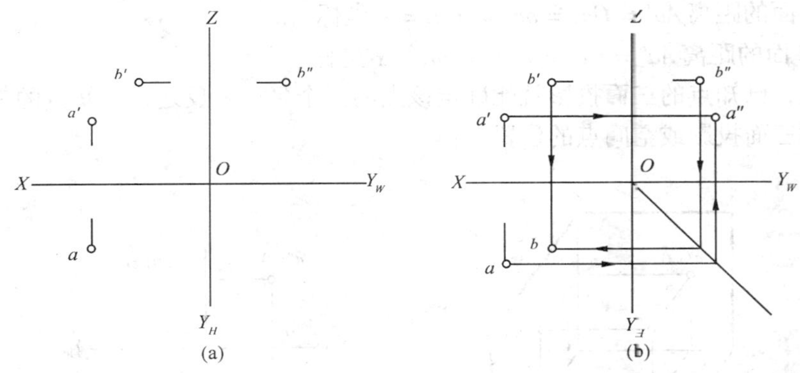

图 3-6　已知两面投影求第三面投影

（a）已知条件；（b）作图

3.1.3.3　投影面上或投影轴上点的投影规律

在图 3-4 和 3-5 中，空间点是针对一般点而言的，也就是说空间点到三个投影面都有一定的距离。如果空间点处于特殊位置，比如点恰巧在投影面上或投影轴上，那么，这些点的投影规律又如何呢？如图 3-7 所示：

（1）若点在投影面上，则点在该投影面上的投影与空间点重合，另两个投影均在投影轴上，如图中的点 A 和点 B；

（2）若点在投影轴上，则点的两个投影与空间点重合，另一个投影在投影轴原点，如图中的点 C。

3.1.3.4　点的投影与坐标

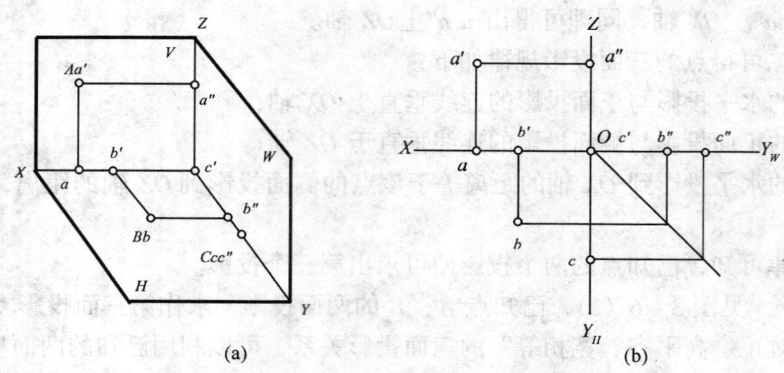

图 3－7　投影面、投影轴上的点的投影

（a）空间状况；（b）投影图

空间点的位置除了用投影表示以外，还可以用坐标来表示。

我们可以把投影面当作坐标面，把投影轴当作坐标轴，把投影原点当作坐标原点，则点到三个投影面的距离便可用点的三个坐标来表示，如图 3－8 所示，点的投影与坐标的关系如下：

A 点到 H 面的距离 $Aa = Oa_z = a'a_x = a''a_y = z$ 坐标

A 点到 V 面的距离 $Aa' = Oa_y = aa_x = a''a_z = y$ 坐标

A 点到 W 面的距离 $Aa'' = Oa_x = a'a_z = aa_y = x$ 坐标

由此可见，已知点的三面投影就能确定该点的三个坐标；反之，已知点的三个坐标，就能确定该点的三面投影或空间点的位置。

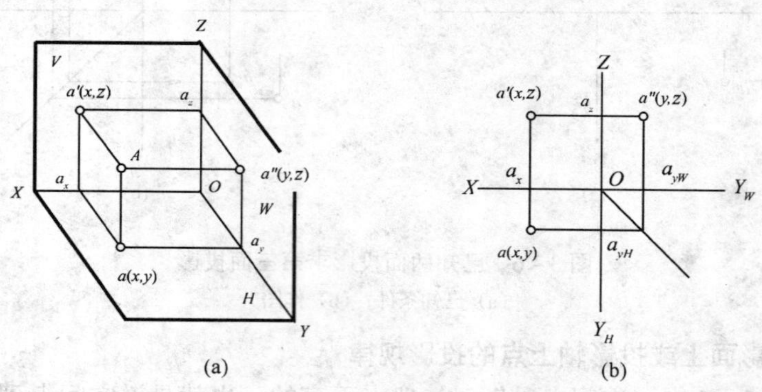

图 3－8　点的投影与坐标

（a）空间状况；（b）投影图

3.1.4　两点的相对位置与重影点

3.1.4.1　两点的相对位置

根据两点的投影，可判断两点的相对位置。如图 3－9 所示：从图（a）表示的上下、左右、前后位置对应关系可以看出：根据两点的三个投影判断其相对位置时，可由正面投影或侧面投影判断上下位置，由正面投影或水平投影判断左右位置，由水平投影或侧面投影判断前后位置。根据图（b）中 A、B 两点的投影，可判断出 A 点在 B 点的左、前、上方；反之，B 点在 A 点的右、后、下方。

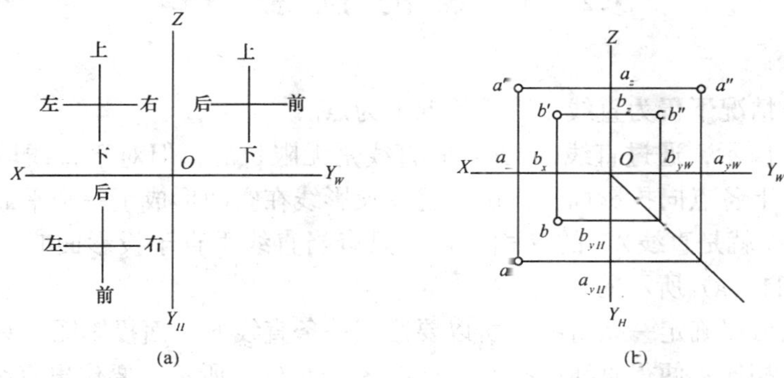

图 3－9　两点的相对位置

3.1.4.2　重影点及可见性的判断

当空间两点位于某一投影面的同一条投影线上时，则此两点在该投影面上的投影重合，这两点称为对该投影面的重影点。

如图 3－10（a）所示，A、C 两点处于对 V 面的同一条投影线上，它们的 V 面投影 a'、c' 重合，A、C 就称为对 V 面的重影点。同理，A、B 两点处于对 H 面的同一条投影线上，两点的 H 面投影 a、b 重合，A、B 就称为对 H 面的重影点。

当空间两点在某一投影面上的投影重合时，其中必有一点遮挡另一点，这就存在着可见性的问题。如图 3－10（b）所示，A 点和 C 点在 V 面上的投影重合为 a'（c'），A 点在前遮挡 C 点，其正面投影 a' 是可见的，而 C 点的正面投影（c'）不可见，加括号表示（称前遮后，即前可见后不可见）。同时，A 点在上遮挡 B 点，a 为可见，（b）为不可见（称上遮下，即上可见下不可见）。同理，也有左遮右的重影状况（左可见右不可见），如 A 点遮住 D 点。

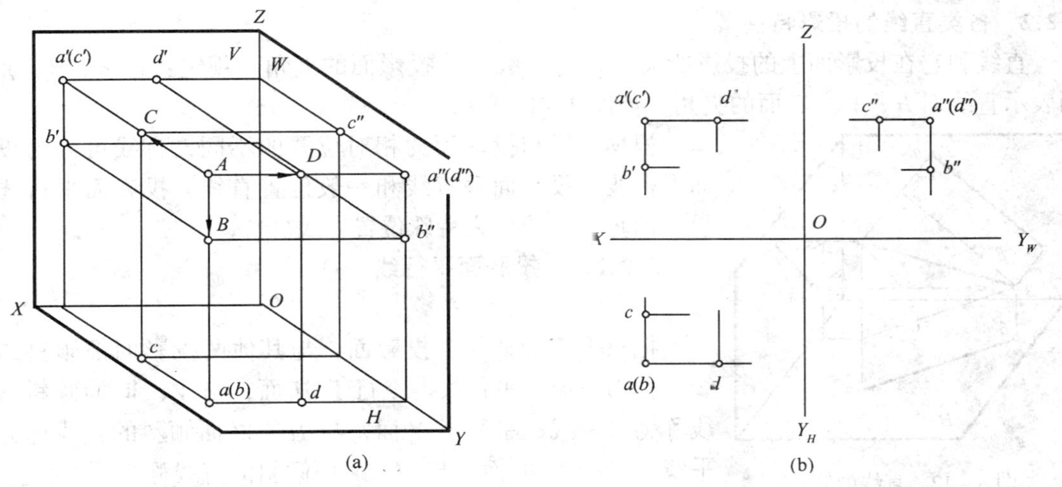

图 3－10　重影点的可见性

（a）空间状况；（b）投影图

3.2 直 线 的 投 影

3.2.1 直线的投影

直线的投影一般情况下仍为直线，特殊情况下为点。

如图 3－11（a）所示，通过直线 *AB*（空间直线是无限长的，但对于直线段，一般都是用它的两端点表示）上各点向投影面作投影，这些投影线在空间形成了一个平面，这个平面与投影面 *H* 的交线 *ab* 就是直线 *AB* 的 *H* 面投影。只有当直线垂直于投影面时，其投影才积聚成一点，如图 3－11（a）所示的直线 *EF*。

由于空间两个点可以确定一条直线，所以要绘制一条直线的三面投影图，只要将直线上两端点的各同面投影相连，便得直线的投影。如图 3－11（b）所示，要作出直线 *AB* 的两面投影，只要分别作出 *A*、*B* 两点的同面投影 a'、b' 和 a、b，然后将同面投影相连即得直线 *AB* 的两面投影 $a'b'$、ab。

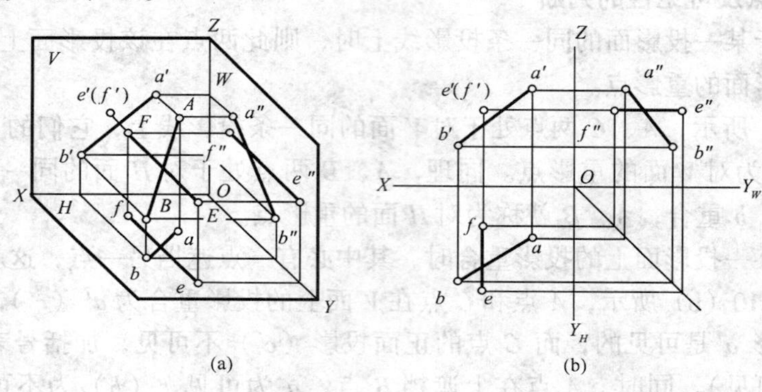

图 3－11　直线的投影

（a）空间状况；（b）投影图

3.2.2 各类直线的投影特性

直线和它在投影面上的投影所夹锐角为直线对该投影面的夹角。规定：以 α、β、γ 分别表示直线对 *H*、*V*、*W* 面的夹角，如图 3－12 所示。

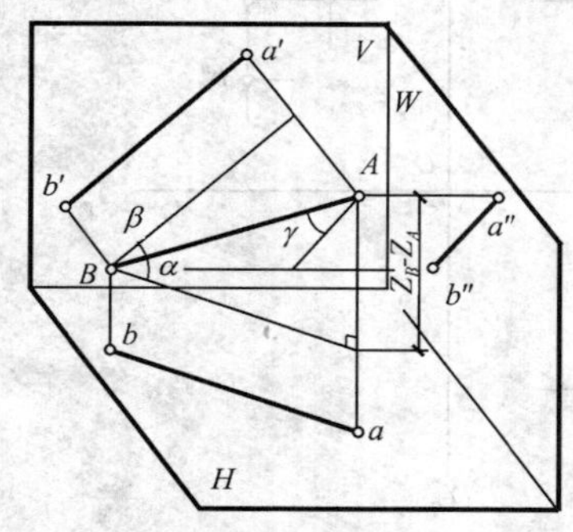

图 3－12　直线的倾角

根据直线与投影面的相对位置的不同，直线可分为投影面平行线、投影面垂直线和一般位置直线，投影面平行线和投影面垂直线统称为特殊位置直线。

3.2.2.1 投影面平行线

（1）空间位置

把只平行于某一个投影面，与其他两投影面都倾斜的直线，称为投影面平行线。平行于 *H* 面，与 *V*、*W* 面倾斜的直线称为水平线；平行于 *V* 面，与 *H*、*W* 面倾斜的直线称为正平线；平行于 *W* 面，与 *H*、*V* 面倾斜的直线称为侧平线。

（2）投影特性

根据投影面平行线的空间位置，我们可以得出其投影特性。水平线、正平线及侧平线的直观图、投影图及投影特性见表 3－1。

从表 3-1 可概括出投影面平行线的投影特性：

投影面平行线在其所平行的投影面上的投影反映实长，并反映与另两投影面的夹角；在其他两投影面上的投影分别平行于该直线所平行的那个投影面的两条投影轴（或在其他两投影面上的投影都垂直于同一投影轴），且长度都小于其实长。

表 3-1　投影面平行线的投影特性

直线的位置	直观图	投影图	投影特性
正平线	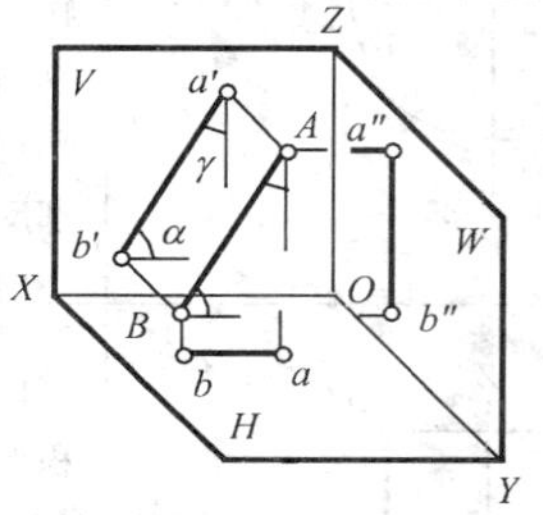	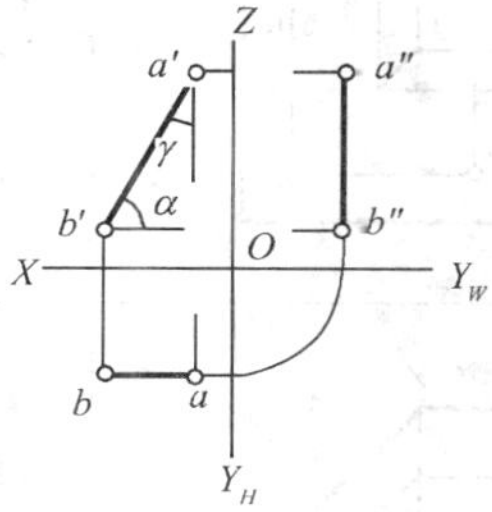	1. 正面投影 $a'b'$ 反映线段实长，它与 OX、OZ 轴的夹角为 α、γ； 2. 其他两投影分别平行 OX/ OZ 轴（或同垂直于 OY 轴）。
水平线	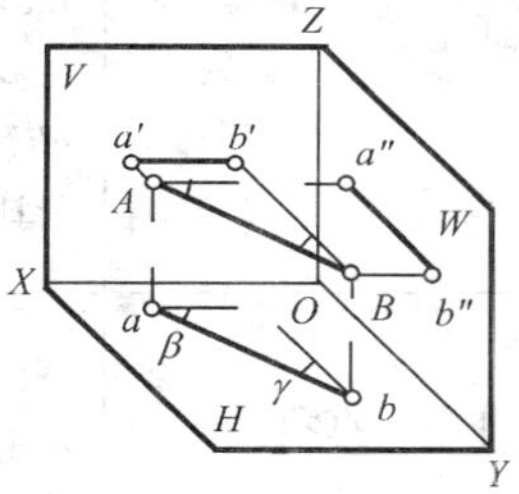	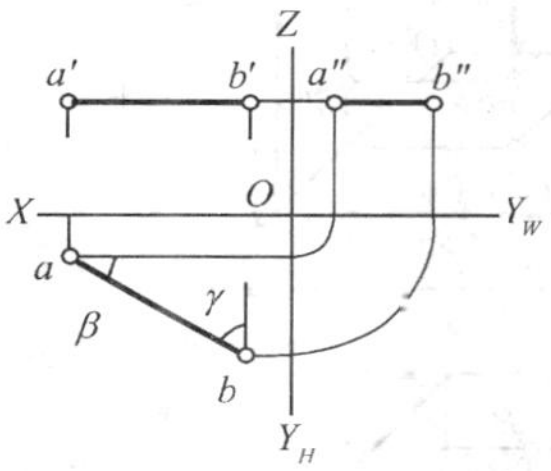	1. 水平投影 ab 反映线段实长，它与 OX 轴、OY_H 轴的夹角即 β、γ； 2. 其他两投影分别平行 OX/ OY_W 轴（或同垂直于 OZ 轴）。
侧平线	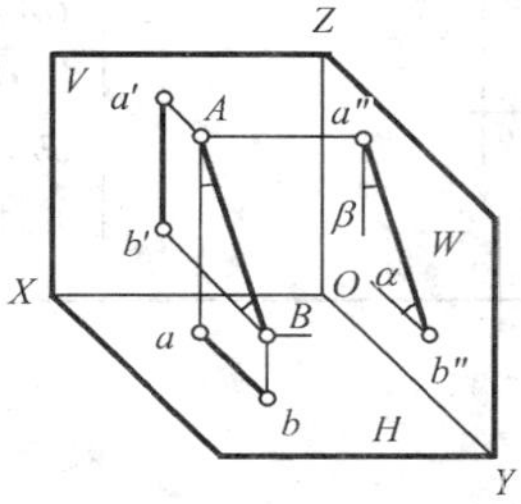	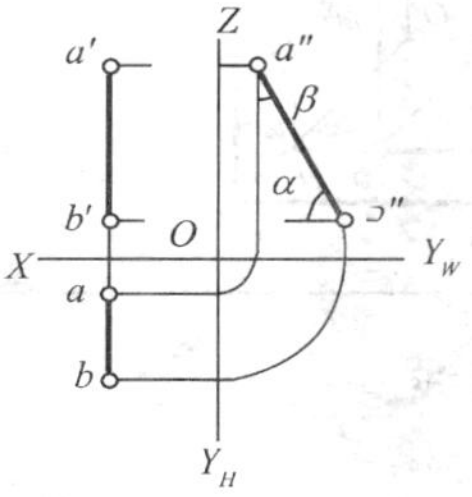	1. 侧面投影 $a''b''$ 反映线段实长，它与 OY_W、OZ 轴的夹角即 α、β； 2. 其他两投影分别平行 OZ/ OY_H 轴（或同垂直于 OX 轴）。

3.2.2.2　投影面垂直线

（1）空间位置

把垂直于某一个投影面，与其他两投影面都平行的直线，称为投影面垂直线。垂直于 V 面的直线称为正垂线；垂直于 H 面的直线称为铅垂线；垂直于 W 面的直线称为侧垂线。

（2）投影特性

根据投影面垂直线的空间位置，我们可以得出其投影特性。正垂线、铅垂线、侧垂线的直观图、投影图及投影特性见表 3-2。

从表 3-2 可概括出投影面垂直线的投影特性：

投影面垂直线在其所垂直的投影面上的投影积聚成一点；在其他两个投影面上的投影分别垂直于该直线所垂直的那个投影面的两条投影轴（或其他两投影同平行于同一投影轴），

并且都反映线段的实长。

表 3－2　投影面垂直线的投影特性

直线的位置	直 观 图	投 影 图	投 影 特 性
正垂线	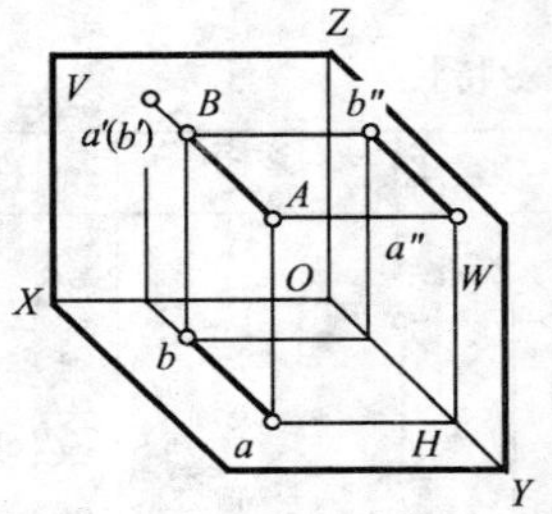	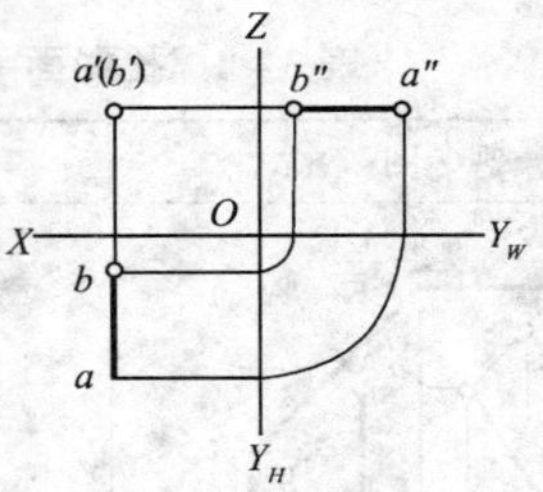	1. 正面投影 a'（b'）积聚成一点； 2. 水平投影 $ab \perp OX$ 轴，侧面投影 $a''b'' \perp OZ$ 轴（即 ab、$a'b'$ 均平行于 OY 轴），并且都反映线段实长。
铅垂线	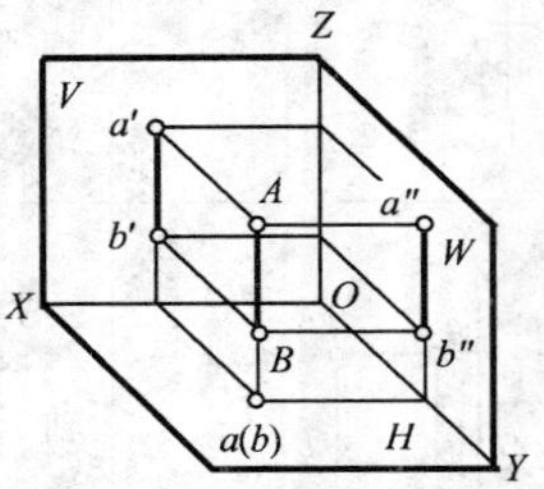	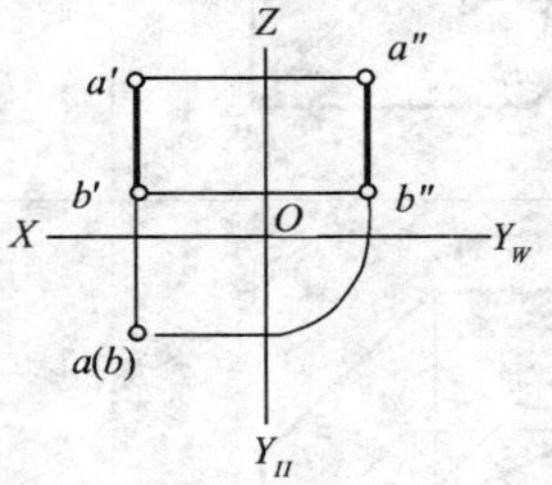	1. 水平投影 a（b）积聚成一点； 2. 正面投影 $a'b' \perp OX$ 轴，侧面投影 $a''b'' \perp OY_W$ 轴（即 $a'b'$、$a''b''$ 均平行于 OZ 轴），并且都反映线段实长。
侧垂线	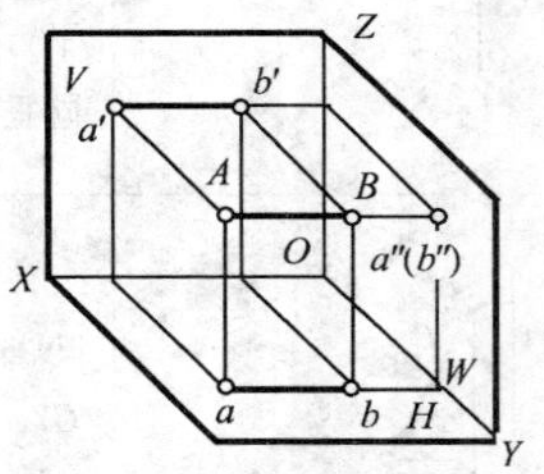	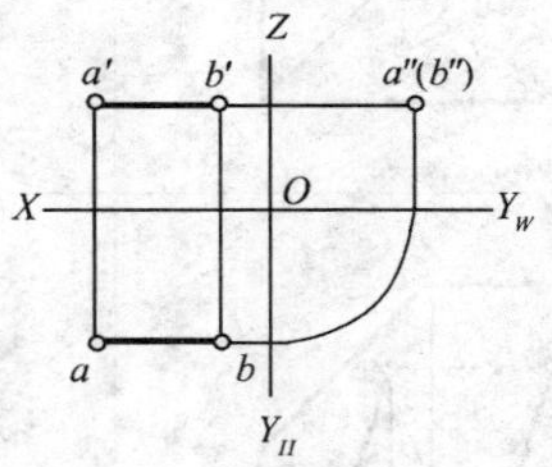	1. 侧面投影 a''（b''）积聚成一点； 2. 正面投影 $a'b' \perp OZ$ 轴，水平投影 $ab \perp OY_H$ 轴（即 $a'b'$、ab 均平行于 OX 轴），并且都反映线段实长。

3.2.2.3　一般位置直线

（1）空间位置

一般位置直线对三个投影面都处于倾斜位置，它与 H、V、W 面的倾角 α、β、γ 均不等于 0°或 90°。

（2）投影特性

根据一般位置直线的空间位置，我们可得其投影特性如下：

一般位置直线的三个投影均倾斜于投影轴，均不反映实长；三个投影与投影轴的夹角均不反映直线与投影面的夹角。

3.2.3　直角三角形法求一般位置直线的实长及倾角

我们在投影图中可以采用直角三角形法求线段的实长和倾角，即在投影、倾角、实长三者之间建立起直角三角形关系，从而在直角三角形中求出实长和倾角。

根据几何学原理可知：直线与其投影面的夹角就是直线与它在该投影面的投影所成的角。如图 3－13 所示；要求直线 AB 与 H 面的夹角 α 及实长，我们可以自 A 点引 $AB_1 /\!/ ab$，

得直角三角形 AB_1B，其中 AB 是斜边，$\angle B_1AB$ 就是 α 角，直角边 $AB_1 = ab$，另一直角边 BB_1 等于 B 点的 Z 坐标与 A 点的 Z 坐标之差，即 $BB_1 = Z_B - Z_A = \Delta Z$。所以在投影图中就可根据线段的 H 投影 ab 及坐标差 ΔZ 作出与 $\triangle AB_1B$ 全等的一个直角三角形，从而求出 AB 与 H 面的夹角 α 及 AB 线段的实长，如图 3－13（b）所示。

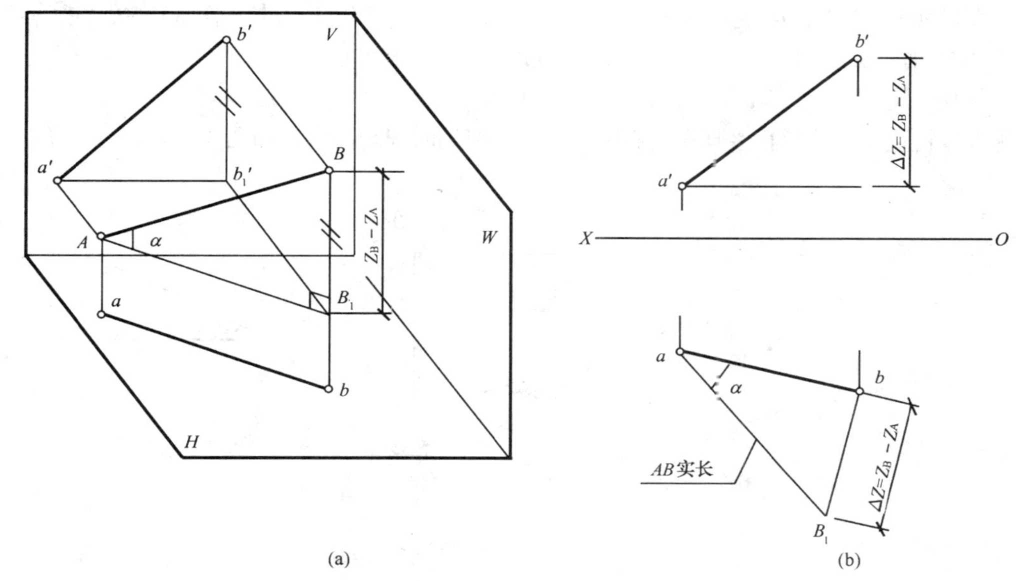

图 3－13　直角三角形法求线段实长及倾角 α

（a）空间状况；（b）投影图

由此，我们总结出 AB 的投影、倾角与实长之间的直角三角形边角关系如表 3－3 所示。

表 3－3　线段 AB 的各种直角三角形边角关系

倾　角	α	β	γ
直角三角形边角关系	ΔZ；AB实长；α；水平投影 ab	ΔY；AB实长；β；正面投影 $a'b'$	ΔX；AB实长；γ；侧面投影 $a''b''$
	ΔZ ＝A、B 两点的 Z 坐标差	ΔY ＝A、B 两点的 Y 坐标差	ΔX ＝A、B 两点的 X 坐标差

从表 3－3 可以看出，构成各直角三角形共有四个要素，即：（1）某投影的长度（直角边）；（2）坐标差（直角边）；（3）实长（斜边）；（4）对投影面的倾角（投影与实长的夹角）。在这四个要素中，只要知道其中任意两个要素，就可求出其他两个要素。并且我们还能够知道：不论用哪个直角三角形，所作出的直角三角形的斜边一定是线段的实长，斜边与投影的夹角就是该线段与相应的投影面的倾角。

利用直角三角形关系图解关于直线段投影、倾角、实长问题的方法称为直角三角形法。在图解过程中，若不影响图形清晰时，直角三角形可直接画在投影图上，也可画在图纸的任何空白地方。

【例 3－2】　如图 3－14（a），已知直线 AB 的水平投影 ab 和 A 点的正面投影 a'，并知

AB 对 H 面的倾角 $\alpha=30°$，B 点高于 A 点，求 AB 的正面投影 $a'b'$。

提示：在构成直角三角形四个要素中，已知其中两要素，即水平投影 ab 及倾角 $\alpha=30°$，可直接作出直角三角形，从而求出 b'。

作图步骤如下：

(1) 在图纸的空白地方，如图 3－14（c），以 ab 为一直角边，过 a 作 30°的斜线，此斜线与过 b 点的垂线交于 B_0 点，bB_0 即为另一直角边 ΔZ。

(2) 利用 bB_0 即可确定 b'，如图 3－14（b）。

此题也可将直角三角形直接画在投影图上，以便节约时间与图纸，如图 3－14（b）所示。

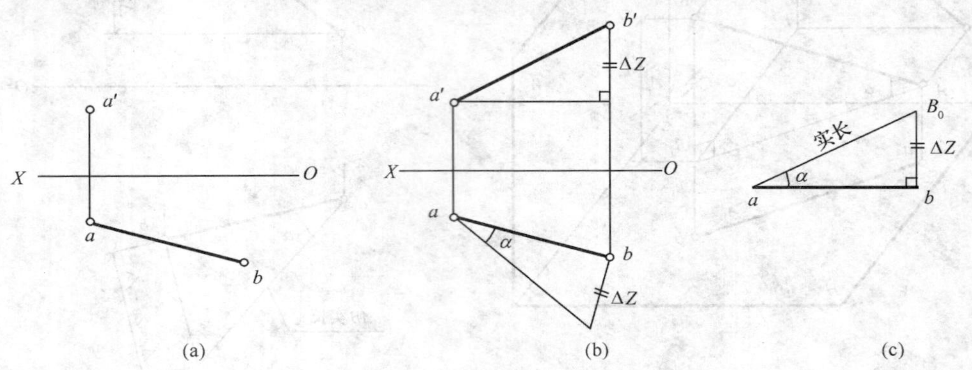

图 3－14　利用直角三角形法求 $a'b'$

(a) 已知条件；(b) 作图（一）；(c) 作图（二）

3.2.4　两直线的相对位置

两直线间的相对位置关系有以下几种情况：平行、相交、交叉（垂直是相交或交叉的特殊情况），图 3－15 所示的是三种相对位置的两直线在水平面上的投影情况。

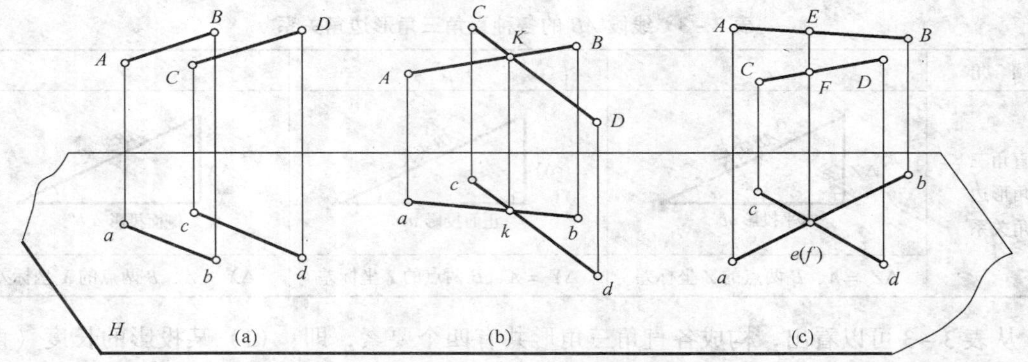

图 3－15　两直线的相对位置

(a) 平行；(b) 相交；(c) 交叉

3.2.4.1　两直线平行

若空间两直线平行，则它们的同面投影必然互相平行，如图 3－15（a）和 3－16 所示。

反过来，若两直线的同面投影互相平行，则此两直线在空间也一定互相平行。但当两直线均为某投影面平行线时，则需要观察两直线在该投影面上的投影才能确定它们在空间是否平行，仅用另外两个同面投影互相平行不能直接确定两直线是否平行。如图 3－17 中通过侧面投影可以看出 AB、CD 两直线在空间不平行。

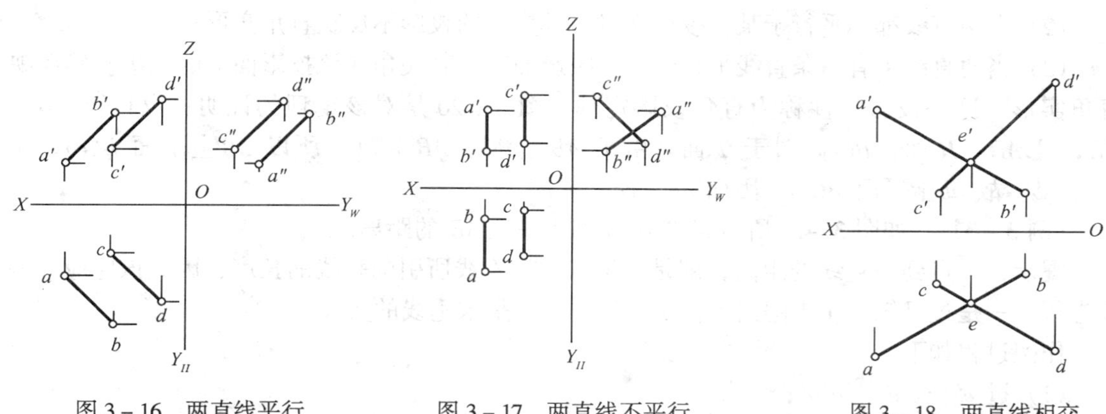

图 3-16　两直线平行　　图 3-17　两直线不平行　　图 3-18　两直线相交

3.2.4.2　两直线相交

若空间两直线相交，则它们的同面投影也必然相交，并且交点的投影符合点的投影规律，如图 3-15（b）和 3-18 所示。

3.2.4.3　两直线交叉

空间两条既不平行也不相交的直线，称为交叉直线，其投影不满足平行和相交两直线的投影特点。若空间两直线交叉，则它们的同面投影可能有一个或两个平行，但不会三个同面投影都平行；它们的同面投影可能有一个、两个或三个相交，但交点不符合点的投影规律（交点的连线不垂直于投影轴）。

交叉两直线同面投影的交点是两直线对该投影面的重影点的投影，对重影点需判别可见性。重影点的可见性可根据重影点的其他投影按照前遮后、上遮下、左遮右的原则来判断。如图 3-15（c）和 3-19 所示，*AB* 与 *CD* 的 *H* 面投影 *ab*、*cd* 的交点为 *CD* 上的 *E* 点和 *AB* 上的 *F* 点在 *H* 面上的重合投影，从 *V* 面投影看，*E* 点在上，*F* 点在下，所以 *e* 为可见，*f* 为不可见。同理，*AB* 与 *CD* 的 *V* 面投影 *a′b′*、*c′d′* 的交点为 *AB* 上的 *M* 点与 *CD* 上 *N* 点在 *V* 面上的重合投影，从 *H* 面投影看，*M* 点在前，*N* 点在后，所以 *m′* 可见，*n′* 不可见。

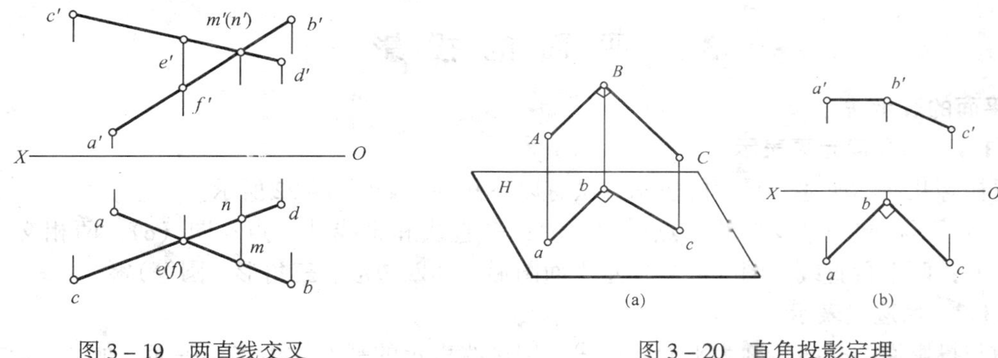

图 3-19　两直线交叉　　图 3-20　直角投影定理

（a）空间状况；（b）投影图

3.2.4.4　两直线垂直

两直线垂直包括相交垂直和交叉垂直，是相交和交叉两直线的特殊情况。

两直线垂直，其夹角的投影有以下三种情况：

（1）当两直线都平行于某一投影面时，其夹角的投影反映直角实形；

(2) 当两直线都不平行于某一投影面时，其夹角的投影不反映直角实形；

(3) 当两直线中有一条直线平行于某一投影面时，其夹角在该投影面上的投影仍然反映直角实形。这一投影特性称为直角投影定理。图 3-20 是对该定理的证明：设直线 $AB \perp BC$，且 $AB /\!/ H$ 面，BC 倾斜于 H 面。由于 $AB \perp BC$，$AB \perp Bb$，所以 $AB \perp$ 平面 $BCcb$，又 $AB /\!/ ab$，故 $ab \perp$ 平面 $BCcb$，因而 $ab \perp bc$。

【例 3-3】 如图 3-21 所示，求点 C 到正平线 AB 的距离。

提示：一点到一直线的距离，即是由该点到该直线所引的垂线的长度，因此该题应分两步进行：一是过已知点 C 向正平线 AB 引垂线，二是求垂线的实长。

作图过程如下：

(1) 过 c' 作 $c'd' \perp a'b'$；

(2) 由 d' 求出 d；

(3) 连 cd，则直线 $CD \perp AB$；

(4) 用直角三角形法求 CD 的实长，cD_0 即为所求 C 点到正平线 AB 的距离。

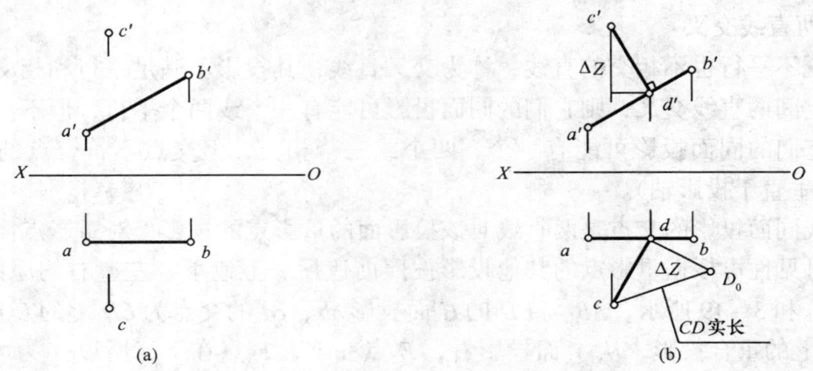

图 3-21 求一点到正平线的距离

(a) 已知条件；(b) 作图

3.3 平面的投影

3.3.1 平面的表示法

3.3.1.1 用几何元素表示

根据初等几何学所述，平面的表示方法有以下几种，如图 3-22 所示。

图 (a)：不在同一直线上的三点；图 (b)：一直线和直线外一点；图 (c)：两相交直线；图 (d)：两平行直线；图 (e)：任意平面图形（如四边形、三角形、圆等）。

3.3.1.2 用迹线表示

平面与投影面的交线，称为平面的迹线，用迹线表示的平面称为迹线平面，如图 3-23 所示。平面与 V 面、H 面、W 面的交线分别称为正面迹线（V 面迹线）、水平面迹线（H 面迹线）、侧面迹线（W 面迹线），迹线的符号分别用 P^V、P^H、P^W 表示。

3.3.2 各种位置平面的投影特性

根据平面与投影面相对位置的不同，平面可分为投影面平行面、投影面垂直面、一般位置平面。投影面平行面和投影面垂直面统称特殊位置平面。

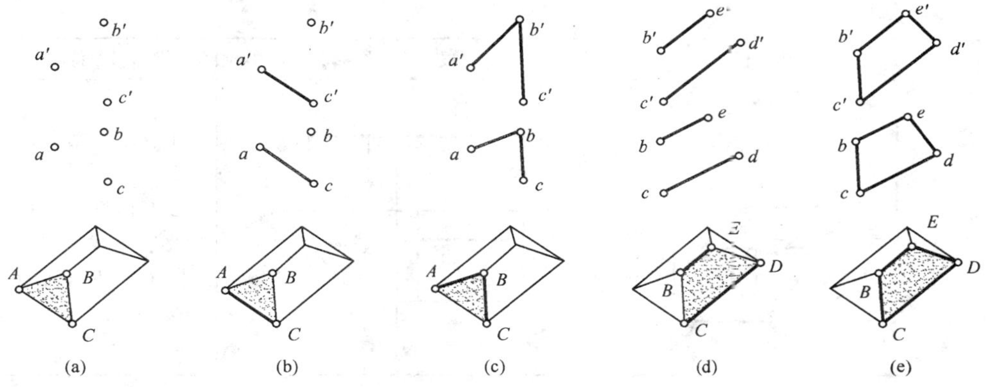

图 3－22　几何元素表示平面

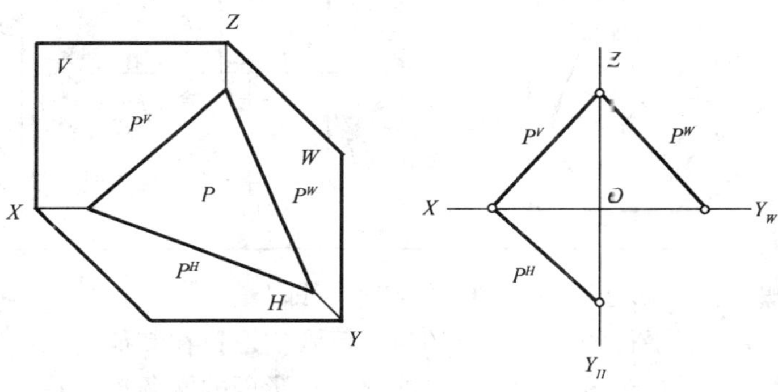

图 3－23　迹线表示平面

3.3.2.1　投影面平行面

（1）空间位置

把平行于某一个投影面，与其他两个投影面都垂直的平面，称为投影面平行面。平行于 *H* 面，与 *V*、*W* 面垂直的平面称为水平面；平行于 *V* 面，与 *H*、*W* 面垂直的平面称为正平面；平行于 *W* 面，与 *H*、*V* 面垂直的平面称为侧平面。

（2）投影特性

根据投影面平行面的空间位置，我们可以得出其投影特性。各种投影面平行面的直观图、投影图及投影特性见表 3－4。

表 3－4　投影面平行面的投影特性

名　称	直　观　图	投　影　图	投　影　特　性
正平面			1. *V* 面投影反映实形； 2. *H* 面投影、*W* 面投影积聚成直线，分别平行于投影轴 *OX*、*OZ*。

续表

名 称	直 观 图	投 影 图	投 影 特 性
水平面	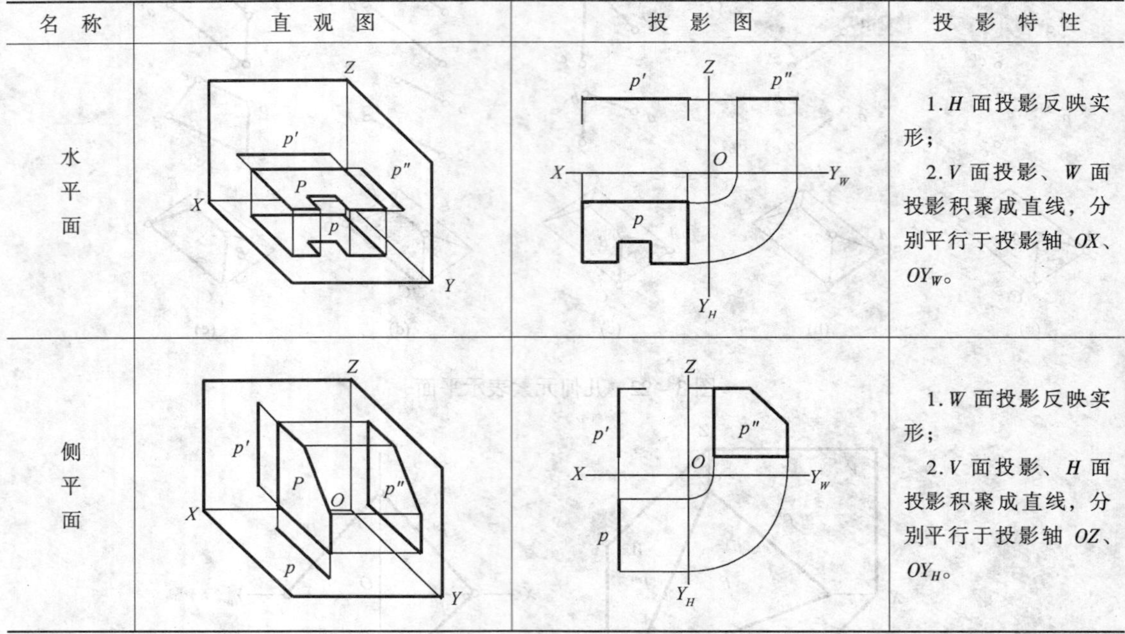		1. H 面投影反映实形； 2. V 面投影、W 面投影积聚成直线，分别平行于投影轴 OX、OY_W。
侧平面			1. W 面投影反映实形； 2. V 面投影、H 面投影积聚成直线，分别平行于投影轴 OZ、OY_H。

从表 3－4 可概括出投影面平行面的投影特性，即：

投影面平行面在它所平行的投影面上的投影反映实形；在其他两个投影面上的投影分别积聚成直线，并且分别平行于该平面所平行的那个投影面的两条投影轴。

3.3.2.2 投影面垂直面

(1) 空间位置

把垂直于某一个投影面，与其他两个投影面都倾斜的平面，称为投影面垂直面。垂直于 H 面，与 V、W 面倾斜的平面称为铅垂面；垂直于 V 面，与 H、W 面倾斜的平面称为正垂面；垂直于 W 面，与 H、V 面倾斜的平面称为侧垂面。

(2) 投影特性

各种投影面垂直面的直观图、投影图及投影特性见表 3－5。

表 3－5 投影面垂直面的投影特性

名 称	直 观 图	投 影 图	投 影 特 性
正垂面			1. V 面投影积聚成一直线，并反映与 H、W 面的倾角 α、γ； 2. 其他两投影为面积缩小的类似形。

续表

名　称	直　观　图	投　影　图	投　影　特　性
铅垂面			1. H 面投影积聚成一直线，并反映与 V、W 面的倾角 β、γ； 2. 其他两投影为面积缩小的类似形。
侧垂面			1. W 面投影积聚成一直线，并反映与 H、V 面倾角 α、β； 2. 其他两投影为面积缩小的类似形。

从表 3－5 可概括出投影面垂直面的投影特性，即：

投影面垂直面在它所垂直的投影面上的投影积聚成直线，它与投影轴的夹角分别反映该平面对其他两投影面的夹角；在其他两投影面上的投影为面积缩小的类似形。

3.3.2.3　一般位置平面

(1) 空间位置

平面与三投影面均倾斜。

(2) 投影特性

从图 3－24 中可概括出一般位置平面的三个投影均不反映实形（均是类似形）。

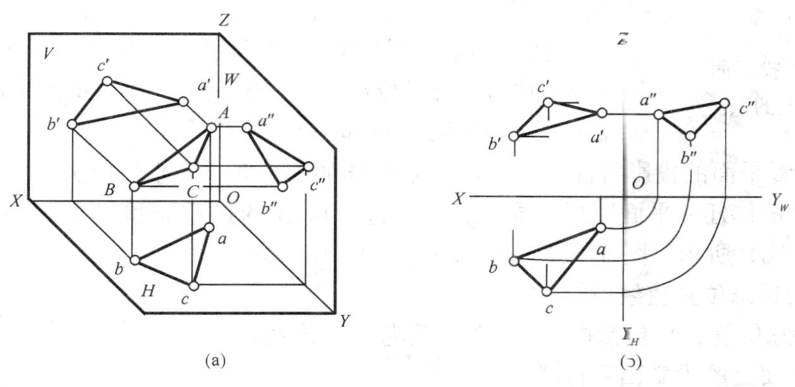

图 3－24　一般位置平面

(a) 空间示意；(b) 投影图

3.3.3 平面上的直线和点

3.3.3.1 平面上的直线

直线在平面上的几何条件是：直线通过平面上的两点，或通过平面上一点且平行于平面上的一条直线，如图 3－25（a)、图 3－25（b）所示。

3.3.3.2 平面上的点

点在平面上的几何条件是：点在平面上的一条直线上。因此，要在平面上取点必须先在平面上取线，然后再在此线上取点，即：点在线上，线在面上，那么点一定在面上。如图 3－25（c)所示。

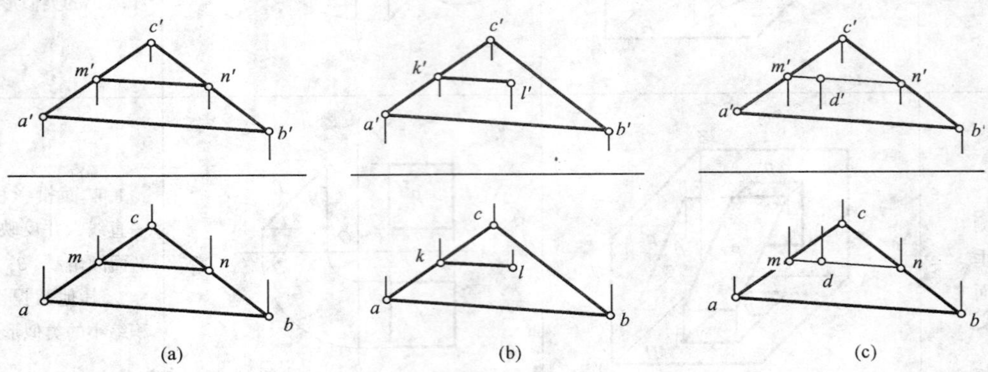

图 3－25 平面上的直线和点

3.3.3.3 特殊位置平面上的直线和点

因为特殊位置的平面在它所垂直的投影面上的投影积聚成直线，所以特殊位置平面上的点、直线和平面图形，在该平面所垂直的投影面上的投影，都位于这个平面的有积聚性的同面投影或迹线上，如图 3－26 所示。

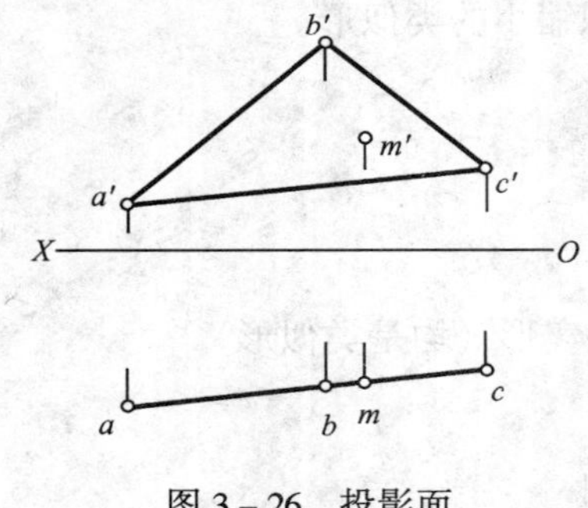

图 3－26 投影面垂直面上的点

3.3.3.4 包含点或直线作特殊位置平面

包含点或直线作特殊位置平面时，必须利用特殊位置平面的积聚性去作图，即所作平面必须有一投影与点或直线的某一投影重合。

【例 3－4】 如图 3－27 所示，已知点 A、B 和直线 CD 的两面投影，试过点 A 作一正平面；过点 B 作一正垂面，使 $\alpha=45°$；过直线 CD 作一铅垂面。

根据特殊位置平面的投影特性可知：过 A 点所作的正平面，其水平投影一定与 a 重合，正面投影可包含 a' 作任一平面图形；同理，可作包含点 B 的正垂面和包含 CD 直线的铅垂面，如图 3－27（b）所示。图 3－27（c）为所求平面的迹线表示法。

3.3.4 平面上的特殊位置直线

平面上的特殊位置直线包括投影面平行线和最大斜度线。

3.3.4.1 平面上的投影面平行线

平面上的投影面平行线有三种：平面上的水平线、平面上的正平线和平面上的侧平线。平面上的投影面平行线必须符合两个条件：既在平面上，又符合投影面平行线的投影特性。

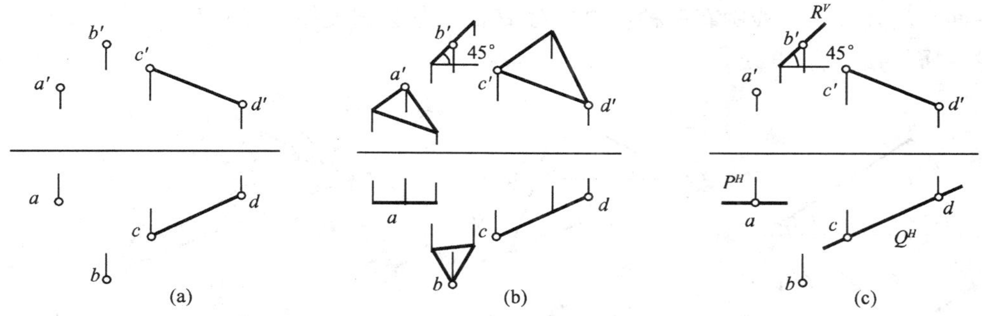

图 3-27　过点或直线作特殊位置平面

【例 3-5】　如图 3-28 所示，△*ABC* 为一般位置平面，试在此平面上作一条正平线及一条水平线。

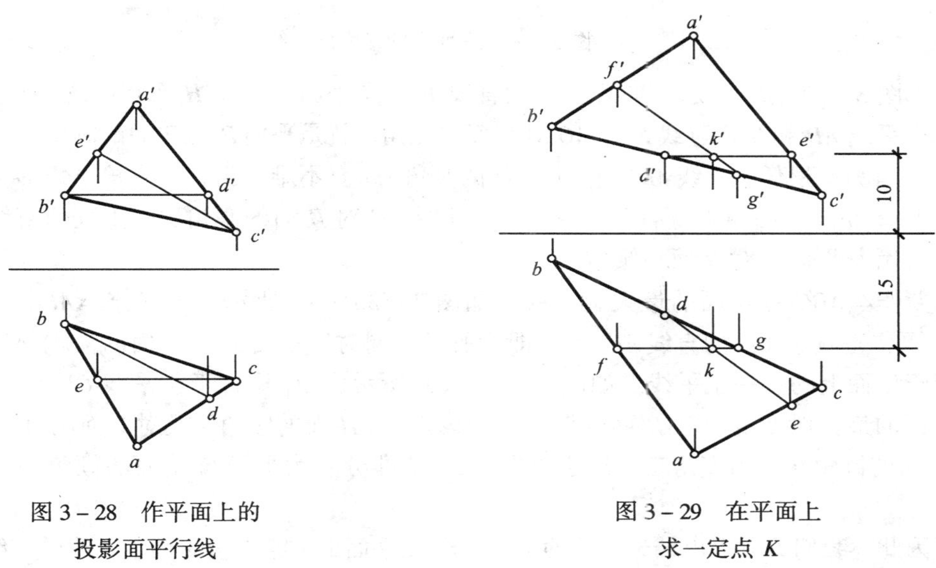

图 3-28　作平面上的投影面平行线

图 3-29　在平面上求一定点 *K*

过△*ABC* 上一已知点 *C*（*c*′，*c*）作正平线 *CE*。因正平线的水平投影平行于 *OX* 轴，所以过 *c* 作 *ce*∥*OX* 轴，与 *ba* 交于点 *e*，由 *e* 作出 *e*′，连接 *c*′*e*′ 即得 *CE* 的正面投影。同理在△*ABC* 内作水平线 *BD*，由水平线的投影特性，过 *b*′ 作 *b*′*d*′∥*OX* 轴，交 *a*′*c*′ 于 *d*′，由 *d*′ 求出 *d*，连接 *bd* 即得 *BD* 的水平投影 *bd*。

【例 3-6】　如图 3-29 所示，已知平面 *ABC* 的两面投影，在其上取一点 *K*，使点 *K* 在 *H* 面之上 10mm，*V* 面之前 15mm。

平面上距 *H* 面为 10mm 的点的轨迹为平面内的水平线，即 *DE* 直线；平面内距 *V* 面为 15mm 的点的轨迹为平面内的正平线，即 *FG* 直线。直线 *DE* 与 *FG* 的交点，即为所求点 *K*，作图过程如图 3-29 所示。

3.3.4.2　平面上的最大斜度线

平面上对投影面所成倾角最大的直线称为平面上的最大斜度线，它必然垂直于这个平面上平行于该投影面的所有直线（包括该平面与该投影面的交线——迹线），它与该投影面的夹角就是这个平面与该投影面的夹角。

平面上的最大斜度线中有三种：(1) 对 H 面的最大斜度线；(2) 对 V 面的最大斜度线；(3) 对 W 面的最大斜度线。

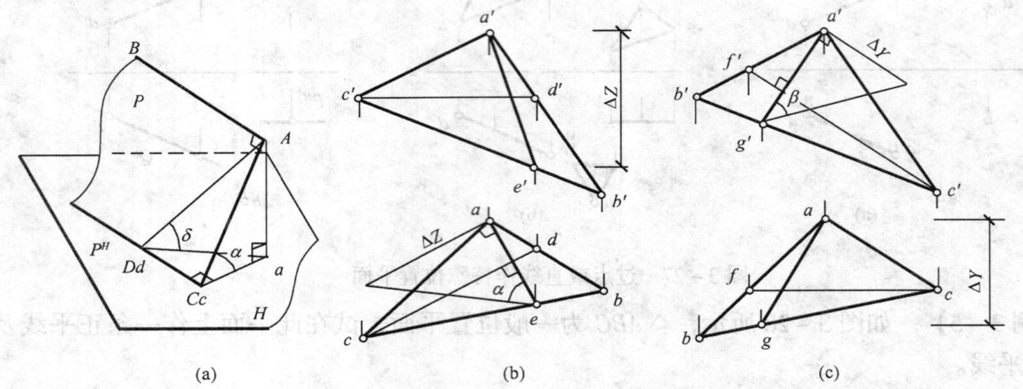

图 3－30　平面上的最大斜度线

如图 3－30（a）所示，平面 P 上的直线 AC，是平面 P 上对 H 面倾角最大的直线，它垂直于水平线 AB 和 H 面迹线 P^H，AC 对 H 面的倾角 α 就是平面 P 对 H 面的倾角。设平面 P 上过点 A 有另一根任意直线 AD，它对 H 面的倾角为 δ。不难看出，在直角三角形 ACa 和 ADa 中，$Aa = Aa$，$AD > AC$，所以 $\angle\delta < \angle\alpha$，证明 AC 对 H 面的倾角比面上任何直线的倾角都大，它代表平面 P 对 H 面的倾角。

要作△ABC 对 H 面的最大斜度线，如图 3－30（b）所示，可先作△ABC 上的水平线 CD，再作垂直于 CD 的直线 AE，AE 即为所求。同时，平面上对 V 面的最大斜度线，必然垂直于该面上的任一正平线。如图 3－30（c）所示，AG 垂直于正平线 CF，AG 即为面上对 V 面的最大斜度线。对 H 面的最大斜度线 AE 与 H 面的倾角 α 及对 V 面的最大斜度线 AG 与 V 面的倾角 β 可用直角三角形法作出。α、β 即分别为平面与 H 面的倾角和与 V 面的倾角。

因此，我们可以得出结论：平面上垂直于该平面上的某一投影面平行线的直线，是平面上对这个投影面的最大斜度线，它与这个投影面的倾角，也就是平面与这个投影面的倾角。

3.4　直线与平面的相对位置

直线与平面、平面与平面的相对位置，有平行、相交和垂直三种情况（实际只有两种，垂直是相交的特例）。

3.4.1　直线与平面的相对位置

3.4.1.1　直线与平面平行

直线与平面相平行的几何条件是：直线平行于平面上的某一直线。利用这个几何条件可以进行直线与平面平行的检验和作图。

【例 3－7】　如图 3－31（a）所示，已知直线 AB、△CDE 和点 P 的两面投影，要求：(1) 检验直线 AB 是否与△CDE 互相平行？(2) 过点 P 作一水平线平行于△CDE。

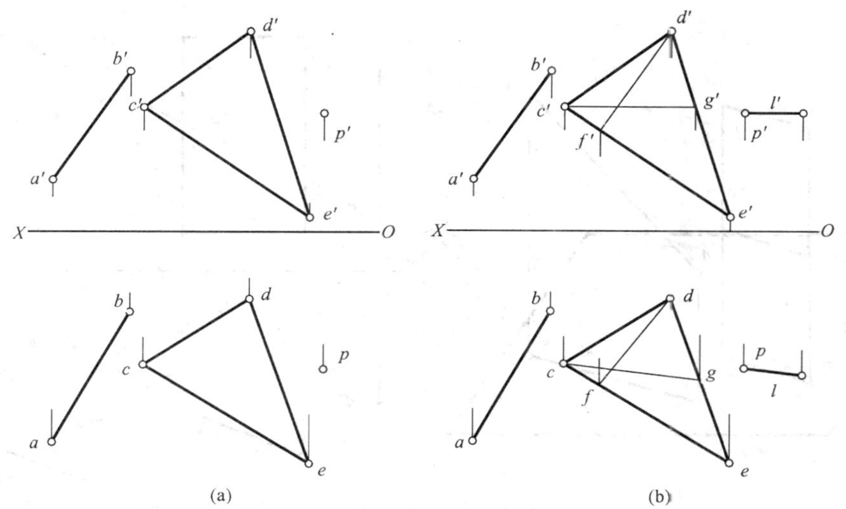

图 3-31 直线和平面平行的检验和作图

(a) 已知条件；(b) 作图过程

(1) 检验直线 AB 是否与△CDE 平行，只需要在△CDE 平面上，检验能否作出一条平行于 AB 的直线即可。检验过程如图 3-31 (b) 所示：

①过 d' 作 $d'f' \parallel a'b'$，与 $c'e'$ 交得 f'。过 f' 作 OX 轴的垂线，与 ce 交得 f，连接 d 与 f。

②检验 df 是否与 ab 平行：由于图中的检验结果是不平行的，说明在△CDE 平面上不可能作出平行于 AB 的直线，故 AB 不平行于△CDE。

(2) 水平线的平行线仍然是一水平线，所以过点 P 作一水平线与△CDE 相平行，只需在△CDE 平面内作出一任意水平线，过点 P 作出该水平线的平行线即可。作图过程如图 3-31 (b) 所示：

①过 c' 作 $c'g' \parallel OX$ 轴，与 $d'e'$ 交得 g'。过 g' 作 OX 轴的垂线，与 de 交得 g，连接 cg。

②过 p' 作 $l' \parallel c'g'$，过 p 作 $l \parallel cg$，l、l' 即为所求水平线的两面投影。

当平面为特殊位置时，则直线与平面的平行关系，可直接在平面有积聚性的投影中反映出来。见图 3-32，设空间有一直线 AB 平行于铅垂面 P，由于过 AB 的铅垂投射面与平面 P 平行，故它们与 H 面交成的 H 面投影 ab 和 P^H 相平行，即 $ab \parallel P^H$。若直线也与 H 面垂直，则直线肯定与平面 P 平行，这时，直线和平面 P 都具有积聚性。

由此可推导出，当平面垂直于投影面时，直线与平面相平行的投影特性为：在平面有积聚性的投影面上，直线的投影与平面的积聚投影平行，或者直线的投影也有积聚性。

3.4.1.2 直线与平面相交

直线与平面相交于一点，该点称为交点。直线与平面的相交问题，主要是求交点和判别可见性的问题。直线与平面的交点，既在直线上，又在平面上，是直线和平面的公有点，交点又位于平面上通过该交点的直线上。

(1) 直线与平面中至少有一个元素垂直于投影面时相交

直线与平面相交，只要其中有一个元素垂直于投影面，就可直接用投影的积聚性求作交点。在直线与平面都没有积聚性的同面投影处，可由交叉线重影点来确定或由投影图直接看

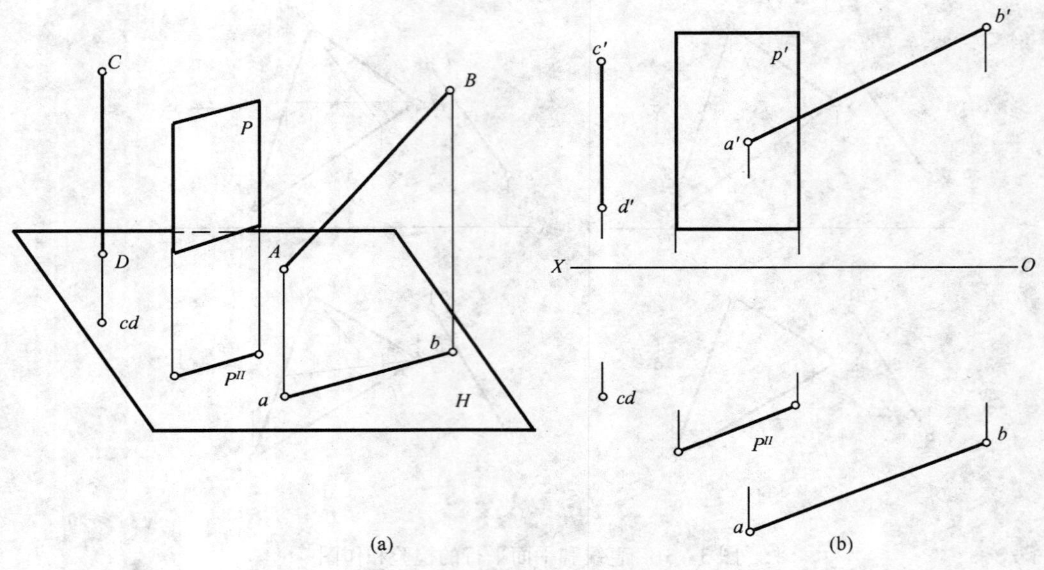

图 3-32　特殊位置的平面与直线平行

(a) 空间状况；(b) 投影图

出直线投影的可见性，而交点的投影就是可见和不可见的分界点。

【例 3-8】　如图 3-33（a）所示，求作正垂线 *AB* 与一般位置平面 *CDEF* 的交点 *K*，并表明投影的可见性。

因正垂线 *AB* 在 *V* 面上的投影有积聚性，*AB* 上各点的 *V* 面投影都积聚在 *AB* 的积聚投影 *a′b′* 上，故 *AB* 与 *CDEF* 的交点 *K* 的 *V* 面投影 *k′* 必定积聚在 *a′b′* 上，又因为 *K* 点也位于平面

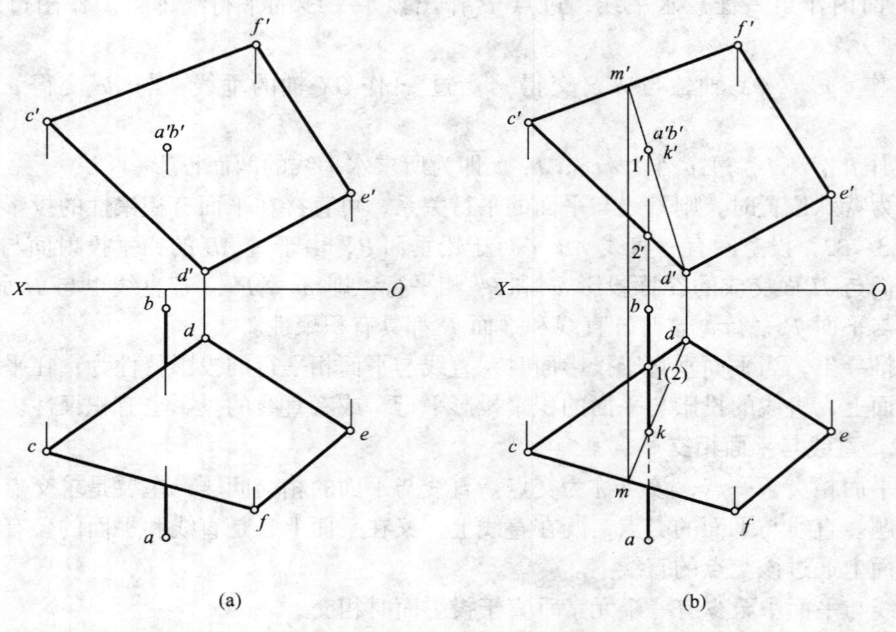

图 3-33　投影面垂直线与一般位置平面相交

(a) 已知条件；(b) 作图过程

上，K 点必在平面内过 K 点的任一直线 DM 上，所以可利用辅助线法求出 K 点的 H 面投影 k。作图过程如图 3－33（b）所示：

①在 $a'b'$ 处标出 K 点的 V 面投影 k'，连接 d' 和 k'，延长 $d'k'$，与 $c'f'$ 交得 m'。

②由 m' 作 OX 轴的垂线，与 cf 交得 m'，连 d 和 m，dm 与 ab 交得 k，即为交点 K 的 H 面投影。

③在 ab 与 cd 的交点处，标注出 AB 与 CD 对 H 面的重影点Ⅰ与Ⅱ的 H 面投影 1（2），由 1（2）作 OX 轴的垂线，与 $c'd'$ 交得 $2'$，$1'$ 与 $a'b'$ 重合，经观察，点Ⅰ位于点Ⅱ的上方，于是 $a'b'$ 上的 $1'$ 可见，$c'd'$ 上的 $2'$ 不可见，从而 $1k$ 画成粗实线，以 k 为分界点，ab 的另一段必为不可见，画成虚线。

为了表明投影的可见性，一般在投影图中，可见线段的投影画成粗实线，不可见线段的投影画成中虚线（或细虚线），作图过程中产生的线段的投影或其他图线，都画成细实线。

【例 3－9】 如图 3－34（a）所示，求作一般位置直线 MN 与铅垂的△ABC 的交点 K，并表明投影的可见性。

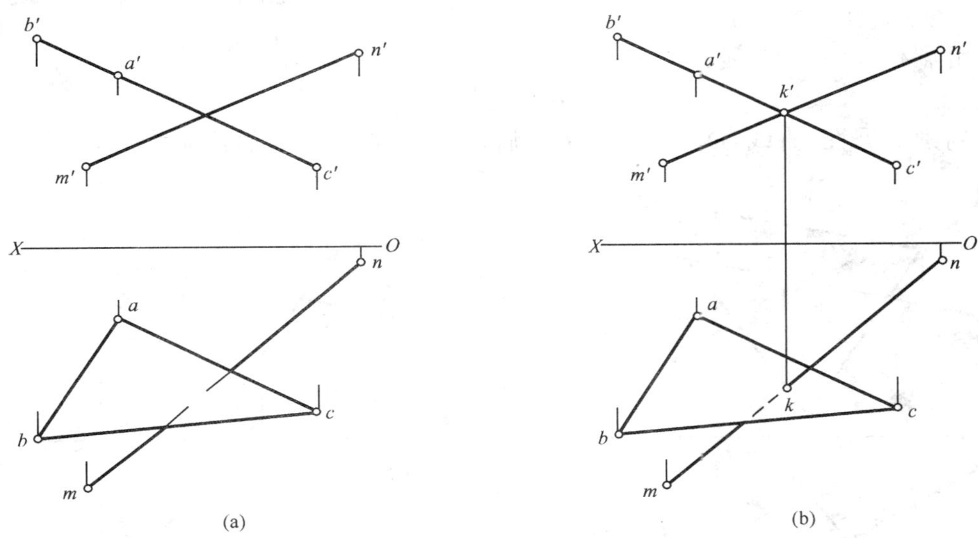

图 3－34　投影面垂直面与直线一般位置相交

（a）已知条件；（b）作图过程

因△ABC 平面在 V 面上的投影有积聚性，△ABC 上各点的 V 面投影都积聚在△ABC 的积聚投影 $b'a'c'$ 上，故 MN 与△ABC 的交点 K 的 V 面投影 k' 必定积聚在 $b'a'c'$ 上，又因为 K 点也位于直线 MN 上，所以就可在 $m'n'$ 与 $b'a'c'$ 的相交处标出 k'，再由 k' 作 OX 轴的垂线，与 mn 交得 k。作图过程如图 3－34（b）所示：

①在 $m'n'$ 与 $b'a'c'$ 的相交处，标注出交点 K 的 V 面投影 k'，由 k' 作 OX 轴的垂线，与 mn 交得点 K 的 H 面投影 k。

②在 V 面投影中可直接看出直线 MN：交点 K 左侧的一段，位于△ABC 之下，故 mk 上与平面重合的那一段为不可见，画成虚线，另一段则不可见，画成粗实线。

（2）直线与平面都不垂直于投影面时相交

如图 3-35 所示，有一直线 MN 和一般位置平面△ABC，为求直线 MN 和平面△ABC 的交点，可先在平面 ABC 上求一条直线ⅠⅡ，使该直线的 H 面投影与 MN 的 H 面投影重合，然后求出直线ⅠⅡ的 V 面投影 $1'$（$2'$），$1'$（$2'$）与 $m'n'$ 的交点 k' 即为所求。这种求直线与平面的交点的方法，称为辅助直线法。

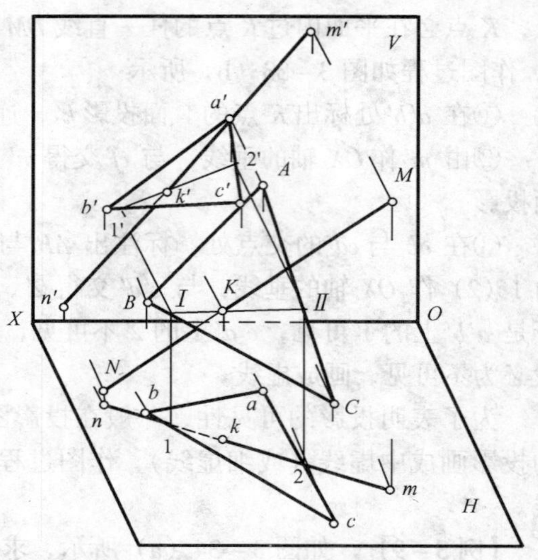

图 3-35 直线与平面都不垂直于投影面时相交

【例 3-10】 如图 3-36（a）所示，求作直线 MN 和平面△ABC 的交点 K，并判别投影的可见性。

作图过程如图 3-36（b）：

①在 H 面投影图中标出直线 MN 与△ABC 的两边 AC、AB 的重影点 1、2。

②由 1、2 作 OX 轴的垂线分别与 $a'c'$ 和 $a'b'$ 交得 $1'$、$2'$，连接 $1'2'$，与 $m'n'$ 交得 k'。

③由 k' 作 OX 轴的垂线，与 mn 交得 k，即为所求。

④判别可见性。直线 MN 穿过△ABC 之后，必有一段被平面遮挡而看不见，为此我们

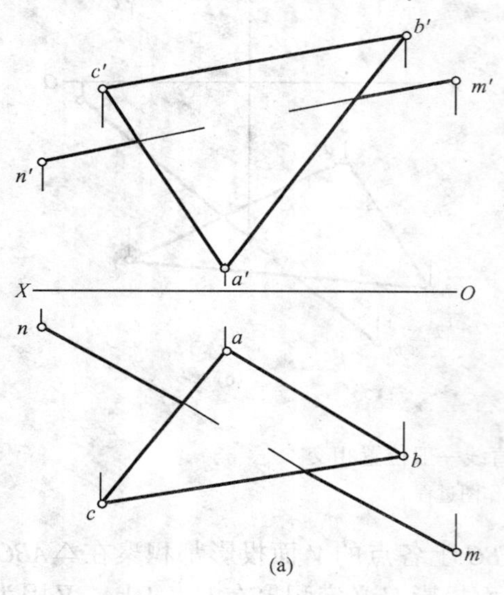

(a)

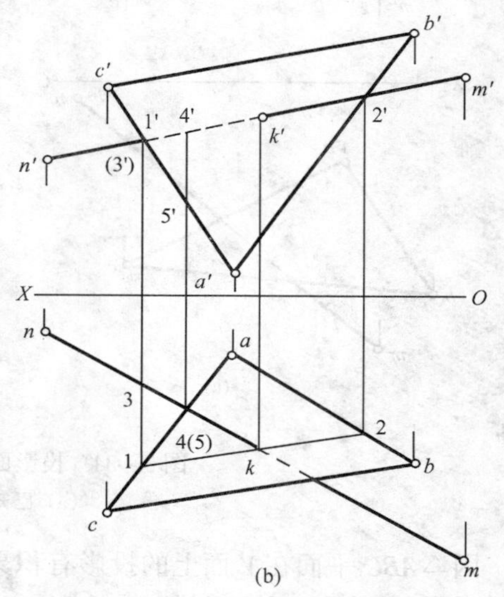

(b)

图 3-36 一般位置的直线与平面的交点作图

（a）已知条件；（b）作图过程

可以利用【例 3-8】的方法进行判别：过 $m'n'$ 和 $a'c'$ 的交点作 OX 轴的垂线，与 ac 交得 1，与 mn 交得 3，由于 1 位于 3 之前，故可判断，在 V 面投影图中，直线 MN 上的一段 $3'k'$ 位于平面△ABC 后面而不可见，画线虚线，另一段 $2'k'$ 必为不可见，画成粗实线。同理可判别：在 H 面投影图中 $4k$ 可见。

3.4.1.3 直线与平面垂直

直线与平面垂直的几何条件是：直线只要垂直于该平面上的任意两条相交直线，不管该直线是否通过两条相交直线的交点，则直线与平面必相互垂直。

（1）一般位置的直线与平面垂直

在前面的学习中已经知道，两直线垂直，当其中一条直线为投影面的平行线时，则两直线在该投影面上的投影仍相互垂直。因此在投影图上作平面的垂线时，可首先作出平面上的一条正平线和一条水平线作为平面上的相交二直线，再作垂线。此时所作垂线与正平线所夹的直角，其 V 面投影仍是直角，垂线与水平线所夹的直角，其 H 面投影也是直角。

【例 3－11】 如图 3－37（a）所示，已知空间一点 M 和平面 $ABCD$ 的两面投影，求作过 M 点与平面 $ABCD$ 相垂直的垂线 MN 的投影（MN 可为任意长度）。

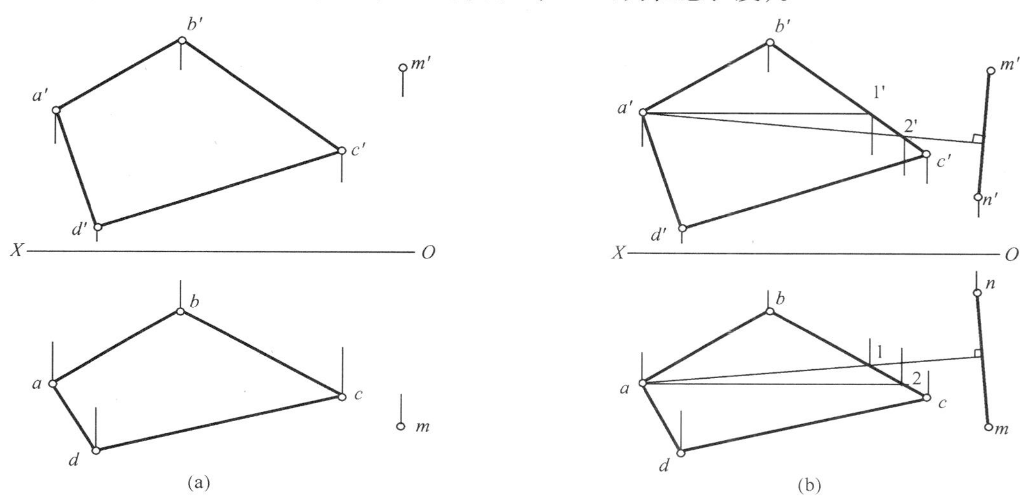

图 3－37 一般位置的直线与平面垂直

（a）已知条件；（b）作图过程

作图过程如图 3－37（b）所示：

①过 a' 作 $a'1'$ // OX 轴，与 $b'c'$ 交得 $1'$，过 $1'$ 作 OX 轴的垂线，与 bc 交得 1，连接 $a1$ 并延长 $a1$，过 m 作 $a1$ 的垂线。

②过 a 作 $a2$// OX 轴，交 bc 得 2，过 2 作 OX 轴垂线，交 $b'c'$ 得 $2'$。

③连 $a'2'$ 并延长 $a'2'$，过 m' 作 $a'2'$ 的垂线 $m'n'$。

④过 n' 作 OX 轴的垂线，得 n 点，将 $m'n'$ 和 mn 画成粗实线。$m'n'$、mn 即为所求垂线 MN 的投影。

本题只是要求作出一任意长度的垂线 MN，故在取 M、N 点的投影时，可在两面投影中的垂线上任意定出点 M、N，只是要求点 M、N 的两面投影符合投影规律而已。

反之，利用该几何条件可以判断空间一直线是否与平面垂直，读者可自行考虑，本文不再赘述。

（2）特殊位置的直线与平面垂直

特殊位置的直线与平面相垂直，只有图 3－38 所示的两种情况。

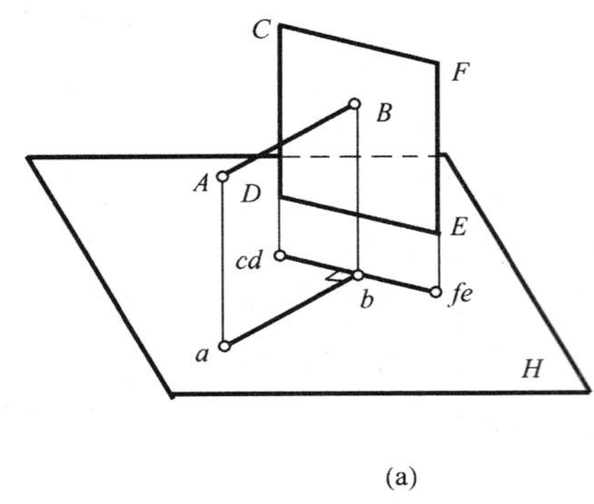

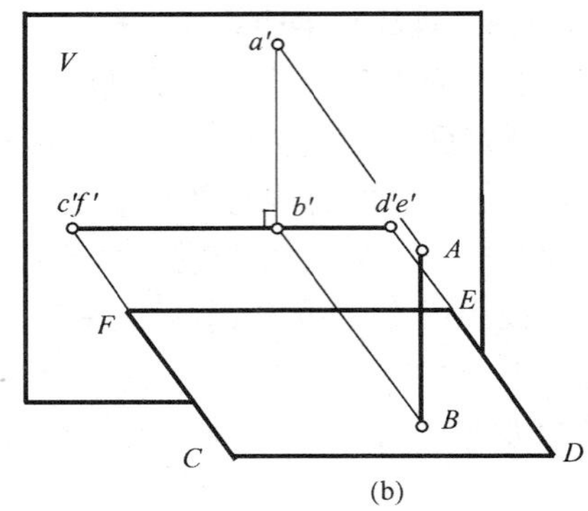

图 3 – 38　特殊位置的直线与平面垂直的投影特性

(a) 同一投影面的平行线与垂直面相垂直；(b) 同一投影面的垂直线与平行面相垂直

图 3 – 38（a）是同一投影面的平行线与垂直面相垂直的情况，图中 *AB* 是水平线，*CDEF* 是铅垂面，由立体几何可推知：与水平线相垂直的平面，一定是铅垂面；与铅垂面相垂直的直线，一定是水平线；而且水平线的 *H* 面投影，一定垂直于铅垂面的有积聚性的 *H* 面投影，即图中 $ab \perp cdef$。同理，正平线与正垂面相垂直，侧平线与侧垂面相垂直，也都属这种情况。

综合上段所述，可以得出结论：与投影面平行线相垂直的平面，一定是该投影面的垂直面；与投影面垂直面相垂直的直线，一定是该投影面的平行线；投影面平行线在所平行的投影面上的投影，必垂直于该投影面垂直面的有积聚性的同面投影。

图 3 – 38（b）是同一投影面的垂直线与平行面相垂直的情况，图中 *AB* 是铅垂线，*CDEF* 是水平面，由立体几何可推知：与铅垂线相垂直的平面，一定是水平面；与水平面相垂直的直线，一定是铅垂线；而且铅垂线的 *V* 面投影，一定垂直于水平面的有积聚性的 *V* 面投影，即图中 $a'b' \perp c'd'e'f'$。同理，正垂线与正平面相垂直，侧垂线与侧平面相垂直，也都属于这种情况。

综合上段所述，可以得出结论：与投影面垂直线相垂直的平面，一定是该投影面的平行面；与投影面平行面相垂直的直线，一定是该投影面的垂直线；投影面垂直线的投影必定与平面的有积聚性的同面投影相垂直。

【例 3 – 12】　如图 3 – 39（a）所示，求作 *A* 点到△*BCD* 平面的垂线 *AE* 和垂足 *E*，并确定 *A* 点与△*BCD* 平面间的真实距离。

因为△*BCD* 平面是铅垂面，所以 *AE* 一定是水平线，且 $ae \perp bdc$，垂足 *E* 的 *H* 面投影 *e* 就是 *ae* 与 *bdc* 的交点，由 *e*、*ae* 即可作出 e'、$a'e'$，又因为 *AE* 为水平线，所以 *ae* 即为所求的真实距离。作图过程如图 3 – 39（b）所示。

①过 *a* 作 $ae \perp bdc$，交 *bdc* 于点 *e*。

②过 a' 作 *OX* 轴的平行线 $a'e'$，过 *e* 作 *OX* 轴的垂线，与 $a'e'$ 交得 e'。

③连接 $a'e'$，*ae*、$a'e'$ 即为所求的垂线 *AE* 的两面投影，*e*、e' 即为所求的垂足的两面投影。

④ *ae* 即为 *A* 点到△*BCD* 平面的真实距离。

本题中 *A* 点到平面△*BCD* 的垂足 *E* 点的 *V* 面投影虽位于△$b'c'd'$ 之外，但 *E* 点仍是位于平面△*BCD* 上的点，读者可以想像将平面△*BCD* 无限扩展，*E* 点必定位于平面上。

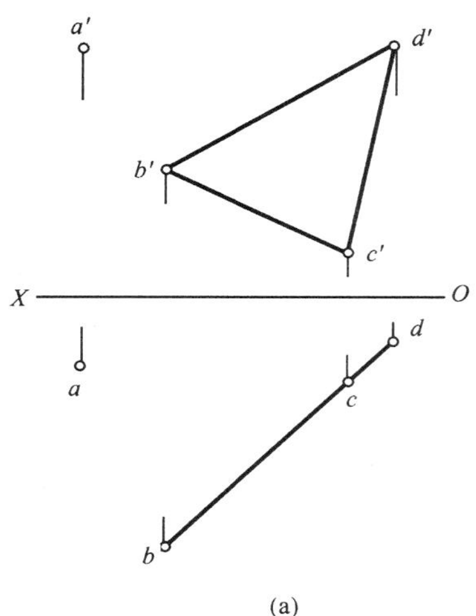

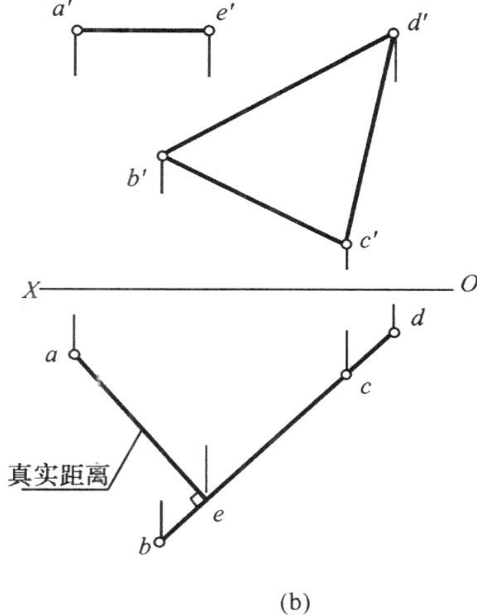

图 3-39　过 A 点作△BCD 平面的垂线和垂足

(a) 已知条件；(b) 作图过程

3.5　平面与平面的相对位置

3.5.1　平面与平面平行

两平面相平行的几何条件是：如果一平面上的一对相交直线，分别与另一平面上的一对相交直线互相平行，则两平面互相平行。利用这个几何条件可以进行平面与平面平行的检验和作图。

【例 3-13】　如图 3-40（a）所示，已知两平面△*ABC* 和△*DEF* 以及点 *P* 的两面投影，要求：检验两平面△*ABC* 和△*DEF* 是否互相平行？过点 *P* 作一平面平行于△*DEF*。

(1) 检验两平面平行，只要在一平面上作出两相交直线，检验是否与另一平面上的相交直线平行即可，作图过程如图 3-40（b）所示：

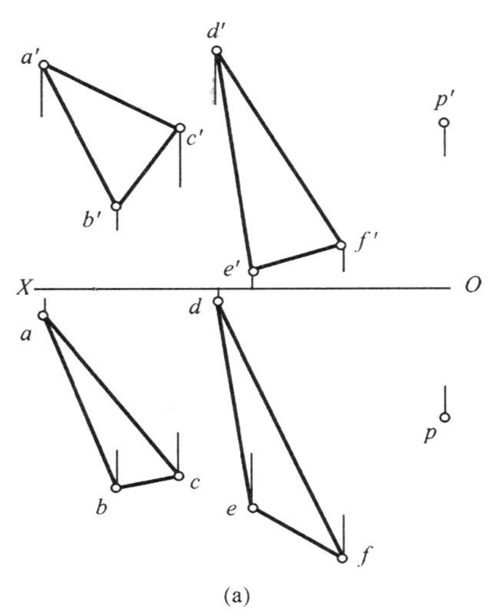

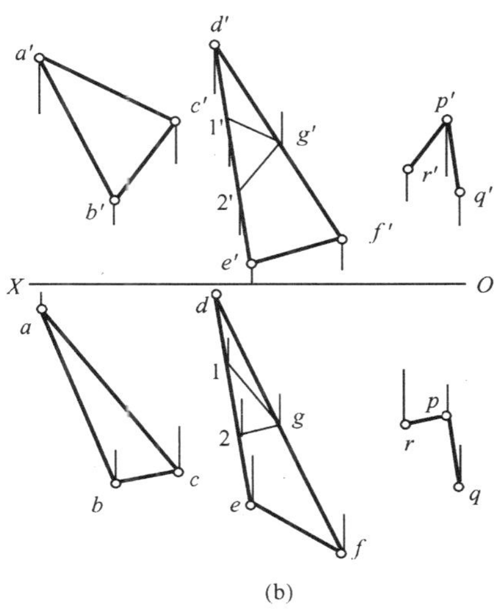

图 3-40　平面与平面平行的检验和作图

(a) 已知条件；(b) 作图过程

①在△*DEF* 的 *DF* 边上找一点 *G*，标出其两面投影 *g*、*g′*。

②过 *g′* 作 *g′*1′∥*a′c′*，与 *d′e′* 交得 1′。

③过 *g′* 作 *g′*2′∥*b′c′*，与 *d′e′* 交得 2′。

④过 1′、2′分别作 *OX* 轴的垂线，与 *de* 交得 1、2，连接 *g*1 和 *g*2。

⑤检验 *g*2 是否平行于 *bc*，*g*1 是否平行于 *ac*。

本题经检验 *g*2∥*bc*，*g*1∥*ac*，即 *G*Ⅱ∥*BC*，*G*Ⅰ∥*AC*，故△*ABC*∥△*DEF*。

若检验结果为 *g*2 不平行于 *bc* 或 *g*1 不平行于 *ac*，即可判断△*ABC* 与△*DEF* 一定不平行。

（2）过点 *P* 作一平面与△*DEF* 相平行，只要过点 *P* 作出两条与△*DEF* 平行的相交直线即可。作图过程如图 3-40（b）所示：

①过 *p′* 作 *p′r′*∥*g′*2′，*p′q′*∥*d′e′*。

②过 *p* 作 *pr*∥*g*2，*pq*∥*de*。

③因两条相交直线即可确定一个平面，故 *pqr* 和 *p′q′r′* 即为所求平面的两面投影。

在特殊情况下，当两平面都是同一投影面的垂直面时，则两平面的平行关系，可直接在两平行平面有积聚性的投影中反映出来，即两平面的有积聚性的同面投影互相平行。见图 3-41（a），设 *H* 垂直面 *P* 和 *Q* 在空间互相平行，故它们的 *H* 面投影 P^H∥Q^H，*P* 和 *Q* 两面投影图的表示方法如图 3-41（b）所示；反之，因 *H* 面中的积聚投影 P^H∥Q^H，由之所作的 *H* 面垂直面 *P* 和 *Q* 在空间亦必互相平行。

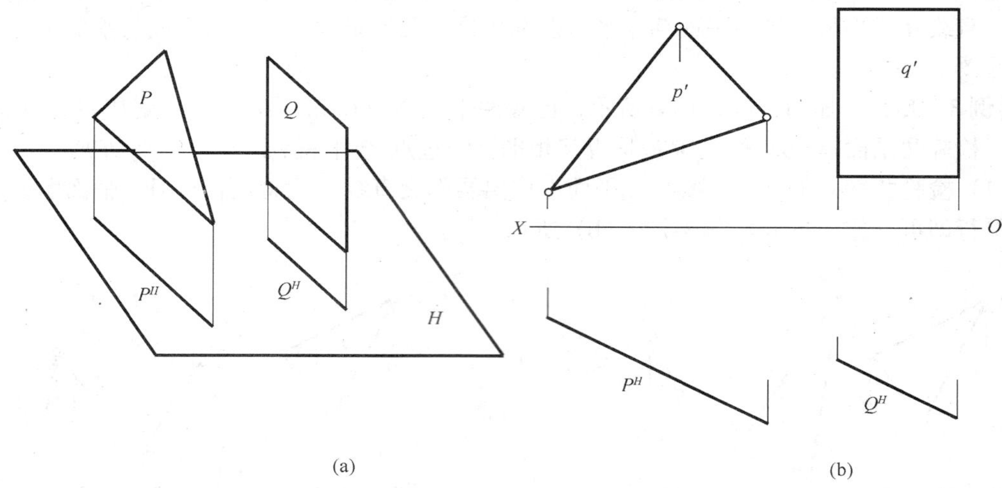

图 3-41　特殊位置的两平面平行

（a）空间状况　（b）投影图

3.5.2　平面与平面相交

两平面相交于一条直线，称为交线。平面与平面相交的问题，主要是求交线和判别可见性的问题。两平面的交线是两平面所公有的直线，一般通过求出交线的两端点来连得交线。交线求出后，在判别投影可见性时必须注意：可见性是相对的，有遮挡，就有被遮挡；可见性只存在于两平面图形投影重叠部分，对两平面图形投影不重叠部分不需判别，都是可见的。

3.5.2.1 两特殊位置平面相交

垂直于同一个投影面的两个平面的交线，必为该投影面的垂直线，两平面的积聚投影的交点就是该垂直线的积聚投影。如图 3－42（a）所示，平面 P 与平面 Q 都垂直于投影面 H，则两平面 P 和 Q 的交线 MN 必垂直于投影面 H，而且 P 和 Q 的 H 面投影 P^H 和 Q^H 的交点必为 MN 的积聚投影 mn。

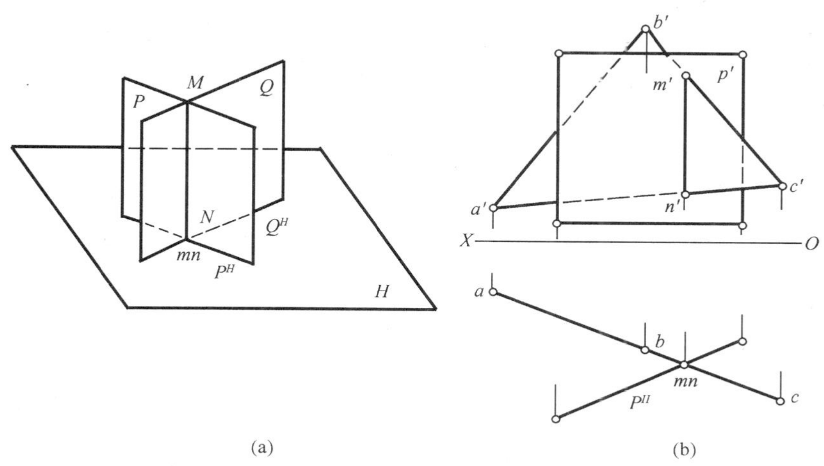

(a)　　(b)

图 3－42　两投影面垂直面相交

（a）空间状况；（b）两投影面垂直面相交作图

【例 3－14】　求作图 3－42（b）两投影面垂直面 P 和△ABC 的交点 MN，并表明可见性。

（1）在 abc 与 P^H 的交点处标出 mn，即为交线 MN 的 H 面投影。

（2）过 mn 作 OX 轴的垂线，得交点 m'、n'，连接 $m'n'$，即为所求交线 MN 的 V 面投影。

（3）判别可见性。在 mn 的左方，P^H 位于 $abmn$ 之前，故在 V 面投影中 p' 在 $m'n'$ 左侧为可见，右侧与△ABC 重叠的部分必为不可见，作图结果见图 3－42（b）。

3.5.2.2 两个平面中有一个平面处于特殊位置时相交

两平面相交，只要其中有一个平面对投影面处于特殊位置，就可直接用投影的积聚性求作交线。在两平面都没有积聚性的同面投影重合处，可由投影图直接看出投影的可见性，而交线的投影就是可见和不可见的分界线。

【例 3－15】　如图 3－43（a）所示，求作一般位置的平面△ABC 与正垂面△DEF 的交线 MN，并表明可见性。

作图过程如图 3－43（b）所示：

（1）在 $b'c'$、$a'c'$ 与有积聚性的同面投影 $d'e'f'$ 的交点处，分别标出 m'、n'，由 m'、n' 分别作 OX 轴的垂线，与 bc 交得 m，与 ac 交得 n。

（2）连接 mn，即为所求交线 MN 的 H 面投影；MN 的 V 面投影，积聚在 $d'e'f'$ 上。

（3）判别可见性。在 V 面投影中可直接看出，$a'b'm'n'$ 位于△$d'e'f'$ 的上方，故应可见，$c'm'n'$ 位于△$d'e'f'$ 的下方，故在 H 面投影中与△def 的重合部分不可见。

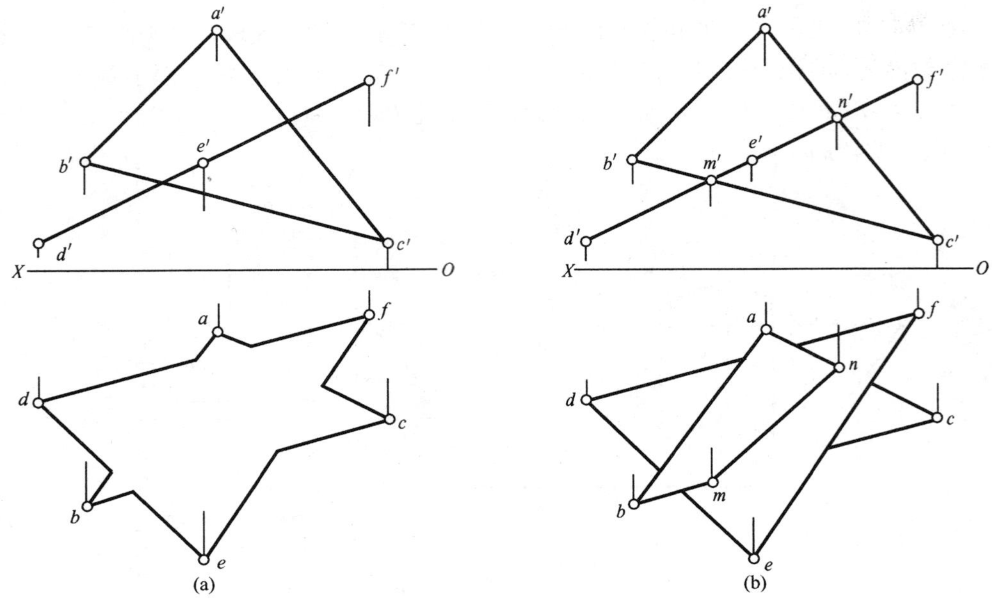

图 3-43　一般位置平面与投影面垂直面相交

（a）已知条件；（b）作图过程

（4）在已知投影图上画出适当的线型（本题及下面其他题目将不再画出虚线，亦可表示不可见）。

【例 3-16】　如图 3-44（a）所示，求作一般位置的平面△*ABC* 与正垂面△*DEF* 的交线 *MN*，并表明可见性。

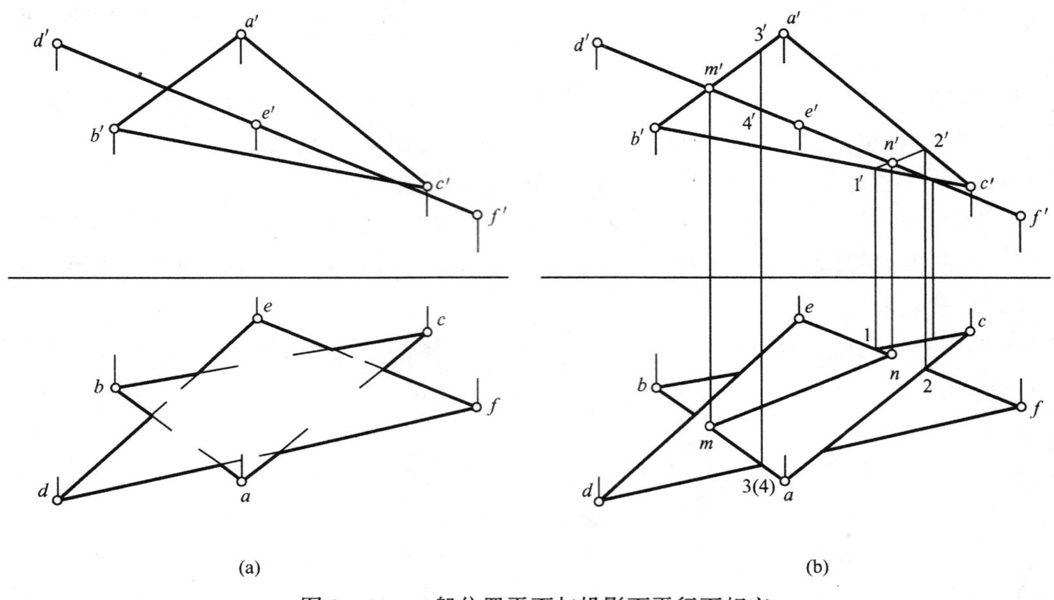

图 3-44　一般位置平面与投影面平行面相交

（a）已知条件；（b）作图过程

两平面的交线是两平面的公有线，因正垂面的 *V* 面投影具有积聚性，故交线 *MN* 的 *V* 面投影必积聚在正垂面的 *V* 面投影上。由图可知，一般位置的平面△*ABC* 的 *AB* 边与△*DEF* 必产生一个交点，即为交线 *mn* 的一个端点 *m*，现求另一端点 *N* 的投影。

由作图过程知，△*ABC* 的 *BC* 边与△*DEF* 并没有产生实际的交点，也就是说交线 *MN* 的另一端点 *N* 只能是由△*DEF* 的某一条边与△*ABC* 相交产生。为此，我们需要分别分析 *DE*、*EF*、*DF* 这三条边与△*ABC* 的相交情况，最终能够确定 *N* 是由 *EF* 边与△*ABC* 相交产生的。在求出 *M*、*N* 后，连接其 *H* 面投影 *mn*，最后按照可见性的判别方法进行可见性分析，作图过程如图 3-44（b）所示。

【例 3-15】 中的两个平面，其中一个平面图形完全穿过另一个平面图形，交线 *MN* 的两个端点 *M*、*N* 落在同一平面△*ABC* 的两条边 *BC* 和 *AC* 上，这种情况称为全交；【例 3-16】中的两个平面，彼此都只有一部分相交，交线 *MN* 的两个端点 *M*、*N* 分别落在平面△*ABC* 的 *AB* 边和平面△*DEF* 的 *EF* 边上，这种情况称为半交。

特殊位置平面与一般位置平面的相交，可以用来求一般位置直线与一般位置平面的交点，如图 3-45 所示，直线 *DE* 和△*ABC* 均为一般位置，直线 *DE* 与△*ABC* 相交，必有一个交点 *K*，现设交点 *K* 已求出，则过交点 *K* 在△*ABC* 上可作出无数条直线，其中每一条直线（如Ⅰ Ⅱ线）与 *DE* 相交可组成一个平面，这样可作无数个平面。其中必有一个平面是铅垂面或正垂面或侧垂面。所作平面称为过 *DE* 直线的辅助平面 *P*，Ⅰ Ⅱ线即为 *P* 面与△*ABC* 的交线，Ⅰ Ⅱ线与 *DE* 的交点也就是直线 *DE* 与△*ABC* 的交点。这种求直线与平面的交点的方法，称为辅助垂直面法。

作图过程如下：

（1）过 *DE* 作铅垂面 *P*。在投影图上将 *de* 标记为 P^H。

（2）求 *P* 与△*ABC* 的交线Ⅰ Ⅱ。P^H 与 *ab* 交于 1，与 *ac* 交于 2，12 即为交线的 *H* 面投影，由 12 求出其 *V* 面投影 1′2′。

（3）求直线 *DE* 与交线Ⅰ Ⅱ的交点。1′2′与 *d′e′* 相交于 *k′*，由 *k′* 在 *de* 上求出 *k*，*k*、*k′* 即为所求交点 *K* 的两面投影。

（4）判别可见性。作图结果如图 3-45（b）所示。

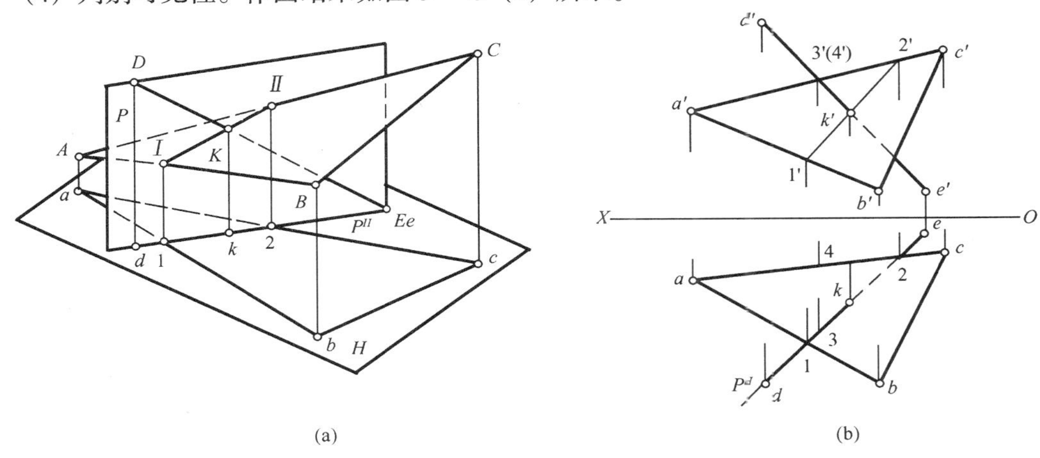

图 3-45　利用辅助垂直面求一般位置直线与平面的交点

（a）空间示意；（b）作图过程

可以看出，辅助垂直面法的作图过程完全相同于辅助直线法，仅是设想的不同而已。

3.5.2.3 两个一般位置平面相交

求两个一般位置平面的交线，实质上是分别求某一平面内的两条边线或某条边线与另一平面的两个交点，连接这两个交点即是两平面的交线。由于两平面的投影都没有积聚性，在解题前，可先观察出投影图上没有重叠的平面图形边线，它们不可能与另一平面有实际的交点，故不必求取这种边线对另一平面的交点。如图 3－46（a）中边线 *AC*、*DG*、*EF*。这种方法称为线面交点观察法。

【例 3－17】 如图 3－46（a）所示，求作平面△*ABC* 与四边形 *DEFG* 的交线 *MN* 的两面投影，并表明可见性。

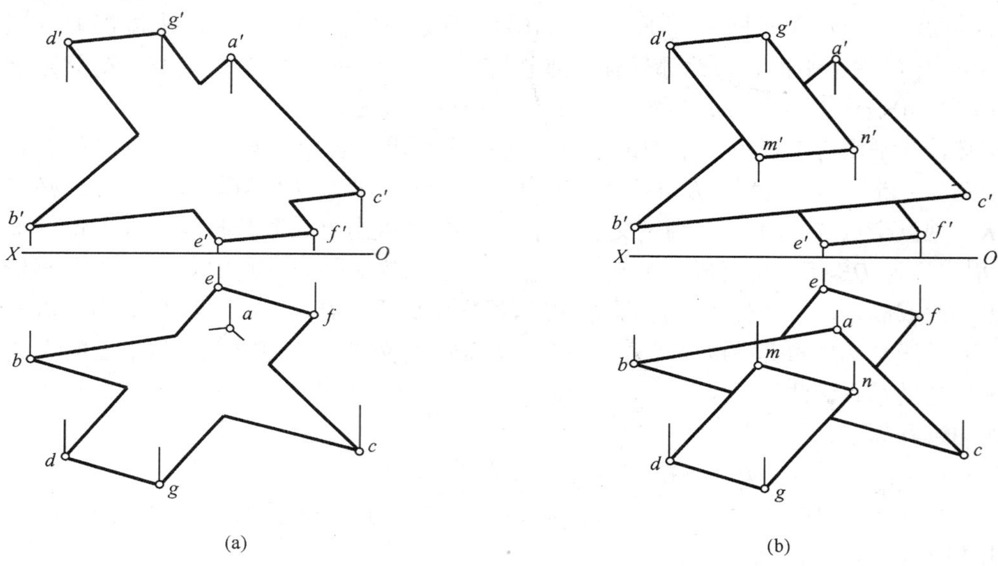

图 3－46 两个一般位置平面相交的求解

（a）已知条件；（b）作图过程

作图过程如下：

（1）经反复观察和试求，确定四边形 *DEFG* 的两边 *ED*、*FG* 与△*ABC* 平面的交点即为所求交线 *MN* 的两端点。

（2）利用辅助直线法分别求出边线 *ED* 与△*ABC* 交点的投影 m、m'，边线 *FG* 与△*ABC* 交点的投影 n、n'。

（3）连接 mn 和 $m'n'$，即为所求。

（4）判别可见性。可利用前述的判别方法来判别出两平面重影部分的可见性，结果见图 3－46（b）。

实际上两平面相交时，每一平面上的每一边对另一平面都会有交点，因此从理论上说，作图时可选择任一边对另一平面求交点，求得两个交点 *K*、*L*，连接 *K*、*L*，可求得交线的方向，然后取其在两面投影重叠部分内的一段即可得 *MN*，如图 3－47 所示。只是若 *K*、*L* 落在图形外较远处，作图就不是很方便了。

【例 3－18】 如图 3－48（a）所示，求作△*ABC* 和△*DEF* 的交线 *MN*，并表明可见性。

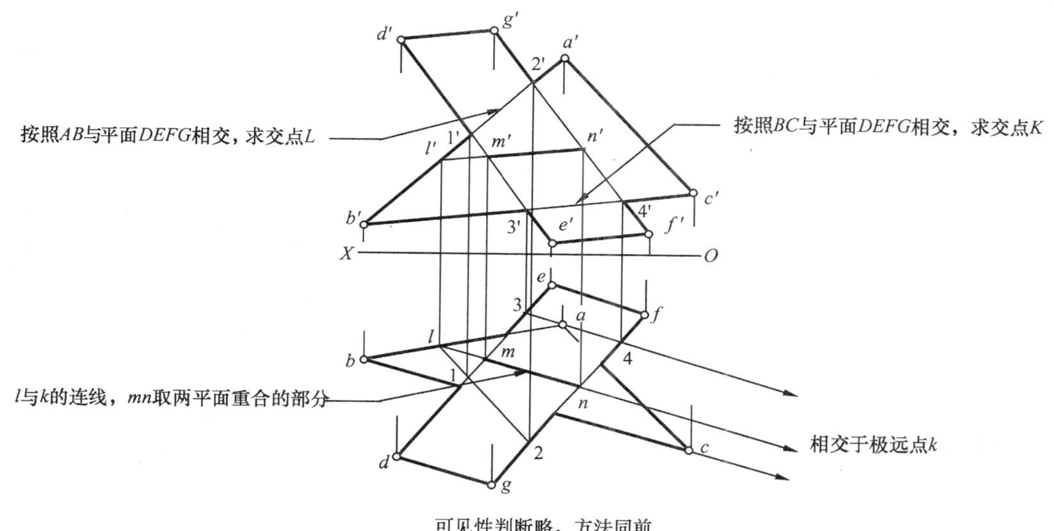

图 3-47　求解两个一般位置平面交线的一般方法

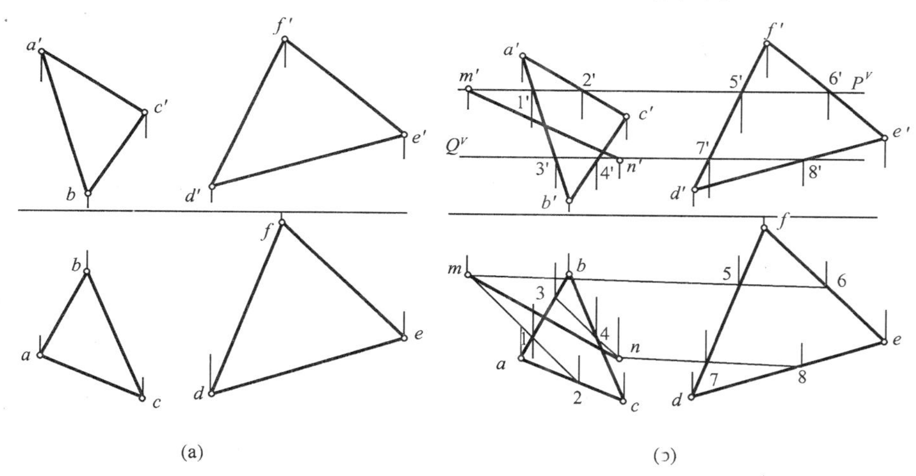

(a)　　(b)

图 3-48　两个一般位置平面相交的求解图

(a) 已知条件；(b) 作图过程

经观察可发现，两个平面△*ABC* 和△*DEF* 的所有边线在投影图中均不可能与另一平面有实际的交点，线面交点观察法在本题中已不宜应用。为此，可取两个投影面平行面 *P* 和 *Q* 作为辅助平面，利用三面共点原理（见图 3-49），分别求出它们与两个已知平面的辅助交线Ⅰ Ⅱ、Ⅲ Ⅳ、Ⅴ Ⅵ、Ⅶ Ⅷ，每个辅助平面上的两条辅助交线的交点，即为所求交线 *MN* 上的一点，连接两个交点，即为所求交线，这种方法称为辅助平行面法。作图过程见图 3-48 (b)：

(1) 作一水平面 *P*，截△*ABC* 和△*DEF* 得交线Ⅰ Ⅱ 和Ⅴ Ⅵ。

(2) 由 12 和 56 的交点定出 *m*，过 *m* 作 *OX* 轴的垂线，与 P^V 交得 *m'*。

(3) 作一水平面 *Q*，得另一交点 *N*(*n*, *n'*)。

(4) 连接 *m'n'* 和 *mn*，即为所求交线的投影。

3.5.3 平面与平面垂直

两平面垂直的几何条件是：如果一个平面包含另一个平面的一条垂线，则两个平面就相互垂直。

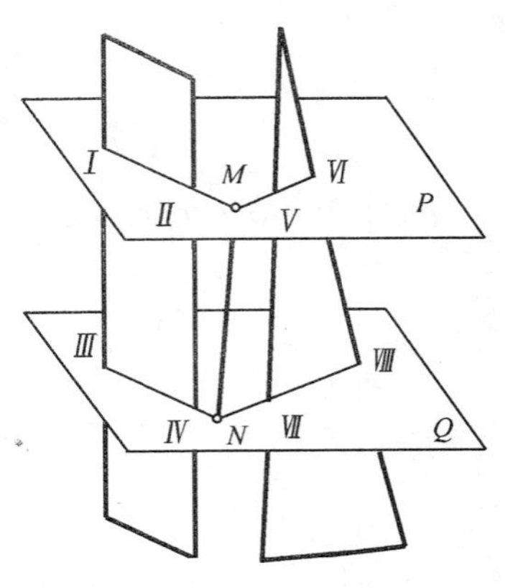

图 3－49 空间示意图

【例 3－19】 如图 3－50（a）所示，已知平面△*ABC* 和点 *P* 的两面投影，求作过点 *P* 且与△*ABC* 相垂直的平面的两面投影。

作图过程见图 3－50（b）：

（1）过点 *P* 作出一条△*ABC* 的垂直线 *PQ*，标注出 p'、p、q'、q。

（2）任选一点 r'、r，连接 $p'r'$、$q'r'$ 和 pr、qr，因 $PQ \perp$ △*ABC*，又由作图知，*PQ* 位于平面 △*PQR* 上，故 △$p'q'r'$、△pqr 即为所求平面的投影。

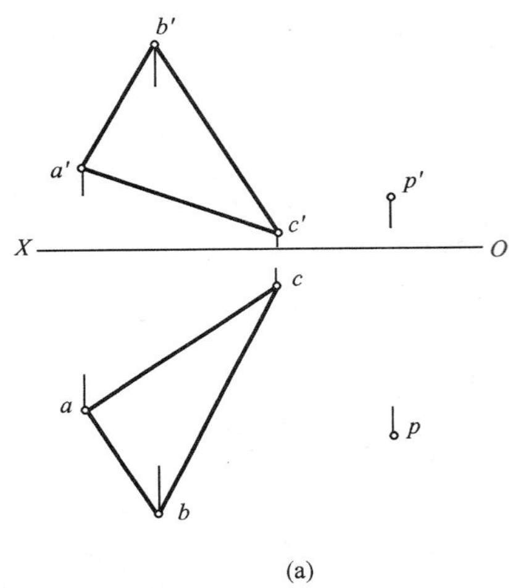

(a)

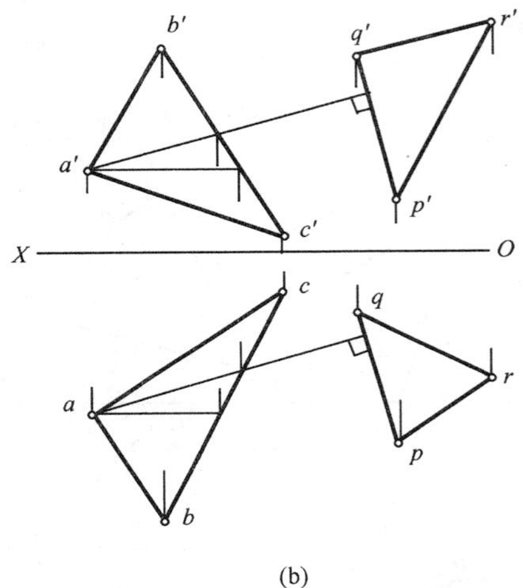

(b)

图 3－50 过点 *P* 作△*ABC* 的垂直面

（a）已知条件；（b）作图过程

两平面中至少有一个平面处于特殊位置时，如 3.4 节中的图 3－38（a），与铅垂面 *CDEF* 相垂直的平面，一定包含任一水平线 *AB*，它可能是包含 *AB* 的各个一般位置平面或包含 *AB* 的铅垂面、水平面。同理可推知：与正垂面相垂直的平面，可以是包含该平面垂线的一般位置平面或正垂面、正平面；与侧垂面相垂直的平面，可以是包含该平面垂线的一般位置平面或侧垂面、侧平面。

又如 3.4 节中的图 3－38（b），与水平面 *CDEF* 相垂直的平面，一定包含任一铅垂线 *AB*，它可以是包含 *AB* 的铅垂面、正平面或侧平面。同理可推知：与正平面相垂直的平面，可以是包含该平面垂线的正垂面、水平面或侧平面；与侧平面相垂直的平面，可以是包含该平面垂线的侧垂面、水平面或正平面。

综合上述，可得出以下结论：

与某一投影面垂直面相垂直的平面，一定包含该投影面垂直面的垂线，可以是一般位置平面，也可以是这个投影面的垂直面或平行面；与某一投影面平行面相垂直的平面，一定是这个投影面的垂直面，也可以是其他两个投影面的平行面。

【例 3－20】 如图 3－51（a）所示，已知 A 点和直线 MN 的投影，以及正垂面 P 的 V 面投影 P^V，试过点 A 作一平面，使该平面与直线 MN 相平行，与平面 P 相垂直。

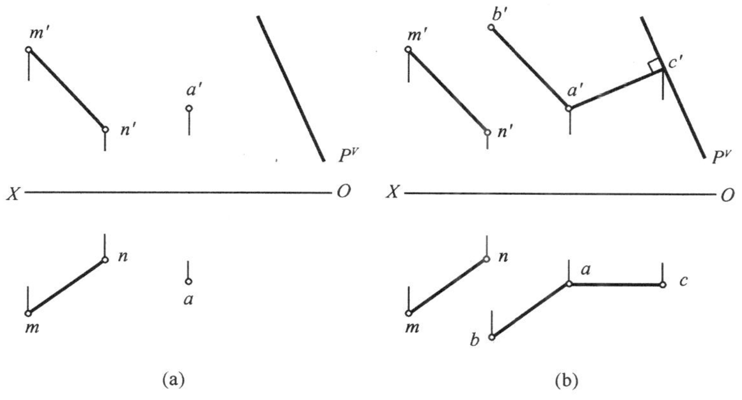

图 3－51 特殊位置的平面与平面垂直

（a）已知条件；（b）作图过程

按直线与平面相平行以及两平面相垂直的几何条件，只要过 A 点作任意长度的直线 $AB \parallel MN$，作任意长度的直线 $AC \perp$ 平面 P，则相交两直线 AB 和 AC 确定的平面即为所求。由于平面 P 是正垂面，所以 AC 必为正平线。作图过程如图 3－51（b）所示：

（1）作 $a'b' \parallel m'n'$，作 $ab \parallel mn$。

（2）作 $a'c' \perp P^V$，作 $ac \parallel OX$ 轴。

（3）AB 和 AC 所确定的平面 ABC，即为所求。

当两个平面都是同一投影面的垂直面时，它们有积聚性的同面投影也互相垂直。如图 3－52 所示，两个矩形铅垂面 $PQMN$ 和 $PQRS$ 互相垂直，它们的有积聚性的 H 面投影 $pqmn \perp pqrs$。

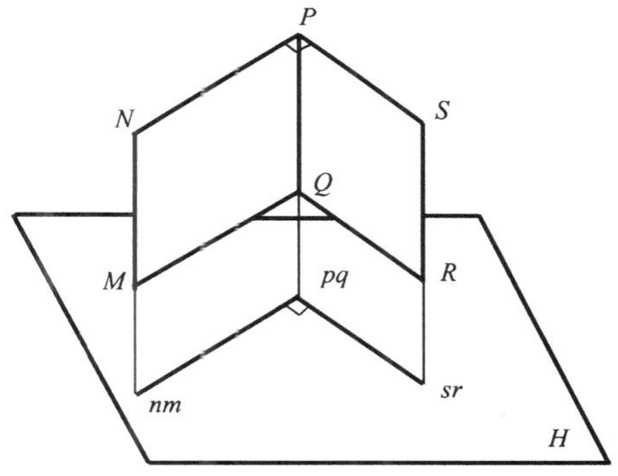

图 3－52 两平面相垂直的特殊情况

3.6 点、直线、平面的综合解题

空间的几何问题一般分为三类：第一类是根据几何形体的一些已知投影，需要在满足某些几何条件的情况下，利用几何原理和投影特性，作出几何形体本身或另外几何形体的投影（例如，已知两平面的投影，求作交线的投影等），称为定位问题；第二类是解决几何形体本身或相互间的形状、大小、角度和距离等问题（例如求夹角的实大），称为量度问题；第三类是定位和量度的综合问题。

点、直线、平面的综合性应用题，就是指比较复杂的点、直线、平面的空间几何问题，需要同时满足几个要求，并要求用几个基本作图方法才能解决的问题。

求解点、直线、平面综合题的一般步骤如下：

（1）看清题意，明确要求。根据题目和已给的投影图，明确已知条件是什么，需要求解什么，应利用哪些原理、方法、几何特征与投影特性的关系，以及如何去利用这些关系。

(2) 空间分析，完善思路。把问题拿到空间里解决，在纸上画出空间示意草图或想象出已知条件在空间中的状态，加以分析，完善解题的思路。当遇到三个以上几何元素的相互关系问题时，宜先两两解决，再综合解决。

(3) 分清步骤，作投影图。确定先作什么，后作什么，然后利用各种基本作图方法逐步作出投影图，直至完成解答。

(4) 认真检查，确保准确。对照题目和已知条件进行复核校对，必要时可通过逆向思维去分析、检查，直至确定解题无误。

【例 3-21】 如图 3-53 (a) 所示，已知点 *A* 和直线 *BC* 的两面投影，求点 *A* 与直线 *BC* 间的真实距离。

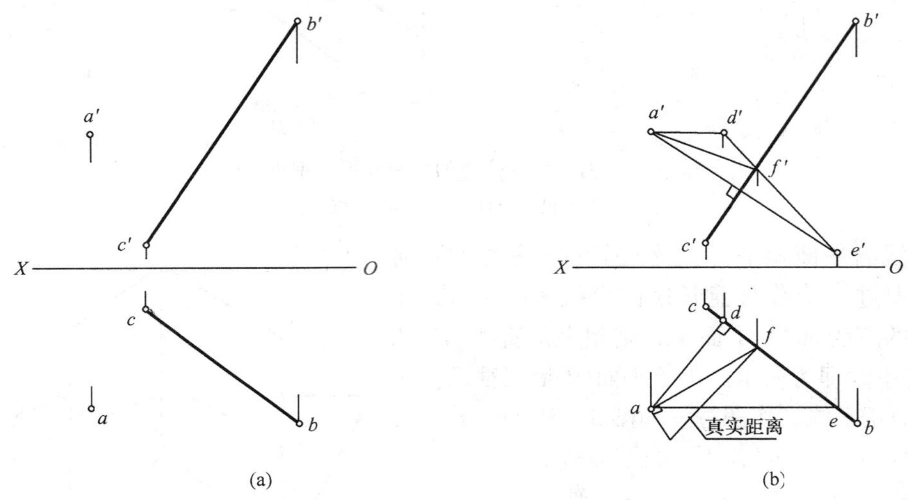

图 3-53 解综合题（一）

(a) 已知条件；(b) 作图过程

求点 *A* 到直线 *BC* 的真实距离，只要作出点 *A* 到直线 *BC* 的垂线 *AF*，然后求出点 *A* 与垂足 *F* 的真实距离即可。为此可以先过 *A* 点作一平面与直线 *BC* 垂直，求出平面与直线 *BC* 的交点 *F*，连接 *AF*，则 *AF* 一定垂直于 *BC*，最后用直角三角形法求出 *AF* 的真实长度。作图过程如图 3-53 (b) 所示：

(1) 过 *a* 作 $ad \perp bc$，与 *bc* 交得 *d*，过 *d* 作 *OX* 轴的垂线，交过 *a'* 且与 *OX* 轴平行的直线于 *d'*；过 *a* 作 $ae /\!/ OX$ 轴，与 *bc* 交得 *e*，过 *e* 作 *OX* 轴的垂线，交过 *a'* 且与 *b'c'* 垂直的直线于 *e'*，连接 *d'e'*。

(2) 求出直线 *BC* 与平面△*ADE* 的交点 *F* 的两面投影 *f*、*f'*，连接 *af*、*a'f'*。

(3) 因所作的△$ADE \perp BC$，又 *AF* 在△*ADE* 上，故 $AF \perp BC$，*F* 为垂足。

(4) 利用直角三角形法求出 *AF* 的真实长度，标注在投影图上。

【例 3-22】 如图 3-54 (a) 所示，求作一直线 *MN* 与两交叉直线 *AB* 和 *CD* 相交，且与另一直线 *EF* 平行。

过直线 *AB* 若作出一个平面与 *EF* 平行，在这个平面上可以有无数条直线与 *EF* 平行，且与 *AB* 相交。要满足所求直线与直线 *CD* 也相交，只需求出直线 *CD* 与所作平面的交点 *M*，

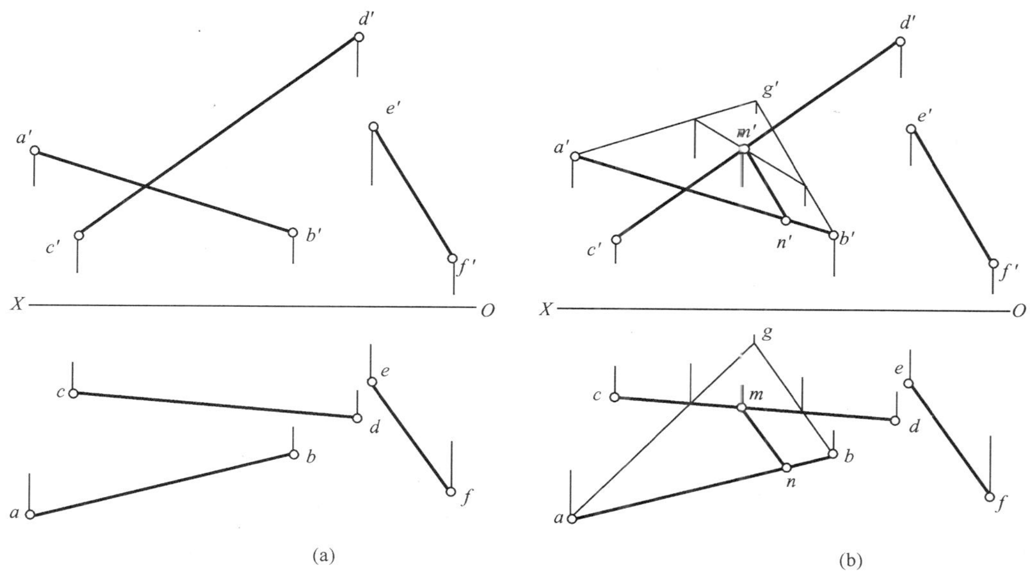

图 3-54 解综合题（二）

（a）已知条件；（b）作图过程

过 M 作 $MN/\!/EF$，与 AB 交于 N 点即可。作图过程如图 3-54（b）所示：

（1）过 b' 作 $b'g'$ // $e'f'$，过 b 作 bg // ef。

（2）求出直线 CD 与平面 ABG 的交点 M 的投影 m、m'。

（3）过 m' 作 $m'n'$ // $e'f'$，与 $a'b'$ 交得 n'。

（4）过 m 作 mn // ef，与 ab 交得 n 或过 n' 作 OX 轴的垂线，与 ab 交得 n，结果一样。

（5）完成作图，mn、$m'n'$ 即为所求。

【例 3-23】 如图 3-55（b）所示，求直线 AB 和△CDE 间夹角的实大。

如图 3-55（a）所示，过点 A 作 $AK\perp P$ 面，垂足为 K，连接 BK，则∠ABK 即为直线 AB 与平面 P 的夹角，∠BAK 则等于 90°-∠ABK。由此，本题要求直线 AB 与△CDE 间的夹角，可先过 A 点作平面△CDE 的垂线，在垂线上合理位置取一点 F，连接 BF，求△ABF 的实形即可反映出夹角的实大。作图过程如图 3-55（c）所示：

（1）过 c' 作 $c'1'$ // OX 轴，与 $d'e'$ 交得 $1'$，过 $1'$ 作 OX 轴的垂线，与 de 交得 1，连接 $c1$ 并延长 $c1$，过 a 作 $c1$ 的垂线 ah。

（2）过 c 作 $c2/\!/$ OX 轴，与 de 交得 2，过 2 作 OX 轴的垂线，与 $d'e'$ 交得 $2'$，连接 $c'2'$ 并延长 $c'2'$，过 a' 作 $c'2'$ 的垂线 $a'g'$。

（3）过 b 作 $bf/\!/$ OX 轴，与 ah 交得 f，过 f 作 OX 轴的垂线，与 $a'g'$ 交得 f'。

（4）利用直角三角形法求出△ABF 的实形，其中 BF 为正平线，$b'f'$ 即为其实长。

（5）定出 ∠$b'A_0f'$ = 90° - β，由此可定出直线 AB 与△CDE 间夹角的实大 β。

【例 3-24】 如图 3-56（a）所示，求作底边为 AB、顶点落在直线 DE 上的等腰三角形 ABC 的两面投影。

△ABC 为等腰三角形，顶点 C 与底边中点的连线必垂直于底边，如果不考虑顶点落在直线 DE 上，这样的直线在空间中有无数条，从而形成一个与底边 AB 相垂直的平面。只要

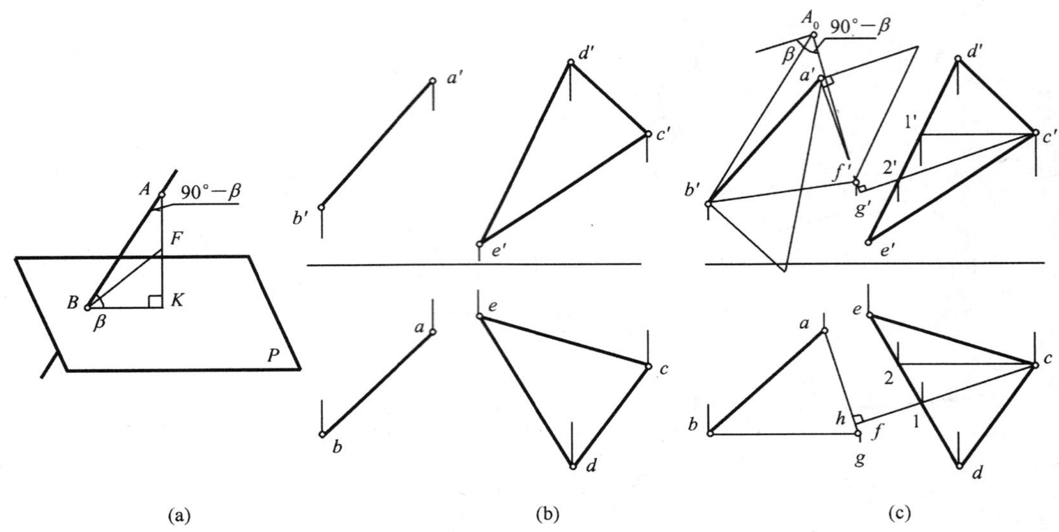

图 3-55　解综合题（三）

（a）直线与平面夹角空间示意；（b）已知条件；（c）作图过程

确定出这个平面，然后求出直线 *DE* 与该平面的交点 *C*，连接 *AC*、*BC* 即可完成作图。作图过程如图 3-56（b）所示：

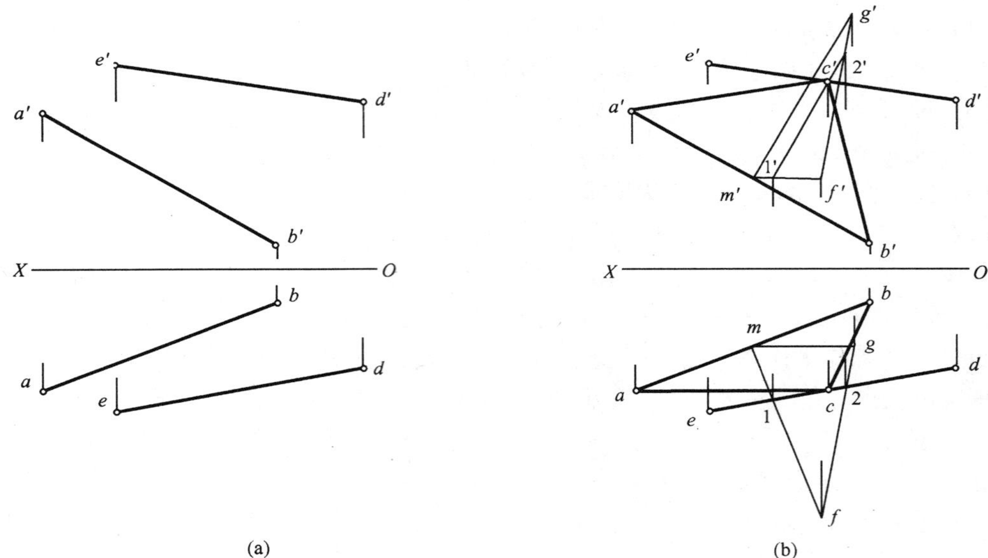

图 3-56　解综合题（四）

（a）已知条件；（b）作图过程

（1）过底边 *AB* 中点 *M* 作一平面 *MFG* ⊥ *AB*。

（2）求直线 *ED* 与平面 △*MFG* 交点，得顶点 *C*。

（3）连接 *AC*、*BC* 即为所求。

在以上几个例题的求解中可以发现，解决点、直线、平面的定位问题，利用轨迹求解是非常方便的。所谓轨迹就是满足某些几何条件的一些点和直线的综合。常用的基本轨迹有以下几个：

①过一已知点且与一已知直线相交的直线的轨迹，是一个通过已知点和已知直线的平面。

②过一已知点且平行于一已知平面的直线的轨迹，是一个通过已知点且平行于已知平面的平面。

③过一已知点（交叉）垂直于一已知直线的直线的轨迹，是一个通过已知点且垂直于已知直线的平面。

④与一已知直线相交，且与另一已知直线平行的直线的轨迹，是一个通过所相交的直线且平行于所平行的直线的平面。

⑤与一已知直线相交，且垂直于一已知平面的直线的轨迹，是一个通过已知直线且垂直于已知平面的平面。

⑥与一已知点成一定距离的点的轨迹，是一个以已知点为球心，以该距离为半径的球面。

⑦与一已知直线成一定距离的点的轨迹，是一个以该直线为轴线，以该距离为回转半径的圆柱面。

⑧与一已知面成一定距离的点的轨迹，是已知平面的平行面，且两平面的距离等于已知距离。

⑨与一般位置直线两端点成等距离的点的轨迹，是一个通过该直线的中点且与该直线相垂直的平面。

【例 3-25】 如图 3-57（b）所示，已知两直线 *AB*、*CD* 投影，求它们的公垂线 *KL*，并求最短距离。

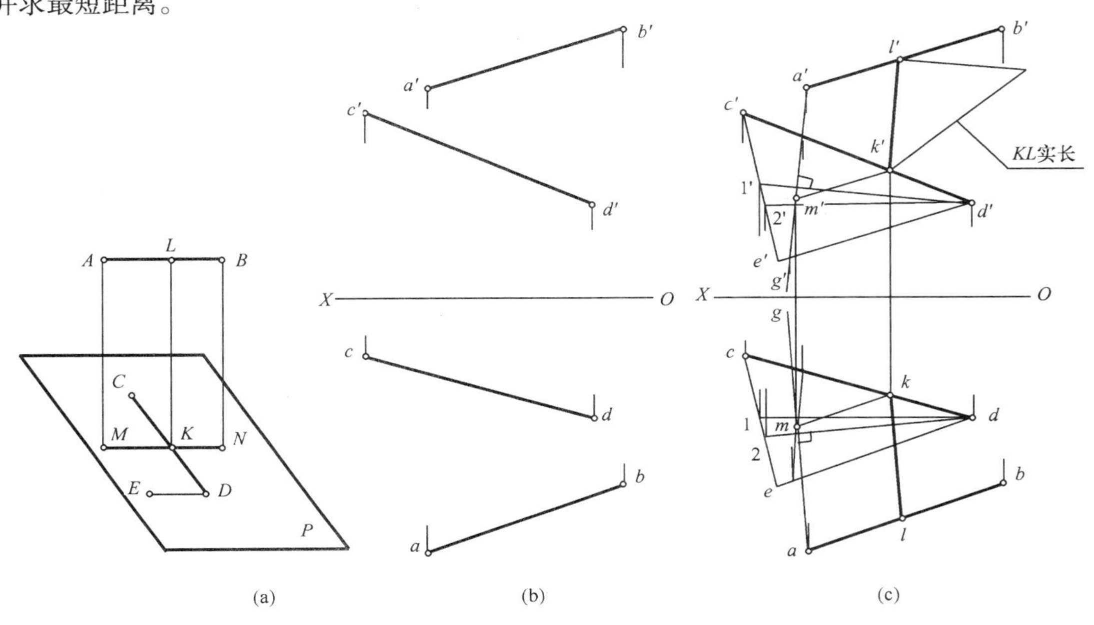

图 3-57 解综合题

（a）空间示意；（b）已知条件；（c）作图过程

如图3－57（a）所示，假设 KL 已经作出，它与 AB、CD 两直线均成正交，所以能够过 CD 线作出一个平面 P 垂直于 KL 直线。因为 $AB \perp KL$，而 $KL \perp P$，所以 $AB // P$。于是为了要作出 KL 线的位置，应作出 AB 在 P 面上的投影 MN。MN 与 CD 的交点为 K，过点 K 向 AB 或 P 面作垂线，交 AB 于点 L，KL 即为所求。作图过程如图3－57（c）所示：

（1）过 d' 作 $d'e' // a'b'$，过 d 作 $de // ab$，故△$CDE // AB$。

（2）过点 D 在△CDE 平面内作一正平线 DⅠ和一水平线 DⅡ。

（3）过 a' 作 $d'1'$ 的垂线，过 a 作 $d2$ 的垂线，得△CDE 的垂线 $AG(ag, a'g')$。

（4）求直线 AG 与△CDE 的交点 M（m，m'）。

（5）过 m 作 $mk // ab$，过 m' 作 $m'k' // a'b'$，MK 与 CD 交于 K。

（6）过 k' 作 $k'l' // m'a'$，与 $a'b'$ 交得 l'，过 k 作 $kl // ma$，与 ab 交得 l，kl、$k'l'$ 即为公垂线 KL 的投影。

（7）利用直角三角形法求出 KL 的真实长度，标在投影图上。

第4章 换 面 法

在投影图上解决有关空间几何元素的定位问题（如交点、交线）和度量问题（如实形、距离、角度）时发现，当空间的直线和平面对投影面处于平行或垂直的特殊位置时，问题非常容易解决。但是，若直线和平面对投影面处于一般位置时，问题就难以解决了，如果我们能把直线和平面从一般位置变换成特殊位置，那么问题的解决就会变得快速而准确。换面法就是研究如何改变空间几何元素对投影面的相对位置，以达到简化解题的目的。

空间几何元素保持不动，设立新的投影面来代替旧的投影面，使空间几何元素对新的投影面的相对位置处于有利于解题的特殊位置，这种方法称为换面法。

4.1 点的投影变换

4.1.1 新投影面体系的建立

如图 4－1 所示，一铅垂面△*ABC*，在 *V* 面和 *H* 面的投影体系（以后简称 *V*/*H* 体系）中的两个投影都不反映实形。为使新的投影反映实形，取一个平行于△*ABC* 且垂直于 *H* 面的面 V_1 来代替 *V* 面，则新的 V_1 面和不变的 *H* 面构成一个新的投影面体系 V_1/H。

△*ABC* 在新的 V_1 面上的投影△$a'_1b'_1c'_1$就反映实形。

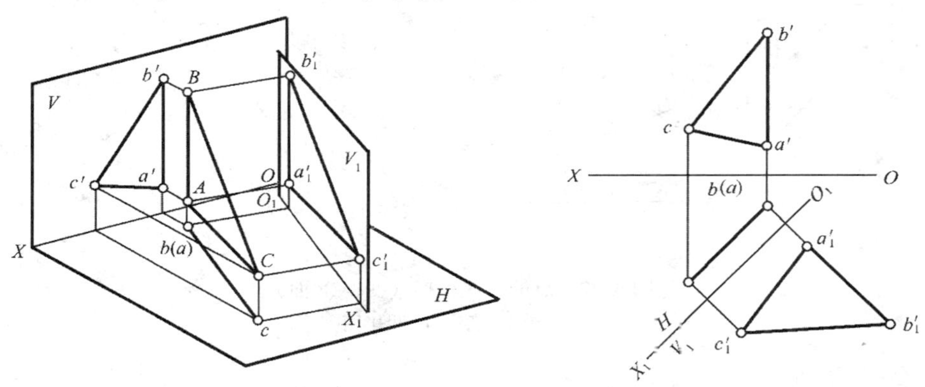

图 4－1　新投影面体系的建立

V_1 面称为新投影面，*H* 面称为不变投影面，*V* 面称为旧投影面；O_1X_1 轴称为新投影轴，*OX* 轴称为旧投影轴；相应地把 V_1 面上的投影 △$a'_1b'_1c'_1$ 称为新投影，*H* 面上的投影△*abc* 称为不变投影，*V* 面上的投影△$a'b'c'$称为旧投影。

新投影面的建立必须符合以下两个条件：

(1) 新投影面必须垂直于一个不变投影面（正投影原理的需要）。

(2) 新投影面必须和空间几何元素处于有利于解题的位置。

4.1.2 点的投影变换规律

点是最基本的几何元素，因此，在变换投影面时，首先要了解点的投影变换规律。

4.1.2.1 点的一次变换

（1）变换 V 面

如图 4－2 所示，点 A 在 V/H 体系中的正面投影为 a'，水平投影为 a。现在保留 H 面不变，取一铅垂面 V_1（$V_1 \perp H$），使之形成新的两投影面体系 V_1/H。O_1X_1 轴为新投影轴，过 A 点向 V_1 面作垂线，垂线与 V_1 面的交点 a'_1 即为 A 点在 V_1 面上的新投影。

因为新旧两投影体系具有同一个水平面 H，因此说点 A 到 H 面的距离（即 Z 坐标）在新旧体系中都是相同的，即 $a'a_x = Aa = a'_1a_{x1}$。当 V_1 面绕 O_1X_1 轴旋转到与 H 面重合时，根据点的投影规律可知，A 点的两投影 a 和 a'_1 的连线 aa'_1 应垂直于 O_1X_1 轴。

根据以上分析，可以得出点的投影变换规律：

点的新投影和不变投影的连线垂直于新投影轴；点的新投影到新投影轴的距离等于被替换的旧投影到旧投影轴的距离。

图 4－2（b）表示了将 V/H 体系中的旧投影（a'）变换成 V_1/H 体系的新投影（a'_1）的作图过程。首先按要求画出新投影轴 O_1X_1，新投影轴确定了新投影面在投影体系中的位置。然后过点 a 作 $aa'_1 \perp O_1X_1$，在垂直线上截取 $a'_1a_{x1} = a'a_x$，则 a'_1 即为所求的新投影。

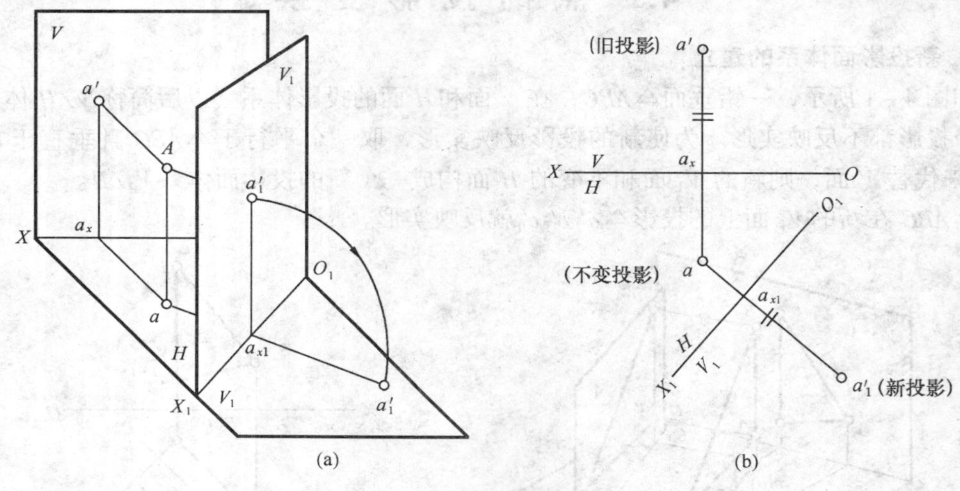

图 4－2　点的一次变换（变换 V 面）

（a）空间示意；（b）投影图

（2）变换 H 面

图 4－3 表示了变换水平面 H 的作图过程。取正垂面 H_1 来代替 H 面，H_1 面和 V 面构成新投影体系 V/H_1，新旧两体系具有同一个 V 面，因此 $a_1a_{x1} = Aa' = aa_x$。图 4－3（b）表示在投影图上，由 a、a' 求作 a_1 的过程，首先作出新投影轴 O_1X_1，然后过 a' 作 $a'a_{x1} \perp O_1X_1$，在垂线上截取 $a_1a_{x1} = aa_x$，则 a_1 即为所求的新投影。

4.1.2.2 点的二次变换

在运用换面法去解决实际问题时，变换一次投影面，有时不足以解决问题，而必须变换两次或更多次。所谓两次变换，实质上就是进行两次"一次变换"，其原理及作图方法和一次变换完全相同，如图 4－4 所示。

必须指出：在更换多次投影面时，新投影面的选择除必须符合前述的两个条件外，还必

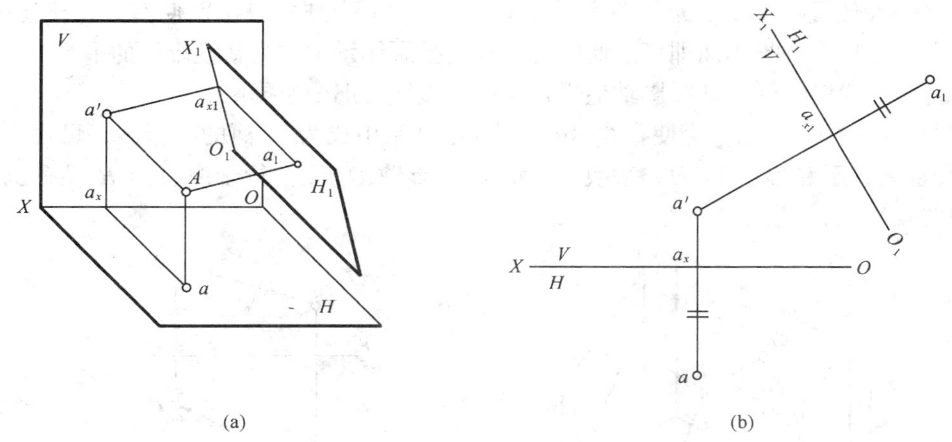

图 4－3　点的一次变换（变换 H 面）

(a) 空间示意；(b) 投影图

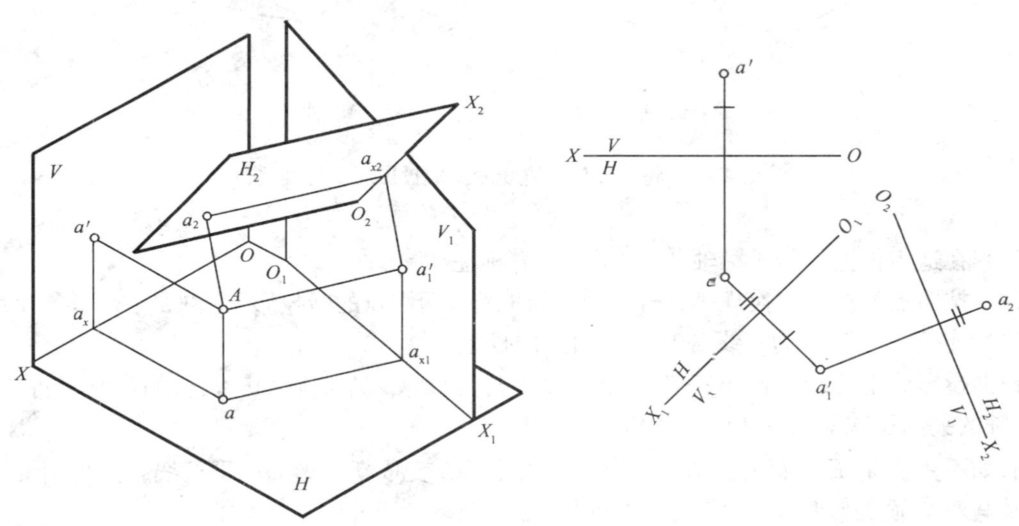

图 4－4　点的二次变换

须是在一个投影面更换完以后，在新的两面体系中交替地再更换另一个。即：$V/H \rightarrow V_1/H \rightarrow V_1/H_2 \rightarrow V_3/H_2 \rightarrow \cdots\cdots$,或者是 $V/H \rightarrow V/H_1 \rightarrow V_2/H_1 \rightarrow V_2/H_3 \rightarrow \cdots\cdots$。

4.2　直线的投影变换

空间直线的投影可由直线上的两点的同面投影来确定，因而直线的投影变换即为直线上两点的投影变换。

4.2.1　直线的一次变换

4.2.1.1　一般位置直线变换成投影面平行线

通过一次换面可将一般位置直线变换成投影面平行线，从而解决求一般位置直线的实长及对某一投影面的倾角问题。

要将一般位置直线变换为投影面平行线，只要作一个新的投影面使其平行于已知直线，且垂直于一个原有的投影面即可。此时直线在新投影体系中成为新投影面的平行线，根据投影面平行线的投影特性，新投影轴应平行于已知直线的那个原投影。

如图 4-5（a）所示，为使直线 AB 在 V_1/H 体系中成为 V_1 面的平行线，可设立一个与 AB 平行且垂直于 H 面的 V_1 面，替换 V 面，新投影轴 O_1X_1 平行于原有的 H 投影 ab，作图过程如图 4-5（b）所示：

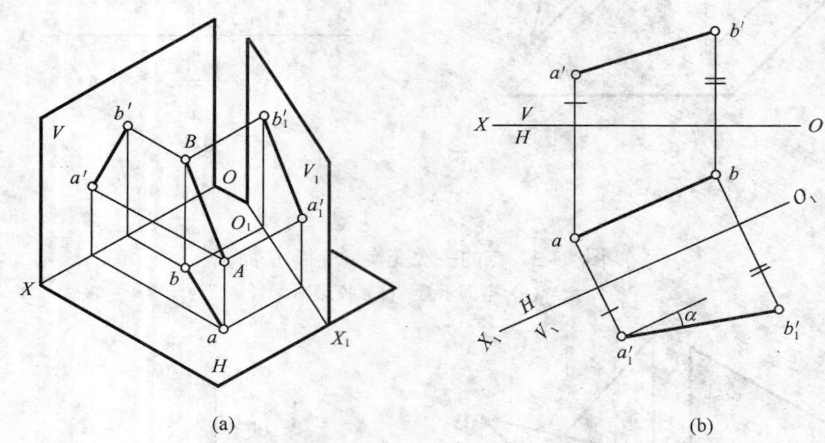

图 4-5　将一般位置直线变换成投影面平行线

（a）空间示意；（b）投影图

（1）在适当位置作新投影轴 $O_1X_1 /\!/ ab$，并标注 V_1/H；

（2）按照点的投影变换规律，分别求出 AB 线段两端点的新投影 a'_1 和 b'_1；

（3）连接 $a'_1b'_1$，即为直线 AB 在 V_1 面上的投影。

根据投影面平行线的投影特性可知，AB 的新投影 $a'_1b'_1$ 反映 AB 线段的实长，$a'_1b'_1$ 与 O_1X_1 轴的夹角反映 AB 对 H 面的倾角 α。

假如不更换 V 面，而更换 H 面，同样可以把 AB 变成新投影面的平行线，并得到 AB 的实长及其对 V 面的倾角 β（读者可自行作图）。

4.2.1.2　投影面平行线变换成投影面垂直线

通过一次换面可将投影面平行线变换成投影面垂直线，从而解决点到投影面平行线的距离和两条平行的投影面平行线的距离等问题。

要将投影面平行线变换为投影面垂直线，只要作一个新的投影面使其垂直于已知直线，且垂直于一个原有的投影面即可。此时，投影面平行线在新投影体系中成为新投影面的垂直线，其新投影积聚为一点，因此投影轴 O_1X_1 应垂直于投影面平行线中反映实长的投影。

如图 4-6（a）所示，在 V/H 体系中，有正平线 AB，因为与 AB 垂直的平面必然垂直于 V 面，故可用 H_1 面来替换 H 面，使 AB 成为 V/H_1 中的 H_1 面垂直线。在 V/H_1 中，按照 H_1 面垂直线的投影特性，新投影轴 O_1X_1 应垂直于 $a'b'$。作图过程如图 4-6（b）所示：

（1）在适当位置作新投影轴 $O_1X_1 \perp a'b'$，并标注 V/H_1；

（2）按照点的投影变换规律，求得 A、B 两点的积聚投影 $a_1(b_1)$，AB 即为 V/H_1 体系中 H_1 面的垂直线。

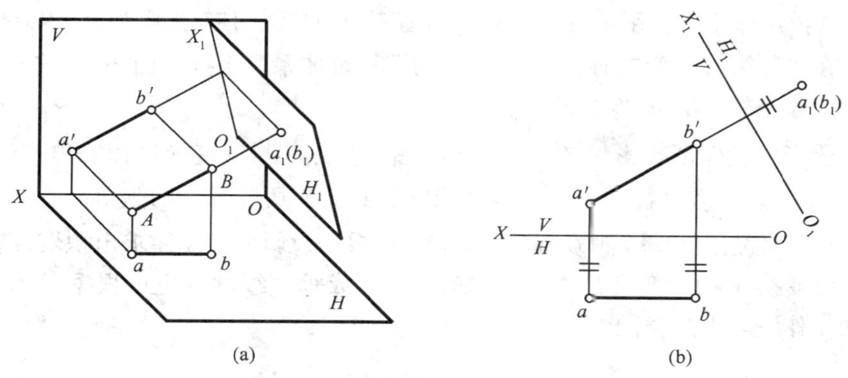

图 4-6　将投影面平行线变换为投影面垂直线

(a) 空间示意；(b) 投影图

同理，通过一次换面，也可将水平线变换成 V_1 面垂直线（读者可自行作图）。

4.2.2　直线的两次变换

通过两次换面，可将一般位置直线变换成投影面垂直线，从而解决点到一般位置直线的距离及两平行的一般位置直线间的距离等。

把一般位置直线变为投影面的垂直线，显然，一次换面是不能完成的。因为若选新投影面垂直于已知直线，则新投影面也必定是一般位置平面，它和原投影体系中的两投影面均不垂直，不能构成新的投影面体系。如果所给直线为投影面平行线，要变为投影面垂直线，则经一次换面就可以了。

我们也知道，一般位置直线经过一次换面可变换成投影面平行线。因此，要把一般位置直线变成投影面垂直线，可分两步：首先把一般位置直线变为投影面平行线，然后再变成投影面垂直线，如图 4-7 所示。

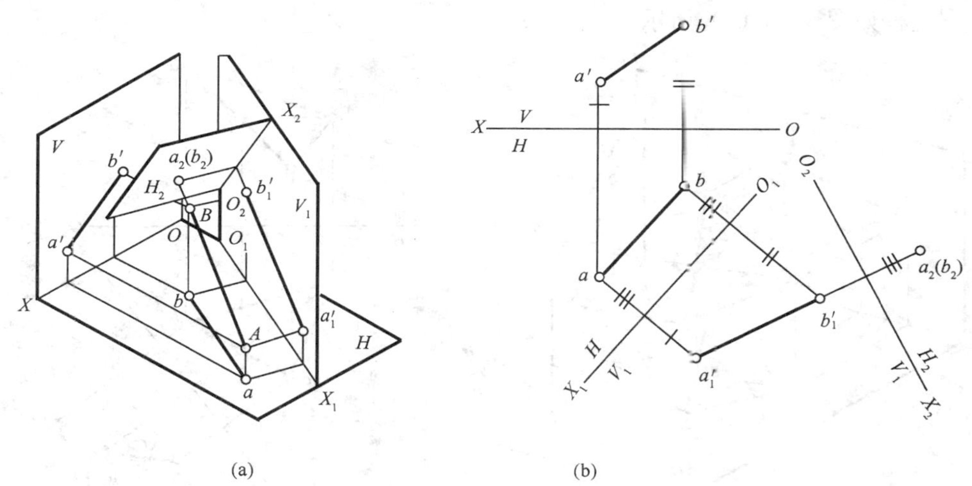

图 4-7　一般位置直线变为投影面垂直线

(a) 空间示意；(b) 投影图

首先在 V/H 体系中，用平行于 AB 的 V_1 面替换 V 面，AB 成为 V_1/H 体系中 V_1 面的平

行线；再在 V_1/H 体系中，用垂直于 AB 的 H_2 面替换 H 面，使 AB 成为 V_1/H_2 体系中 H_2 面的垂直线。在进行第二次变换时，V_1/H 已成为旧投影体系，新投影面 H_2 垂直于不变投影面 V_1，O_1X_1 为旧投影轴，O_2X_2 为新投影轴。

(1) 在适当位置作新投影轴 $O_1X_1 \parallel ab$，然后按点的投影变换规律求出直线的 V_1 投影 $a'_1b'_1$；在 V_1/H 中，$AB \parallel V_1$，$a'_1b'_1$ 反映 AB 线段的实长及其对 H 面的倾角 α。

(2) 在适当位置作新投影轴 $O_2X_2 \perp a'_1b'_1$，再根据投影变换规律求出积聚投影 $a_2(b_2)$。

以上是先变换 V 面后变换 H 面，将 AB 直线变成垂直线的，也可根据具体要求先换 H 面后换 V 面，作法与上述类同。

4.3 平面的投影变换

4.3.1 平面的一次变换

4.3.1.1 一般位置平面变换成投影面垂直面

通过一次换面可将一般位置平面变换成投影面垂直面，从而解决平面对投影面的倾角、点到平面的距离、两平行平面间的距离、直线与一般面的交点和两平面交线等问题。

根据初等几何原理可知，要将一般位置平面变换成投影面垂直面，只需将平面上的某一直线变成投影面的垂直线即可。但如果在平面上取一条一般位置直线要变成投影面垂直线，必须经过两次换面，而如果在平面上取一条投影面平行线，要变成投影面垂直线只需一次换面。因此，要把一般位置平面变成投影面的垂直面，可分两步进行，先在一般位置平面上取一条投影面平行线，然后再经一次换面将投影面平行线变成投影面垂直线。

如图 4-8 (a) 所示，△ABC 在 V/H 体系中是一般位置平面，为了把它变成投影面垂直面，先在△ABC 上作一水平线 AD，然后作新投影面 V_1 垂直于 AD，此时△ABC 在 V_1/H 体系中就变成 V_1 面的垂直面了。

作图过程如图 4-8 (b) 所示：

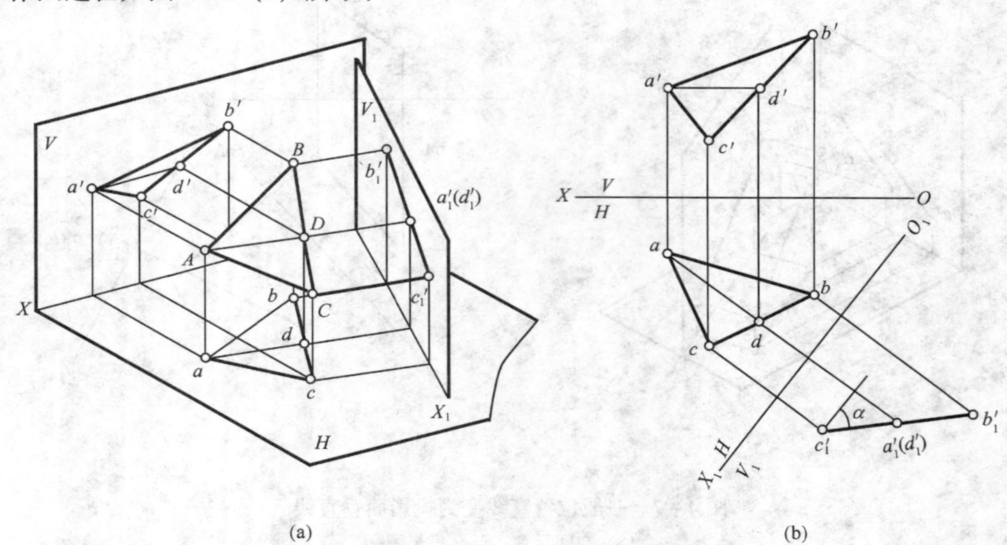

图 4-8 将一般位置平面变成投影面的垂直面

(a) 空间示意；(b) 投影图

（1）在△ABC 上取一条水平线 $AD(a'd',ad)$；

（2）在适当位置作新投影轴 O_1X_1，垂直于 ad；

（3）按点的投影变换规律，求出各点的新投影 $a'_1b'_1c'_1$，则 $a'_1b'_1c'_1$ 必然积聚成一条直线。并且 $a'_1b'_1c'_1$ 与 O_1X_1 轴的夹角即为△ABC 与 H 面的夹角 α。

若要求作△ABC 与 V 面的倾角 β，应在△ABC 上取一条王平线，将这条正平线变成新投影面 H_1 面的垂直线，△ABC 就变成新投影面 H_1 面的垂直面了，积聚投影 $a_1b_1c_1$ 与 O_1X_1 轴的夹角即反映△ABC 与 V 面的倾角 β。

4.3.1.2　投影面垂直面变换为投影面平行面

通过一次换面可将投影面垂直面变换为投影面平行面，从而解决求投影面垂直面的实形问题。

要将投影面垂直面变换为投影面平行面，应设立一个与已知平面平行，且与 V/H 投影体系中某一投影面垂直的新投影面。根据投影面平行面的投影特点可知，新投影轴应平行于平面有积聚性的投影。

将正垂面△ABC 变换为投影面平行面的作图过程如图 4－9 所示。

（1）作 $O_1X_1 \parallel a'b'c'$；

（2）在新投影面上求出 A、B、C 三点的新投影 a_1、b_1、c_1，得△$a_1b_1c_1$。△$a_1b_1c_1$ 即为△ABC 的实形。

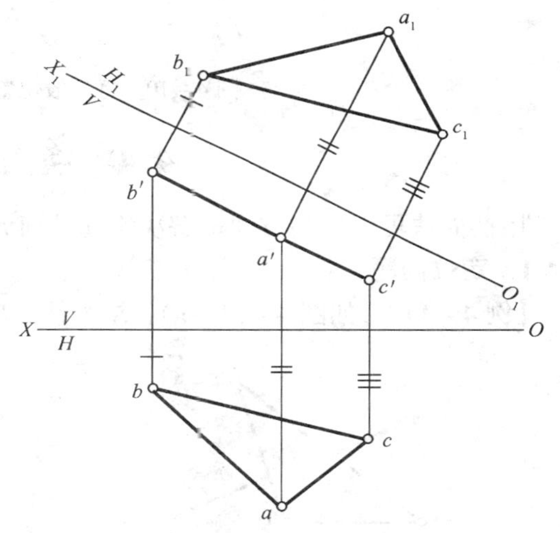

图 4－9　将投影面垂直面变为投影面平行面

若要求作处于铅垂位置的平面图形的实形，应使新投影面 V_1 平行于该平面，新投影轴平行于平面有积聚性的投影。此时，平面在 V_1 面上的投影反映实形。

4.3.2　平面的二次变换

通过二次换面可将一般位置平面变换为投影面平行面，从而解决求一般位置平面的实形问题。

要将一般位置平面变换为投影面平行面，显然一次换面是不行的。因为若选新投影面平行于一般位置平面，则新投影面也必然是一般位置平面，它与原体系中的两投影面均不垂直，不能构成新的投影面体系。若想达到上述目的应先将一般位置平面变换成投影面垂直面，再将投影面垂直面变换成投影面平行面。

如图 4－10 所示：要求一般位置平面△ABC 的实形，可先将 V/H 中的一般位置平面△ABC 变成 H_1/V 的 H_1 面垂直面，再将 H_1 垂直面变成 V_2/H_1 中的 V_2 面的平行面，△$a'_2b'_2c'_2$ 即为△ABC 的实形。

（1）先在 V/H 中作△ABC 上的正平线 AD 的两面投影 $a'd'$ 和 ad；

（2）作 $O_1X_1 \perp a'd'$ 求出点 A、B、C 的 H_1 面投影 a_1、b_1、c_1；

（3）作 $O_2X_2 \parallel a_1b_1c_1$，在 V_2 面上作出△$a'_2b'_2c'_2$，即为△ABC 的实形。

当然也可在△ABC 上取水平线，先将△ABC 变成 V_1/H 中的 V_1 面垂直面，再将之变成 V_1/H_2 中的 H_2 面的平行面，在 H_2 面上作出△$a_2b_2c_2$ 即为△ABC 的实形。

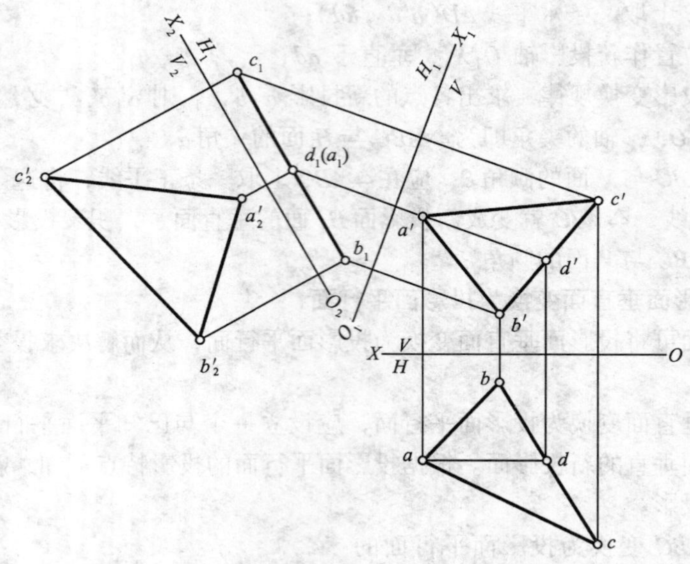

图 4－10　将一般位置平面变为投影面平行面

4.4　换面法解题举例

用换面法可以较为方便地解决空间几何元素间的定位问题和度量问题。

4.4.1　定位问题

【例 4－1】　如图 4－11（a），求直线 EF 与△ABC 的交点。

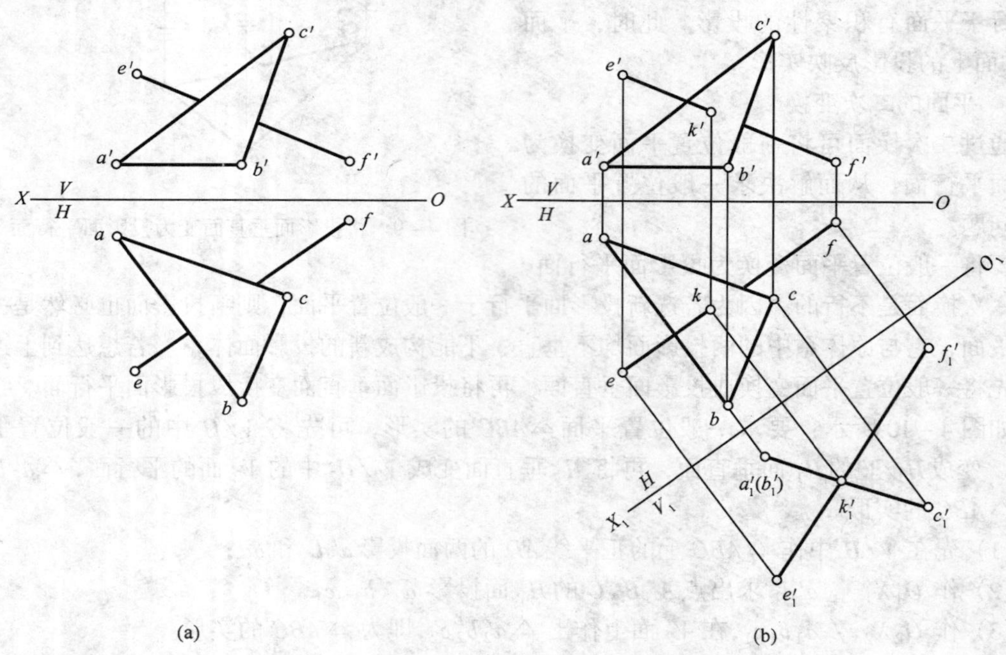

图 4－11　求直线与平面的交点

（a）已知条件；（b）作图过程

因△*ABC*和直线*EF*均为一般位置，所以它们的交点不能直接作出。但当平面为投影面垂直面时，利用积聚性可直接求出直线与平面的交点。因此，我们可采用换面法将△*ABC*变换为投影面垂直面，就可求出直线*EF*与△*ABC*的交点。作图步骤如图4－11（b）所示：

（1）作新投影轴 $O_1X_1 \perp ab$。因*AB*为平面上的水平线，故△*ABC*变换为新投影面体系 V_1/H 中 V_1 面的垂直面；

（2）在 V_1 面上作出直线*EF*和平面△*ABC*的新投影 $e_1'f_1'$ 和 $a_1'b_1'c_1'$，其交点 k_1' 为所求交点*K*的新投影；

（3）由 k_1' 返回作图得交点*K*的*H*、*V*投影 k 和 k'，返回时 $k_1'k \perp O_1X_1$，$kk' \perp OX$；

（4）判断直线*EF*的可见性，完成解题。

【例4－2】 如图4－12（a），已知线段*AB*∥*CD*，且相距为10mm，求 $c'd'$。

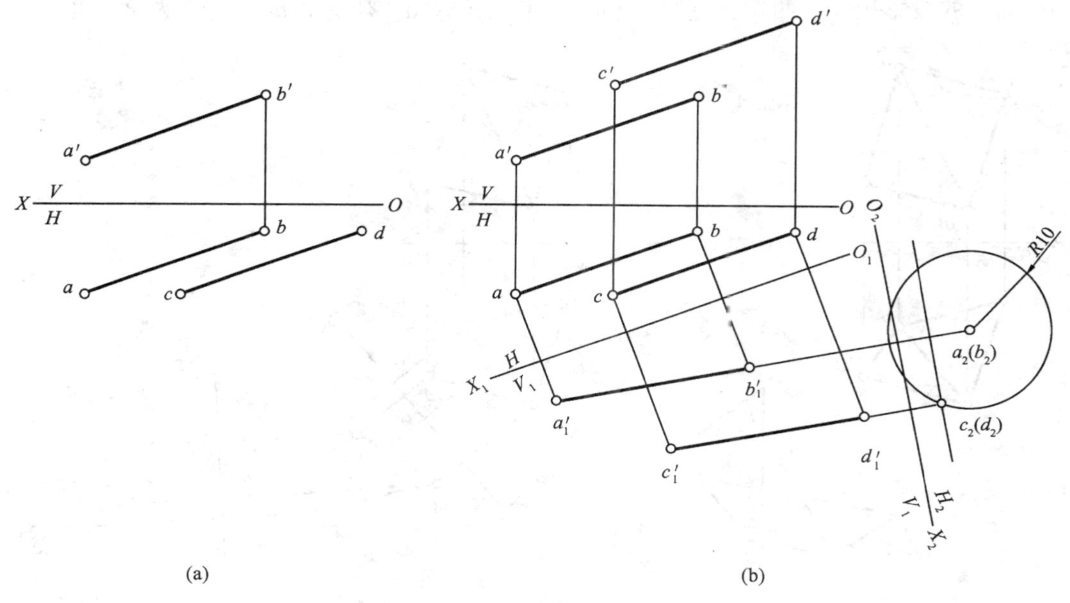

图4－12 求*CD*的正面投影 $c'd'$

（a）已知条件；（b）作图过程

AB∥*CD*，它们的间距*L*能在垂直于两直线的新投影面上的投影反映出来。因此，要把*AB*、*CD*变换为新投影面的垂直线，而*AB*、*CD*为一般位置直线，故需经过两次变换。

作图步骤如图4－12（b）所示：

（1）作 $O_1X_1 /\!/ ab$，在 V_1 面上作出 $a_1'b_1'$，$a_1'b_1' = AB$。

（2）作 $O_2X_2 \perp a_1'b_1'$，在 H_2 面上作出 a_2（b_2）（积聚成一点），此时*CD*在 H_2 面上的投影也为一点，且到 $a_2(b_2)$ 的距离为*L*（10mm）。

（3）以 $a_2(b_2)$ 为圆心，以*L*（10mm）为半径画圆弧，则 $c_2(d_2)$ 点必在这个圆弧上。

（4）根据投影变换规律，*CD*线的*H*投影 cd 到 O_1X_1 轴的距离等于*CD*线在 H_2 面上的投影 $c_2(d_2)$ 到 O_2X_2 轴的距离，因此在 H_2 面上作 O_2X_2 轴的平行线，距离为 cd 到 O_1X_1 轴的距离，该线与圆弧的交点 $c_2(d_2)$ 即为*CD*线的投影。显然有两解。

（5）过 $c_2(d_2)$ 作 O_2X_2 轴的垂线，过 c、d 分别作 O_1X_1 轴的垂线，交于 c_1'、d_1'，再根据点

的投影变换规律，画出 $c'd'$，即为所求。

4.4.2 度量问题

【例 4-3】 如图 4-13（a），求△ABC 和 ABD 之间的夹角。

当两三角形平面同时垂直于某一投影面时，则它们在该投影面上的投影直接反映两平面夹角的实形，如图 4-13（b）。要把两三角形平面同时变成投影面垂直面，只要把它们的交线 AB 变成投影面的垂直线即可。但根据已知条件，交线 AB 为一般位置直线，若变为投影面垂直线则需要换两次投影面，即先变为投影面平行线，再变为投影面垂直线。

作图步骤如图 4-13（c）所示：

（1）作 O_1X_1 轴 $/\!/ \ ab$，使交线 AB 在 V_1/H 体系中变为 V_1 面的平行线；

（2）作 O_2X_2 轴 $\perp a_1'b_1'$，使交线 AB 在 V_1/H_2 体系中变为 H_2 面的垂直线。这时两三角形在 H_2 面上的投影积聚为两相交直线 $a_2(b_2)c_2$ 和 $a_2(b_2)d_2$，则 $\angle c_2a_2d_2$ 即为两面夹角 θ。

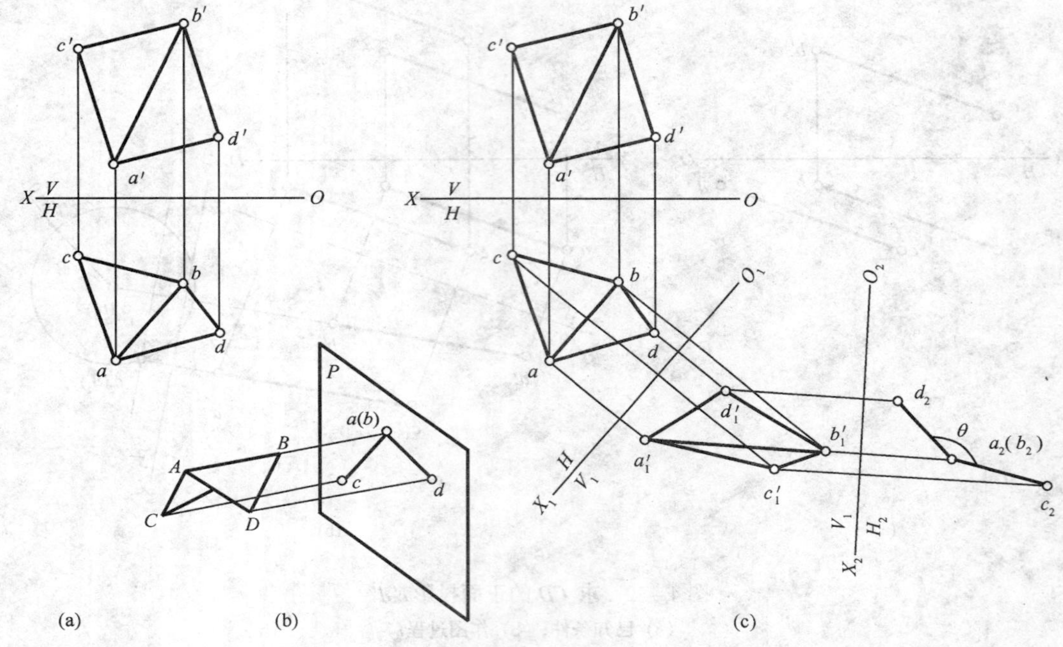

图 4-13 求两平面夹角

（a）已知条件；（b）空间示意；（c）作图过程

【例 4-4】 如图 4-14（a），求交叉二直线 AB 和 CD 之间的最短距离，并定出它们公垂线的位置。

两交叉直线的最短距离，就是它们公垂线的长度，如果将两交叉直线之一变换成投影图垂直线，则公垂线必成为新投影面的平行线，其新投影就能反映距离的实长，且与另一直线在新投影面上的投影垂直，如图 4-14（b）。

作图步骤如图 4-14（c）所示：

（1）作 O_1X_1 轴 $/\!/ \ cd$，使 CD 变为新投影面 V_1 面的平行线，作出新投影 $a_1'b_1'$，$c_1'd_1'$；

（2）作 O_2X_2 轴 $\perp c_1'd_1'$，使 CD 变为新投影面 H_2 面的垂直线，作出新投影 a_2b_2，$c_2(d_2)$；

（3）过 $c_2(d_2)$ 作 $e_2f_2 \perp a_2b_2$，e_2f_2 即为公垂线 EF 的实长；

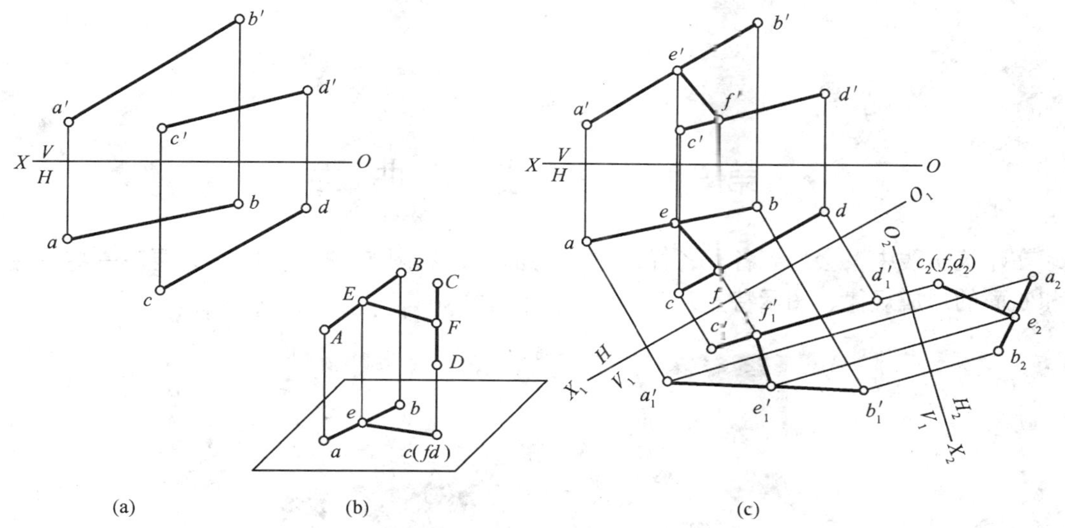

图 4 – 14　交叉二直线间的距离

(a) 已知条件；(b) 空间示意；(c) 作图过程

(4) 按投影变换规律，将 e_2f_2 返回即可作出公垂线的 H、V 投影 ef 和 $e'f'$，其中 $e_1'f_1' \parallel O_2X_2$。

对于点到直线、点到平面、平行两直线、平行两平面及平行的直线与平面间的距离问题，均可仿照上述方法，使二者之一的直线或平面变换成投影面的垂直线或垂直面，这样，所求距离的实长就在所垂直的投影面上反映出来。

第5章　曲 线 与 曲 面

在建筑实践中，会遇到各种各样的曲线与曲面，见图 5－1。所以有必要对一些常用曲线和曲面的形成规律、图示特点及其画法等进行学习。

(a)

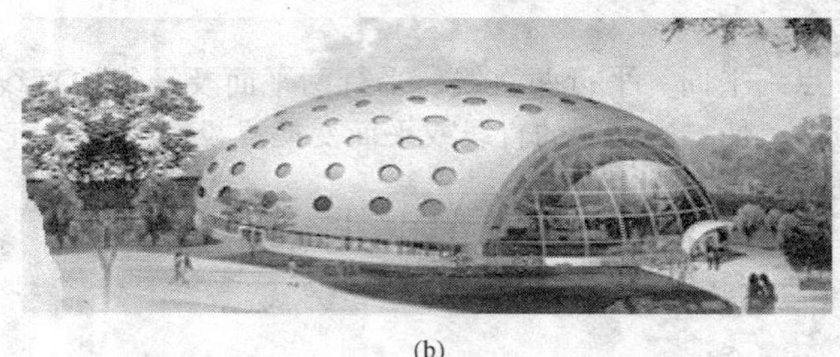

(b)

图 5－1　曲线和曲面

(a) 北京奥运自行车场馆；(b) 西北农业科技大学昆虫博物馆

5.1 曲　　线

5.1.1　曲线的形成、分类及其投影特性

5.1.1.1　曲线的形成与分类

曲线可以看作是一个点作不断改变方向运动的轨迹。按点的运动有无规则，曲线可分为规则曲线和不规则曲线。若曲线上所有的点均位于同一平面上，则此曲线称为平面曲线，如圆、椭圆、双曲线和抛物线等。若曲线上任意四个连续的点不在同一平面上，则此曲线称为空间曲线，最常见的空间曲线是圆柱螺旋线。本章仅讨论一些有规律的平面曲线和空间曲线。

5.1.1.2　曲线的投影特性

(1) 平面曲线的投影特性

①一般情况下，平面曲线的投影仍为曲线。因为曲线投影时形成一投射曲面，见图 5－2 (a)，它与投影面的交线即为曲线的投影。

②正如平面的投影特性那样，当平面曲线所在的平面垂直于某一投影面时，其投影积聚成一直线；当平行于某一投影面时，其投影反映实形，如图 5－2（b）、图 5－2（c）所示。

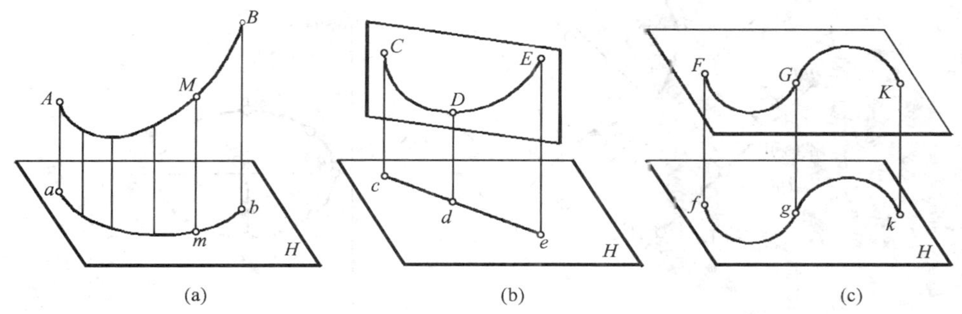

图 5－2　平面曲线的投影

（2）空间曲线的投影特性

空间曲线的各个投影都是曲线，不可能积聚成直线或反映实形，如图 5－3 所示。图 5－4所示为某一空间曲线的投影图，可在曲线上选取若干点，求出各点的投影，用曲线板顺次光滑连接，即为所求的投影图。投影图中应将两曲线的重影点 K、I（k'、$1'$）及某些特殊点，如起点 A（a'、a）、终点 B（b'、b）和最左点 M（m'、m）等标出。

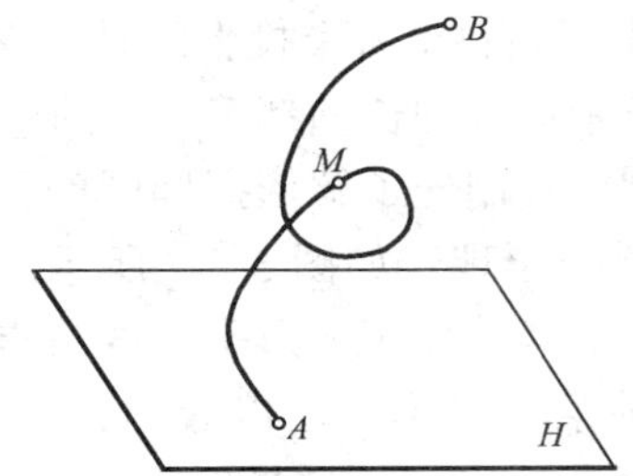

图 5－3　空间曲线

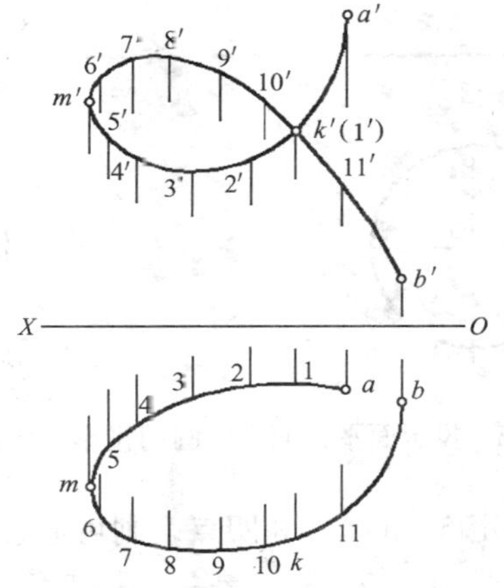

图 5－4　空间曲线的投影

除了具有上述性质外，不论是平面曲线还是空间曲线，曲线的切线在某投影面上的投影仍然与曲线在该投影面上的投影相切，而且切点的投影仍为切点。

5.1.2　圆的投影

圆是工程图中常用的平面曲线之一，根据圆与投影面的相对位置，圆的投影有三种情况：

1. 当圆所在的平面垂直于投影面时，在该投影面上的投影成一直线段，长度等于圆的直径，在其他两个投影面上的投影都是椭圆，椭圆的长、短轴根据圆所在平面与投影轴的夹角确定，如图 5－5 所示。

2. 当圆所在平面平行于投影面时，在该投影面上的投影反映实形，是一同样大小的圆，在其他两个投影面上的投影各自积聚成一直线，长度都等于圆的直径，且分别平行于相应的投影轴，如图 5－6 所示。

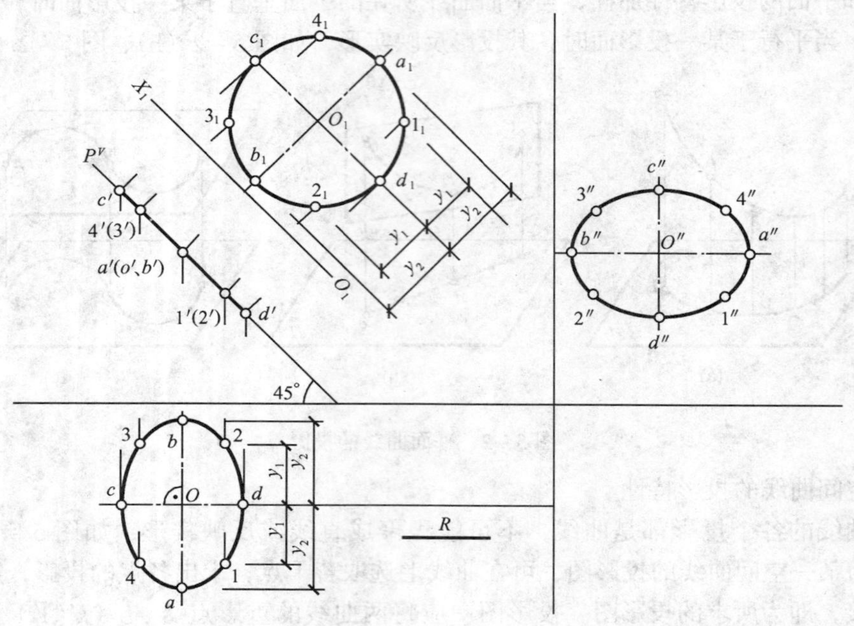

图 5 - 5　投影面垂直面上的圆的投影

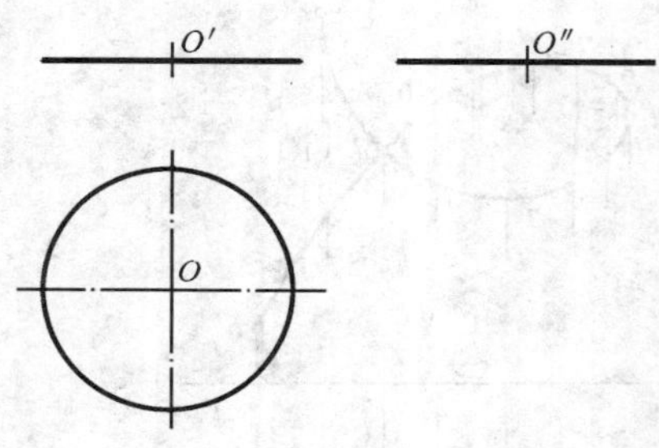

图 5 - 6　投影面平行面上的圆的投影

3. 当圆所在平面倾斜于三个投影面时，它的投影都为椭圆，而且三个椭圆的长轴都等于圆的直径。

为了作出椭圆，我们先了解依据椭圆的共轭直径用八点法绘制椭圆的原理，如图 5 - 7 所示：左图分析了圆上的八个点及其外切正方形平面的特点，右图是该平面连同圆的某一投影，可以看出，圆 O 的一对相互垂直的直径 1-2 和 3-4，在投影中不再相互垂直，这一对直径称为椭圆的共轭直径。5、6、7、8 是位于外切正方形对角线上的点，只要在平行四边形对角线上确定 5、6、7、8 四点，则可通过连接 1、6、4、7、2、8、3、5 八个点，准确地画出椭圆。左图中，$\triangle O3\text{-}12$ 是一等腰直角三角形，$O3 = 3\text{-}12 = O8$，而 $O12 = \sqrt{2}R$，作 $8n \parallel 3\text{-}4$，则 $3n : 3\text{-}12 = O8 : O12 = 1 : \sqrt{2}$。根据平行投影的定比性，在投影图中只要按比例求出点 5、6、7、8 即可。

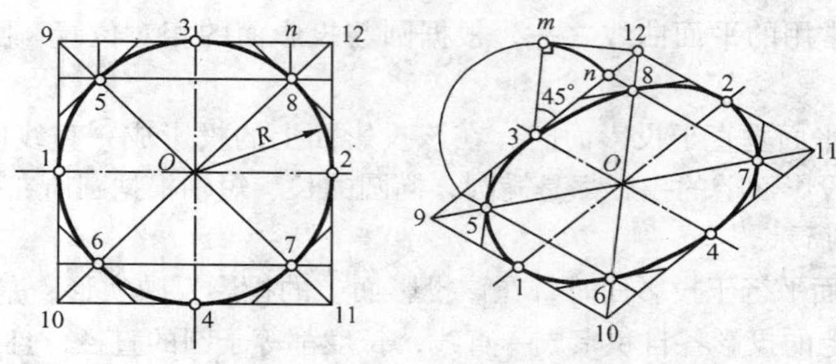

图 5 - 7　八点法作椭圆

【例 5-1】 如图 5-8（a）所示，已知半径为 R 的圆在一般位置平面 $ABCD$ 上，并已知圆心 O 的位置，求作该圆的投影图。

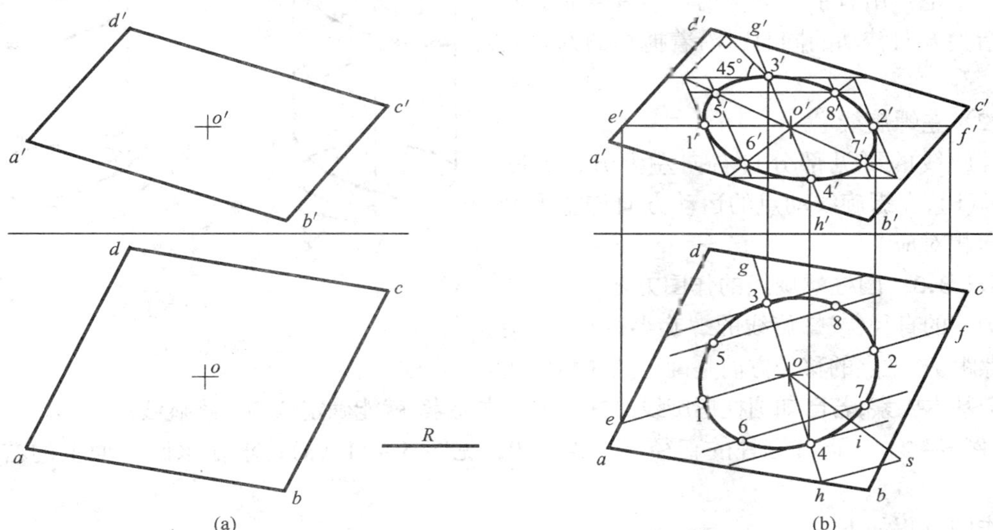

图 5-8 在一般位置平面上的圆的投影作图

（a）已知条件；（b）作图过程

作图过程如图 5-8（b）所示：

（1）在水平投影中作出椭圆的长、短轴。先过圆心 O 作平面 $ABCD$ 上的水平线 EF(ef, $e'f'$)，在 ef 上以 O 为对称中心，量取 $O1 = O2 = R$，则 1-2 为椭圆的长轴。椭圆的短轴垂直于长轴，在水平投影中反映直角的实际大小。过点 O 作 gh 垂直于 ef，并作出其正面投影 $g'h'$，再在水平投影中利用直角三角形法作出短半轴长度 $O3 = O4$。

（2）水平投影中的长短轴在正面投影中成为椭圆的一对共轭直径 $1'2'$ 和 $3'4'$，利用该对共轭直径找出椭圆上的另外四个点 $5'$、$6'$、$7'$、$8'$后，画出正面投影中的椭圆。

（3）利用平面上求点的方法，求出水平投影中的点 5、6、7、8，从而作出水平投影中的椭圆。

5.1.3 圆柱螺旋线

5.1.3.1 圆柱螺旋线的形成

当一个动点 M 沿着一直线等速移动，而该直线同时绕与它平行的一轴线 O 等速旋转时，动点的轨迹就是一根圆柱螺旋线（见图 5-9）。直线旋转时形成一圆柱面，圆柱螺旋线是该圆柱面上的一根曲线。当直线旋转一周，回到原来位置时动点移动到位置 M_1，点 M 在该直线上移动的距离 MM_1，称为螺旋线的螺距，以 P 标记。

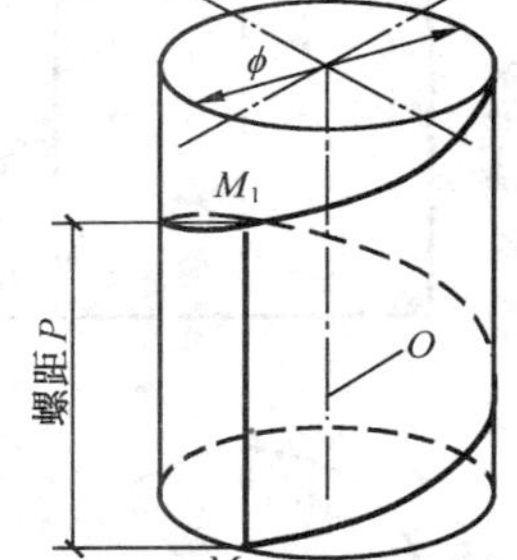

图 5-9 圆柱螺旋线的形成

5.1.3.2 圆柱螺旋线的分类

螺旋线按动点移动方向的不同分为右螺旋线和左螺旋线。

（1）右螺旋线

螺旋线的可见部分自左向右上升，见图5－10（a），右螺旋线上动点运动的规律可由右手法则来记：用右手握拳，动点沿着弯曲的四指向指尖方向转动的同时，沿着拇指的方向上升。

（2）左螺旋线

螺旋线的可见部分自右向左上升，见图5－10（b），左螺旋线动点的运动方向与左手手指方向相对应。

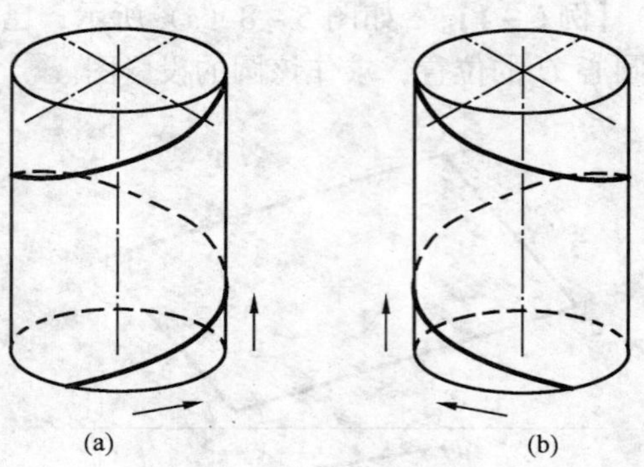

图5－10　圆柱螺旋线

（a）右螺旋线；（b）左螺旋线

5.1.3.3　圆柱螺旋线的作图方法

圆柱的直径（或螺旋线的螺旋半径）ϕ、螺旋线的螺距 P、动点的移动方向是确定圆柱螺旋线的三个基本要素，若已知圆柱螺旋线的这三个基本要素，就能确定该圆柱螺旋线的投影。

【例5－2】　已知圆柱的直径 ϕ，螺距 P，见图5－11（a），求作该圆柱面上的右螺旋线。

作图过程如下：

（1）将 H 投影圆周分为若干等份（如十二等份），把螺距 P 也分为同数等份，如图5－11（b）；

（2）从 H 投影的圆周上各分点引连线到 V 投影，与螺距相应分点所引的水平线相交，得螺旋线上各点的 V 投影 0′、1′、2′、……、11′、12′，并将这点用圆滑曲线连接起来，便是螺旋线的 V 投影。这是一根正弦曲线。在圆柱后半圆柱面上的一段螺旋线，因不可见而用虚线画出。圆柱螺旋线的水平投影，落在圆周上；

（3）画出圆柱面的 W 面投影，按照上一步的过程确定 0″、1″、2″、……、11″、12″，并将这点用圆滑曲线连接起来，便是螺旋线的 W 投影，如图5－11（c）所示。

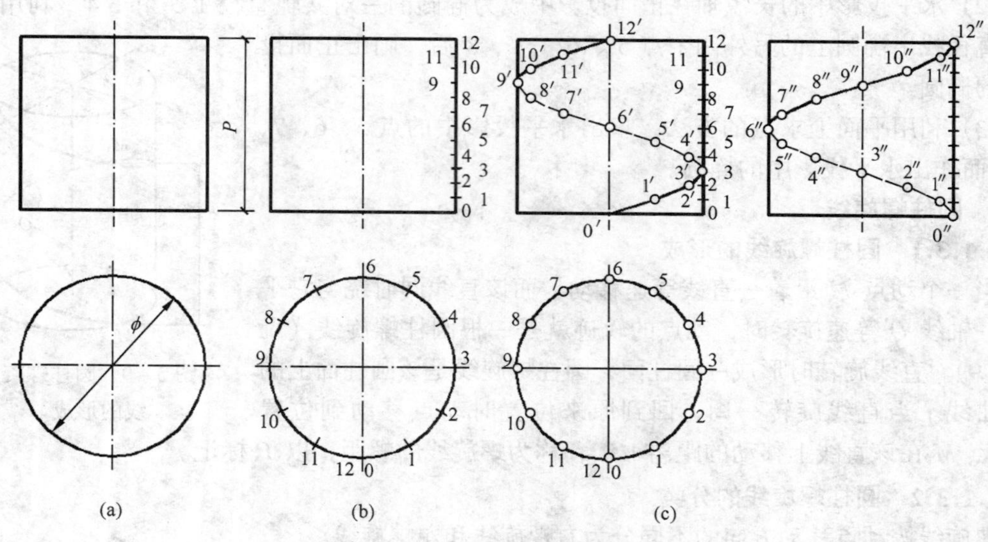

图5－11　作螺旋线投影图

（a）画出圆柱和螺距；（b）等分圆周和螺距；（c）右螺旋线的投影

5.2 曲 面 概 述

5.2.1 曲面的形成

曲面是由直线或曲线在一定约束条件下运动而形成的。这条运动的直线或曲线，称为曲面的母线。母线运动时所受的约束，称为运动的约束条件。由于母线的不同，或约束条件的不同，便形成不同的曲面。由直母线 AB 绕与它平行的轴线 O 旋转而形成圆柱面，如图 5－12（a）所示；由直母线 SA 绕与它相交于点 S 的轴线 O 旋转形成圆锥面，如图 5－12（b）所示；由圆母线 M 绕它的直径 O 旋转而形成圆球面，如图 5－12（c）所示。

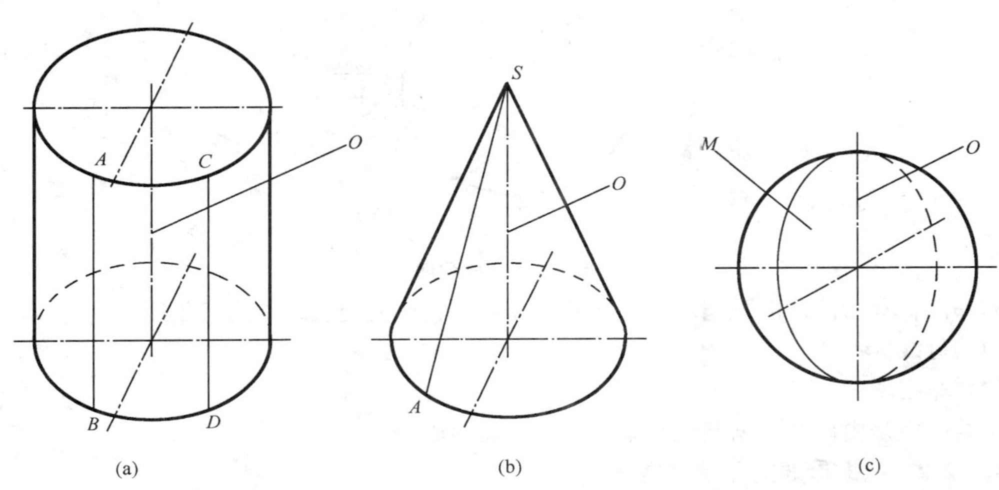

图 5－12 曲面的形成
（a）圆柱面；（b）圆锥面；（c）球面

当母线运动到曲面上任一位置时，称为曲面的素线。见图 5－12（a），当母线 AB 运动到 CD 位置时，CD 就是圆柱面上的一条素线。这样一来，曲面也可认为是由许许多多按一定条件而紧靠着的素线所组成。

在约束条件中，我们把约束母线运动的直线或曲线称为导线，而把约束母线运动状态的平面称为导平面。如图 5－13 中的轴线 O 和平面 P。

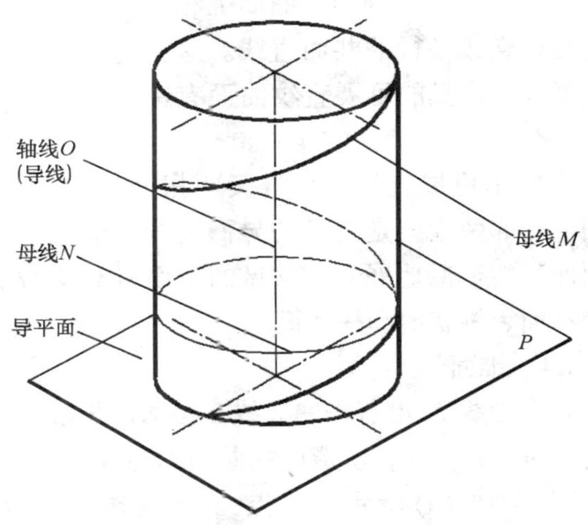

图 5－13 圆柱面的另一些形成方法

5.2.2 曲面的分类

5.2.2.1 根据母线运动方式分类

（1）回转面

这类曲面是由母线绕一轴线旋转而形成。母线绕轴线旋转时，母线上任一点（如图 5－14 中点 A）的运动轨迹都是一个垂直于回转轴的圆，该圆称为回转面的纬圆。曲面上比它相邻两侧的纬圆都大的纬圆，称为曲面的赤道圆。曲面上比它相邻两侧的纬圆

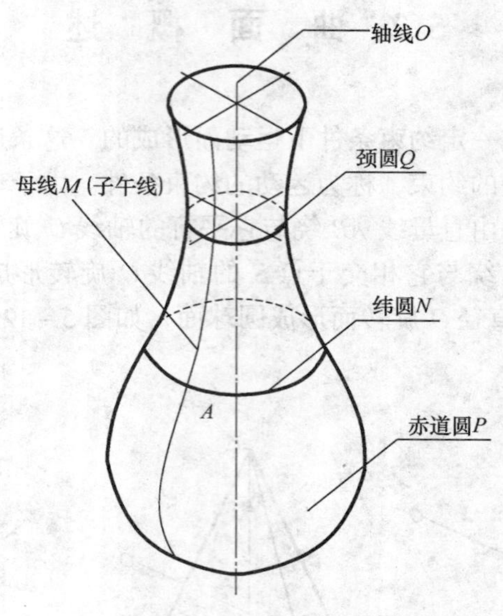

图 5－14　回转面

都小的纬圆，称为曲面的颈圆。过轴线的平面与回转面的交线，称为子午线，它可以作为该回转面的母线。

（2）非回转面

这类曲面是由母线根据其他约束条件运动而形成。

5.2.2.2　根据母线的形状分类

（1）直纹曲面：由直母线运动而形成的曲面。

（2）曲线面：只能由曲母线运动而形成的曲面。

5.3　建筑物中常见的非回转曲面

在建筑物中常见的非回转曲面是由直母线运动而形成的直纹曲面。直纹曲面可分为：

1. 可展直纹曲面。曲面上相邻的两素线是相交或平行的共面直线。这种曲面可以展开，常见的可展直纹曲面有锥面和柱面。

2. 不可展直纹曲面（又叫扭面）。曲面上相邻两素线是交叉的异面直线。这种曲面只能近似地展开，常见的扭面有双曲抛物面、锥状面和柱状面。

5.3.1　锥面

直母线 M 沿着一曲导线 L 移动，并始终通过一定点 S，所形成的曲面称为锥面，如图 5－15（a）所示，定点 S 称为锥顶。曲导线 L 可以是平面曲线，也可以是空间

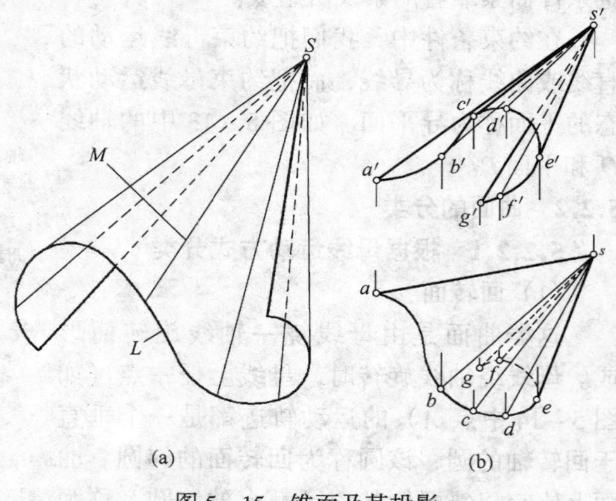

图 5－15　锥面及其投影
（a）立体图；（b）投影图

曲线；可以是闭合的，也可以是不闭合的。锥面上相邻的两素线是相交二直线。

画锥面的投影图，必须画出锥顶 *S* 和曲导线 *L* 的投影，并画出一定数量的素线的投影，其中包括不闭合锥面的起始、终止素线（如 *SA*、*SG*），各投影的轮廓素线（如 *V* 投影轮廓素线 *SC*、*SE*，*H* 投影轮廓素线 *SE*）等。作图结果如图 5 – 15（b）所示。

各锥面是以垂直于轴线的截面（正截面）与锥面的交线（正截交线）形状来命名。图5 – 16（a）为正圆锥面；图 5 – 16（b）为椭圆锥面；图 5 – 16（c）曲面圆的正截交线也是一个椭圆，因此是一个椭圆锥面，但它的曲导线是圆，轴线倾斜于圆所在的平面，所以通常称为斜圆锥面。以平行于锥底的平面截该曲面时，截交线是一个圆。图 5 – 17 是建筑上应用锥面的实例。

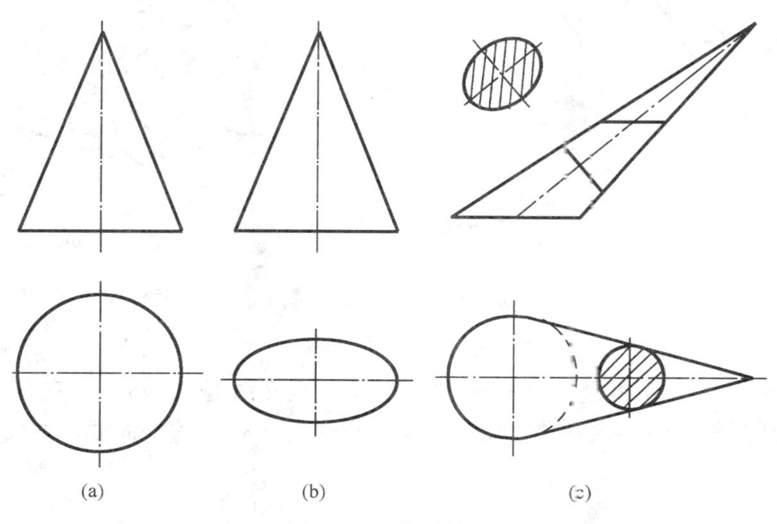

(a)　(b)　(c)

图 5 – 16　各种锥面

（a）正圆锥面；（b）椭圆锥面；（c）斜圆锥面

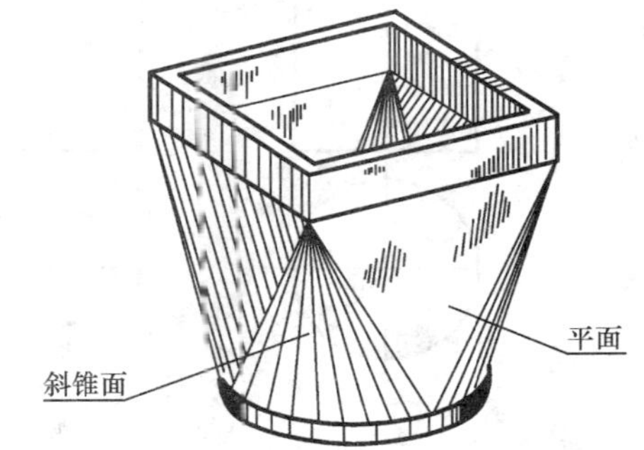

图 5 – 17　锥面的应用

5.3.2　柱面

直母线 *M* 沿着曲导线 *L* 移动，并始终平行于一直导线 *K* 时，所形成的曲面称为柱面，如图 5 – 18（a）所示，画柱面的投影图时，也必须画出曲导线 *L*、直导线 *K* 和一系列素线的投影，如图 5 – 18（b）所示，柱面上相邻的两素线是平行直线。

柱面也是以它的正截交线的形状来命名的。图 5 – 19 (a)为正圆柱面，图 5 – 19（b）为

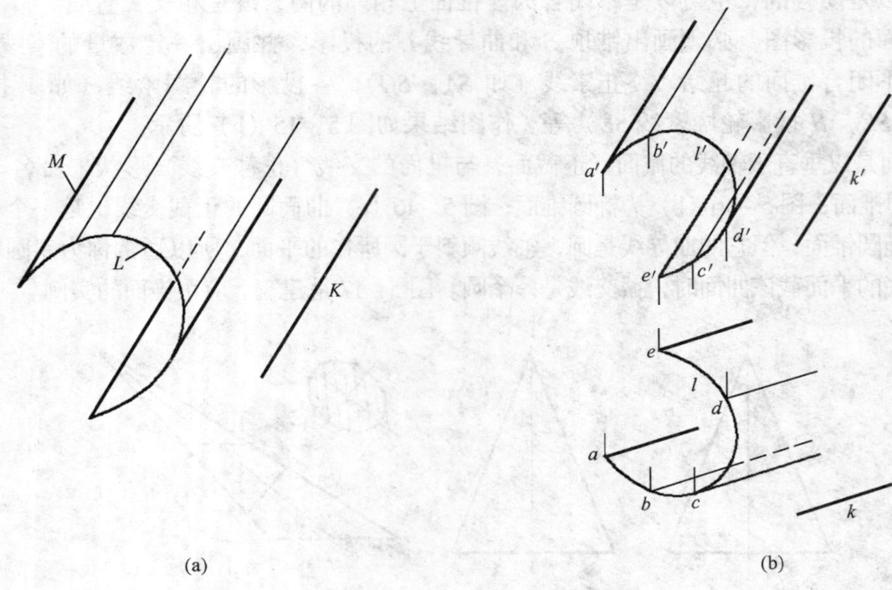

图 5-18 柱面及其投影
（a）立体图；（b）投影图

椭圆柱面，图 5-19（c）也是一个椭圆柱面（其正截交线是椭圆），但它是以底圆为曲导线，母线与底圆倾斜，所以通常称为斜圆柱面。以平行于柱底的平面截该曲面时，截交线是一个圆。

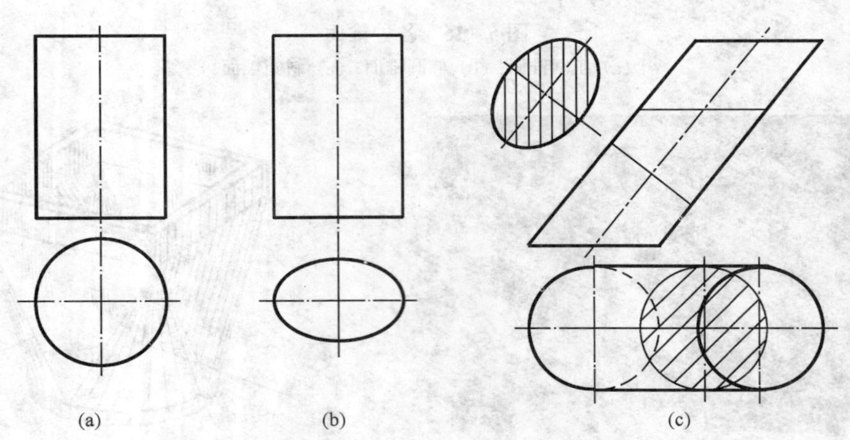

图 5-19 各种柱面
（a）正圆柱面；（b）椭圆柱面；（c）斜圆柱面

近年来建筑物的造型显得活泼，富于变化。不少高层建筑主楼部分的墙面，设计成不同型式的柱面，见图 5-20。

5.3.3 双曲抛物面

双曲抛物面是由直母线沿着两交叉直导线移动，并始终平行于一个导平面而形成，见图 5-21。双曲抛物面的相邻两素线是交叉二直线。如果给出两交叉直导线 *AB*、*CD* 和导平面

图 5－20　柱面的应用

P，如图 5－22 所示，只要画出一系列素线的投影，便可完成该双曲抛物面的投影图。

作图步骤如下：

（1）分直导线 AB 为若干等份，如六等份，得各等分点的 H 投影 a、1、2、3、4、5、b 和 V 投影 a'、$1'$、$2'$、$3'$、$4'$、$5'$、b'；

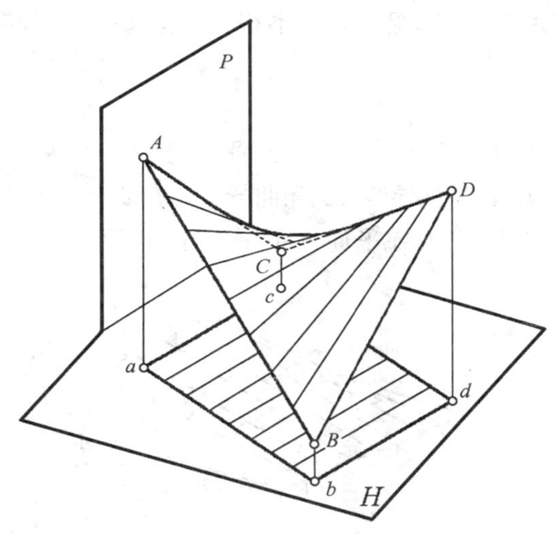

图 5－21　双曲抛物面

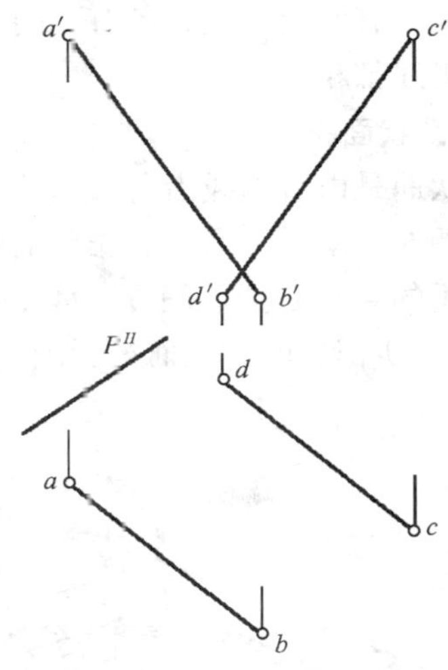

图 5－22　已知条件

（2）由于各素线平行于导平面 P，因此素线的 H 面投影都平行于 P^H。例如作过分点Ⅱ的素线Ⅱ$Ⅱ_1$时先作 $22_1 // P^H$，求出 $c'd'$ 上的对应点 $2'_1$后，即可画出该素线的 V 面投影 $2'2'_1$，过程如图 5－23（a）所示；

（3）同法作出过各等分点的素线的两面投影；

（4）在 V 面投影中，用光滑曲线作出与各素线 V 投影相切的包络线。这是一条抛物线，结果如图 5－23（b）所示。

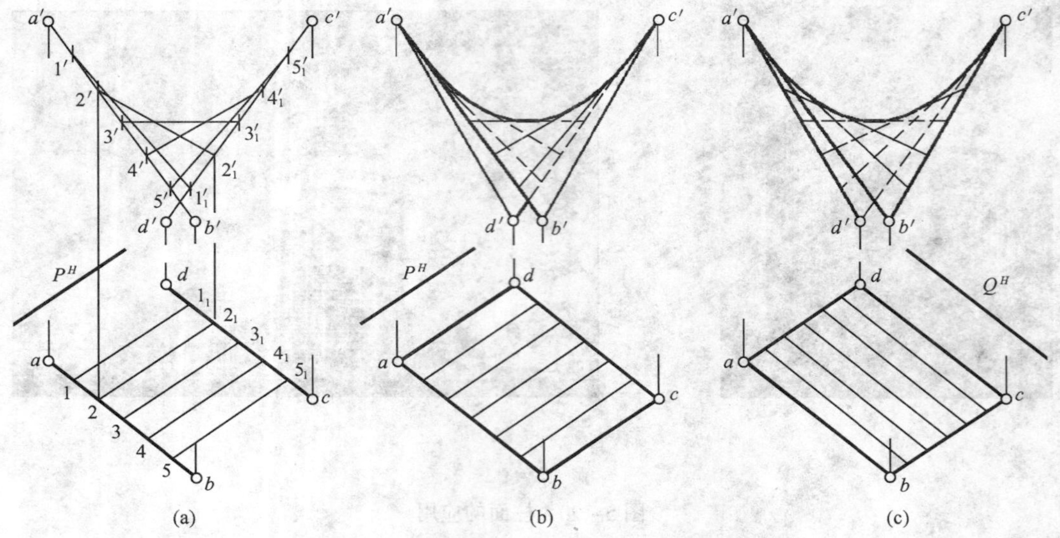

图 5-23　双曲抛物面的画法

（a）作出素线；（b）完成投影图；（c）另一组素线

如果以原素线 *AD* 和 *BC* 作为导线，原导线 *AB* 或 *CD* 作为母线，以平行于 *AB* 和 *CD* 的平面 *Q* 作为导平面，也可形成同一个双曲抛物面，如图 5-23（c）所示。因此，同一个双曲抛物面可有两组素线，各有不同的导线和导平面。同组素线互不相交，但每一素线与另一组所有素线都相交。

5.3.4　锥状面

锥状面是由直母线沿着一条直导线和一条曲导线移动，并始终平行于一个导平面而形成。如图 5-24（a）所示，锥状面的直母线 *AC* 沿着直导线 *CD* 和曲导线 *AB* 移动，并始终平行于铅垂的导平面 *P*。图 5-24（b）是以铅垂面 *P* 为导平面（不平行于 *V* 面），以 *AB* 和 *CD* 为导线所作出的锥状面投影图。

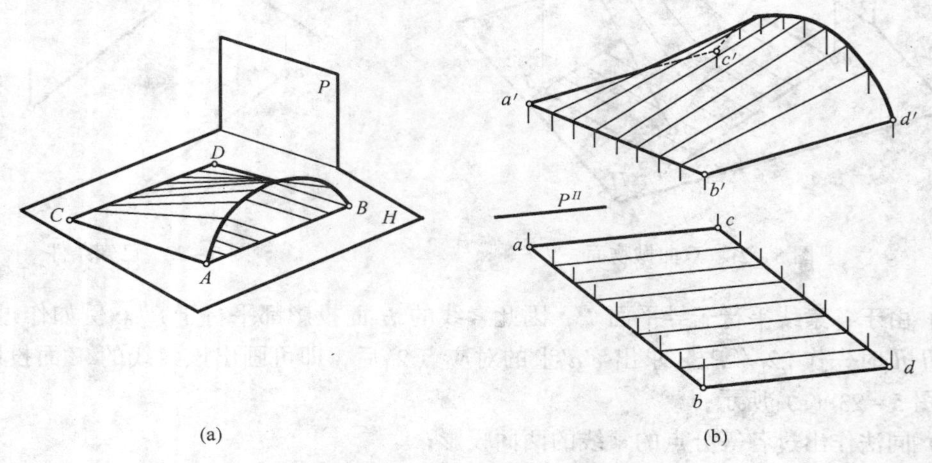

图 5-24　锥状面

（a）形成；（b）投影图

5.3.5 柱状面

柱状面是由直母线沿着两条曲导线移动，并始终平行于一个导平面而形成。如图5－25（a)所示，柱状面的直母线 *AC*，沿着曲导线 *AB* 和 *CD* 移动，并始终平行于铅垂的导平面 *P*。图5－25（b）是以 *V* 面为导平面（或平行于 *V* 面），以 *AB* 和 *CD* 为导线所作出的锥状面投影图。

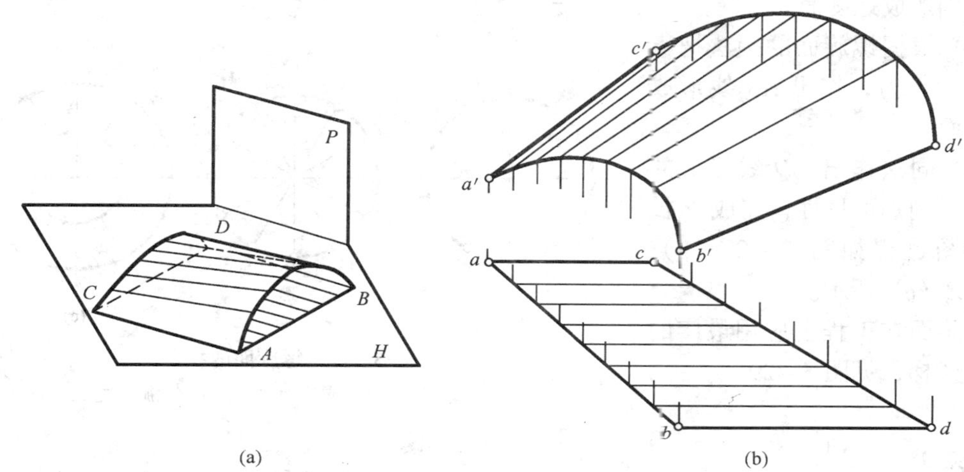

图5－25 柱状面

(a) 形成；(b) 投影图

5.4 螺 旋 面

螺旋面是锥状面的特例。它的曲导线是一条圆柱螺旋线，而直导线是该螺旋线的轴线。当直母线运动时，一端沿着曲导线，另一端沿着直导线移动，但始终平行于与轴线垂直的一个导平面，如图5－26所示。

若已知圆柱螺旋线及其轴 *O* 的两投影，由图5－27（a)可作出圆柱螺旋面的投影图，作图过程如图5－27（b）所示。因螺旋线的轴 $O \perp H$ 投影面，故螺旋面的素线 $/\!/ H$ 投影面。

（1）素线的 *V* 投影是过螺旋线上各分点的 *V* 投影引到轴线的水平线；

（2）素线的 *H* 投影是过螺旋线上的相应的各分点的 *H* 投影引向圆心的直线，即得螺旋面的两投影。

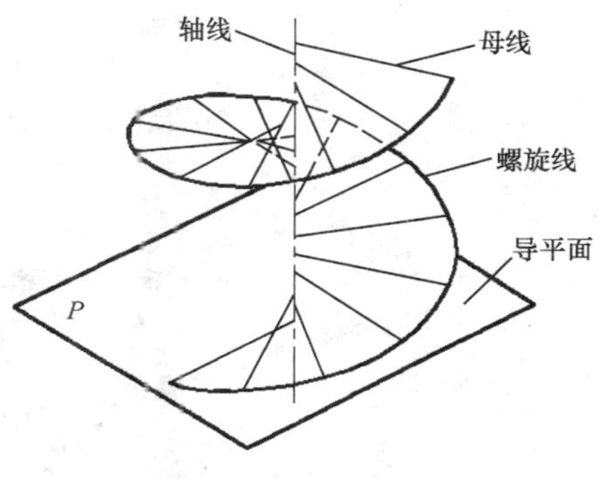

图5－26 平螺旋面

如果螺旋面被一个同轴的小圆柱面所截，见图5－27（c）。小圆柱面与螺旋面的所有素线相交，交线是一条与螺旋曲导线有相等螺距的螺旋线。该螺旋面是柱状面的特例。

【例5－3】 完成图5－28楼梯扶手弯头的 *V* 投影。

作图过程如下：

（1）从所给投影图可看出，弯头是由一矩形截面 *ABCD* 绕轴线 *O* 作螺旋运动而形成。运动后，截面的 *AD* 和 *BC* 边形成内、外圆柱面的一部分，而 *AB* 和 *CD* 边则分别形成螺旋面。

（2）根据螺旋面的画法把半圆分成六等份，作出 *AB* 线形成的螺旋面。

（3）同法作出 *CD* 线形成的螺旋面，判别可见性，完成 *V* 投影。作图过程如图 5－28（b）、图 5－28（c）所示。

螺旋面在工程上应用最广的是螺旋楼梯，见图 5－29。

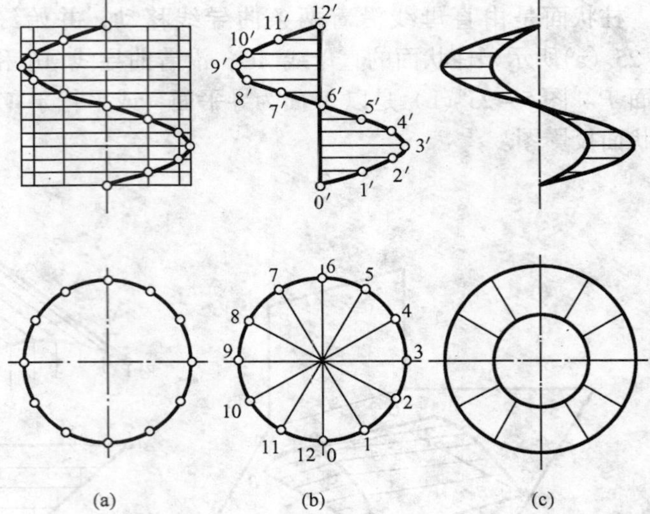

图 5－27　螺旋面的投影

（a）螺旋线；（b）螺旋面之一；（c）螺旋面之二

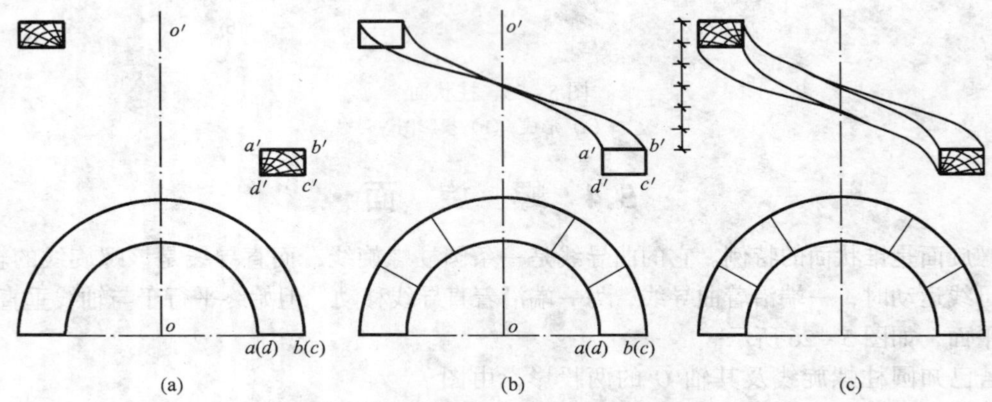

图 5－28　螺旋楼梯扶手弯头投影

（a）已知条件；（b）作过 *AB* 的螺旋面；（c）完成投影图

图 5－29　螺旋楼梯

第 6 章　基本形体的投影及立体的截交线与相贯线

建筑形体是由柱、锥、球等基本形体构成。常见的基本形体可分两大类：一类是平面立体，如棱柱、棱锥；一类是曲面立体，如圆柱、圆锥、圆球等。

6.1　平面立体的投影

平面立体是由若干个平面围成的多面体。立体表面上面面相交的交线称为棱线，棱线与棱线的交点称为顶点。平面立体的投影就是作出组成立体表面的各平面和棱线的投影。看得见的棱线画成实线，看不见的棱线画成虚线。

6.1.1　棱柱

6.1.1.1　棱柱的投影

现以图 6－1 三棱柱为例说明：

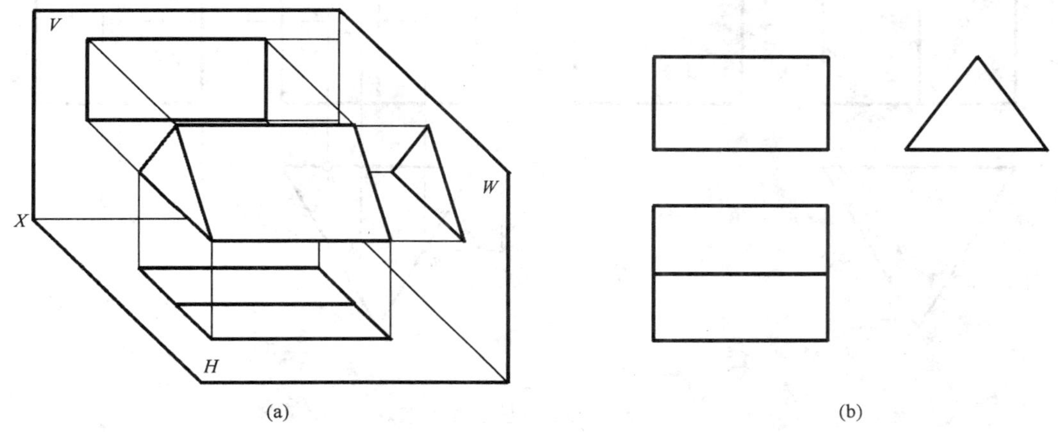

图 6－1　三棱柱的投影

(a) 空间示意；(b) 投影图

(1) 形体分析

三棱柱是由两个端面和三个侧面所组成。两个端面为三角形、三个侧面为矩形，三条棱线相互平行。

(2) 投影分析

①安放位置

两个端面三角形均为侧平面，底面为水平面，前、后侧面均为侧垂面，三条棱线均为侧垂线。

②画投影图

画出两个端面的三面投影：其 W 投影重合，反映三角形实形，是三棱柱的特征投影。

它们的 H 投影和 V 投影均积聚为直线。

画出各棱线的三面投影：W 投影积聚为三角形的三个顶点，其 H 投影和 V 投影均反映实长。

6.1.1.2 棱柱表面取点、取线

由于组成棱柱的各表面都是平面，因此，在平面立体表面上取点、取线的问题，实质上就是在平面上取点、取线的问题，可利用前述在平面上取点、取线的方法求得。解题时应首先确定所给点、线在哪个表面上，再根据表面所处的空间位置利用投影的积聚性或辅助线作图。对于表面上的点和线，还要考虑它们的可见性，判别立体表面上点和线可见与否的原则是：如果点、线所在表面的投影可见，那么点、线的同面投影可见，即只有位于可见表面上的点、线才是可见的，否则不可见。

【例 6-1】 如图 6-2（a）所示，已知正三棱柱表面上点 M、N 的 V 面投影 m'、(n') 及 K 点的 H 投影 k，求 M、N、K 点的其余两投影。

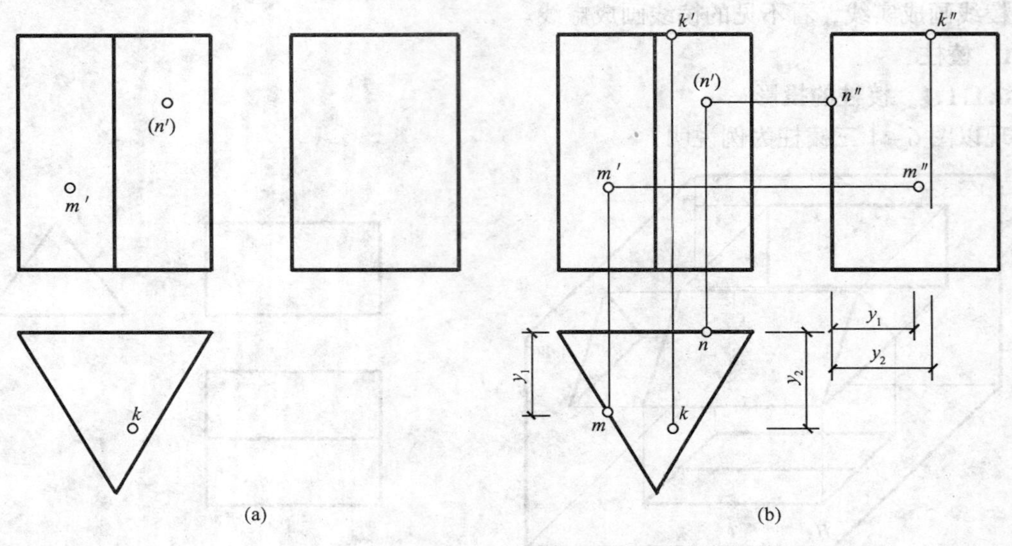

图 6-2 三棱柱表面上取点

（a）已知条件；（b）作图过程

三棱柱的两个侧面均为铅垂面，一个为正平面，H 投影都有积聚性，根据 m'、(n') 判断 M 点和 N 点分别位于三棱柱的左前侧面和后侧面上，其 H 投影必在该两侧面的积聚投影上。根据 K 点的 H 投影 k 可判断 K 点位于三棱柱的顶面上，而三棱柱的顶面为水平面，其 V 投影和 W 投影均积聚为直线段，因此 k' 和 k'' 也必然位于其顶面的积聚投影上。作图过程如图 6-2（b）所示：

（1）分别过 m'、(n') 向下引垂线交积聚投影于 m、n 点。

（2）根据已知点的两面投影求第三投影的方法（二补三）求得 m''、n''。

（3）过 K 点的 H 投影 k 向上引垂线交顶面的积聚投影于 k'。

（4）根据 k、k'（二补三）求得 k''。

（5）判别可见性：因 M 点在左前侧面，则 m'' 可见；而 N 点的 H 投影、W 投影及 K 点的 V 投影、W 投影均在积聚投影上，所以均可见。

6.1.2 棱锥

6.1.2.1 棱锥的投影

现以图 6－3 正三棱锥为例说明：

(1) 形体分析

三棱锥是由一个底面和三个侧面所组成。底面及侧面均为三角形。三条棱线交于一个顶点。

(2) 投影分析

①安放位置。三棱锥的底面为水平面，侧面△*SAC* 为侧垂面。

②画投影图。画出底面△*ABC* 的三面投影：*H* 投影反映实形，*V*、*W* 投影均积聚为直线段。

画出顶点 *S* 的三面投影，将顶点 *S* 和底面△*ABC* 的三个顶点 *A*、*B*、*C* 的同面投影两两连线，即得三条棱线的投影，三条棱线围成三个侧面，完成三棱锥的投影。

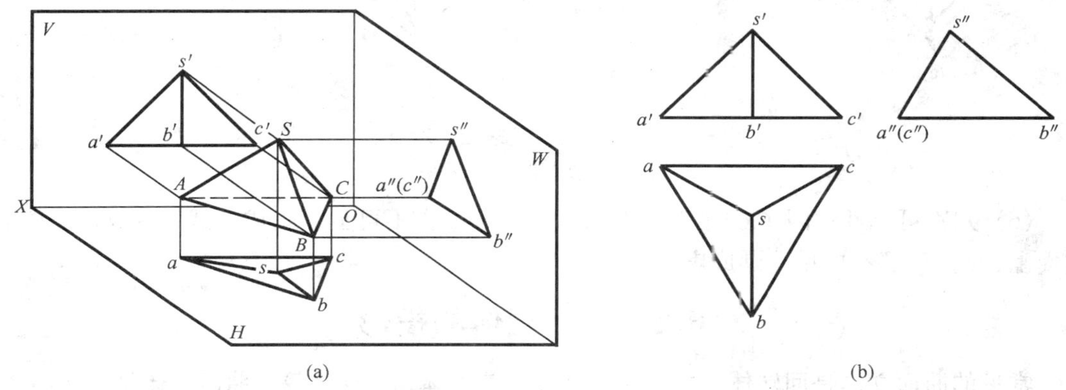

图 6－3 三棱锥的投影

(a) 空间示意；(b) 投影图

6.1.2.2 棱锥表面上取点、线

【例 6－2】 如图 6－4 (a) 所示，已知正四棱锥表面上折线 *ABCED* 的 *H* 面投影 *abced*，求四棱锥的 *W* 面投影及折线 *ABCED* 的其余两投影。

正四棱锥的四个侧面均为三角形平面，三个投影均没有积聚性，底面为水平面，在其余两个投影面上的投影积聚为直线，由于该四棱锥左右、前后对称，故其 *W* 面投影的形状与 *V* 面投影完全一样。折线 *ABCED* 共有 4 段，分别位于四个侧面上，只要求出了 *A*、*B*、*C*、*E*、*D* 五个点的投影，进行连线即可求出折线的投影。作图过程如图 6－4 (b) 所示：

(1) 连接 *sa* 并延长至 *mr*，且与 *mr* 相交于点 1，过点 1 向上作垂线与四棱锥底面在 *V* 面上的积聚投影相交于 1′，连接 *s*′1′，然后过点 *a* 向上作垂线，与 *s*′1′ 相交于 *a*′，根据 *a*、*a*′(二补三) 求得 *a*″。

(2) 由于 *AB* 平行于 *MR*，所以可利用平行性求得点 *B* 的两面投影 *b*、*b*′。

(3) 点 *D*、*C* 分别在侧棱 *SM*、*SN* 上，利用从属性求得点 *D* 和点 *C* 的两面投影 *d*″、*d*′、*c*″、*c*′。

(4) 根据“宽相等”的规律，在 *W* 投影中求出点 *E* 的 *W* 面投影 *e*″，进而求出 *e*′。

(5) 在 *V* 面投影中，依次连接 *a*′、*b*′、*c*′、*e*′、*d*′，在 *W* 面投影中，依次连接 *a*″、*b*″、*c*″、*e*″、*d*″。

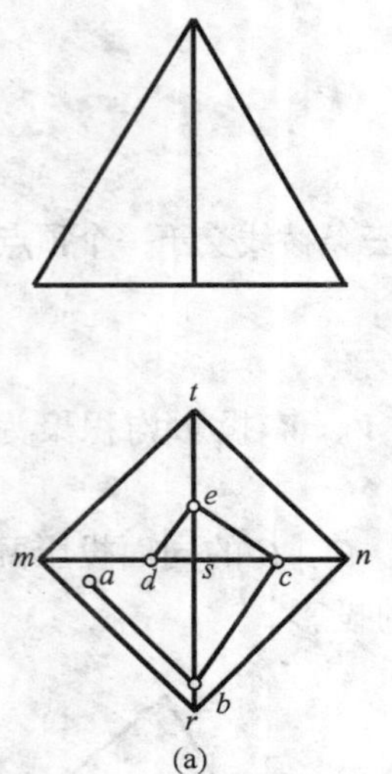

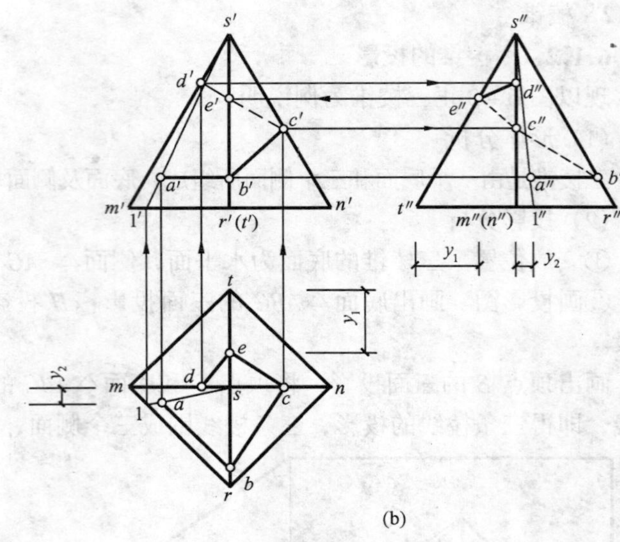

图 6-4　三棱柱表面上取点

（a）已知条件；（b）作图

（6）判别可见性：因 *CED* 在后两侧面上，则 *c′e′d′* 不可见，画成虚线；因 *BCE* 在右两侧面上，则 *b″c″e″* 不可见，画成虚线。

6.2　曲面立体的投影

常见的曲面立体是回转体，主要有圆柱体、圆锥体、圆球体等。曲面立体是由曲面或曲面与平面围合而成的。

在投影面上表示回转体就是把组成回转体的曲面或曲面与平面表示出来，然后判别其可见性。曲面上可见与不可见的分界线称为回转面对该投影面的转向轮廓线。因为转向轮廓线是对某一投影面而言，所以它们的其他投影不应画出。

曲面立体表面上取点、线，与在平面上取点、线的原理一样，应本着“点在线上，线在面上”的原则。此时的“线”可能是直线，也可能是纬圆。在曲面立体表面上取线(直线、曲线)，应先取该曲面上能确定此线的一系列的点，求出它们的投影，然后将其连接并判别可见性。

6.2.1　圆柱体

6.2.1.1　圆柱体的形成

如图 6-5 所示，圆柱体由圆柱面、顶面、底面围成。圆柱面是由直线绕与其平行的轴线旋转一周形成的。因此圆柱也可看作是由无数条相互平行且长度相等的素线所围成的。

6.2.1.2　圆柱体的投影

圆柱轴线垂直于 *H* 面，底面、顶面为水平面，底面、顶面的水平投影反映圆的实形，其他投影积聚为直线段。

画投影图时应注意以下几点：

（1）用点画线画出圆柱体的轴线、中心线；

（2）画出顶面、底面圆的三面投影；

（3）画转向轮廓线的三面投影　该圆柱面对正面的转向轮廓线（正视转向轮廓线）为

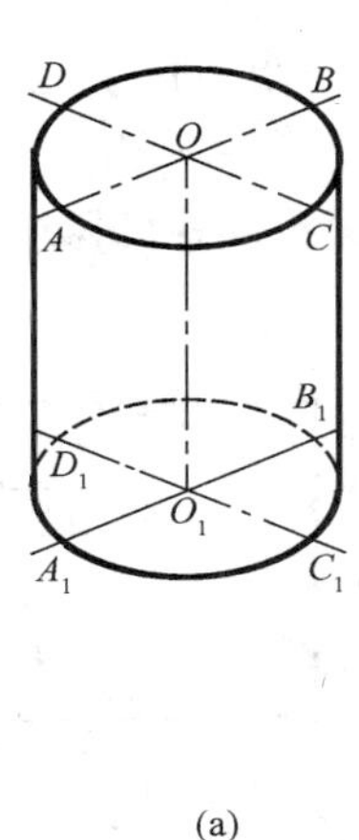

(a)

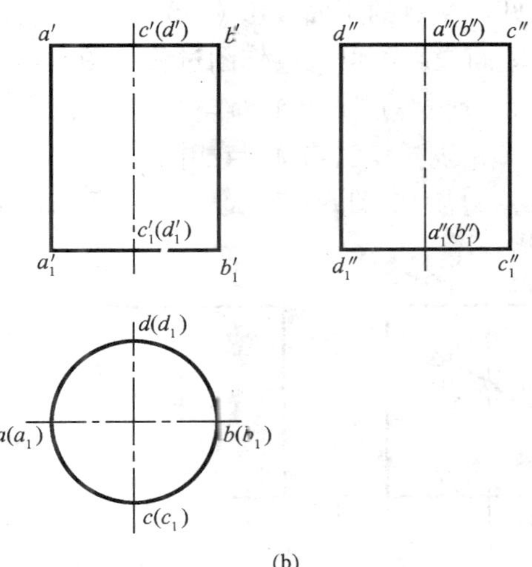

(b)

图 6-5 圆柱体的投影

(a) 空间示意；(b) 投影图

AA_1 和 BB_1，其侧面投影与轴线重合，对侧面的转向轮廓线（侧视转向轮廓线）为 DD_1 和 CC_1，其正面投影与轴线重合。

还应注意圆柱体的 H 投影圆是整个圆柱面积聚成的圆周．圆柱面上所有的点和线的 H 投影都重合在该圆周上。

圆柱体的三面投影特征为一个圆对应两个矩形。

6.2.1.3 圆柱表面上取点、取线

在圆柱体表面上取点，可直接利用圆柱投影的积聚性作图。

【例 6-3】 如图 6-6(a)所示，已知圆柱面上的点 M、N 的正面投影，求其另两个投影。

M 点的正面投影 m' 可见，又在点画线的左面，由此判断 M 点在左、前半圆柱面上，侧

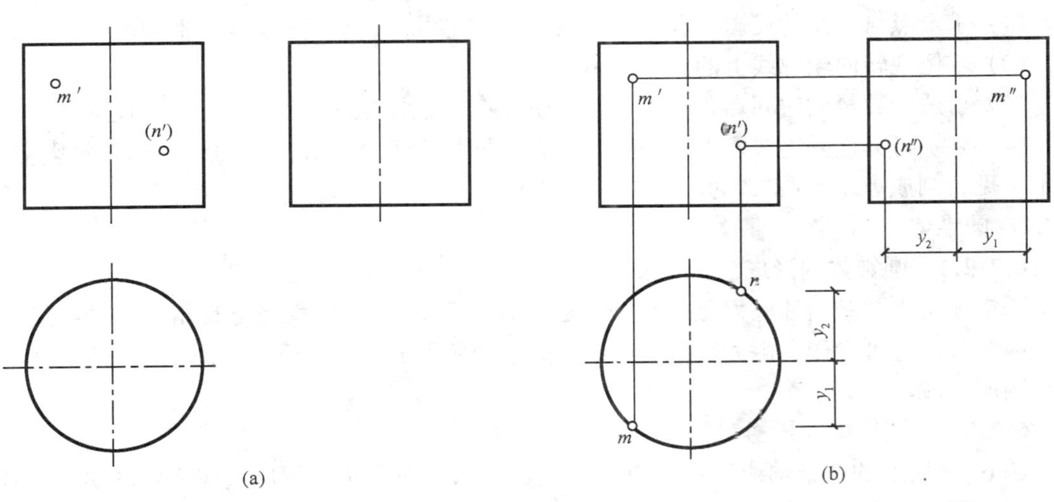

(a)
(b)

图 6-6 圆柱表面上取点

(a) 已知条件；(b) 作图

面投影可见。N 点的正面投影 (n') 不可见，又在点画线的右面，由此判断 N 点在右后半圆柱面上，侧面投影不可见。作图过程如图 6-6（b）所示：

（1）求 m、m''。过 m' 向下作垂线交于圆周上一点为 m，根据 y_1 坐标求出 m''；

（2）求 n、n''。作法与 M 点相同。

【例 6-4】 如图 6-7（a）所示，已知圆柱面上的 AB 线段的正面投影 $a'b'$，求其另两个投影。

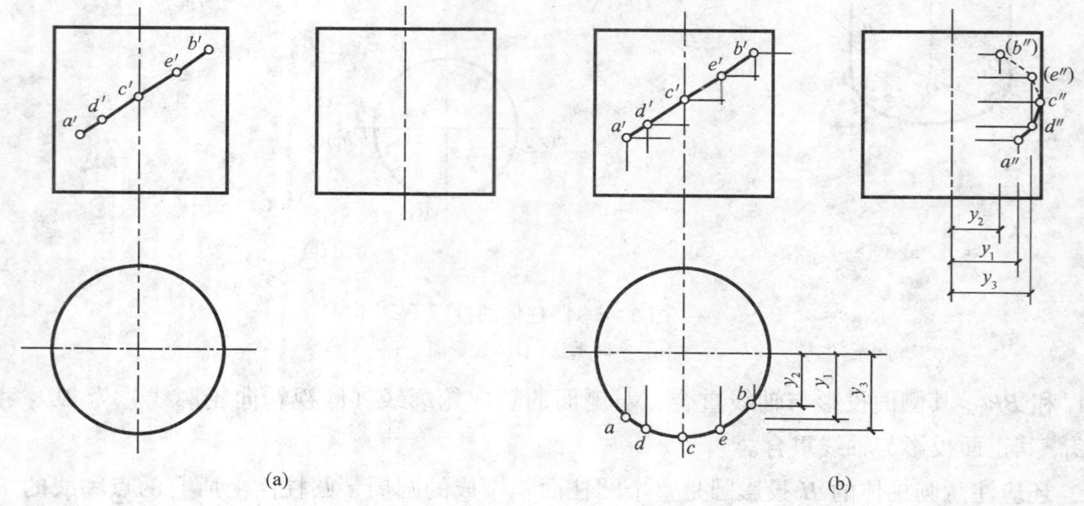

图 6-7 圆柱表面上取线

（a）已知条件；（b）作图

圆柱面上的线除了素线外均为曲线，由此判断线段 AB 是圆柱面上的一段曲线。又因 $a'b'$ 可见，因此曲线 AB 位于前半圆柱面上。表示曲线的方法是：画出曲线上的诸如端点、转向轮廓线上的点、分界点等特殊位置点及适当数量的一般位置点，把它们光滑连接即可。作图过程如图 6-7（b）所示：

（1）求端点 A、B 的投影 利用积聚性求得 H 投影 a、b，再根据 y 坐标求得 a''、b''；

（2）求侧视转向轮廓线上的点 C 的投影 c、c''；

（3）求适当数量的中间点 在 $a'b'$ 上取 d'、e'，然后求出 H 投影 d、e 和 W 投影 d''、e''；

（4）判别可见性并连线 C 点为侧面投影可见与不可见分界点，曲线的侧面投影 $c''e''b''$ 为不可见，画成虚线。$a''d''c''$ 为可见，画成实线。

6.2.2 圆锥体

6.2.2.1 圆锥体的形成

圆锥体是由圆锥面和底面围合而成。圆锥面可看作一直母线绕与其相交的轴线旋转而成。因此圆锥体可看作是由无数条交于顶点的素线所围成，也可看作是由无数个平行于底面的纬圆所组成。

6.2.2.2 圆锥体的投影

图 6-8 所示的圆锥轴线垂直于 H 面，底面为水平面，H 投影反映底面圆的实形，其他两投影均积聚为直线段。

画投影图时应注意以下几点：

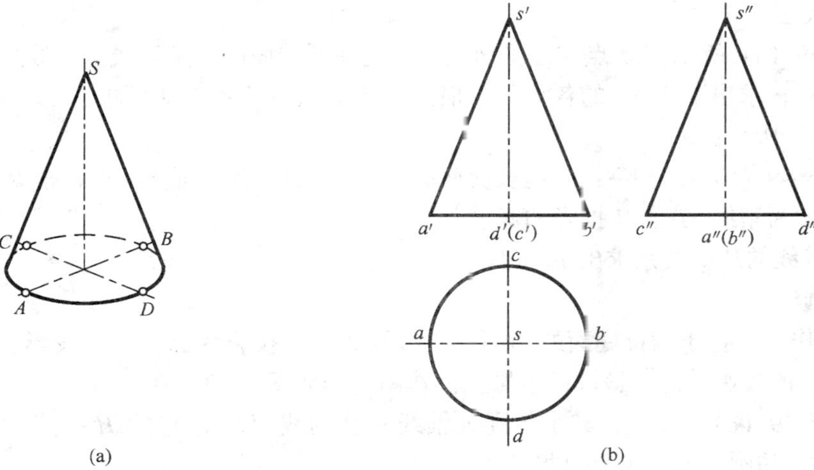

图 6－8　圆锥体的投影

（a）空间示意；（b）投影图

（1）用点画线画出圆锥体各投影轴线、中心线；

（2）画出底面圆和锥顶 S 的三面投影；

（3）画出各转向轮廓线的投影。正视转向轮廓线的 V 投影 $s'a'$、$s'b'$，侧视转向轮廓线的 W 投影为 $s''c''$、$s''d''$。

圆锥面的三个投影都没有积聚性。圆锥面三面投影的特征为一个圆对应两个三角形。

6.2.2.3　圆锥体表面上取点、取线

由于圆锥面的三个投影都没有积聚性，求表面上的点时，需采用辅助线法。为了作图方便，在曲面上作的辅助线应尽可能的是直线（素线）或平行于投影面的圆（纬圆）。因此在圆锥面上取点的方法有两种：素线法和纬圆法。

【例 6－5】　如图 6－9 所示，已知圆锥面上点 M 的正面投影 m'，求 m、m''。

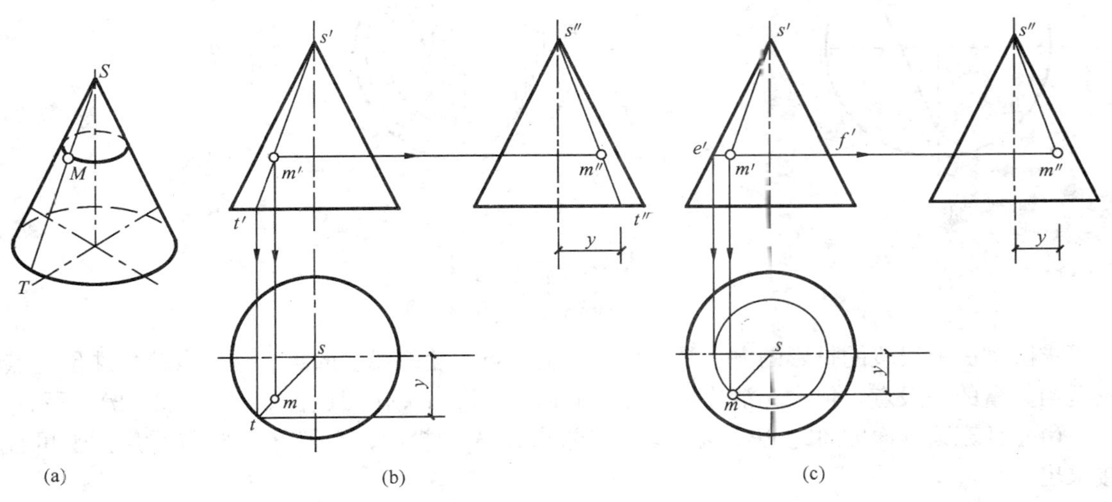

图 6－9　圆锥面上取点

（a）空间示意；（b）素线法；（c）纬圆法

（1）素线法

如图 6－9（a）所示，M 点在圆锥面上，一定在圆锥面的一条素线上，故过锥顶 S 和点 M 作一素线 ST，求出素线 ST 的各投影，根据点线的从属关系，即可求出 m、m''。作图过程如图 6－9（b）所示：

①在图 6－9（b）中连接 $s'm'$ 延长交底圆于 t'，在 H 投影上求出 t 点，根据 t、t' 求出 t''，连接 st、$s''t''$ 即为素线 ST 的 H 投影和 W 投影。

②根据点线的从属关系求出 m、m''。

（2）纬圆法

过点 M 作一平行于圆锥底面的纬圆。该纬圆的水平投影为圆，正面投影、侧面投影为一直线。M 点的投影一定在该圆的投影上。作图过程如图 6－9（c）所示：

①在图 6－9（c）中，过 m' 作与圆锥轴线垂直的线 $e'f'$，它的 H 投影为一直径等于 $e'f'$、圆心为 S 的圆，m 点必在此圆周上。

②由 m'、m 求出 m''。

【例 6－6】 如图 6－10（a）所示，已知圆锥面上的线段 EF 的正面投影和线段 CD 的水平面投影，求它们的另两投影。

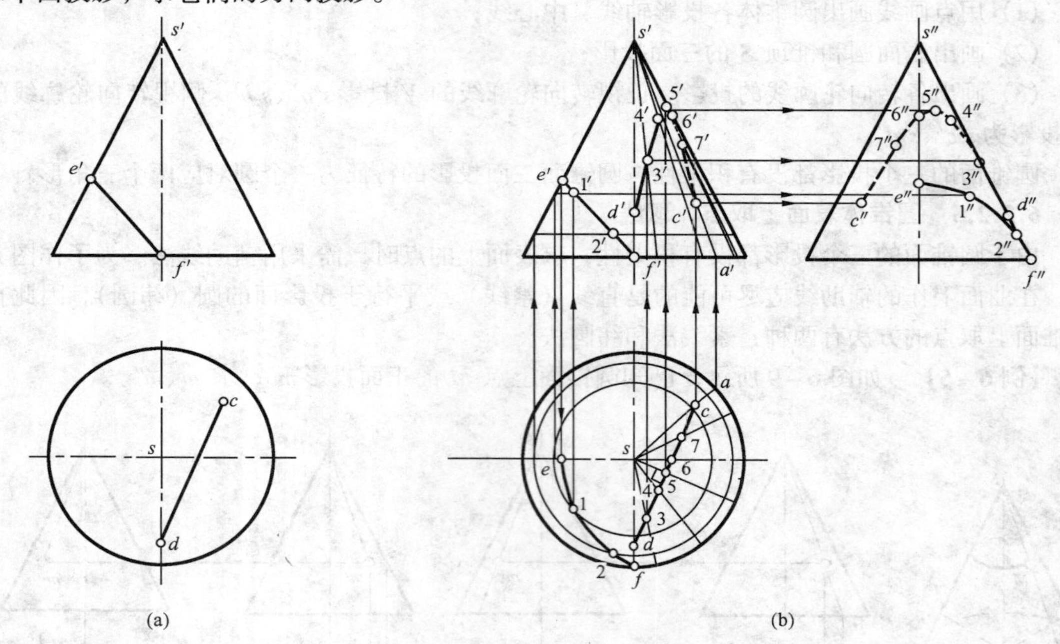

图 6－10　圆锥面上取线

（a）已知条件；（b）作图

求圆锥面上线段的投影的方法是求出线段上端点、轮廓线上的点、分界点等特殊位置点及适当数量的一般点，依次光滑连接各点的同面投影即可。作图过程如图 6－10（b）所示：

（1）补充圆锥面的 W 投影，求线段 EF 端点 E、F 的投影，e'、e''、f'、f'' 在投影图上可直接求出。

（2）在 EF 上任意找两点 Ⅰ 和 Ⅱ，用纬圆法求出其 H 面投影 1、2 和 W 面投影 1″、2″，并用光滑曲线将四点连接，注意该线段 EF 的投影均为可见，画成粗实线。

(3) 连接 sc 并延长与底面圆周相交于点 a，即为过 c 点的素线，求出该素线的 V 面投影 $s'c'$，从而求得 c'，根据 c、c'（二补三）求得 c''。

(4) 利用纬圆法或辅助素线法求得点 D 的投影 d'、d''．在线段 DC 上确定Ⅲ、Ⅳ、Ⅴ、Ⅵ、Ⅶ等点，其中点Ⅴ是该线段的最高点，点Ⅵ是位于前后转向轮廓线上的点。

(5) 利用纬圆法或辅助素线法求得这些点的投影，并月光滑曲线连接，注意该线段 DC 的 V 面投影中 $6'7'c'$ 不可见，W 面投影均不可见，画成虚线。

6.2.3 圆球体

6.2.3.1 圆球体的形成

圆球体是由圆球面围合而成，圆球面可看作是由半圆绕其直径旋转一周而形成的。

6.2.3.2 圆球体的投影

如图 6－11 所示，圆球的三个投影均为大小相等的圆，其直径等于圆球的直径。正面投影圆是前后半球的分界圆，也是球面上最大的正平圆；水平投影圆是上下半球的分界圆，也是球面上最大的水平圆；侧面投影圆是左右半球的分界圆，也是球面上最大的侧平圆。三投影图中的三个圆分别是球面对 V 面、H 面、W 面的转向轮廓线。

画投影图时应注意以下几点：

(1) 确定球心位置，并用点画线画出它们的对称中心线。各中心线分别是转向轮廓线投影的位置；

(2) 分别画出球面上对三个投影面的转向轮廓线圆的投影。

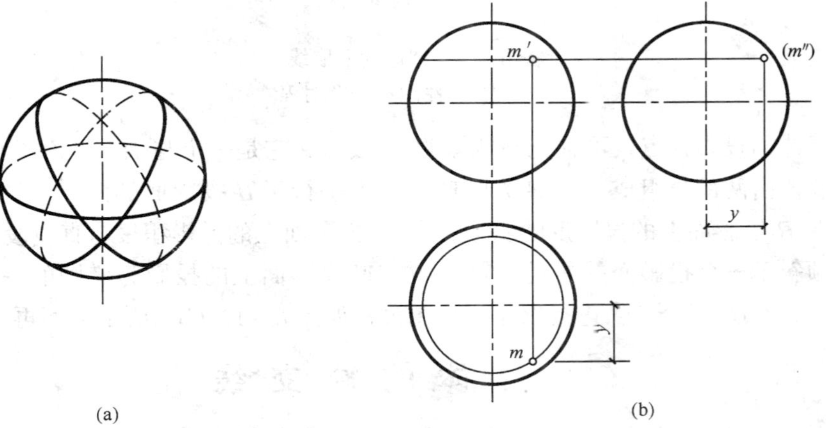

图 6－11　圆球体的投影及圆球面上取点

(a) 空间示意；(b) 投影图

6.2.3.3 圆球面上取点、取线

球面的三个投影均无积聚性。为作图方便，球面上取点常用纬圆法。

圆球面是比较特殊的回转面，它的特殊性在于过球心的任意一直径都可作为回转轴，过表面上一点，可作属于球面上的无数个纬圆。为作图方便，选用平行于投影面的纬圆作辅助纬圆，即过球面上一点可作正平纬圆、水平纬圆或侧平纬圆。

如图 6－11 (b) 所示，已知属于球面上的点 M 的正面投影 m'，求其另两投影。

根据 m' 的位置和可见性，可判断 M 点在上半球的右前部，因此 M 点的水平投影 m 可见，侧面投影 m'' 不可见。作图时可过 m' 作一水平纬圆，作出水平纬圆的 H、W 投影，从而求得 m、m''。当然，也可采用过 m' 作正平纬圆或侧平纬圆来解决，这里不再详述。

【例 6-7】 如图 6-12（a）所示，已知圆球面上的线段 $CBAFE$ 和 CDE 的正面投影，画出圆球的 W 投影，并求出圆球表面上曲线 $CBAFE$ 和 CDE 的其余两投影。

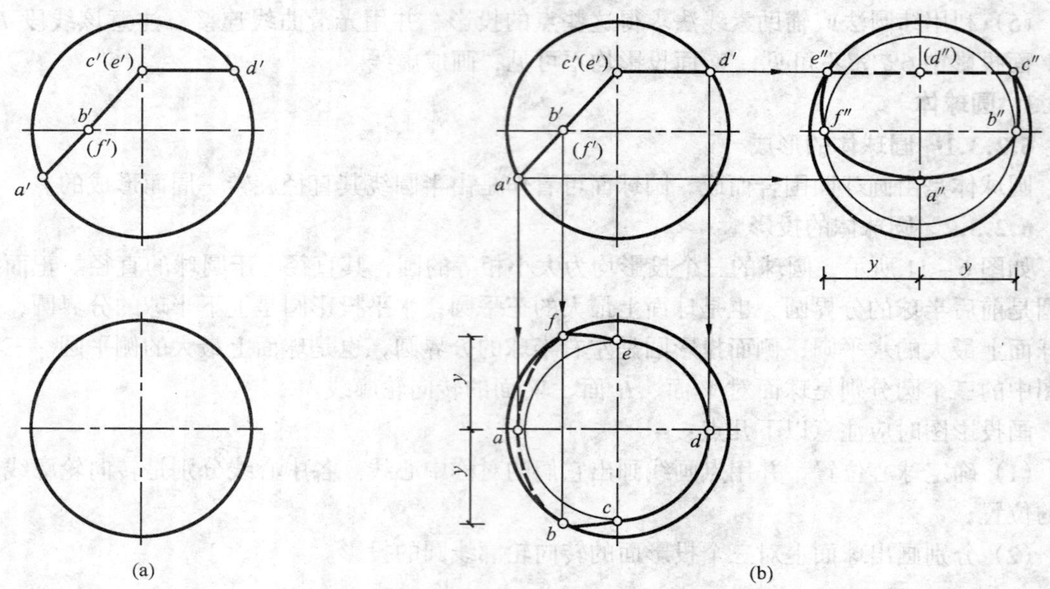

图 6-12　圆球面上取线

（a）已知条件；（b）作图过程

根据圆球体的投影特点，可补充圆球体的 W 投影，它是一个与 H、V 面投影相同的圆。圆球表面上线段由两部分组成，CDE 为圆球表面上平行于 H 投影面的曲线，显然它是一半圆，因此它在 H 投影面上的投影反映实形，在 W 投影面上的投影积聚为直线段；$CBAFE$ 为圆球表面上倾斜于三个投影面的曲线，它在 H、W 投影面上的投影为椭圆的一部分，作图时通过 C、B、A、F、E 五个点来进行求作。作图过程如图 6-12（b）所示，不再赘述。

6.3 立体的截交线

在组合形体和建筑形体的表面上，经常出现一些由平面与立体相交而产生的交线。

平面与立体相交，可视为立体被平面所截。截割立体的平面称为截平面；截平面与立体表面的交线称为截交线；由截交线所围成的平面图形称为截面（断面）。如图 6-13 所示。

根据截平面的位置和与立体形状的不同，所得截交线的形状也不同，但任何截交线都具有以下基本性质：

（1）封闭性。立体是由它的表面所围合而成的完整体，所以立体表面上的截交线总是封闭的平面图形。

（2）共有性（双重性）。截交线既属于截平面，又属于立体的表面，所以截交线是截平面与立体表面的共有线。组成截交线的每一个点，都是立体表面与截平面的共有点。所以，求截交线，实质上就是求截平面与立体表面共有点的问题。

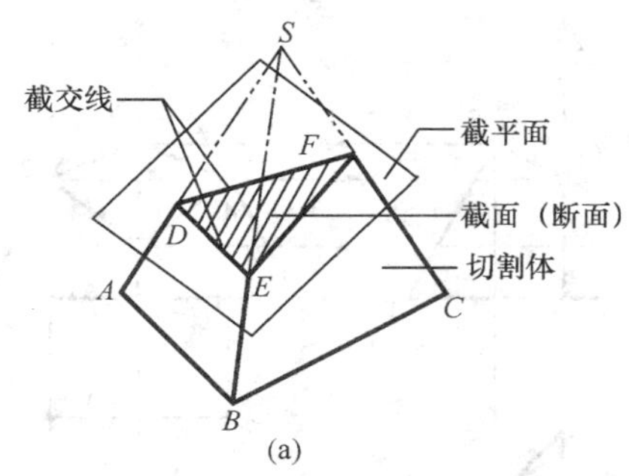

(a)

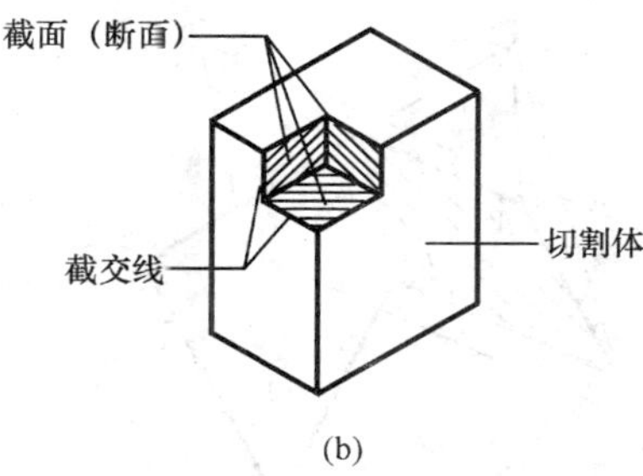

(b)

图 6－13 平面与立体表面相交

6.3.1 平面与平面立体相交

6.3.1.1 截交线的形状分析

平面截割平面体所得的截交线，是由直线段组成的封闭的平面多边形。平面多边形的每一个顶点是平面体的棱线与截平面的交点，每一条边是平面体的表面与截平面的交线。

6.3.1.2 求截交线的方法

通过对平面体截交线的形状分析，可得出求截交线的方法。求截交线的方法通常有两种：

(1) 交点法。求出平面体的棱线与截平面的交点，再把同一侧面上的点相连。

(2) 交线法。直接求平面体的表面与截平面的交线。

6.3.1.3 求截交线的步骤

(1) 分析截平面（数目和空间位置）和立体以及它们与投影面的相对位置，确定截交线的形状，找出截交线的积聚投影；

(2) 求棱线与截平面的交点；

(3) 连接各交点。过一个点只能连两条线，且必须是同一表面上的两点才能相连；

(4) 多个截平面还应求出截平面的交线；

(5) 判别可见性。可见表面上的交线可见，否则不可见。不可见的交线用虚线表示。

【例 6－8】 如图 6－14 所示，求四棱锥被正垂面 *P* 截割后，截交线的投影。

由图 6－14（a）可见，截平面 *P* 与四棱锥的四个侧面都相交，所以截交线为四边形。四边形的四个顶点是四棱锥的四条棱线与截平面的交点。由于载平面 *P* 为正垂面，故截交线的 *V* 面投影积聚为直线，可直接确定，然后再由 *V* 投影求出 *H* 和 *W* 投影。作图过程如图 6－14（b）所示：

(1) 根据截交线投影的积聚性，在 *V* 面投影中直接求出截平面 *P* 与四棱锥四条棱线交点的 *V* 投影 1′、2′、3′、4′。

(2) 根据从属性，在四棱锥各条棱线的 *H*、*W* 投影上，求出交点的相应投影 1、2、3、4 和 1″、2″、3″、4″。

(3) 将各点的同面投影依次相连（注意同一侧面上的两点才能相连），即得截交线的各投影。由于四棱锥去掉了被截平面切去的部分，所以截交线的三个投影均为可见。

【例 6－9】 如图 6－15（a），已知正四棱锥及其上缺口的 *V* 投影，求 *H* 和 *W* 投影。

从给出的 *V* 投影可知，四棱锥的缺口是由水平面 *R* 和正垂面 *Q*、*P* 以及侧平面 *U* 截割

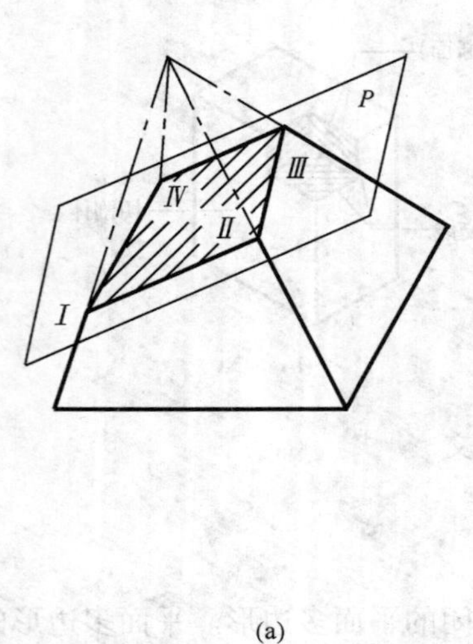

(a)

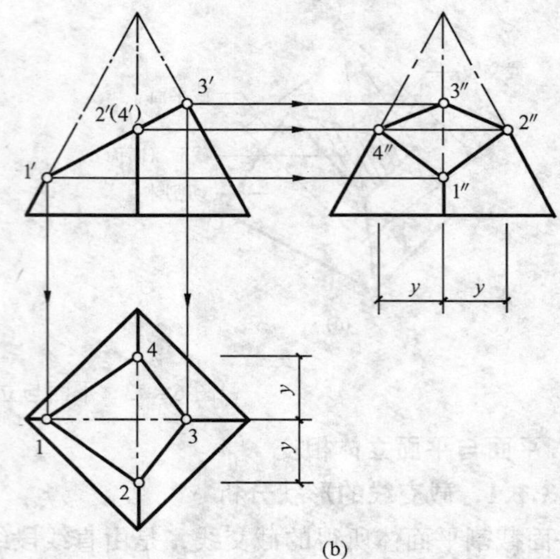

(b)

图 6-14　平面截割四棱锥

(a) 空间示意；(b) 投影图

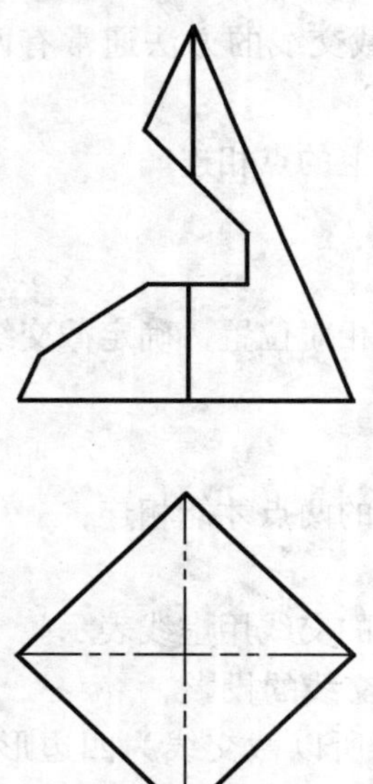

(a)

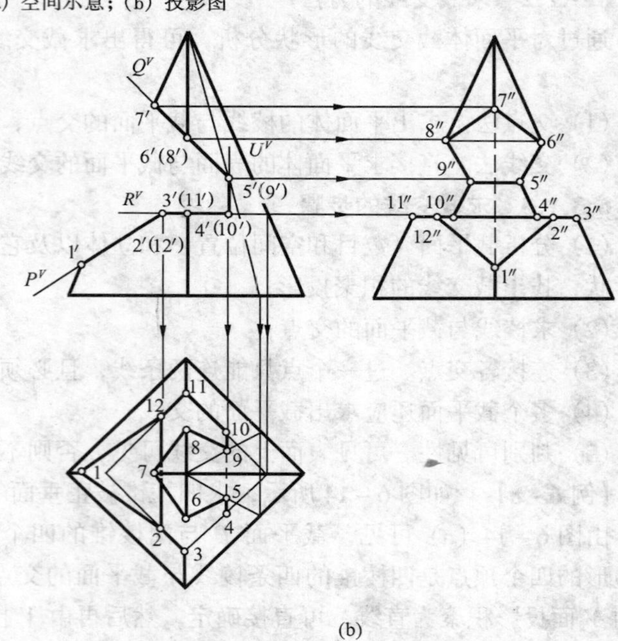

(b)

图 6-15　求缺口四棱锥的投影

(a) 已知；(b) 作图

四棱锥而形成的。只要分别求出这四个截平面与四棱锥的截交线Ⅰ~Ⅻ，以及 *P*、*R* 两平面的交线ⅡⅫ，*U*、*R* 两平面的交线ⅣⅩ，*U*、*Q* 两平面的交线ⅤⅨ（*H* 面投影不可见）即可。注意在 *W* 投影中，四棱锥最右侧棱是完整的，上、下各有一段与左侧棱的投影重合，中间那一段不可见，画成虚线。具体作图过程如图 6-15（b），不再详述。

6.3.2　平面与曲面立体相交

6.3.2.1　截交线的形状分析

平面与曲面立体相交，其截交线一般为封闭的平面曲线，特殊情况为直线与曲线组成或完全由直线组成。其形状取决于曲面体的几何特征，以及截平面与曲面体的相对位置。截交线是截平面与曲面立体表面的共有线，求截交线时只需求出若干共有点，然后按顺序光滑连接成封闭的平面图形即可。因此，求曲面体的截交线实质上就是在曲面体表面上取点。

6.3.2.2 求截交线的方法

截交线的任一点都可看作是曲面体（回转体）表面上的某一条线（素线或纬圆）与截平面的交点。因此只要在曲面上适当地作出一系列的素线或纬圆，并求出它们与截平面的交点即可。交点分为特殊点和一般点，作图时应先作出特殊点。特殊点能确定截交线的形状和范围，如最高点、最低点，最前点、最后点，最左点、最右点等，这些点一般都在转向轮廓线上，是向某个投影面投影时可见性的分界点。为能较准确地作出截交线的投影，还应在特殊点之间作出一定数量的一般点。

6.3.2.3 求截交线的一般步骤

（1）分析截平面与曲面体的相对位置及投影特点，明确截交线的形状，看截交线的投影有无积聚性；

（2）求截交线上的特殊点和一般点。特殊点的投影一般可直接定出；一般点通常用素线法或纬圆法求得；

（3）顺次将各点光滑连接，并判别其可见性。

6.3.2.4 平面截切圆柱

平面截切圆柱时，根据截平面与圆柱轴线的相对位置的不同，截交线有三种不同的形状，见表 6－1。

表 6－1 平面与圆柱相交

	截平面与轴线平行	截平面与轴线垂直	截平面与轴线倾斜
立体图	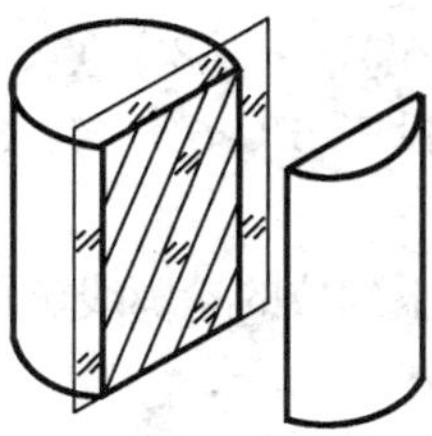	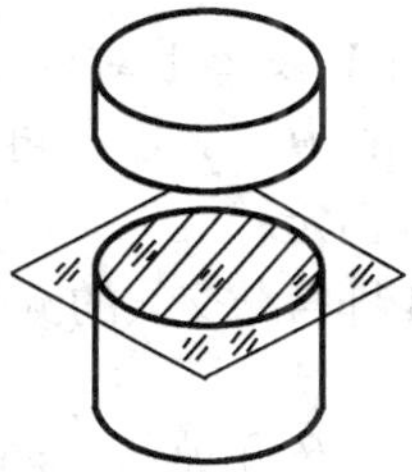	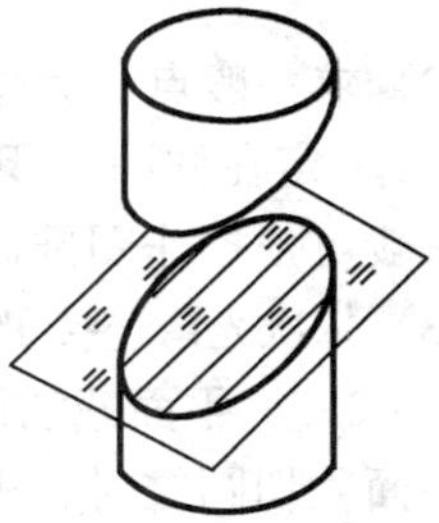
投影图	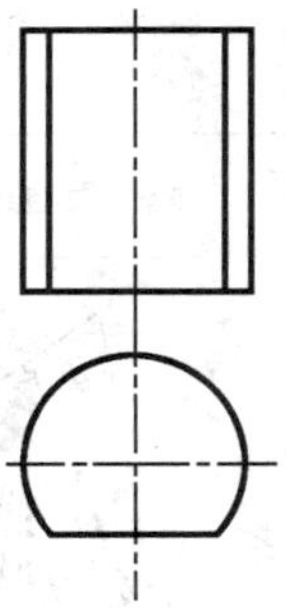	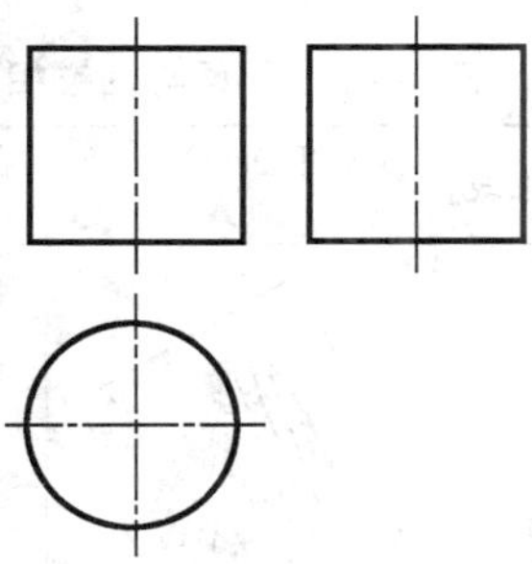	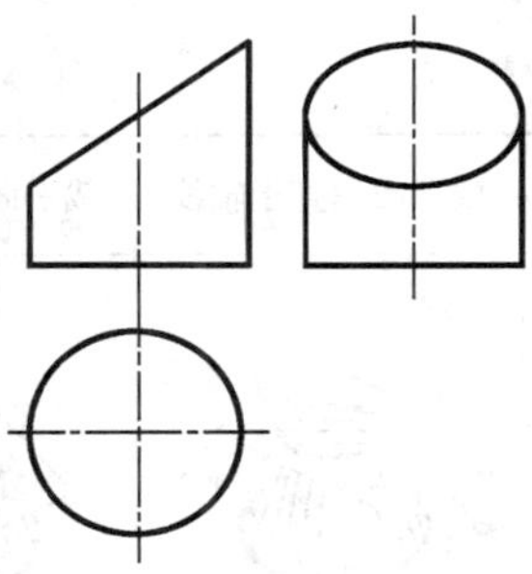
	截交线为直线	截交线为圆	截交线为椭圆

【例 6－10】 如图 6－16 所示，求正垂面 P 截切圆柱所得的截交线的投影。

正垂面 P 倾斜于圆柱轴线，截交线的形状为椭圆。平面 P 垂直于 V 面，所以截交线的 V 投影和平面 P 的 V 投影重合，积聚为一段直线。由于圆柱面的水平投影具有积聚性，所以截交线的水平投影也有积聚性，与圆柱面 H 投影的圆周重合。截交线的侧面投影仍是一个椭圆，需作图求出。作图过程如下：

（1）求特殊点。要确定椭圆的形状，需找出椭圆的长轴和短轴。椭圆短轴为ⅠⅡ，长轴为ⅢⅣ，其投影分别为 1′2′、3′（4′）。Ⅰ、Ⅱ、Ⅲ、Ⅳ分别为椭圆投影的最低点、最高点、最前点、最后点，由 V 投影 1′、2′、3′、4′可直接求出 H 投影 1、2、3、4 和 W 投影 1″、2″、3″、4″；

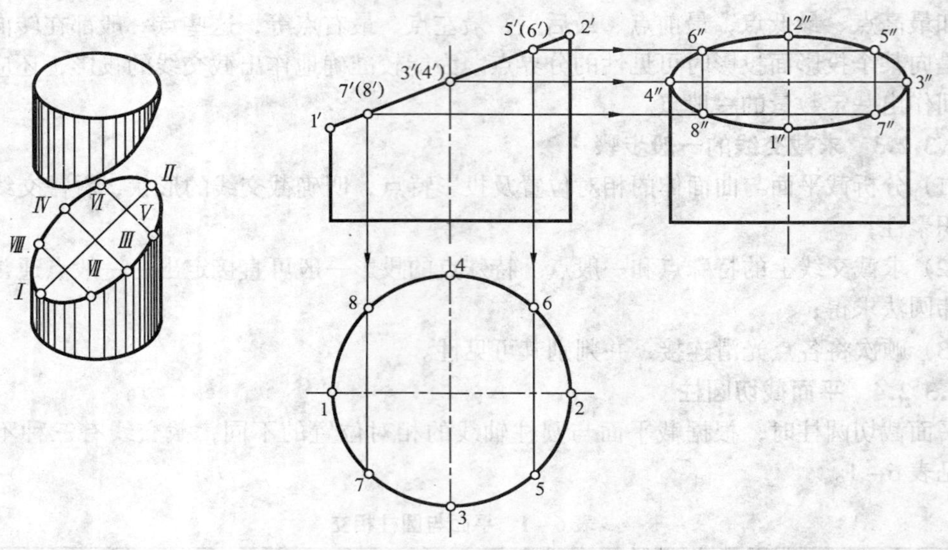

图 6－16 平面截切圆柱

（2）求一般点。为作图方便，在 V 投影上对称性的取 5′（6′）、7′（8′）点，H 投影 5、6、7、8 一定在柱面的积聚投影上，由 H、V 投影再求出其 W 投影 5″、6″、7″、8″。取点的多少一般可根据作图准确程度的要求而定；

（3）依次光滑连接 1″8″4″6″2″5″3″7″1″即得截交线的侧面投影，将不到位的轮廓线延长到 3″和 4″。

6.3.2.5 平面截切圆锥

平面截切圆锥时，根据截平面与圆锥相对位置的不同，其截交线有五种不同的情况，见表 6－2。

表 6－2 平面与圆锥相交

	截平面垂直于轴线	截平面倾斜于轴线	截平面平行于一条素线	截平面平行于轴线（平行于二条素线）	截平面通过锥顶
立体图	P	P	P	P	P

续表

	截平面垂直于轴线	截平面倾斜于轴线	截平面平行于一条素线	截平面平行于轴线（平行于二条素线）	截平面通过锥顶
投影图	P^V	P^V	P^V	P^H	P^V
	截交线为圆	截交线为椭圆	截交线为抛物线	截交线为双曲线	截交线为两素线

【例 6-11】 如图 6-17 所示，求平面 P 截切圆锥所得的截交线的投影。

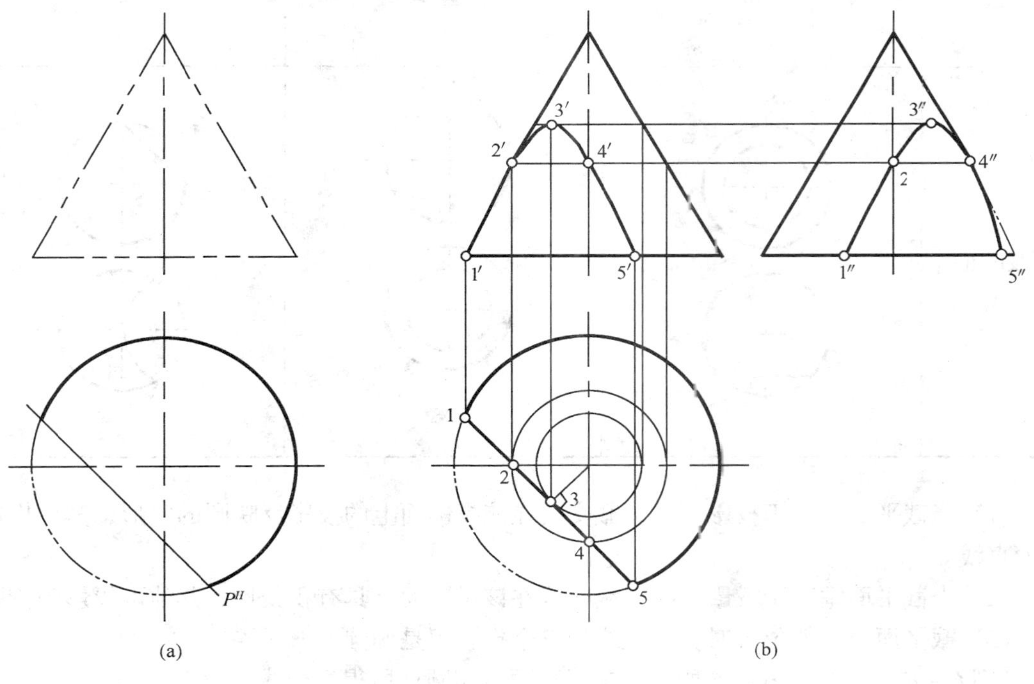

图 6-17 平面截切圆锥

(a) 已知；(b) 作图

由图 6-17 可看出，截平面 P 为平行于圆锥轴线的铅垂面，截切圆锥所得的截交线为双曲线，双曲线的 H 投影与铅垂面 P 的 H 积聚投影重合，为一直线段，双曲线的 V 和 W 投影均不反映实形。作图过程如下：

(1) 求特殊点。确定双曲线形状的点是双曲线的顶点和端点，图 6-17 (b) 中点 Ⅰ 和

V为双曲线的端点，位于圆锥底面圆周上；点Ⅲ为双曲线的顶点（最高点）；点Ⅱ和Ⅳ为圆锥面转向轮廓线上的点。这些点均可用辅助素线法或纬圆法求出其余两个投影。

(2) 求一般点。根据需要可以再找出几个一般位置的点，用以准确完成双曲线的投影图，本例由于五个特殊点求出后，足以画出双曲线，因此没有再找一般点。

(3) 依次光滑连接1′2′3′4′5′和1″2″3″4″5″，即得截交线的V面投影和W面投影。

6.3.2.6　平面截切圆球

平面与球面相交，不管截平面的位置如何，其截交线均为圆。而截交线的投影可分为三种情况，见表6-3。

表6-3　平面与球相交

截平面位置	与V面平行	与H面平行	与V面垂直
轴测图	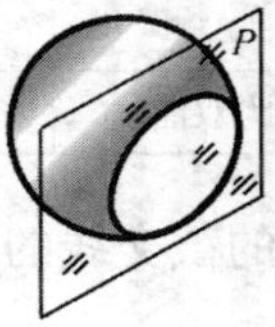 P	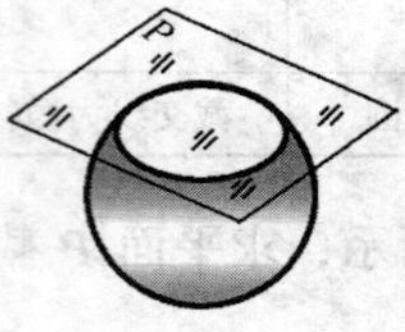 P	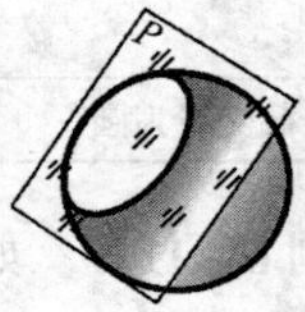 P
投影图	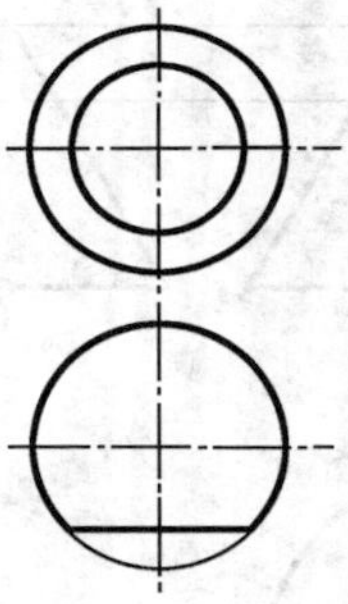	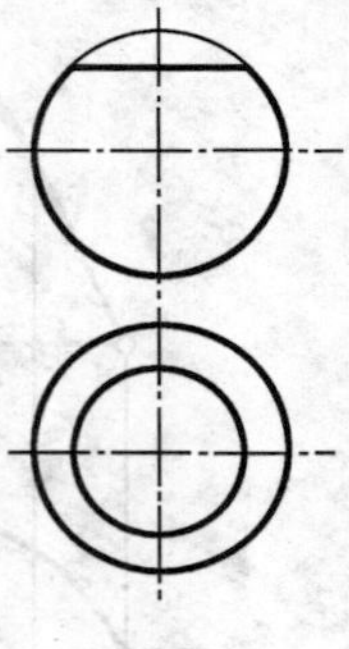	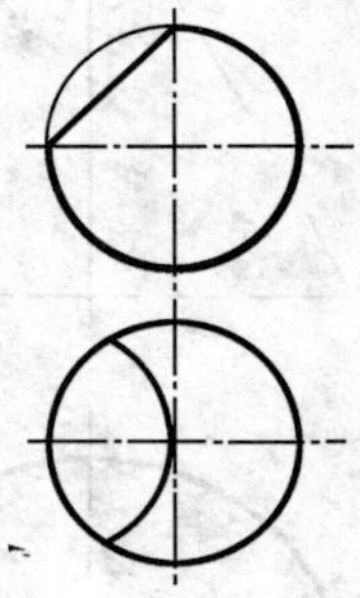

(1) 当截平面平行于投影面时，截交线在该投影面上的投影反映圆的实形，其余投影积聚为直线。

(2) 当截平面垂直于投影面时，截交线在该投影面上具有积聚性，其他两投影为椭圆。

(3) 截平面为一般位置时，截交线的三个投影都是椭圆。

【例6-12】　如图6-18所示，求正垂面截切圆球所得截交线的投影。

正垂面P截切圆球所得截交线为圆，因为截平面垂直于V面，所以截交线的V面投影积聚为直线，H投影和W投影均为椭圆。作图过程如下：

(1) 求特殊点。椭圆短轴的端点为Ⅰ、Ⅱ，并且Ⅰ、Ⅱ分别为最低点、最高点，均在球的轮廓线上。根据V投影1′、2′可定出H、W投影1、2和1″、2″。取1′2′的中点3′（4′）（作1′2′线段的垂直平分线，求出中点），用纬圆法求出34和3″4″，34和3″4″分别为H、W投影椭圆的长轴，Ⅲ点和Ⅳ点是截交线上的最前点、最后点。另外，P平面与球面水平投影

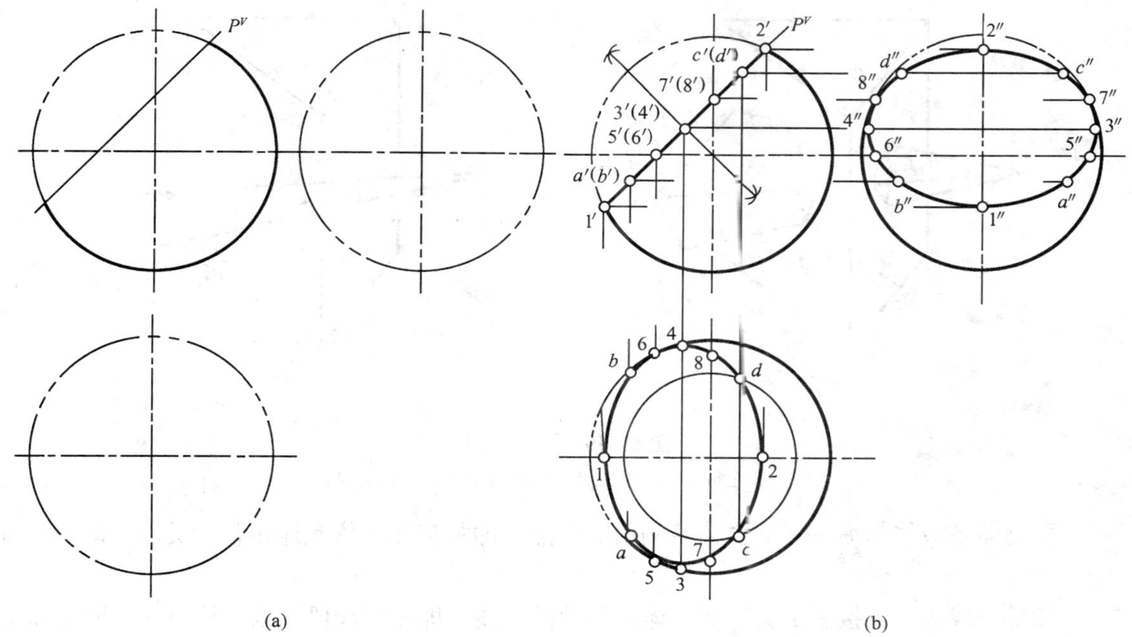

图 6－18　平面截切圆球
（a）已知；（b）作图

转向轮廓线相交于 5′（6′）点，可直接求出 *H* 投影 5、6，并由此求出其 *W* 投影 5″、6″。*P* 平面与球面侧面投影转向轮廓线相交于 7′（8′）点，可直接求出 *W* 投影 7″、8″，并由此求出其 *H* 投影 7、8。

（2）求一般点。可在截交线的 *V* 投影 1′2′上插入适当数量的一般点（如图中 *ABCD* 点），用纬圆法求出其他两投影（在此不再详细作图，读者可自行试作）。

（3）光滑连接各点的 *H* 投影和 *W* 投影，即得截交线的投影。

6.4　立体的相贯线

两立体相交又称两立体相贯，两相交的立体称为相贯体，相贯体表面的交线称为相贯线。本节分别从两平面立体相贯、平面立体与曲面立体相贯、两曲面立体相贯三方面介绍相贯线的求法。

6.4.1　两平面立体相贯

两平面立体相交，又称两平面立体相贯。如图 6－19 所示，一个立体全部贯穿另一个立体的相贯称为全贯，当两个立体相互贯穿时，称为互贯。

6.4.1.1　相贯线的特点

两立体相贯，其相贯线是两立体表面的共有线，相贯线上的点为两立体表面的共有点。两平面体相贯时，相贯线为封闭的空间折线或平面多边形，每一段折线都是两平面立体某两侧面的交线，每一个转折点为一平面立体的某棱线与另一平面立体某侧面的交点（贯穿点）。因此，求两平面立体相贯线，实质上就是求直线与平面的交点或求两平面交线的问题。

6.4.1.2　求相贯线的方法

（1）交点法。依次检查两平面立体的各棱线与另一平面立体的侧面是否相交，然后求出

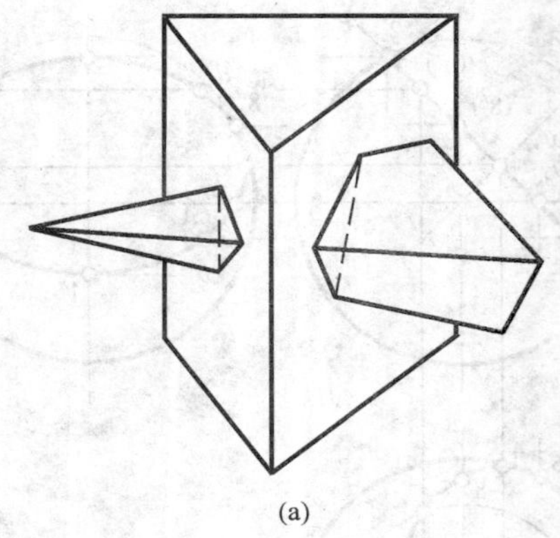

(a)

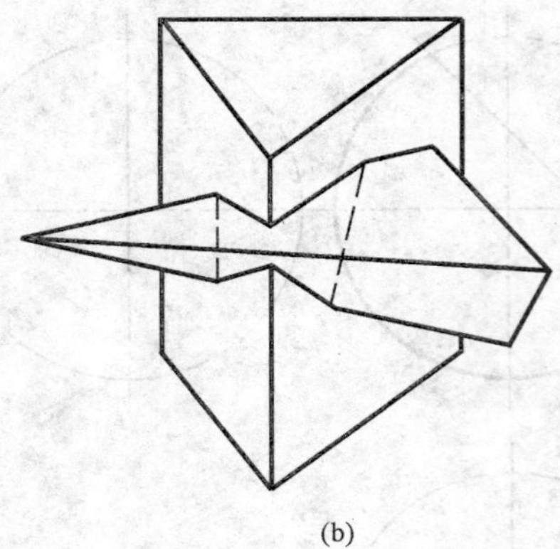

(b)

图 6－19　两立体相贯

(a) 全贯（有两条交线）；(b) 互贯（有一条交线）

两平面立体各棱线与另一平面立体某侧面的交点，即相贯点，依次连接各相贯点，即得相贯线。

(2) 交线法。直接求出两平面立体某侧面的交线，即相贯线段。依次检查两平面立体上各相交的侧面，求出相交的两侧面的交线（一般可利用积聚投影求交线，参考前面两平面相交求交线的方法），即为相贯线。

6.4.1.3　求相贯线的步骤

(1) 分析两立体表面特征及与投影面的相对位置，确定相贯线的形状及特点，观察相贯线的投影有无积聚性；

(2) 求一平面立体的棱线与另一平面立体侧面的交点（贯穿点）；

(3) 连接各交点。连接时必须注意：

①同时位于两立体同一侧面上的相邻两点才能相连。

②相贯的两立体应视为一个整体，一个立体位于另一立体内部的部分不必画出（即：同一棱线上的两点不能相连）。

③各投影面上点的连接顺序应一致。

(4) 判别可见性。每条相贯线段，只有当其所在的两立体的两个侧面同时可见时，它才是可见的；否则，若其中的一个侧面不可见，或两个侧面均不可见时，则该相贯线段不可见；

(5) 将相贯的各棱线延长至相贯点，完成两相贯体的投影。

【例 6－13】　如图 6－20 所示，求作两三棱柱的相贯线

图中三棱柱 *ABC* 和三棱柱 *EFG* 是互贯，相贯线为一组空间折线。三棱柱 *ABC* 各个侧面垂直于 *W* 面，侧面投影有积聚性，相贯线的侧面投影与其重合。三棱柱 *EFG* 各个侧面都垂直于 *H* 面，水平投影有积聚性，相贯线的水平投影与其重合。这样相贯线的水平投影与侧面投影都可直接求得，只需作图求其正面投影。

作图过程如下：

(1) 求三棱柱 *ABC* 的棱线 *A* 与三棱柱 *EFG* 的侧面 *EF*、*FG* 的贯穿点Ⅰ、Ⅱ。在 *H* 投影上找到 1、2，从而求出 1′、2′；

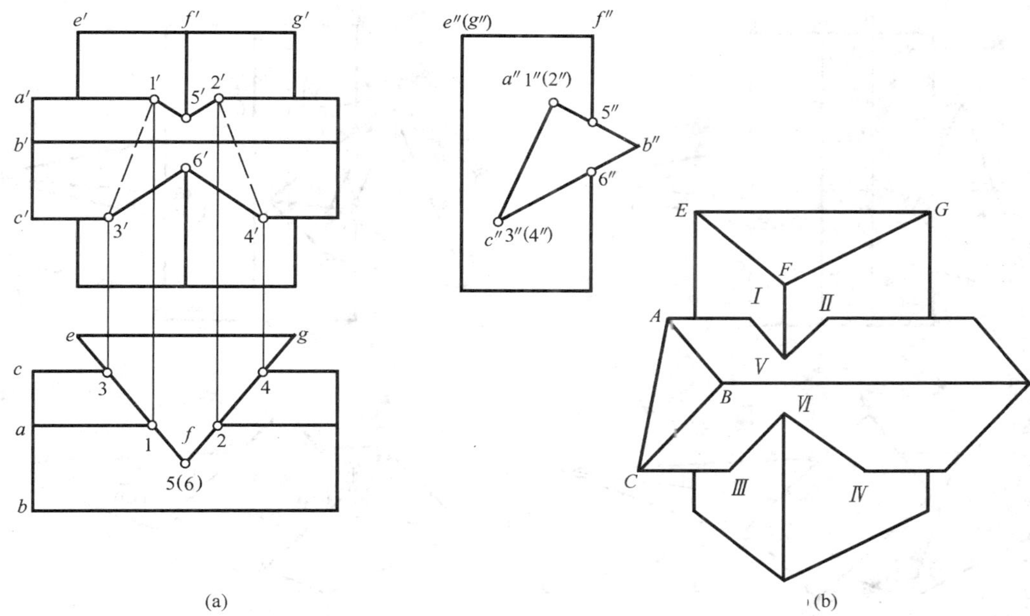

图 6－20　两三棱柱相贯

(2) 求三棱柱 *ABC* 的棱线 *C* 与三棱柱 *EFG* 的侧面 *EF*、*FG* 的贯穿点Ⅲ、Ⅳ。在 *H* 投影上找到 3、4，从而求出 3′、4′；

(3) 求三棱柱 *EFG* 的棱线 *F* 与三棱柱 *ABC* 的侧面 *AB*、*BC* 的贯穿点Ⅴ、Ⅵ。在 *W* 投影上找到 5″、6″，从而求出 5′、6′；

(4) 判别可见性并连线。根据"同时位于两形体同一侧面上的两点才能相连"的原则，在 *V* 投影上连成 1′3′6′4′2′5′1′相贯线。在 *V* 投影上，三棱柱 *ABC* 的 *AB*、*BC* 侧面和三棱柱 *EFG* 的 *EF*、*FG* 侧面均可见，根据"同时位于两形体都可见的侧面上的交线才是可见的"的原则判断：1′5′、2′5′、3′6′、4′6′可见，1′3′、2′4′不可见。

【例 6－14】　如图 6－21 所示，求作三棱锥 *SEFG* 与四棱柱 *ABCD* 的相贯线

根据已知的 *H* 面投影并参照 *V* 面投影可以看出两立体为全贯。三棱锥 *SEFG* 的三条侧棱 *SE*、*SF*、*SG* 与四棱柱相交，四棱柱的两条侧棱 *A* 和 *C* 与三棱锥相交。因此，棱锥侧棱交棱柱于六个点，棱柱侧棱交棱锥于 4 个点，只要求出这十个相贯线的转折点（贯穿点），即可求出相贯线的投影。作图过程如图 6－21（b）所示：

(1) 在 *H* 面投影中标出 1、2、3、4、5、6，这六个点的 *V* 面投影 1′、2′、3′、4′、5′、6′可直接在相应的侧棱上求出。

(2) 在 *H* 面投影中标出 7、8、9、10，这四个点的 *V* 面投影 7′、8′、9′、10′，必须利用在平面上求点的方法进行求解。1－7 这一段交线必然位于平面 *SGF* 上，因此，将 1－7 延长与 *gf* 相交于点 *n*，求出 *n*′后连接 *n*′1′，与四棱柱的侧棱 *a*′相交于 7′；3－8 这一段交线必然位于平面 *SGE* 上，因此，将 3－8 延长与 *ge* 相交于点 *m*，求出 *m*′后连接 *m*′3′，与四棱柱的侧棱 *a*′相交于 8′；同理可求出 9′、10′。

(3) 依据 *H* 面投影中点的连接顺序，*V* 面投影中连点的顺序是：1′→7′→5′→8′→3′→1′，这是第一条相贯线；2′→9′→6′→4′→10′→2′，这是第二条相贯线。

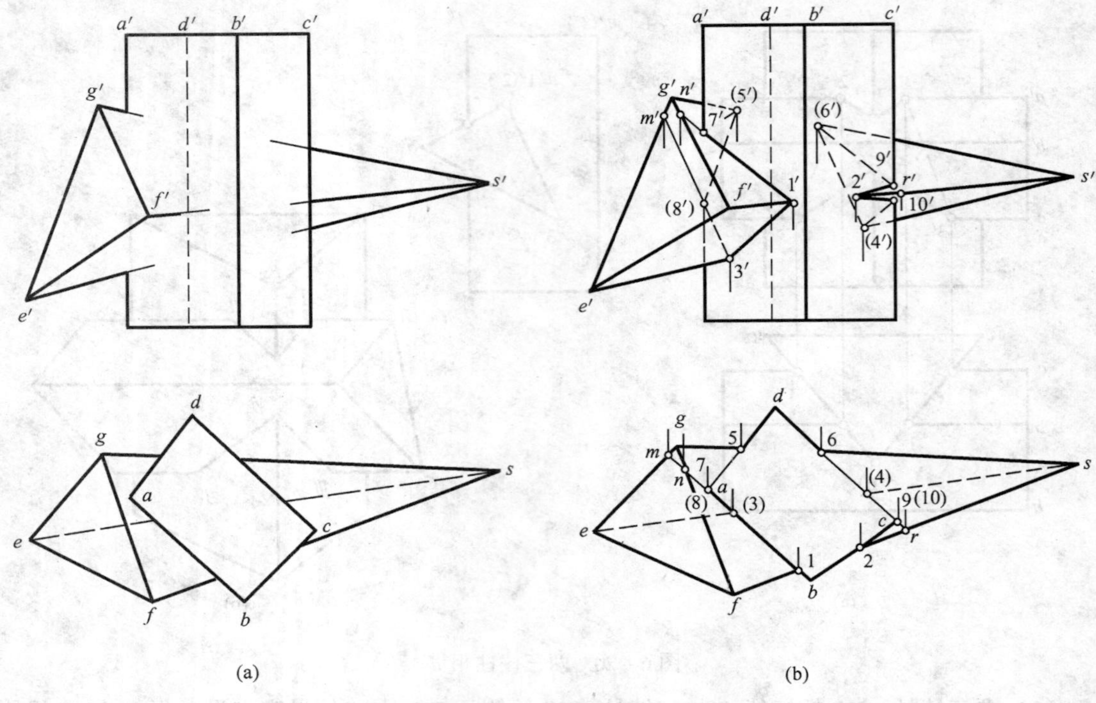

图 6-21　三棱锥与四棱柱相贯

(a) 已知；(b) 作图

(4) 按照"只有当其所在的两立体的两个侧面同时可见时，它才是可见的"原则，进行可见性判断。

6.4.2　同坡屋顶

6.4.2.1　基本概念

为了排水需要，建筑屋面均有坡度，当坡度大于 10%时称坡屋面。坡屋面分单坡、二坡和四坡屋面。当各坡面与地面（H 面）倾角都相等时，称同坡屋面。坡屋面的交线是两平面立体相交的工程实例，但因其自有的特性，与前面所述的作图方法有所不同。坡屋面各种交线的名称如图 6-22 所示。

6.4.2.2　屋面交线的投影特性

同坡屋面交线有如下特点：

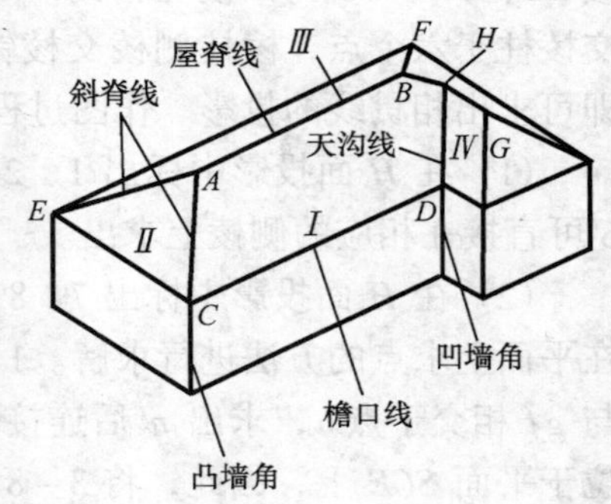

图 6-22　同坡屋面

(1) 两坡屋面的檐口线平行且等高时，必交于一条水平屋脊线，屋脊线的 H 投影与该两檐口线的 H 投影平行且等距。

(2) 檐口线相交的相邻两个坡面交成的斜脊线或天沟线，它们的 H 投影为两檐口线 H 投影夹角的平分线。当两檐口相交成直角时，斜脊线或天沟线在 H 面上的投影与檐口线的投影成 45°角。

(3) 在屋面上如果有两斜脊、两天沟或一斜脊一天沟相交于一点，则该点上必然有第三条线即屋脊线通过。这个点就是三个相邻屋面的公有点。如图 6－22 所示，A 点为三个坡屋面Ⅰ、Ⅱ、Ⅲ所共有，二条斜脊线 AC、AE 和屋脊线 AB 交于该点。

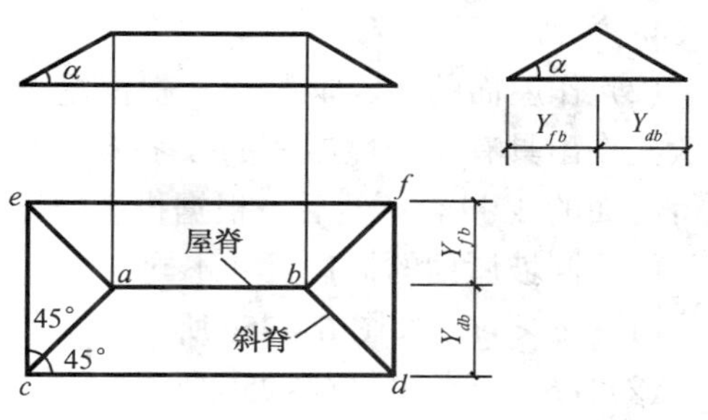

图 6－23　同坡屋面的投影

图 6－23 是这三个特点的投影图示。图中四坡屋面的左右两斜面为正垂面，前后两斜面为侧垂面，从 V 和 W 投影上可以看出这些垂直面对 H 面的倾角 α 都相等，这样在 H 面投影上就有：

（1）ab（屋脊）平行于 cd 和 ef（檐口），且 $Y_{db}=Y_{fb}$。

（2）斜脊必为檐口与夹角的角平分线，如$\angle eca=\angle dca=45°$。

（3）过 a 点有三条脊棱 ab、ac 和 ae。

【例 6－15】　已知四坡屋面的倾角 $\alpha=30°$及檐口线的 H 投影，求屋面交线的 H 投影和屋面的 V、W 投影（如图 6－24a 所示）。

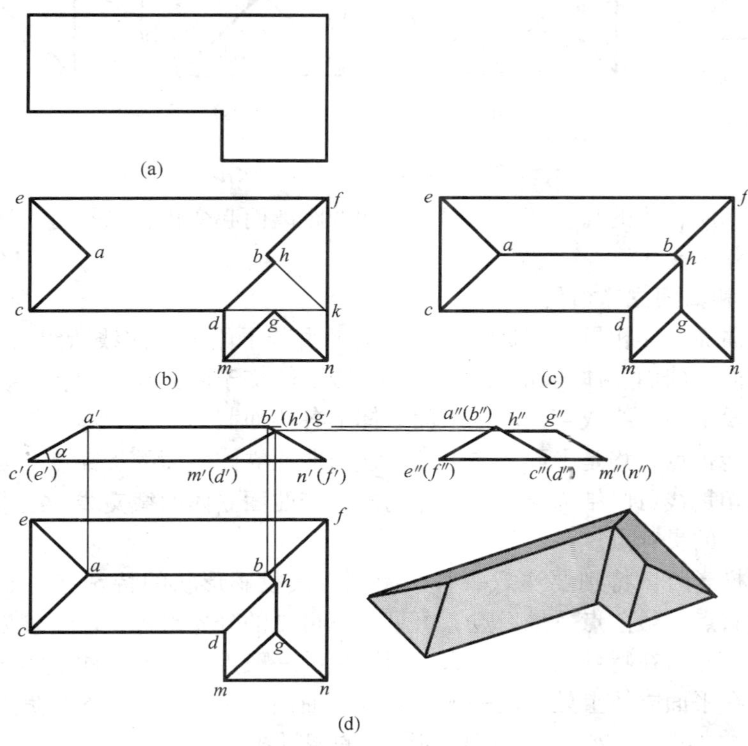

图 6－24　求同坡屋面交线

作图：

（1）作屋面交线的 H 投影。在屋面的 H 投影上过每一屋角作 45°分角线。在凸墙角上作的是斜脊线 ac、ae、mg、ng、bf、bh；在凹墙角上作的是天沟线 dh。其中 bh 是将 cd 延长至 k 点，从 k 点作分角线与天沟线 dh 相交而截取的。也可以按上述屋面交线的第三条特点作出（如图 6－24b 所示）。作每一檐口线（前后或左右）的中线，即屋脊线 ab 和 hg（如图

6-24c 所示）。

（2）作屋面的 V、W 投影。根据屋面倾角 $\alpha=30°$和投影规律，作出屋面的 V、W 投影。一般先作出具有积聚性屋面的 V 投影（或 W 投影），再加上屋脊线的 V 投影（或 W 投影）即得屋面的 V 投影；然后，根据投影规律作出屋面的 W 投影（如图 6-24d 所示）。

由于同坡屋面的檐口尺寸不同，屋面可以划分为以下四种典型情况：

（1）$ab<ef$，如图 6-25a 所示。

（2）$ab=ef$，如图 6-25b 所示。

（3）$ab=ac$，如图 6-25c 所示。

（4）$ab>ac$，如图 6-25d 所示。

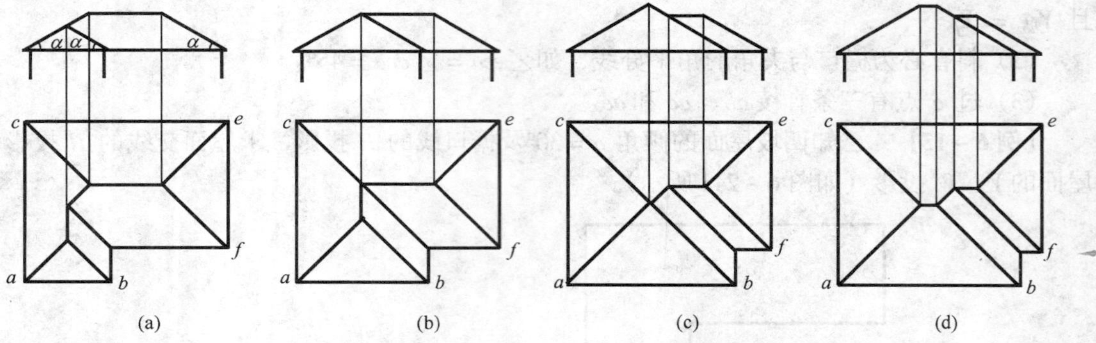

图 6-25　同坡屋面的四种典型情况

由上述可见，屋脊线的高度随着两檐口之间的距离而起变化，当平行两檐口屋面的跨度越大时，屋脊线就越高。

6.4.3　平面立体和曲面立体相贯

平面立体与曲面立体相贯，相贯线一般情况下由若干段平面曲线所组成，特殊情况下，如平面立体的表面与曲面立体的底面或顶面相交或恰巧交于曲面立体的直素线时，相贯线有直线部分。每一段平面曲线或直线均是平面立体上各侧面截切曲面立体所得的截交线，每一段曲线或直线的转折点，均是平面立体上的棱线与曲面立体表面的贯穿点。因此，求平面立体和曲面立体的相贯线可归结为求平面立体的侧面与曲面立体的截交线，或求平面立体的棱线与曲面立体表面的贯穿点。

求相贯线的投影时，特别要注意一些控制相贯线投影形状的特殊点，如最上点、最下点、最左点、最右点、最前点、最后点，可见与不可见的分界点等，以便较为准确地画出相贯线的投影形状。然后在特殊点之间插入适当数量的一般点，以便于曲线的光滑连接。连接时应注意，只有在平面立体上处于同一侧面，并在曲面立体上又相邻的相贯点，才能相连。

【例 6-16】　如图 6-26，求四棱柱与圆锥的相贯线。

四棱柱与圆锥相贯，其相贯线是四棱柱四个侧面截切圆锥所得的截交线，由于截交线为四段双曲线，四段双曲线的转折点，就是四棱柱的四条棱线与圆锥表面的贯穿点。由于四棱柱四个侧面垂直于 H 面，所以相贯线的 H 投影与四棱柱的 H 投影重合，只需作图求相贯线的 V、W 投影即可。从立体图可看出，相贯线前后、左右对称，作图时，只需作出四棱柱的前侧面、左侧面与圆锥的截交线的投影即可，并且 V、W 投影均反映双曲线实形。作图过程如下：

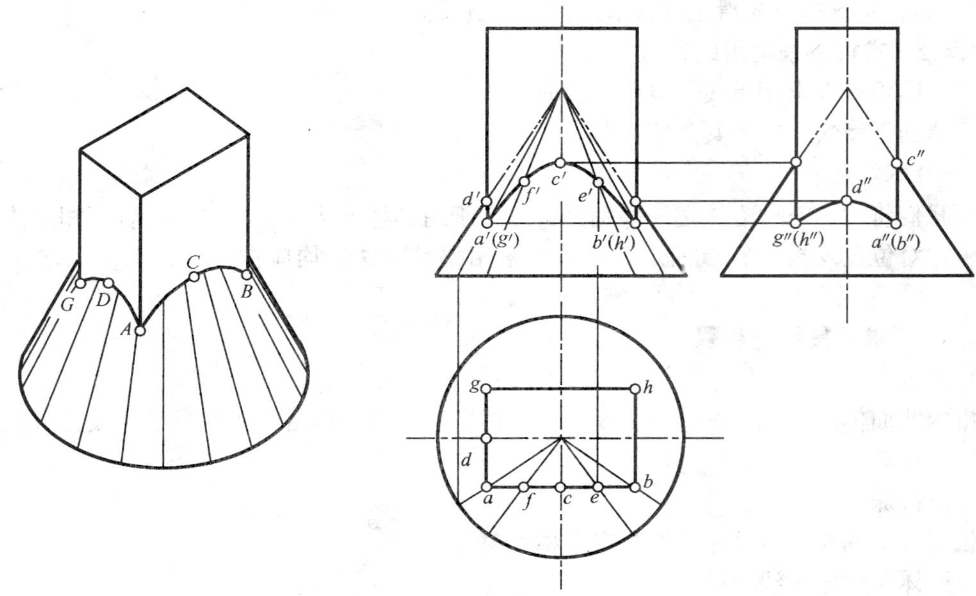

图 6-26 四棱柱与圆锥相贯

(1) 根据三等规律画出四棱柱和圆锥的 W 面投影。由于相贯体是一个实心的整体，在相贯体内部对实际上不存在的圆锥 W 投影轮廓线及未确定长度的四棱柱的棱线的投影，暂时画成用细双点画线表示的假想投影线或细实线；

(2) 求特殊点。先求相贯线的转折点，即四条双曲线的连接点 A、B、G、H，它也是双曲线的最低点。可根据已知的 H 投影，用素线法求出 V、W 投影。再求前面和左面双曲线的最高点 C、D；

(3) 同理，用素线法求出两对称的一般点 E、F 的 V 投影 e'、f'；

(4) 连点。V 投影连接 $a' \to f' \to c' \to e' \to b'$，W 投影连接 $c'' \to d'' \to g''$；

(5) 判别可见性。相贯线的 V、W 投影都可见，相贯线的后面和右面部分的投影，与前面和左面部分重合；

(6) 补全相贯体的 V、W 投影。圆锥的最左、最右素线；最前、最后素线均应画到与四棱柱的贯穿点为止。四棱柱四条棱线的 V、W 投影，也均应画到与圆锥面的贯穿点为止。

6.4.4 两曲面立体相贯

6.4.4.1 两曲面立体相贯线的性质

(1) 封闭性

两曲面立体的相贯线一般是封闭的空间曲线，特殊情况下为平面曲线或直线段（当两同轴回转体相贯时，相贯线是垂直于轴线的平面纬圆（见图 6-29）；当两个轴线平行的圆柱相贯时，其相贯线为直线——圆柱面上的素线（见图 6-31）。

(2) 共有性

相贯线是两曲面立体表面的共有线，相贯线上每一点都是相交两曲面立体表面的共有点。

根据相贯线的性质可知，求相贯线实质上就是求两曲面立体表面的共有点（在曲面立体表面上取点)，将这些点光滑地连接起来即得相贯线。

6.4.4.2　求相贯线常用的方法

(1) 利用积聚性求相贯线 (也称表面取点法);

(2) 辅助平面法 (三面共点原理);

(3) 辅助球面法。

下面我们将对这三种方法逐一举例分析。至于用哪种方法求相贯线，要看两相贯体的几何性质、相对位置及投影特点而定。但不论采用哪种方法，均应按以下作图步骤求出相贯线。

6.4.4.3　求相贯线的步骤

(1) 分析

分析两曲面体的形状、相对位置及相贯线的空间形状，然后分析相贯线的投影有无积聚性。

(2) 作特殊点

①相贯线上的对称点 (相贯线具有对称面时);

②曲面体转向轮廓线上的点;

③极限位置点：如最高点、最低点、最前点、最后点、最左点、最右点。

求出相贯线上的这些特殊点，目的是便于确定相贯线的范围和变化趋势。

(3) 作一般点

为比较准确地作图，需要在特殊点之间插入若干一般点。

(4) 判别可见性

相贯线上的点只有同时位于两个曲面立体的可见表面上时，其投影才是可见的。

(5) 光滑连接

只有相邻两素线上的点才能相连，连接要光滑，同时注意轮廓线要到位。

(6) 补全相贯体的投影。

6.4.4.4　举例

1. 利用积聚性求相贯线

当两个圆柱正交且轴线分别垂直于投影面时，则圆柱面在该投影上的投影积聚为圆，相贯线的投影重合在圆上，由此我们可利用已知点的两个投影求第三投影的方法求出相贯线的投影。

【例 6-17】　如图 6-27 所示，利用积聚性求作轴线垂直相交的两圆柱的相贯线。

小圆柱与大圆柱的轴线正交，相贯线是前、后、左、右对称的一条封闭的空间曲线。根据两圆柱轴线的位置，大圆柱面的侧面投影及小圆柱面的水平投影具有积聚性，因此，相贯线的水平投影和小圆柱面的水平投影重合，是一个圆；相贯线的侧面投影和大圆柱的侧面投影重合，是一段圆弧。因此通过分析我们知道要求的只是相贯线的正面投影。作图过程如下：

(1) 求特殊点

由于已知相贯线的水平投影和侧面投影，故可直接求出相贯线上的特殊点。由 *W* 投影和 *H* 投影可看出，相贯线的最高点为 *Ⅰ*、*Ⅲ*，*Ⅰ*、*Ⅲ* 同时也是最左点、最右点；最低点为 *Ⅱ*、*Ⅳ*，*Ⅱ*、*Ⅳ* 也是最前点、最后点。由 1″、3″、2″、4″可直接求出 *H* 投影 1、3、2、4；再

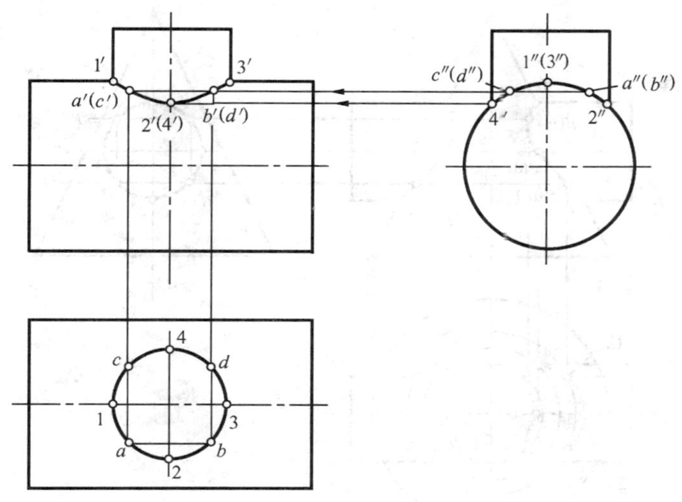

图 6－27　正交两圆柱相贯

求出 V 投影 1′、3′、2′、4′。

（2）求一般点

由于相贯线水平投影为已知，所以可直接取 a、b、c、d 四点，求出它们的侧面投影 a″（b″）、c″（d″），再由水平、侧面投影求出正面投影 a′（c′）、b′（d′）。

（3）判别可见性，光滑连接各点

相贯线前后对称，后半部与前半部重合，只画前半部相贯线的投影即可，依次光滑连接 1′、a′、2′、b′、3′ 各点，即为所求。

2. 辅助平面法

辅助平面法就是用辅助平面同时截切相贯的两曲面立体，在两曲面立体表面得到两条截交线，这两条截交线的交点即为相贯线上的点。这些点既在两形体表面上，又在辅助平面上。因此，辅助平面法就是利用三面共点的原理，用若干个辅助平面求出相贯线上的一系列共有点。

为了作图简便，选择辅助平面时，应使所选择的辅助平面与两曲面立体的截交线投影最简单，如直线或圆，通常选特殊位置平面作为辅助平面。同时，辅助平面应位于两曲面立体相交的区域内，否则得不到共有点。

【例 6－18】　用辅助平面法求图 6－28 中圆柱与圆锥的相贯线。

相贯线的空间形状：圆柱与圆锥轴线正交，并为全贯，因此相贯线为闭合的空间曲线且前后、左右对称。

相贯线的投影：圆柱轴线垂直于侧面，圆柱的侧面投影积聚为圆，相贯线的侧面投影与圆重合，圆锥的三个投影都无积聚性，所以需求相贯线的正面投影及水平投影。作图过程如下：

（1）求特殊点

由相贯线的 W 投影可直接找出相贯线上的最高点Ⅰ、最低点Ⅱ，同时Ⅰ、Ⅱ点也是圆柱正视转向轮廓线上的点，也是圆锥最左轮廓线上的点。Ⅰ、Ⅱ两点的正面投影 1′、2′也可

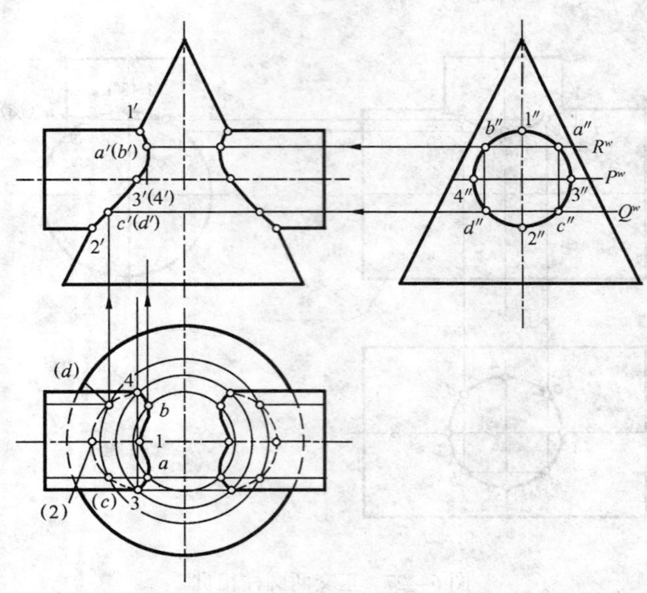

图 6-28 圆柱与圆锥相贯

直接求出，然后求出水平投影 1、2。

由相贯线的 *W* 投影可直接确定相贯线上的最前点、最后点Ⅲ、Ⅳ的 *W* 投影 3″、4″，同时Ⅲ、Ⅳ点也是圆柱水平转向轮廓线上的点。作辅助水平面 *P*，它与圆柱交于两水平轮廓线，与圆锥交于一水平纬圆，两者的交点即为Ⅲ、Ⅳ两点。3、4 为其水平投影，根据 3、4 及 3″、4″求出 3′（4′）。

（2）求一般点

在点Ⅰ和点Ⅲ、2 点Ⅳ之间适当位置，作辅助水平面 *R*，平面 *R* 与圆锥面交于一水平纬圆，与圆柱面交于两条素线，这两条截交线的交点 *A*、*B* 两点，即为相贯线上的点。为作图方便，我们再作一辅助平面 *Q* 为平面 *R* 的对称面，平面 *Q* 与圆锥面交于另一水平纬圆，与圆柱面交于两条素线（与平面 *R* 与圆柱面相交的两条素线完全相同，所以不用另外作图），这两条截交线的交点 *C*、*D* 两点，即为相贯线上的一般点。

（3）判别可见性，光滑连接

圆柱面与圆锥面具有公共对称面，相贯线正面投影前后对称，故前后曲线重合，用实线画出。圆锥面的水平投影可见，圆柱面上半部水平投影可见，按可见性原则可知，属于圆柱面上半部的相贯线可见，3-2-4 不可见，画成虚线。

（4）补全相贯体的投影

将圆柱面的水平转向轮廓线延长至 3、4 点，另外圆锥面有部分底圆被圆柱面遮挡，因此其 *H* 投影也应画成虚线。

3. 辅助球面法

假如两个旋转面具有一公共轴线，则它们的交线一定是圆。如果球心位于某旋转面的轴线上时，球面与该旋转面的交线一定是垂直于旋转轴的圆。若旋转轴平行于某一个投影面，则该圆在该投影面上的投影积聚为一直线段，如图 6-29 所示。如果轴线相交的两旋转面与以其交点为球心的球面相交，可以得出同属于球面的两个圆，它们的交点就是两旋转面交线

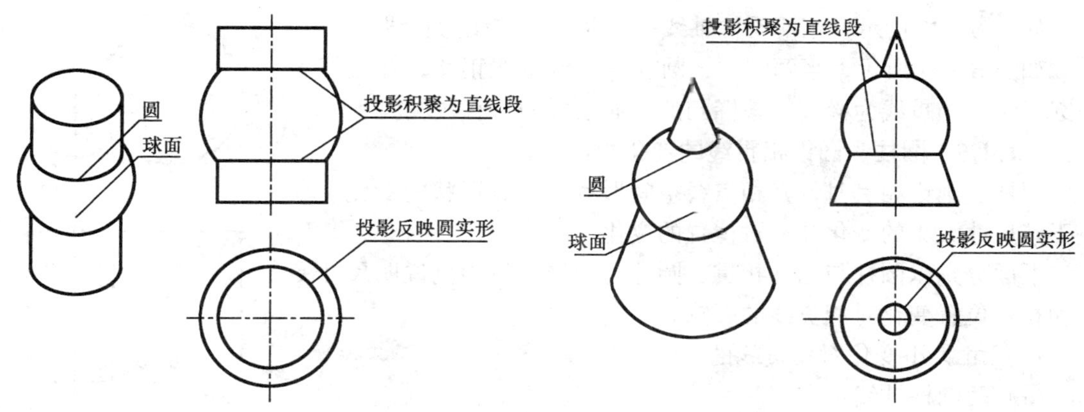

图 6-29　球与圆柱、圆锥的相贯

上的点。

由此可以看出，轴线相交的两个旋转体，当它们的轴线同时平行于某个投影面时，我们就可以利用辅助球面法求出它们的相贯线，但是这种方法有时不易准确地作出相贯线上某些特殊的点。

【例 6-19】 用辅助球面法求图 6-30 中倾斜圆柱与直立圆锥的相贯线。

由图可知，圆柱与圆锥的轴线斜交，且圆柱的轴线为正平线，圆锥的轴线为铅垂线。相贯线上的特殊点*Ⅰ*和*Ⅴ*可直接确定其两面投影，相贯线上的其他点*Ⅱ*、*Ⅲ*、*Ⅳ*、*Ⅵ*、*Ⅶ*、*Ⅷ*，需要利用辅助球面法进行求解。下面我们以点*Ⅱ*为例，简要介绍辅助球面法求相贯线的过程：

(1) 点*Ⅱ*是一个一般点，它位于点*Ⅰ*以下的某一个位置。在圆锥 V 面投影的轮廓线上任意找一点 a_1，并过该点作一条水平线与另一轮廓线相交于 a_2。

(2) 以 O' 为圆心，以 $o'a_1$ 为半径画圆，即为所作的辅助球面的正面投影，该圆与圆柱的投影相交于 a_3、a_4，连接 $a_3\ a_4$。

(3) $a_3\ a_4$ 与 $a_1\ a_2$ 相交于一点，该点即为点*Ⅱ*的 V 面投影 2′。

(4) 以 O 为圆心，以 $a_1\ a_2/2$ 为半径画圆，与过 2′的竖直线相交于点 2，即为所求。

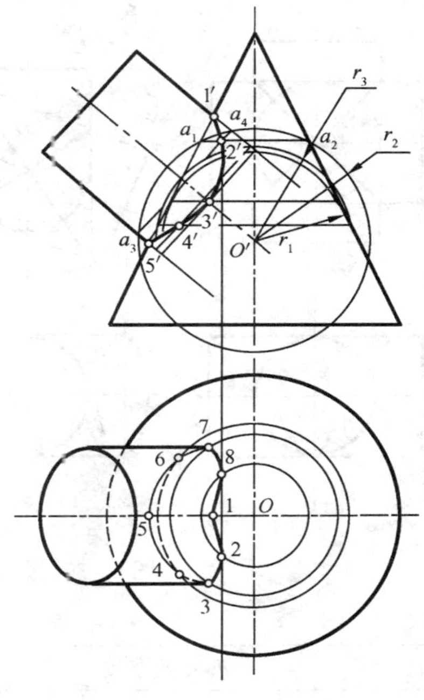

图 6-30　倾斜圆柱与直立圆锥的相贯线

(5) 同理可完成*Ⅲ*、*Ⅳ*两点的投影作图，*Ⅵ*、*Ⅶ*、*Ⅷ*三点与*Ⅱ*、*Ⅲ*、*Ⅳ*前后对称。

两曲面体（回转体）相交，其相贯线一般为空间曲线，但在特殊情况下，也可能是平面曲线或直线。

如图 6-29 所示，当两个回转体具有公共轴线时，相贯线为圆，该圆的正面投影为一直线段，水平投影为圆的实形。

如图 6－31 所示，当两圆柱轴线平行时，相贯线为直线。

如图 6－32 所示，当两圆柱、圆柱与圆锥轴线正交，并公切于一圆球时，相贯线为椭圆，该椭圆的正面投影为一直线段。

6.4.4.5 圆柱、圆锥相贯线的变化规律

圆柱、圆锥相贯时，其相贯线空间形状和投影形状的变化，取决于其尺寸大小的变化和相对位置的变化。

下面分别以圆柱与圆柱相贯、圆柱与圆锥相贯为例说明尺寸变化和相对位置变化对相贯线的影响。

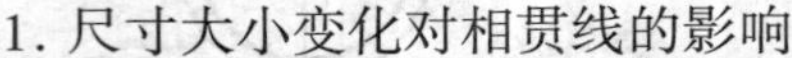

1. 尺寸大小变化对相贯线的影响

（1）两圆柱轴线正交。

如表 6－4 所示，当小圆柱穿过大圆柱时，在非积聚性投影上，其相贯线的弯曲趋势总是向大圆柱里弯曲，表中当 $d_1 < d_2$ 时，相贯线为左右两条封闭的空间曲线。随着小圆柱直径的不断增大，相贯线的弯曲程度越来越大，当两圆柱直径相等，$d_1 = d_2$ 时，则相贯线从两条空间曲线变成两条平面曲线——椭圆，其正面投影为两条相交直线，水平投影和侧面投影均积聚为圆。

图 6－31 轴线平行的圆柱的相贯线

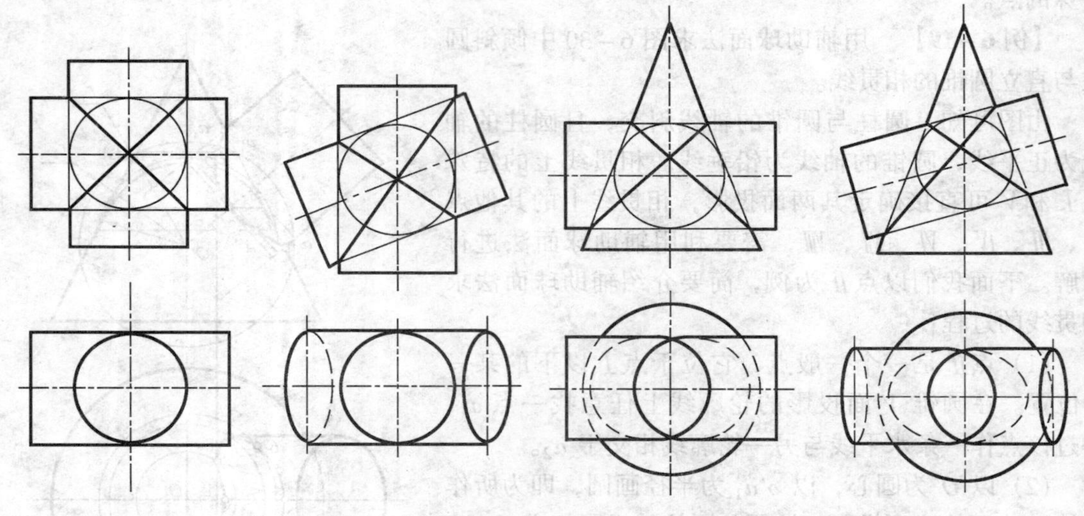

图 6－32 公切于同一个球面的圆柱、圆锥的相贯线

表 6－4 两圆柱相交相贯线变化情况

	$d_1 < d_2$	$d_1 = d_2$	$d_1 > d_2$
立体图			

续表

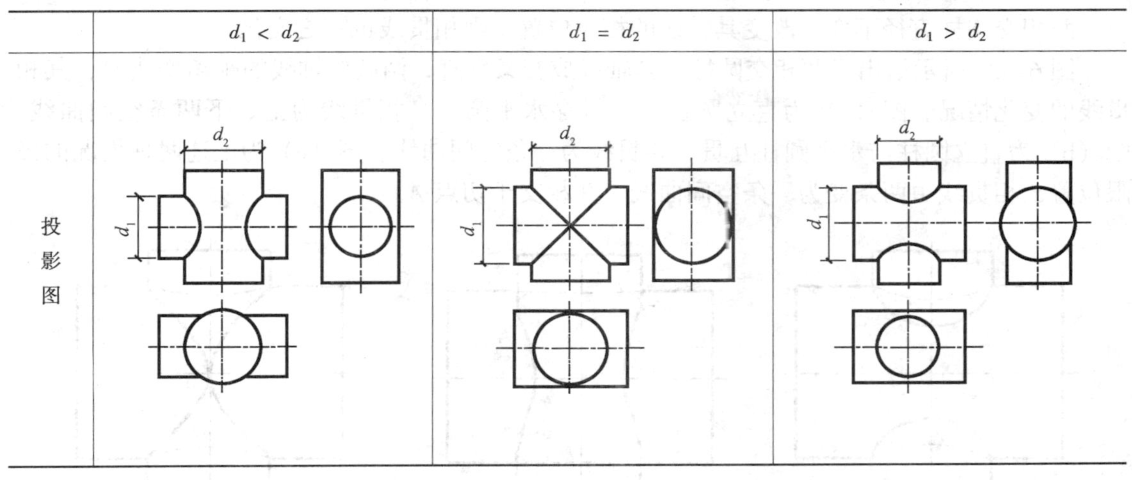

（2）圆柱与圆锥轴线正交。

当圆锥的大小和其轴线的相对位置不变，而圆柱的直径变化时，相贯线的变化情况见表6－5。当小圆柱穿过大圆锥时，在非积聚性投影上，相贯线的弯曲趋势总是向大圆锥里弯曲，相贯线为左右两条封闭的空间曲线。随着小圆柱直径的增大，相贯线的弯曲程度越来越小，当圆柱与圆锥直径相等，即圆柱与圆锥公切于球面时，相贯线从两条空间曲线变成平面曲线——椭圆，其正面投影为两相交直线，水平投影和侧面投影均积聚为椭圆和圆。当圆柱直径再继续增大，圆锥穿过圆柱时，相贯线为上下两条封闭的空间曲线。

表6－5　圆柱与圆锥相交相贯线的三种情况

	圆柱穿过圆锥	圆柱与圆锥公切于一球	圆锥穿过圆柱
立体图			
投影图			

2. 相对位置变化对相贯线的影响

两相交圆柱直径不变，改变其轴线的相对位置，则相贯线也随之变化。

图 6-33 所示给出了两相交圆柱，其轴线成交叉垂直，两圆柱轴线的距离变化时，其相贯线的变化情况。图（a）为直立圆柱全部贯穿水平圆柱，相贯线为上、下两条空间曲线。图（b）为直立圆柱与水平圆柱互贯，相贯线为一条空间曲线。图（c）为上述两种情况的极限位置，相贯线由两条变为一条空间曲线，并相交于切点 A。

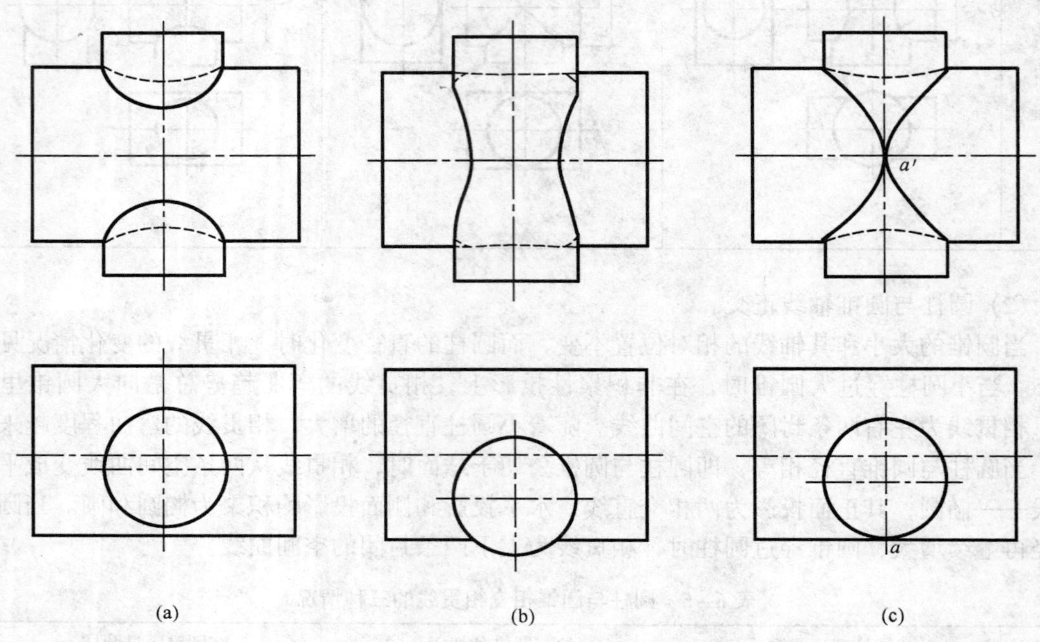

图 6-33　两圆柱轴线垂直交叉时相贯线的变化

第 7 章　组合体的投影图

7.1　组合体的形成和投影图画法

7.1.1　组合体的形成

工程建设中一些比较复杂的形体，一般都可看作是由基本几何体（如棱柱、棱锥、圆柱、圆锥、球等）通过叠加、切割、相交或相切而形成的。如图 7－1 所示的组合体是由 6 个形体叠加而成的，*Ⅱ*、*Ⅳ* 两个形体又是经过切割而形成的。

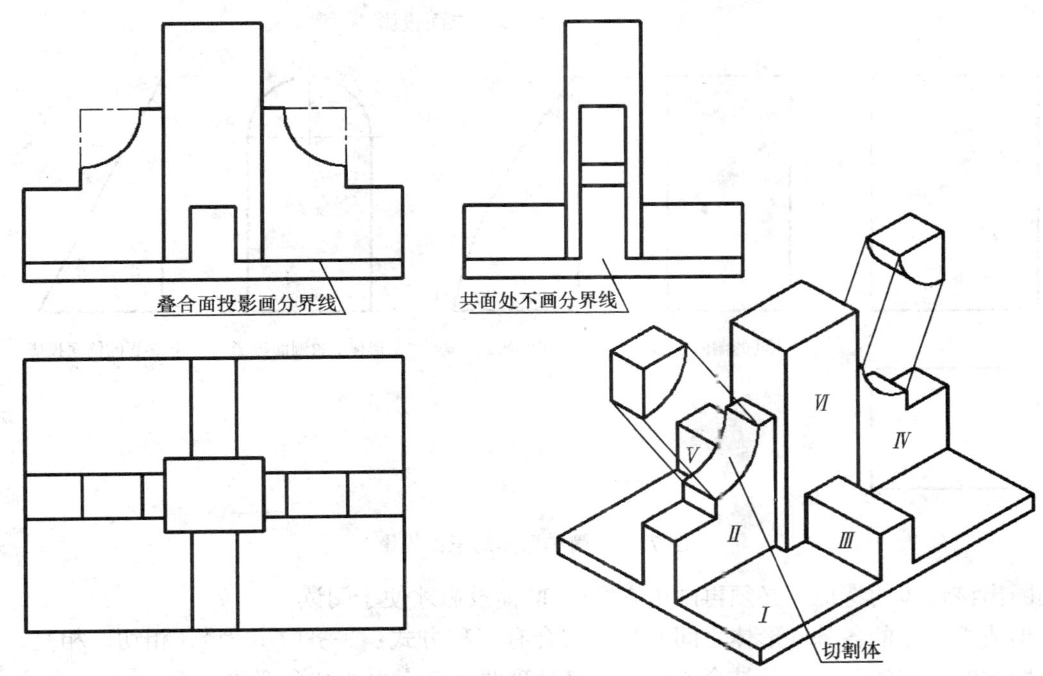

图 7－1　组合体的形成分析

7.1.2　组合体的投影图画法

将复杂组合体看作由若干比较简单的形体经叠加或切割所形成的分析方法，称为形体分析法。在画组合体的投影图时，应首先进行形体分析，确定组合体的组成部分，并分析它们之间的结合形式和相对位置，然后画投影图。

组合体的投影数量，可根据组合的复杂程度和表达要清楚、完整的要求来选择确定。可采用单面投影、两面投影、三面投影，甚至更多的投影。图 7－2 所示的几个不同形体，其形体特征由 *V* 面投影和 *H* 面投影能完全确定，所以就不需再画出 *W* 面投影。

图 7－3 所示的几个不同的形体，它们的 *V* 面投影、*H* 面投影虽然完全相同，但还不容

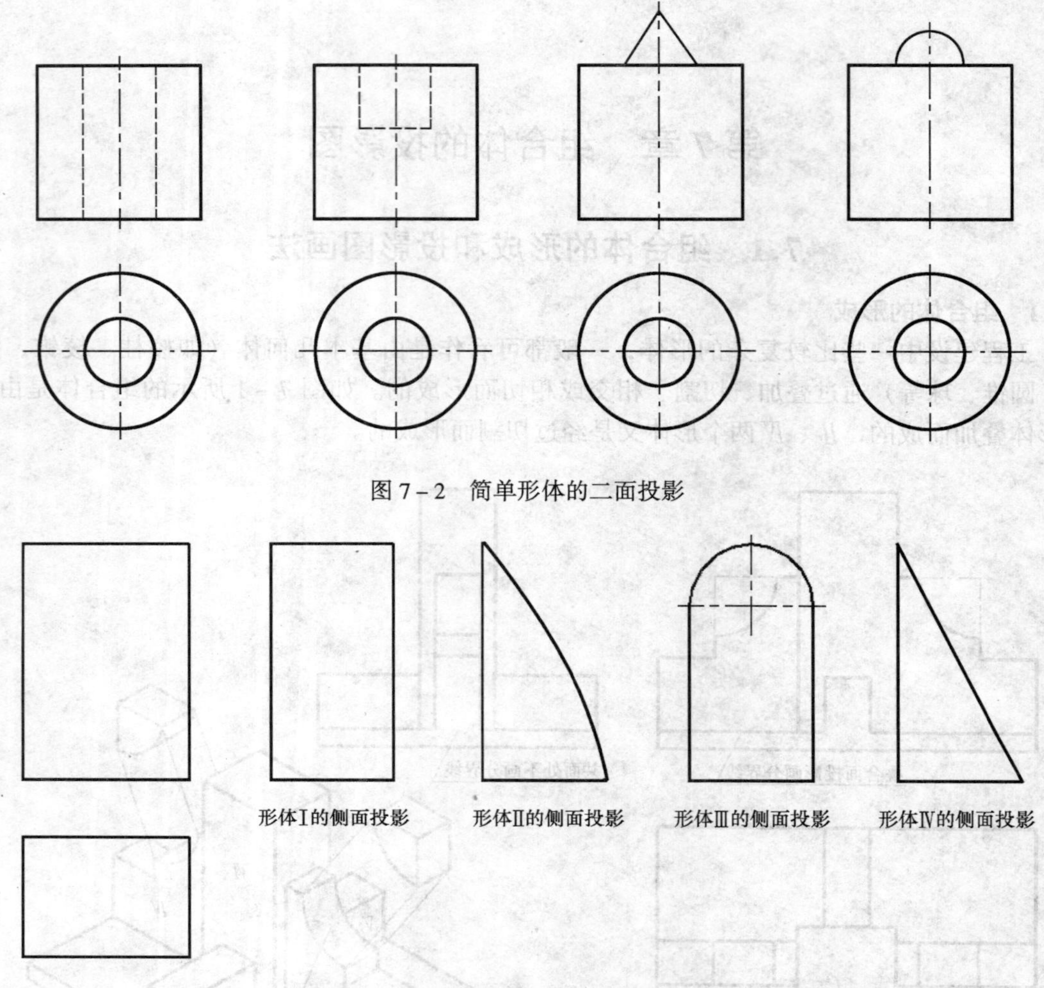

图 7－2　简单形体的二面投影

图 7－3　简单形体的三面投影

易判断出该形体的特征，必须再画出它们的 *W* 面投影才便于阅读。

形成组合体的各基本形体之间的表面结合有三种方式：平齐（共面）、相切、相交，在画投影图时，应注意这三种结合方式，正确处理两结合表面的结合部位。

如图 7－4 所示，平齐（共面）是指两基本形体的表面位于同一平面上，两表面没有转折和间隔，所以两表面间不画线。

相切分为平面与曲面相切和曲面与曲面相切，不论哪一种，都是两表面的光滑过渡，不应画线。

两基本形体的表面相交，在相交处必然产生交线，它是两基本形体表面的分界线，必须用画法几何求交线的方法作出交线的投影。

在画组合体的投影图时，经常采用形体分析法。也就是将组合体分解为若干个基本体或部分基本体来考察，并分析各基本体或部分基本体之间的组成形式和相邻表面之间的相互位置关系，以便将复杂的问题简化为简单的问题。组合体的投影图应尺寸标注齐全，布置均匀

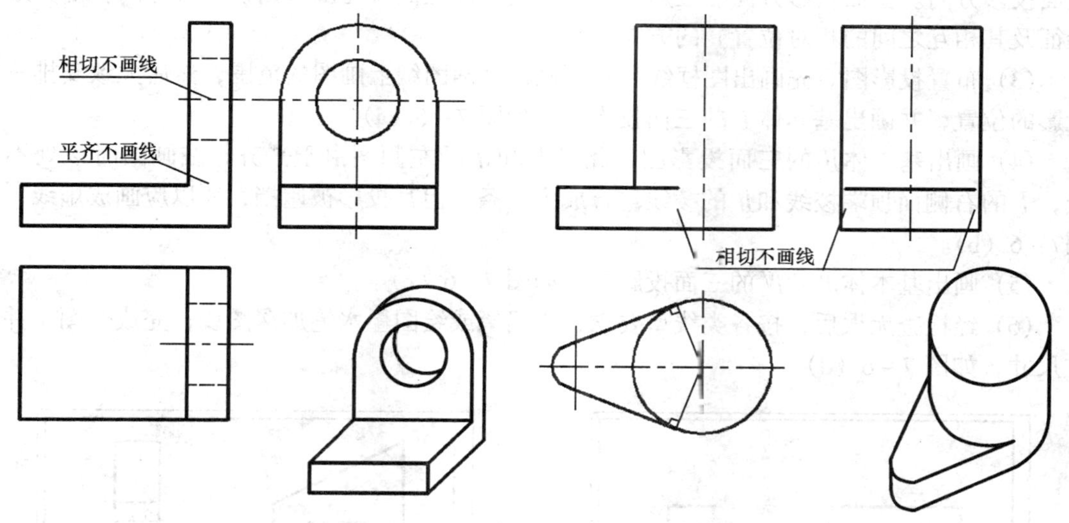

图 7-4　组合体两结合表面的结合处理

合理，投影关系正确，图面清洁整齐，线型粗细分明，字体端正无误。现以图 7-5 所示的组合体为例，说明组合体的投影图画法。

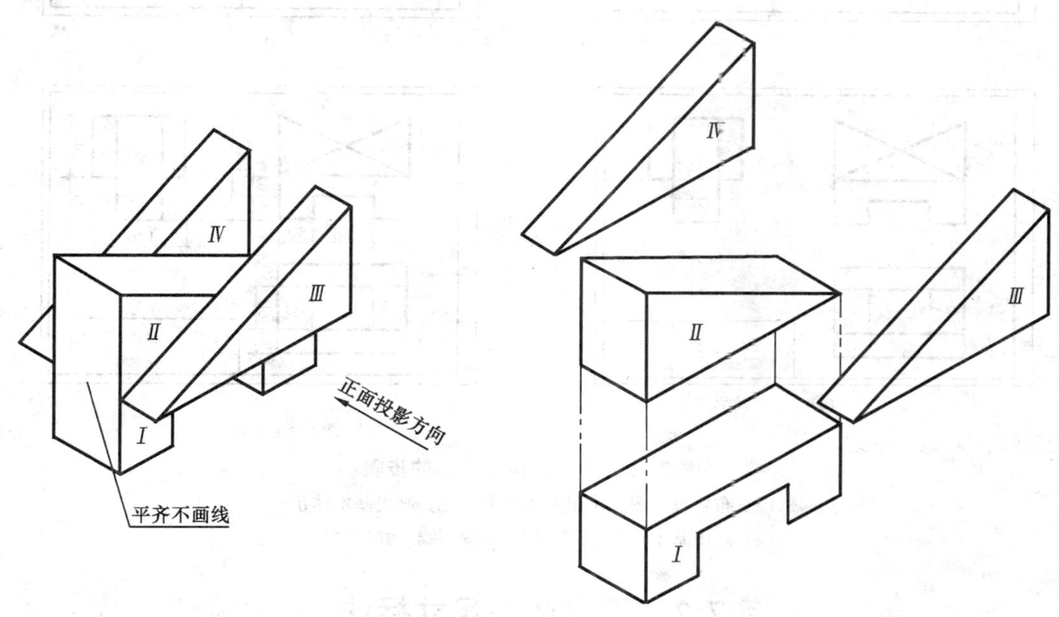

图 7-5　组合体的形体分析

（1）该组合体由四部分组成：*Ⅰ* 是组合体最下面的底座，它是由一个四棱柱经过切割以后而形成的，*Ⅱ*、*Ⅲ*、*Ⅳ* 均是三棱柱，*Ⅲ*、*Ⅳ* 是相同的，这四个基本体是以叠加的方式组成组合体的。

（2）根据组合体形体大小和注写尺寸所占的位置，选择适宜的图幅和画图比例，并选择正面投影方向。正面投影方向一般用垂直于该组合体正面（能反映出该组合体的各部分形状特征及其相互之间的相对位置）的方向。

(3) 布置投影图。先画出图框线和标题栏，明确图纸上画图的范围，然后大致安排三个投影的位置，并画出基本体Ⅰ的三面投影图，如图7－6（a)。

(4) 画出基本体Ⅱ的三面投影图，此时Ⅰ和Ⅱ的左侧面由于平齐，在画图时该处不画线，Ⅰ的右侧面顶端棱线和Ⅱ的棱线重合成为一条，但其投影被遮挡，所以应画成虚线，如图7－6（b)。

(5) 画出基本体Ⅲ、Ⅳ的三面投影图，如图7－6（c)。

(6) 经检查无误后，按各类线型要求，用铅笔或绘图墨水笔加深图线，完成全图，并标注尺寸，如图7－6（d)。

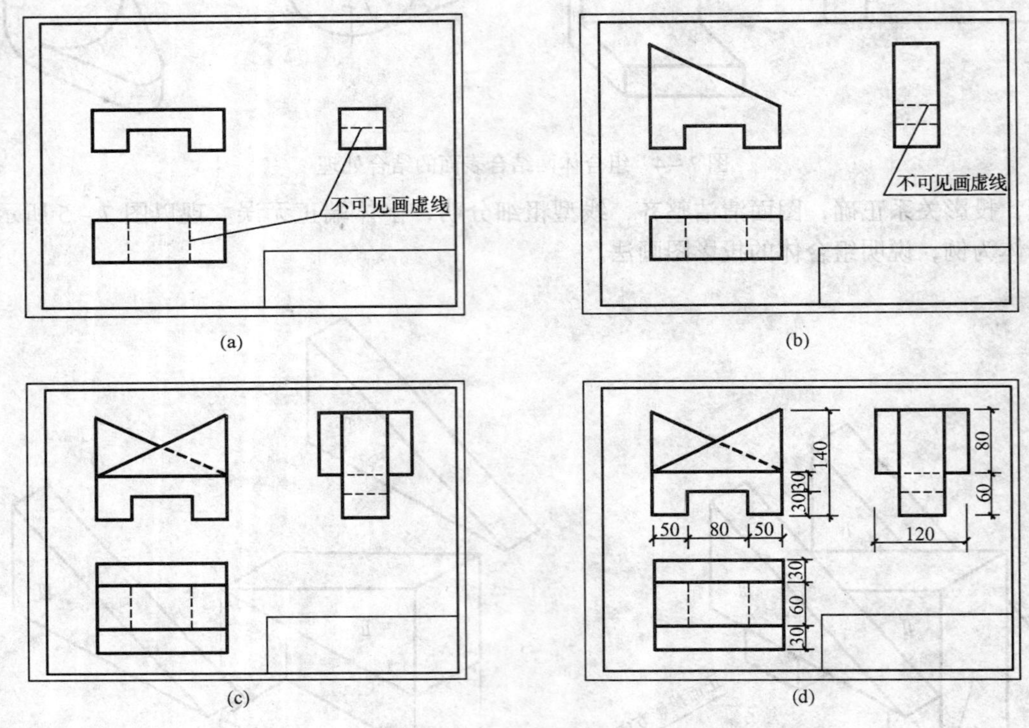

图7－6　画组合体投影图的步骤

(a) 布置投影图，画出基本体Ⅰ；(b) 画出基本体Ⅱ

(c) 画出基本体Ⅲ、Ⅳ；(d) 加深图线，并标注尺寸

7.2　组合体的尺寸标注

组合体的投影图，虽然已经清楚地表达出组合体的形状特征和各组成部分的相对位置关系，但不能反映组合体各部分的大小。因此，组合体的尺寸标注成为确定组合体的真实大小及各组成部分的相对位置的重要依据。

7.2.1　尺寸的种类

7.2.1.1　细部尺寸

细部尺寸确定组合体及各组成部分大小和形状的尺寸。如图 7－7 中组合体的细部尺寸包括：半圆柱的厚 12，半径 *R*24；圆柱孔的半径 *R*12；底板宽 40，长 88，高 10；底板前部突出形体的 22、16 等。

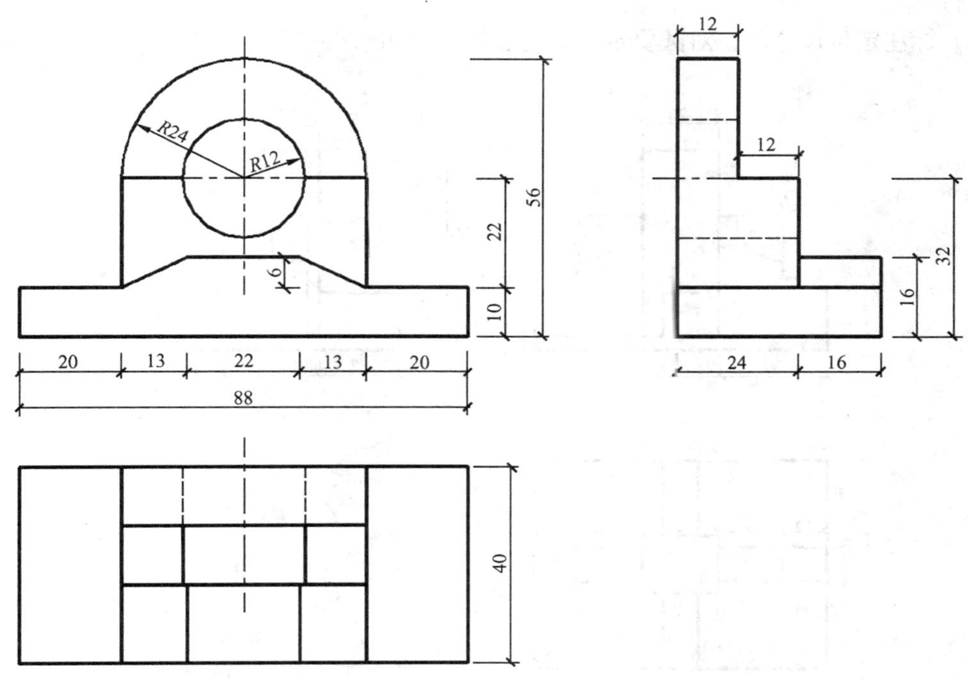

图 7－7　组合体的尺寸分析

7.2.1.2　定位尺寸

定位尺寸确定组合体各组成部分之间的相对位置关系的尺寸。如图 7－7 中确定圆柱孔轴线高度的 22，确定底板前上部突出形体的 20 等。有些定位尺寸如 22、20 等，也可作为细部尺寸使用。

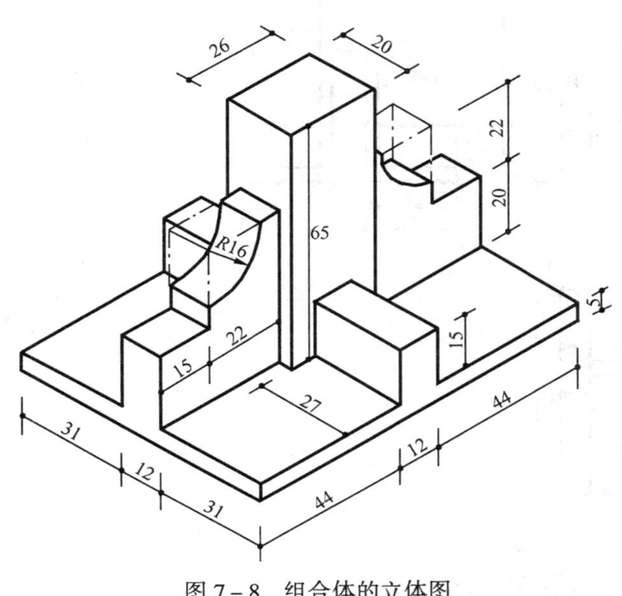

图 7－8　组合体的立体图

7.2.1.3　总尺寸

总尺寸确定组合体总长、总宽、总高的尺寸。如图 7－7 中的 88 是总长尺寸，40 是总宽尺寸，56 是总高尺寸。

7.2.2　尺寸的配置要求

确定了应该标注的尺寸之后，还要考虑尺寸如何配置，才能达到清晰、整齐的要求。除遵照“国标”的有关规定之外，还要注意以下几方面：

(1) 尺寸标注要齐全，不得遗

漏，不要到施工时再进行计算和度量。

(2) 同一基本形体的细部尺寸、定位尺寸，应尽量注写在反映该形体特征的投影图中，并把长、宽、高三个方向的细部尺寸、定位尺寸、总尺寸组合起来，排成几行（一般最多不超过3行）。

(3) 标注定位尺寸时，对圆要定圆心的位置，多边形要定边的位置，如图7－7中的32

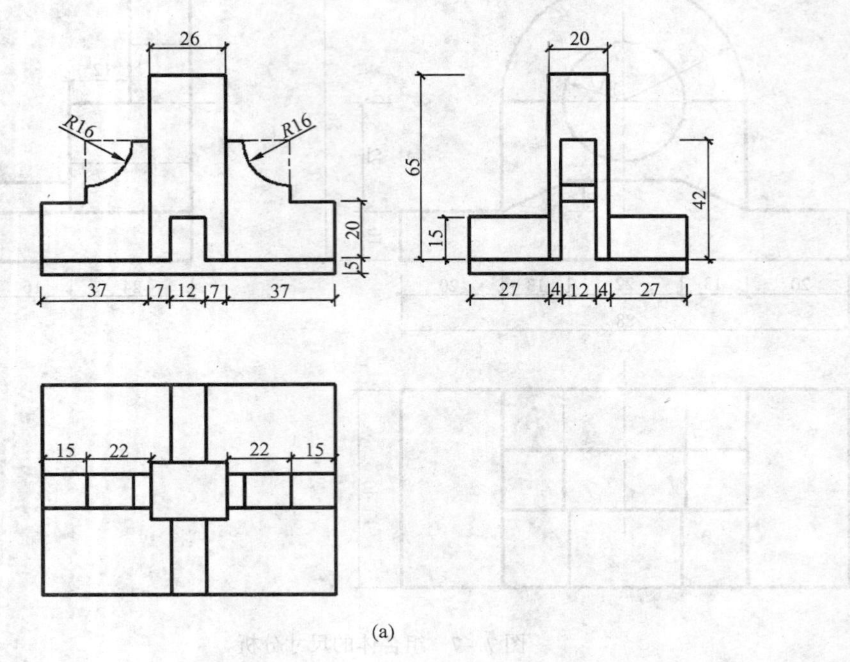

(a)

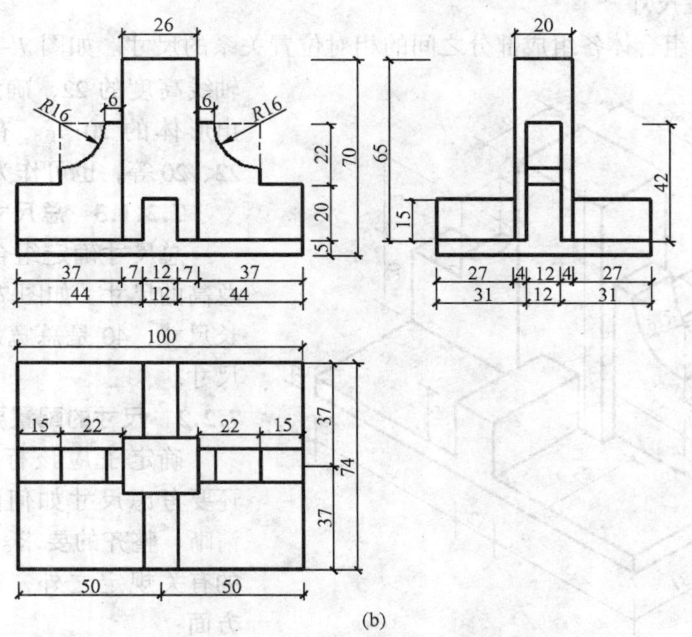

(b)

图7－9　组合体的尺寸标注

是定半圆柱孔的轴线位置，2 个 20 是定底板前部突出形体的位置。

(4) 尺寸尽量注写在图形轮廓线之外，但某些细部尺寸可注写在图形之内。与两投影图相关的尺寸，应尽量标注在两投影图之间，以便于阅读。

(5) 合理确定三个方向上的尺寸基准，一般将形体的底面、端面、轴线、对称面等作为标注尺寸的基准。

(6) 每一方向的细部尺寸的总和应等于该方向的总尺寸。

7.2.3 组合体尺寸标注的步骤

现以图 7-8 所示的组合体为例，说明组合体尺寸标注的步骤。

(1) 将组合体用形体分析法分解成若干个基本体，标注各个基本形体的细部尺寸

如图 7-9 (a) 所示，首先标注中柱的细部尺寸，长度方向 26，宽度方向 20，高度方向 65；再标注左、右两肋板的细部尺寸，圆柱面半径 $R16$，高度方向 42、20，长度方向 15、22，宽度方向 12；然后标注前、后两四棱柱的细部尺寸，高度方向 15，长度方向 12，宽度方向 27。

(2) 标注定位尺寸

如图 7-9 (b) 所示，由于该组合体是左、右对称，前、后对称的形体，所以中柱的定位尺寸是 50 和 37，左右两肋板、前后两四棱柱的定位尺寸分别是 44 和 31；左右两肋板上的 1/4 圆柱面的圆心的定位尺寸是 42 和 15。

(3) 标注总尺寸

组合体的总长和总宽即为底板的长度 100 与宽度 74，总高尺寸为 70。

7.3 阅读组合体的投影图

根据组合体的投影图想像出物体的空间形状和结构，这一过程就是读图。在读图时，常以形体分析法为主，即以基本几何体的投影特征为基础，在投影图上分析组合体各个组成部分的形状和相对位置，然后综合起来确定组合体的整体形状。当图形较复杂时，也常用线面分析法帮助读图。线面分析是在形体分析法的基础上，运用线、面的投影规律，分析形体上线、面的空间关系和形状，从而把握形体的细部。

此外，还可利用所标注的尺寸来读图，必要时也可借助轴测图（第 8 章介绍）来完成。

7.3.1 读图所应具备的基本知识

(1) 熟练掌握三面投影的规律。即"长对正、高平齐、宽相等"的三等规律。掌握组合体上、下、左、右、前、后各个方向在投影图中的对应关系，如 V 投影能反映上、下、左、右的关系，H 投影能反映前、后、左、右的关系，W 投影能反映前、后、上、下的关系。

(2) 熟练掌握各种位置直线、曲线、平面、曲面的投影特性，确定它在空间的位置和形状，进而确定物体的空间形状。

(3) 熟练掌握基本形体的投影特性，能够根据它们的投影图，快速想像出基本几何体的形状。

(4) 熟练掌握尺寸的标注方法，能用尺寸配合图形，分析组合体的空间形状及大小。

(5) 掌握将各投影图结合起来分析的方法。如图 7-2 几个形体的两面投影图，如果只根据 H 投影图，是不能将形体的空间形状判断清楚的，必须结合 V 投影图才能正确读图。又如图 7-3，必须结合 H、V、W 三面投影才能正确读图。

（6）熟练掌握建筑形体的各种表达方法，即掌握基本投影图、多面投影图、辅助投影图、剖面图、断面图等的表达方法。

运用线面分析法的关键在于弄清投影图中的图线和线框的含义，投影图中的图线可以表示两个面的交线或曲面投影的转向轮廓线或投影有积聚性的面；投影图中的线框可以表示一个面或一个体或一个孔或一个槽，如图 7－10 所示。

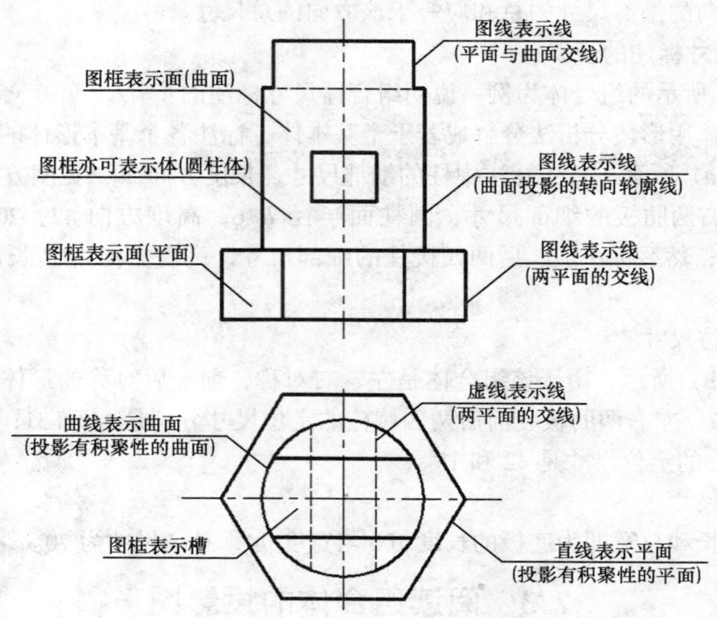

图 7－10　图线与图框的含义

7.3.2　读图的步骤

读图的步骤，一般是先要抓住最能反映形状特征的一个投影，结合其他投影，作概略分析，然后再细致分析；先进行形体分析，后进行线面分析；先外部分析，后内部分析；先整体分析，后局部分析，再由局部到整体，最后综合起来想像出该组合体的整体形象。

7.3.3　读图示例

【例 7－1】　运用形体分析法想像出图 7－11 中的组合体的整体形状。

从三个投影可以确定该形体是平面立体，由五部分叠加组成。读图过程如下：

（1）将 *H* 投影中的五个线框 1、2、3、4、5，看作是组成该形体的五个基本形体 *Ⅰ*、*Ⅱ*、*Ⅲ*、*Ⅳ*、*Ⅴ* 的 *H* 投影。其中 2 线框又包含了三个矩形，1 线框的 *V* 投影不可见，4 线框的 *W* 投影不可见，如图 7－11（a）所示。

（2）根据各线框的三面投影，想像出各组成部分的形状，如图 7－11（b）。

由 1、（1′）、1″三个投影可想像出第 *Ⅰ* 部分形体为一个四棱柱，位于后方；由 2、2′、2″三个投影可想像出第 *Ⅱ* 部分形体为一个四棱柱，上部挖去一个四棱柱；由 3、3′、3″三个投影可想像出第 *Ⅲ* 部分形体为一个四棱柱；由 4、4′、（4″）三个投影可想像出第 *Ⅳ* 部分形体为一个三棱柱；由 5、5′、5″三个投影可想像出第 *Ⅴ* 部分形体也为一个四棱柱。

（3）将各部分形体按图 7－11（a）组合成一整体，从而想像出组合体的整体形状。

【例 7－2】　运用线面分析法想像出图 7－12（a）中组合体的整体形状。

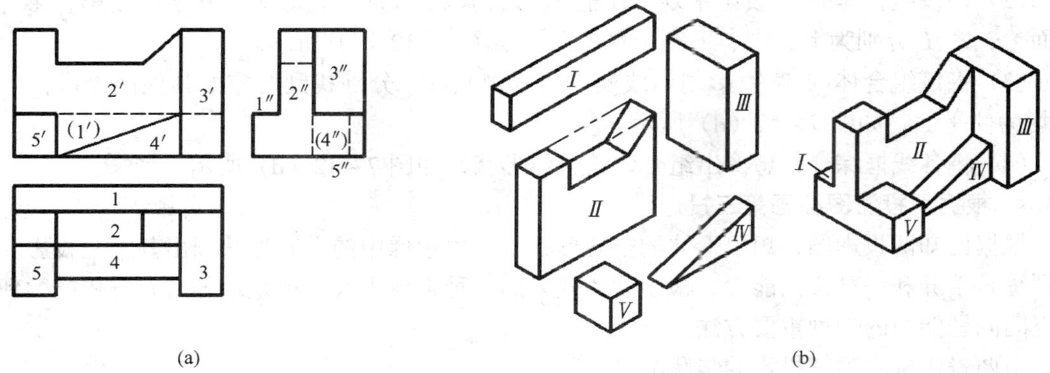

图 7－11　组合体的投影图

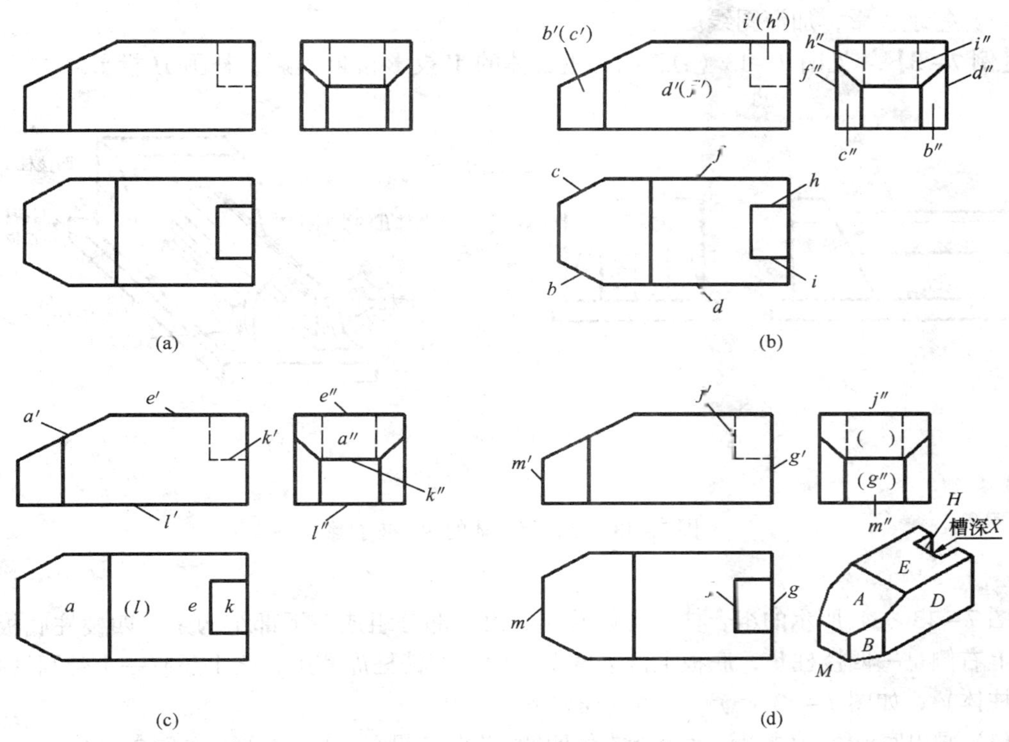

图 7－12　组合体的线面分析

从三个投影可以确定该形体是平面立体，由一个基本几何体切割而成。读图过程如下：

(1) 将该组合体的 V 投影划出线框 $b'(c')$、$d'(f')$、$i'(h')$，根据“长对正”，在 H 投影中找不到 $b'(c')$ 的对应类似形，根据“无类似形必积聚”，找到对应的积聚投影 b、c，根据“高平齐”，在 W 投影图中找到 $b'(c')$ 的对应类似形 b''、c''，可以看出 B、C 为铅垂面；同理可找出 $d'(f')$ 的其他两投影 d 、f 和 d''、f''，D、F 为正平面；找出 $i'(h')$ 的其他两投影 i、h 和 i''、h''，I、H 为正平面，如图 7－12 (b) 所示。

(2) 将该组合体的 H 投影中划出线框 a、e、(l)、k，分别找到对应的其他两投影，A 为正垂面，E、K、L 分别为上、中、下三个水平面，如图 7－12（c）所示。

(3) 将该组合体的 W 投影划出线框（j''）、（g''）、m''，分别找到对应的其他两投影，J、G、M 均为侧平面，如图 7－12（d）所示。

(4) 将各线框综合，想像出组合体的整体形状，如图 7－12（d）所示。

7.3.4 根据两投影图补画第三投影

根据已知两投影图，想出形体的空间形状，再由想像中的空间形状画出其第三投影。这种训练是培养和提高读图能力、检验读图效果的一种重要手段，也是培养空间分析问题和解决空间问题能力的一种重要方法。

由两投影补画第三投影的步骤为：

(1) 通过粗略读图，想像出形体的大致形状。

(2) 运用形体分析法或线面分析法，想像出各部分的确切形状，根据“长对正、高平齐、宽相等”补画出各部分的第三投影，并由相互位置关系确定它们相邻表面间有无交线。

(3) 整理投影，加深图线。

【例 7－3】 见图 7－13（a），已知组合体的 V 投影和 W 投影，补画 H 投影。

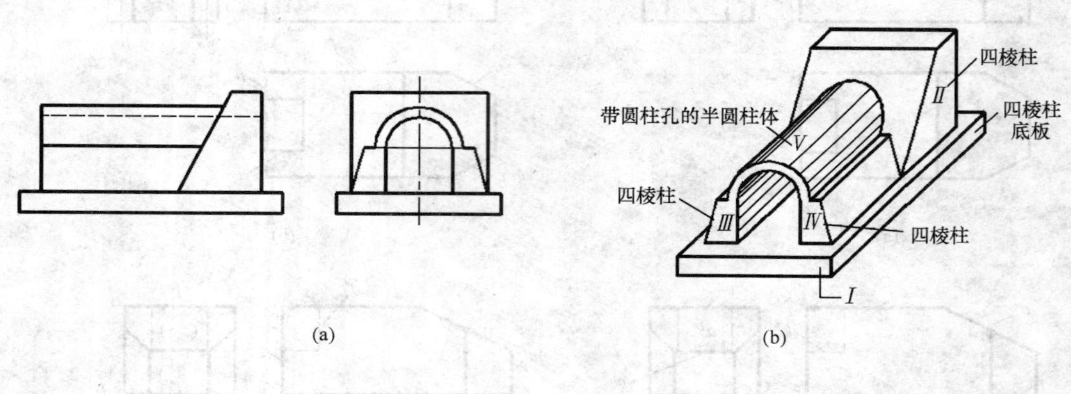

图 7－13 已知组合体的 V、W 投影

图 7－13（a）所示的组合体，可以看作是由 5 部分组成。下部结构是一四棱柱底板 I，底板上右侧是一四棱柱 II，底板上部为两个相同的四棱柱 III 和 IV，之上还有一个带圆柱孔的半圆柱体 V，如图 7－13（b）。作图过程如下：

(1) 画出底板 I 的 H 投影，底板上右侧四棱柱 II 的 H 投影，为一矩形，如图 7－14（a）。

(2) 画底板上相同的四棱柱 III 和 IV 的 H 投影，求 III 和 IV 与 II 的表面交线，如图 7－14（b）。

(3) 画带圆柱孔的半圆柱体 V 的 H 投影，求出 V 与 II 的表面交线，如图 7－14（c）。

(4) 检查图稿，加深图线，完成作图，如图 7－14（d）。

【例 7－4】 见图 7－15（a），已知组合体的 V 投影和 W 投影，补画 H 投影。

图 7－15（a）所示的组合体，可以看作由 4 部分叠加组成。I、II、III 均可看作是经过切割而形成的形体，IV 为一个三棱锥体，它的三个侧面均相互垂直，如图 7－15（b）所示。

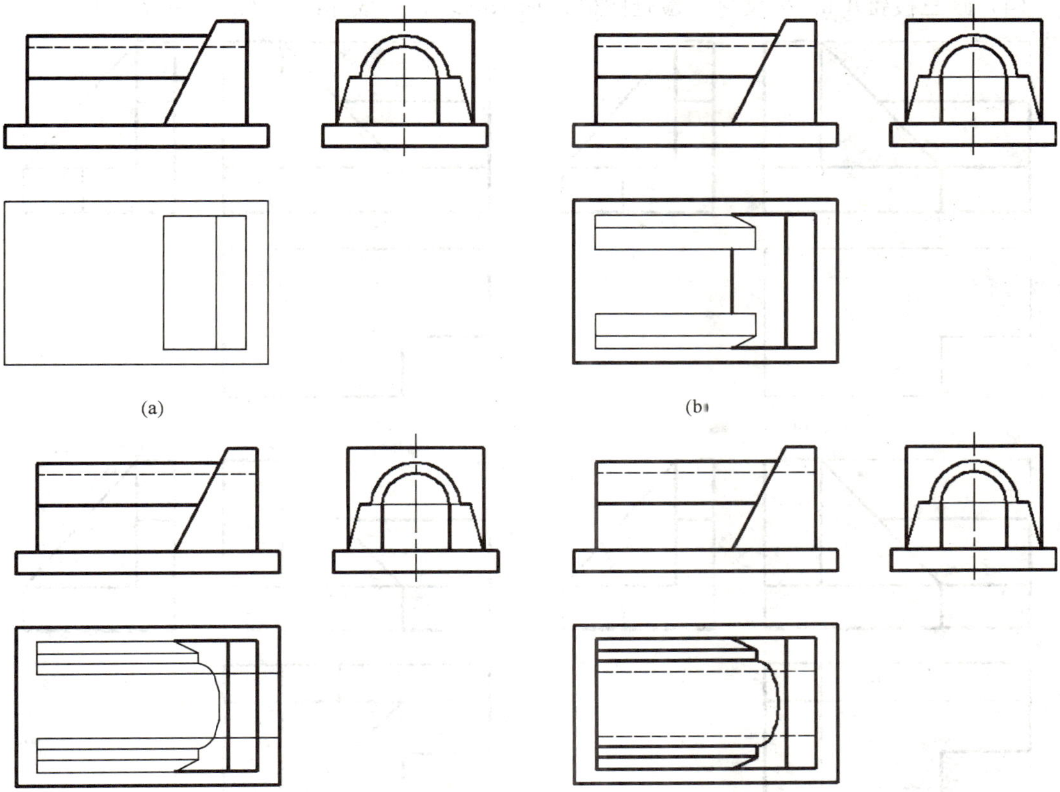

(a)

(b)

(c)

(d)

图 7－14　根据两投影补画第三投影

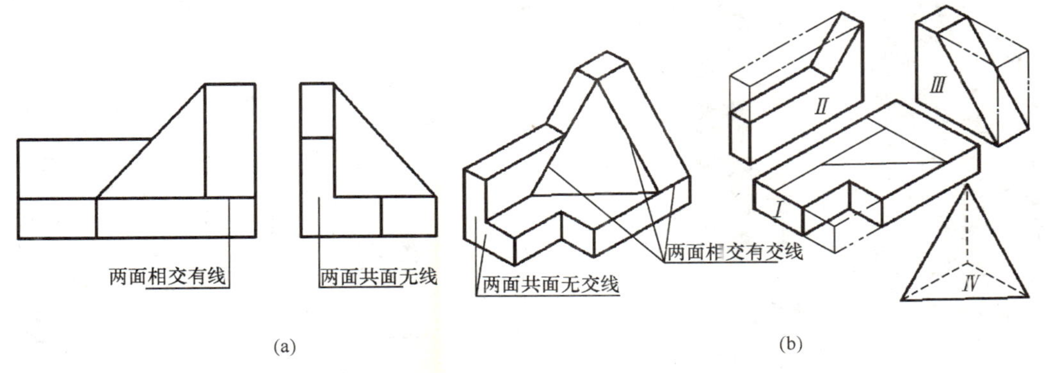

(a)　　(b)

图 7－15　已知组合体的两面投影

作图过程如下：

（1）画出底板Ⅰ的 H 投影，如图 7－16（a）。

（2）画底板上部右侧的四棱柱Ⅲ的 H 投影，如图 7－16（b）。

（3）画底板上部后侧的形体Ⅱ的 H 投影，如图 7－16（c）。

（4）画三棱锥Ⅳ的 H 投影，检查图稿，加深图线，完成作图，如图 7－16（d）。

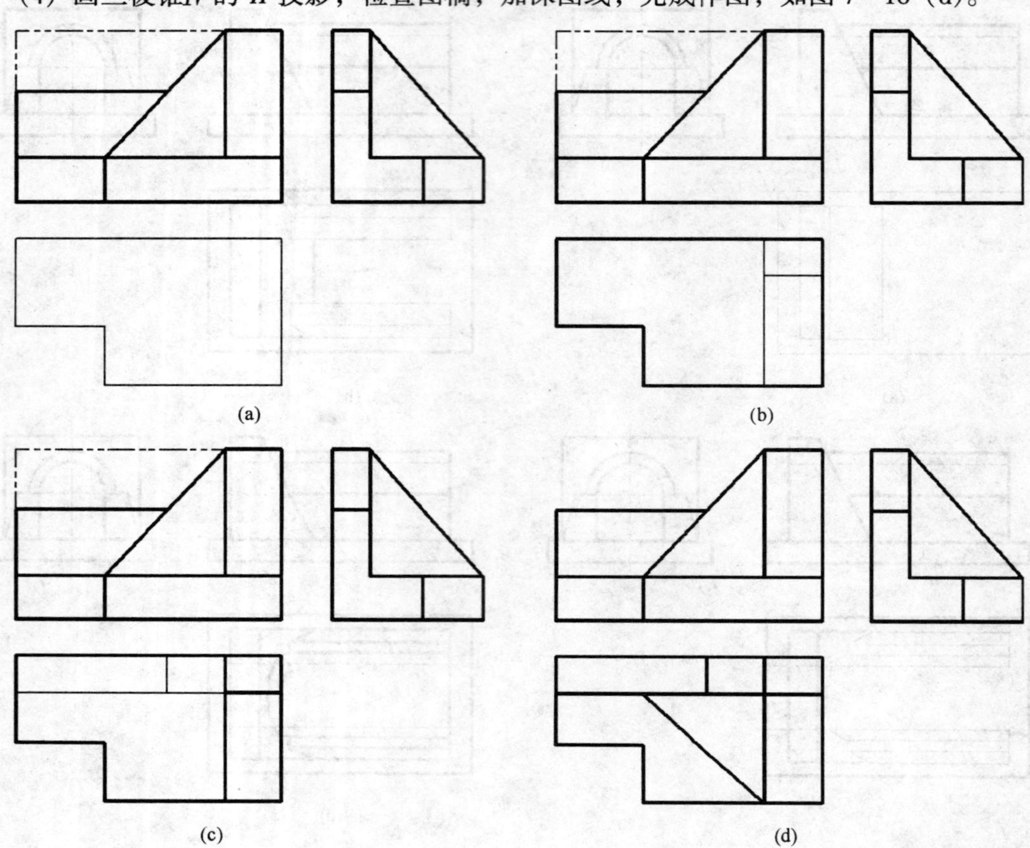

图 7－16　根据形体分析补画第三投影

第8章 轴 测 投 影

形体的正投影图，能够完整、准确地表示形体的形状和大小，作图也比较简便。但是，它也有缺点，人们不能仅凭某一面投影图就判别出物体的长、宽、高三个方向的尺度和形状，见图8－1，必须对照几面投影图并运用正投影原理进行阅读，才能想像出物体的形状。

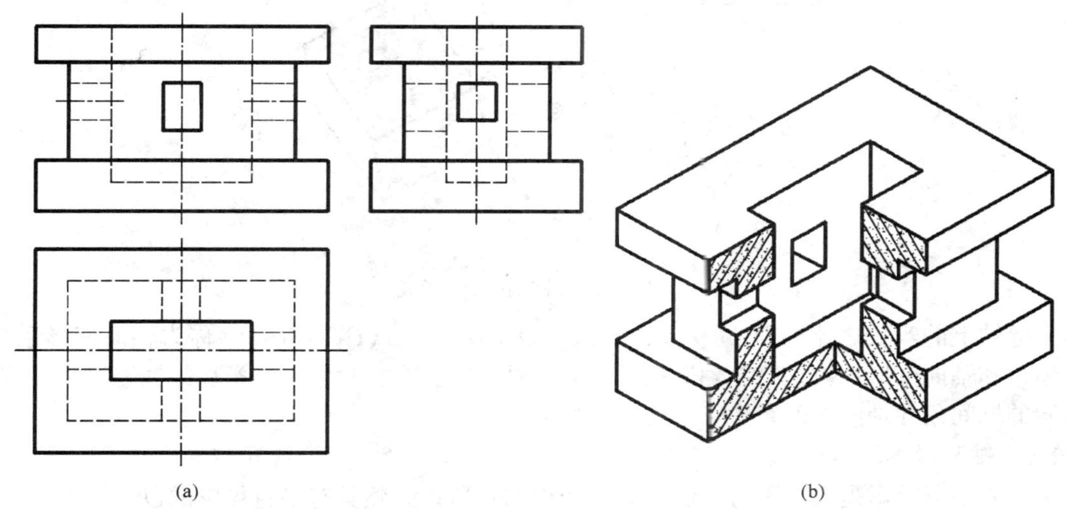

(a)　　(b)

图8－1
(a) 投影图；(b) 轴测图

轴测投影图是形体在平行投影的条件下形成的一种单面投影图，但由于投影方向不平行于任一坐标轴和坐标面，所以能在一个投影图中同时反映出物体的长、宽、高和不平行于投影方向的平面，因而轴测投影图具有较强的立体感。缺点是度量性不够理想，有遮挡，作图也较麻烦，工程制图中常将轴测投影图作为辅助图样，用以帮助人们阅读正投影图。

8.1 轴测投影的基本知识

8.1.1 轴测投影的形成

根据平行投影的原理，把形体连同确定其空间位置的三条坐标轴 OX、OY、OZ 一起，沿着不平行于这三条坐标轴和由这三条坐标轴组成的坐标面的方向 S，投影到新投影面 P 上，所得到的投影称为轴测投影，如图8－2所示。

8.1.2 轴测投影的有关术语

在轴测投影中，投影面 P 称为轴测投影面；三条坐标轴 OX、OY、OZ 的轴测投影 O_1X_1、O_1Y_1、O_1Z_1，称为轴测轴，画图时，规定把 O_1Z_1 轴画成竖直方向，见图8－2；轴测轴之间的夹角，即$\angle X_1O_1Z_1$、$\angle X_1O_1Y_1$、$\angle Y_1O_1Z_1$，称为轴间角，轴测轴上某段与它在空间直

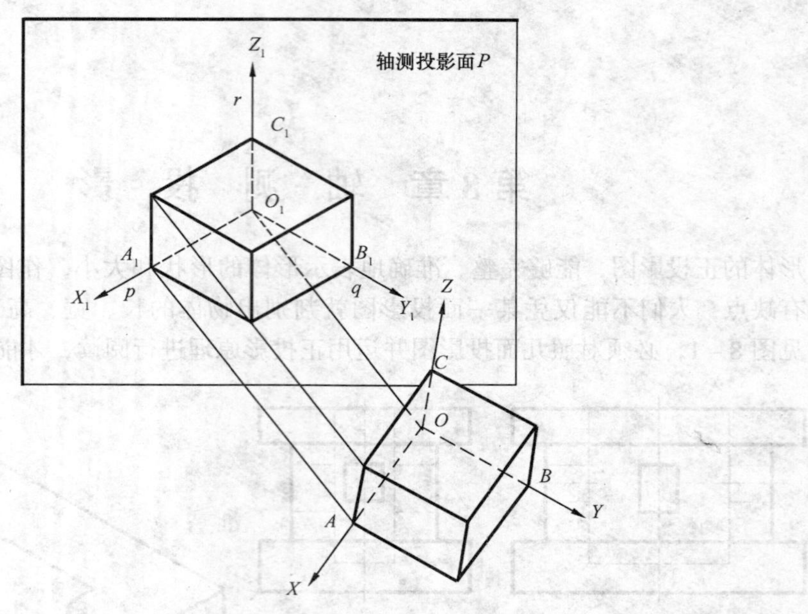

图 8-2 轴测投影的形成

角坐标轴上的实长之比，即 $p(O_1A_1/OA)$、$q(O_1B_1/OB)$、$r(O_1C_1/OC)$，称为轴向变形系数。轴间角和轴向变形系数是绘制轴测投影时必须具备的要素，对于不同类型的轴测投影，有其不同的轴间角和轴向变形系数。

8.1.3 轴测投影的特点

由于轴测投影是根据平行投影的原理作出的，所以必然具有平行投影的以下特点：

(1) 直线的轴测投影一般为直线，特殊时为点。

(2) 空间互相平行的直线，它们的轴测投影仍然互相平行。因此，形体上平行于三个坐标轴的线段，在轴测投影上，都分别平行于相应的轴测轴。

(3) 空间互相平行两线段的长度之比，等于它们轴测投影的长度之比。因此，形体上平行于坐标轴的线段的轴测投影与线段实长之比，等于相应的轴向变形系数。

(4) 曲线的轴测投影一般是曲线。曲线切线的投影仍是该曲线的轴测投影的切线。

在画轴测投影之前，必须先确定轴间角以及轴向变形系数，才能确定和量出形体上平行于三条坐标轴的线段在轴测投影上的方向和长度。因此，画轴测投影时，只能沿着平行于轴测轴的方向和按轴向变形系数的大小来确定形体的长、宽、高三个方向的线段。而若形体上不平行于坐标轴的线段的轴测投影长度有变化，不能直接量取，只能先定出该线段两端点的轴测投影位置后再连线得到该线段的轴测投影。

【例 8-1】 已知 $\angle X_1O_1Z_1 = \angle X_1O_1Y_1 = \angle Y_1O_1Z_1 = 120°$, $p = q = r = 1$，求作图 8-3 (a) 给定的直线 AB 的轴测投影。

作图步骤见图 8-3 (b)：

(1) 作出竖直的 O_1Z_1，根据 $\angle X_1O_1Z_1 = \angle X_1O_1Y_1 = \angle Y_1O_1Z_1 = 120°$, 作出 O_1Y_1、O_1X_1 轴。

(2) 在 O_1X_1 轴上截取一点 a_{1x}，使 $a_{1x}O_1 = a_xO = X_A$。过 a_{1x} 作 $a_{1x}a_1 \mathbin{/\mkern-6mu/} O_1Y_1$，并截取 $a_{1x}a_1$

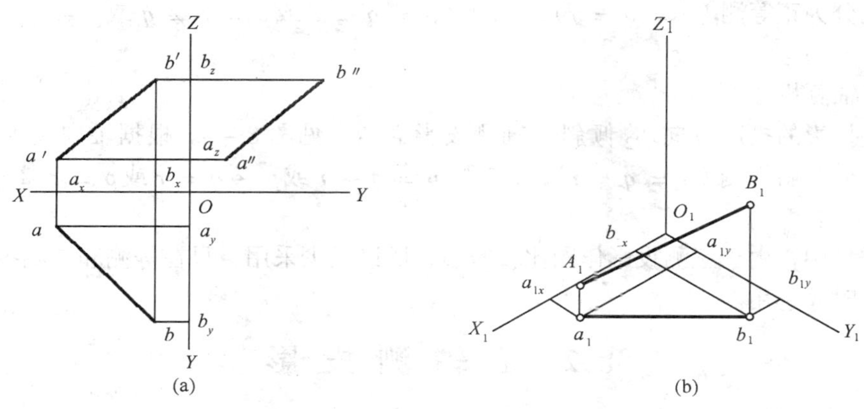

图 8-3　作直线 *AB* 的轴测投影

(a) 已知投影；(b) 作图过程

$= a_yO = Y_A$，得点 a_1。过点 a_1 作铅垂线 $a_1A_1 // O_1Z_1$，截取 $a_1A_1 = a_zO = Z_A$，得点 A_1。

(3) 在 O_1X_1 轴上截取一点 b_{1x}，使 $b_{1x}O_1 = b_xO = X_B$。过 b_{1x} 作 $b_{1x}b_1 // O_1Y_1$，并截取 $b_{1x}b_1 = b_yO = Y_B$，得点 b_1。过点 b_1 作铅垂线并截取 $b_1B_1 = b_zO = Z_B$，得点 B_1。

(4) 连接 A_1、B_1 即为所求直线 *AB* 的轴测投影，图中的 a_1b_1 为直线 *AB* 的水平投影 *ab* 的轴测投影，称为直线 *AB* 的水平面次投影。

8.1.4　轴测投影的分类

轴测投影按照投影方向与轴测投影面的相对位置可分为两类：

(1) 正轴测投影

正轴测投影的投影方向 S_1 垂直于轴测投影面 *P*，见图 8-4。根据轴向变形系数的不

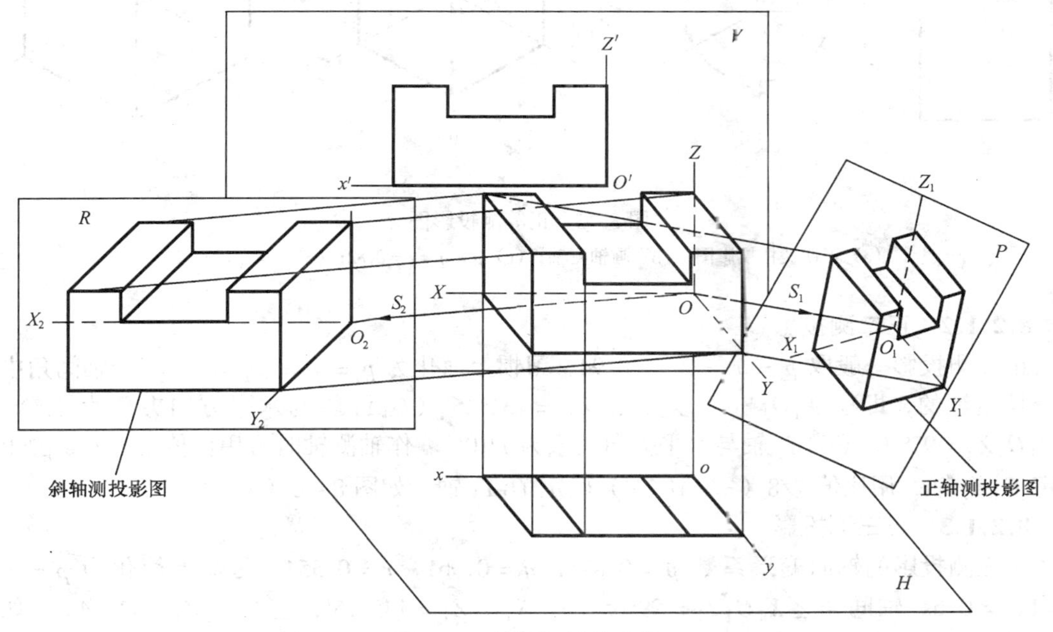

图 8-4　轴测投影的分类

同，具体又分为正等测（$p = q = r$），正二测（$p = q \neq r$ 或 $p = r \neq q$ 或 $p \neq q = r$），正三测（$p \neq q \neq r$）。

（2）斜轴测投影

斜轴测投影的投影方向 S_2 倾斜于轴测投影面 R，见图 8-4。根据轴向变形系数的不同，具体又分为斜等测（$p = q = r$），斜二测（$p = q \neq r$ 或 $p \neq q = r$ 或 $p = r \neq q$），斜三测（$p \neq q \neq r$）。

上述类型中，由于三测投影作图比较繁琐，所以很少采用，只在等测和二测投影无法更好表达形体时才选用。

8.2 正轴测投影

8.2.1 正等测投影的种类

8.2.1.1 正等测投影

前面已经知道，根据 $p = q = r$ 所作出的正轴测投影，称为正等测投影。正等测的轴间角 $\angle X_1O_1Z_1 = \angle X_1O_1Y_1 = \angle Y_1O_1Z_1 = 120°$，轴向变形系数 $p = q = r \approx 0.82$，习惯上简化为1，即 $p = q = r = 1$，在作图时可以直接按形体的实际尺寸截取。这种简化了轴向变形系数的轴测投影，通常称为轴测图，此时画出来的图形比实际的轴测投影放大了1.22倍，如图 8-5 所示正四棱柱的正等测投影。

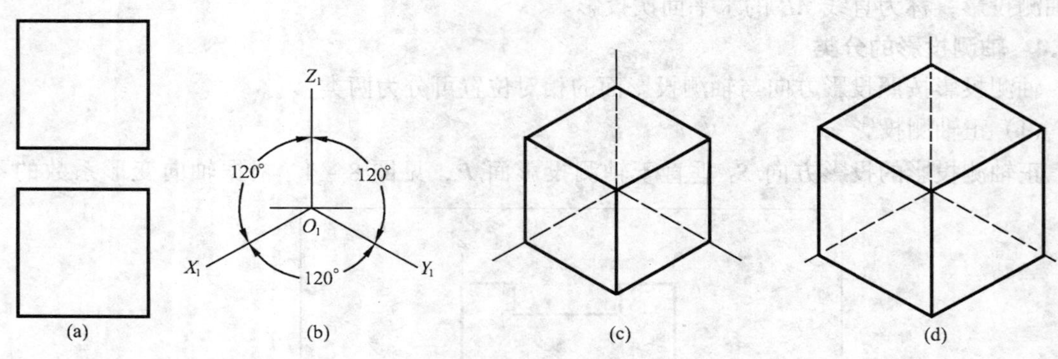

图 8-5 正等测投影图

（a）正四棱柱投影图；（b）画轴测轴；（c）$p = q = r = 0.82$；（d）$p = q = r = 1$

8.2.1.2 正二测投影

正二测投影一般取 $p = r = 2q = 0.94$，习惯上简化为 $p = r = 2q = 1$。三个轴间角中有两个是相等的，即 $\angle X_1O_1Y_1 = \angle Y_1O_1Z_1 = 131°25'$（$O_1Y_1$ 轴与水平方向夹角为 41°25′），$\angle X_1O_1Z_1 = 97°10'$（$O_1X_1$ 轴与水平方向关系为 7°10′）。作轴测轴时可用比值 1/8（$\approx$tg7°10′）确定 O_1X_1 轴，用比值 7/8（$\approx$tg41°25′）确定 O_1Y_1 轴，如图 8-6（b）所示。

8.2.1.3 正三测投影

正三测投影的轴向变形系数 $p = 0.871$，$q = 0.961$，$r = 0.554$，习惯上简化为 $p = 0.9$，$q = 1$，$r = 0.6$。轴间角 $\angle X_1O_1Y_1 = 99°05'$，$\angle X_1O_1Z_1 = 145°15'$，$\angle Y_1O_1Z_1 = 115°40'$，如图 8-7所示。

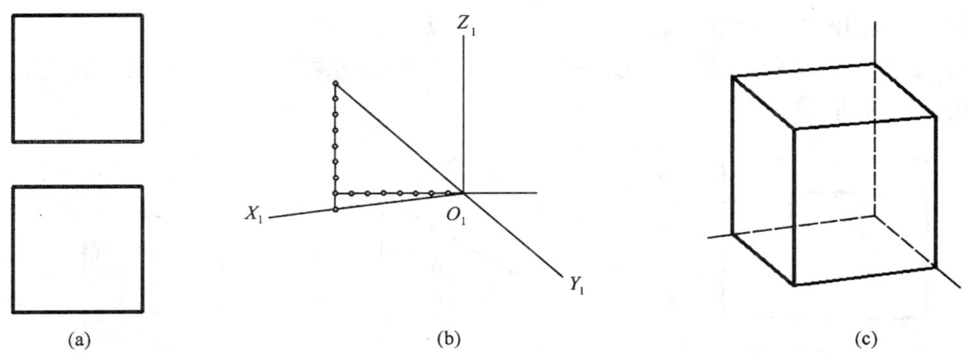

图 8－6　正二测投影图

（a）正四棱柱投影图；（b）画轴测轴；（c）$p=2q=r=1$

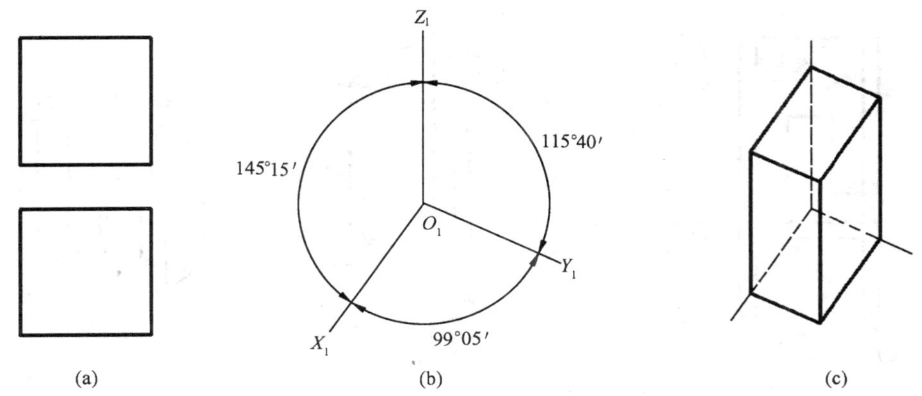

图 8－7　正三测投影图

（a）正四棱柱投影图；（b）画轴测轴；（c）$p=0.9$，$q=1$，$r=0.6$

8.2.2　平面立体的正轴测图画法

根据形体的正投影图画其轴测图时，一般采用下面的基本作图步骤：

（1）阅读正投影图，进行形体分析并确定形体上的直角坐标轴的位置。坐标原点一般设在形体的角点或对称中心上。

（2）选择正轴测图的种类与合适的投影方向，确定轴测轴及轴向变形系数。

（3）根据形体特征选择合适的作图方法。常用的作图方法有：坐标法、装箱法、叠砌法、切割法、端面法、网格法、包络线法等。

（4）画底稿。

（5）检查底稿后，加深图线。为保持图形的清晰性，轴测图中的不可见轮廓线（虚线）均不画。

8.2.2.1　画平面立体正轴测图的注意事项

正轴测图类型的选择直接影响到轴测图的效果。选择时，一般先考虑作图比较简便的正等测图。如果直观性不好，立体感不强，再考虑用正二测图，最后再考虑采用正三测图。必要时可以选用带剖切的轴测图画法。

为使轴测图的直观性好，表达清楚，应注意以下几点：

（1）要避免被遮挡。轴测图上，要尽可能将隐蔽部分表达清楚，要能看通或看到其底面。如图 8 - 8 所示。

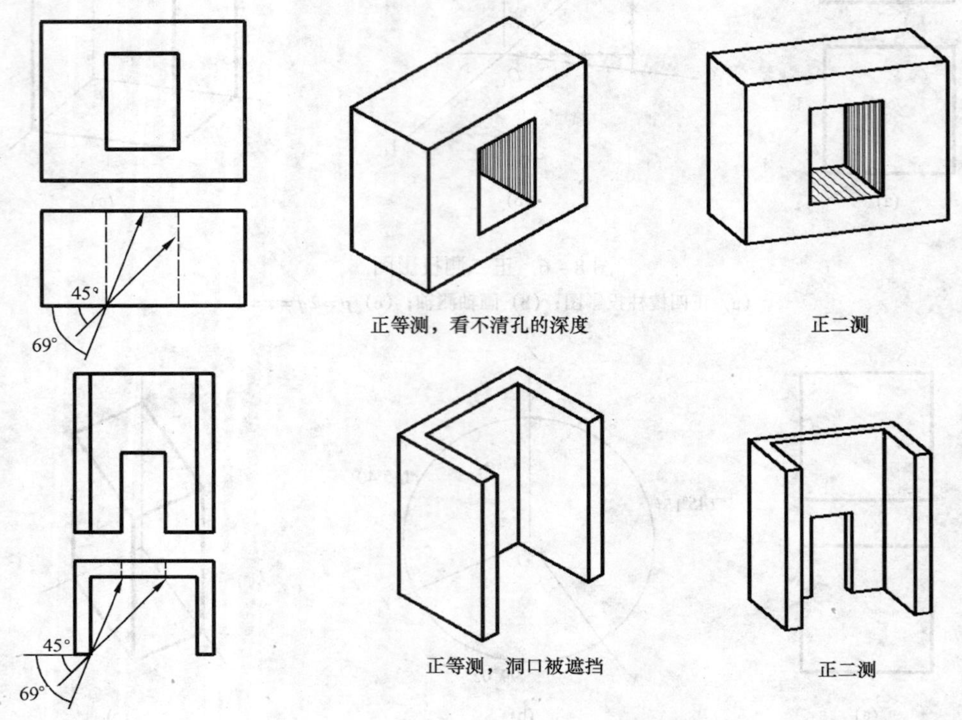

图 8 - 8　避免被遮挡

（2）要避免转角处交线投影成一直线。如图 8 - 9 所示的基础的转角处交线，位于与 V 面成 45°倾斜的铅垂面上，这个平面与正等测的投影方向平行，在正等测图中必然投影成一直线。

（3）要避免轴测投影成左右对称图形。如图 8 - 10 的组合体，由于正等测图左右对称，所以显得呆板且直观性不好。这一要求只对平面立体适用，而对于圆柱、圆锥、圆球等对称的曲面体，则不适用。

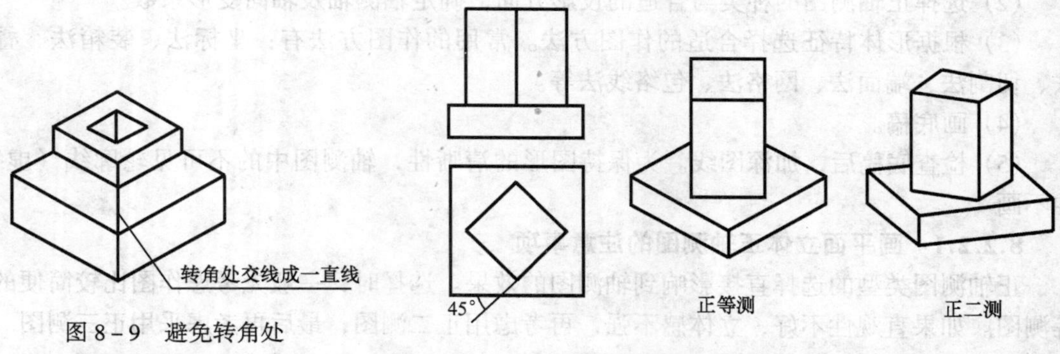

图 8 - 9　避免转角处交线投影成一直线

图 8 - 10　避免轴测投影成左右对称图形

（4）要避免有侧面的投影积聚为直线。如图 8－11 所示。

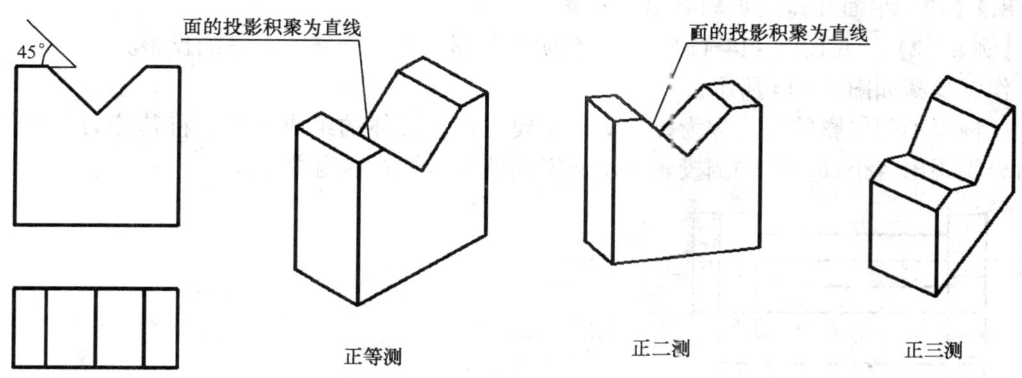

图 8－11　避免有侧面的投影积聚为直线

（5）要注意轴测投影方向 S 的指向选择。每一类轴测投影的投影方向的指向有四种情况，如图 8－12 所示。

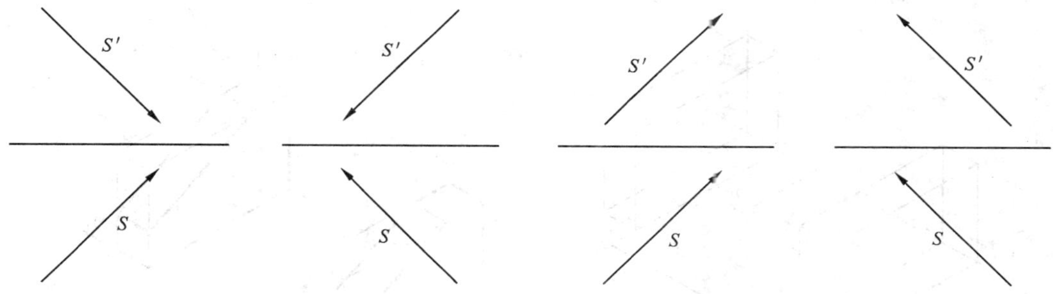

图 8－12　轴测图的四种投影方向的指向

在四种不同的指向下，形体的轴测图会产生不同的效果。如图 8－13（b）、图 8－13（c）得到的是俯视轴测图，适用于上小下大的形体；图 8－13（d）、图 8－13（e）得到的是仰视轴测图，适用于上大下小的形体。

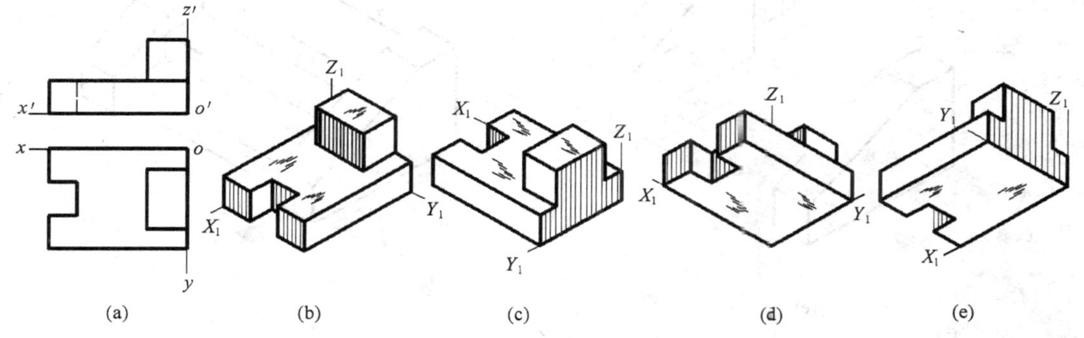

图 8－13　形体的四种轴测投影

（a）正投影图（b）（c）（d）（e）轴测图

（6）要注意表达清楚形体的内部构造。有些形体，内部构造比较复杂，不论选用哪种轴测图的类型，都不能清晰、详尽地表达清楚形体内部构造的形状、大小等。

8.2.2.2 平面立体的正轴测图画法举例

【例 8-2】 见图 8-14（a），已知台阶正投影图，求作它的正等测投影。

作图步骤如图 8-14 所示：

这种画轴测投影的方法称为叠加法，主要是依据形体的组成关系，将其分为几个部分，然后分别画出各个部分的轴测投影，从而得到整个形体的轴测投影。

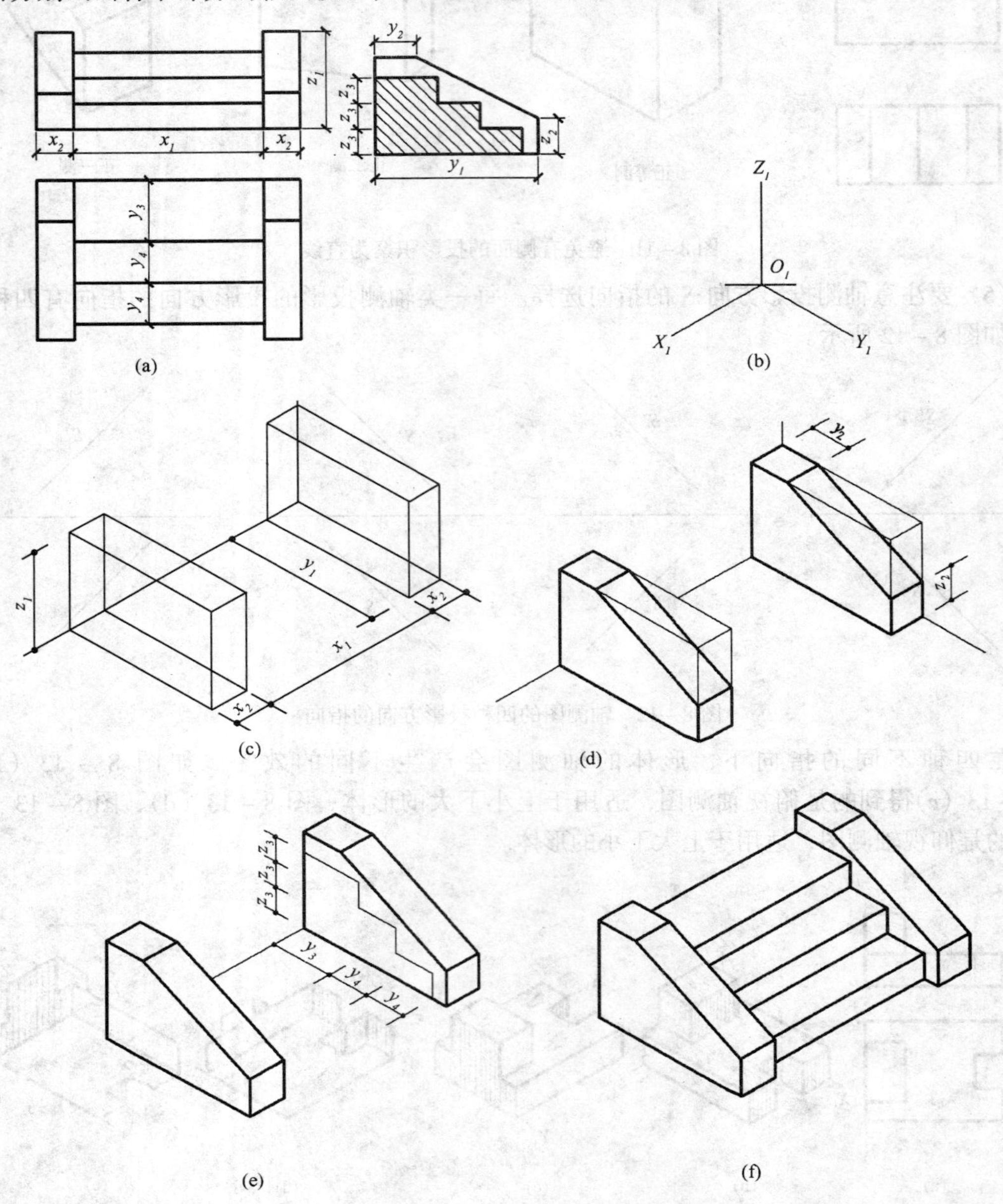

图 8-14 台阶的正等测投影画法

（a）已知正投影图；（b）画轴测轴；（c）画两侧长方体；

（d）画两侧栏板斜面；（e）画踏步端面；（f）画踏步，完成作图

【例 8-3】 见图 8-15（a），已知形体的正投影图，求作它的正等测投影。

作图步骤如图 8-15 所示：

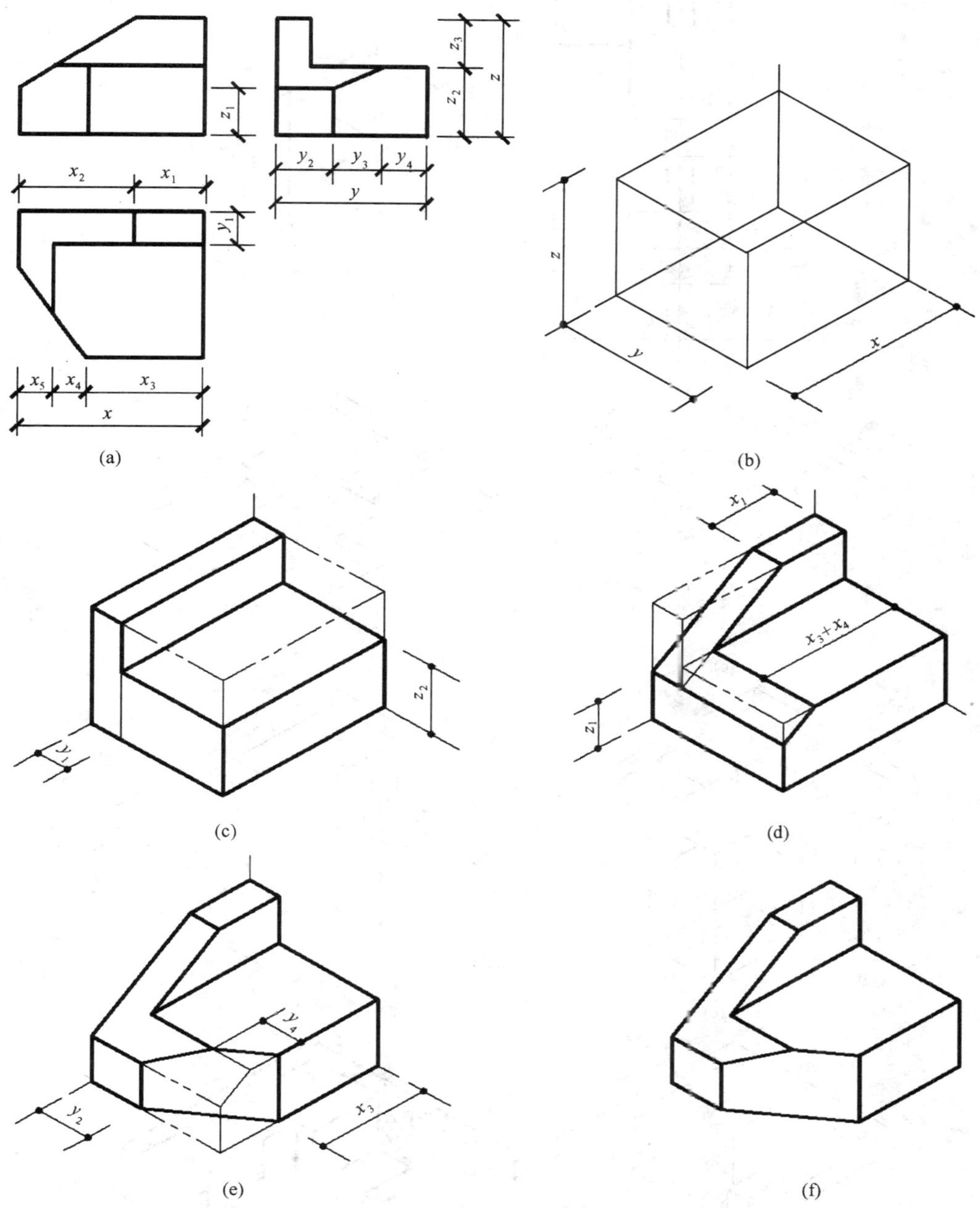

图 8-15　形体的正等测投影画法

（a）已知正投影图；（b）画轴测轴，画出长方体；（c）第一次切割；

（d）第二次切割；（e）第三次切割；（f）完成作图

这种画轴测投影的方法称为切割法，主要是依据形体的组成关系，先画出基本形体的轴测投影，然后在轴测投影中把应去掉的部分切去，从而得到整个形体的轴测投影。

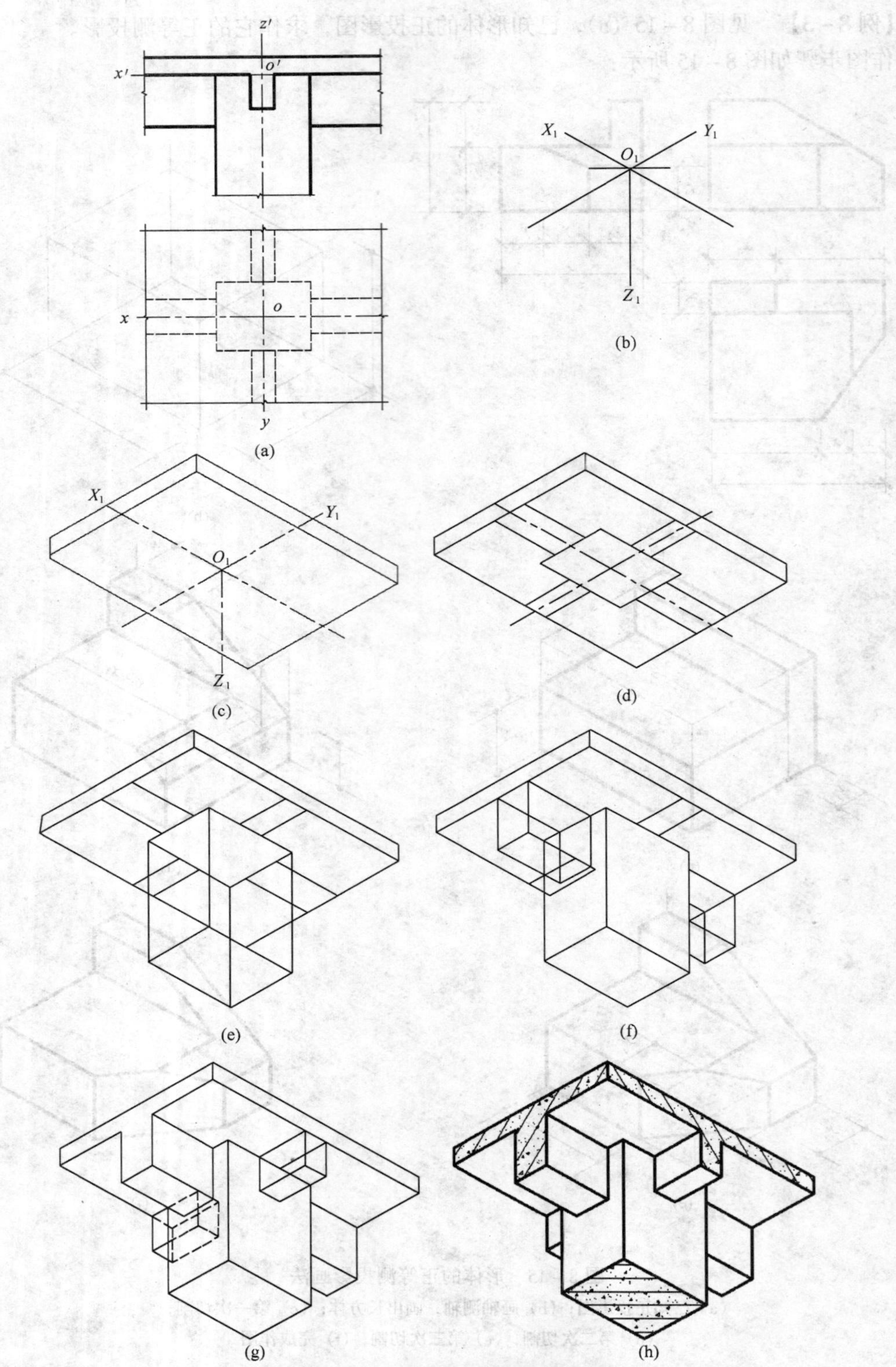

图 8-16　梁板柱节点的正等测投影画法

（a）已知正投影图；（b）画轴测轴；（c）画楼板；（d）为梁柱定位；（e）画柱子；（f）画主梁；（g）画次梁；（h）完成作图

【例 8-4】　见图 8-16（a），已知梁板柱节点的正投影图，求作它的正等测投影。

为表达清楚组成梁板柱节点的各基本形体的相互构造关系，应画仰视轴测投影，即从上向下截取高度方向尺寸，作图步骤如图 8-16 所示：

（1）画出正等测投影的轴测轴 O_1X_1、O_1Y_1 和 O_1Z_1，轴间角为 120°，见图 8-16（b）。

（2）画出楼板的仰视轴测图，见图 8-16（c）。

（3）在楼板的底部中央位置为梁和柱子定位，见图 8-16（d）。

（4）根据柱子高度画出柱的轴测图，见图 8-16（e）。

（5）根据主梁高度画出主梁的轴测图，与柱交接的部位要画出交线，被柱挡住的部分可以不画。如图 8-16（f）。

（6）同样的方法画出次梁的轴测图，见图 8-16（g）。

（7）最后加粗可见轮廓线，在断面上画上材料图例，完成全图，见图 8-16（h）。

【例 8-5】　见图 8-17（a），已知杯形基础的正投影图，求作它的正轴测投影。

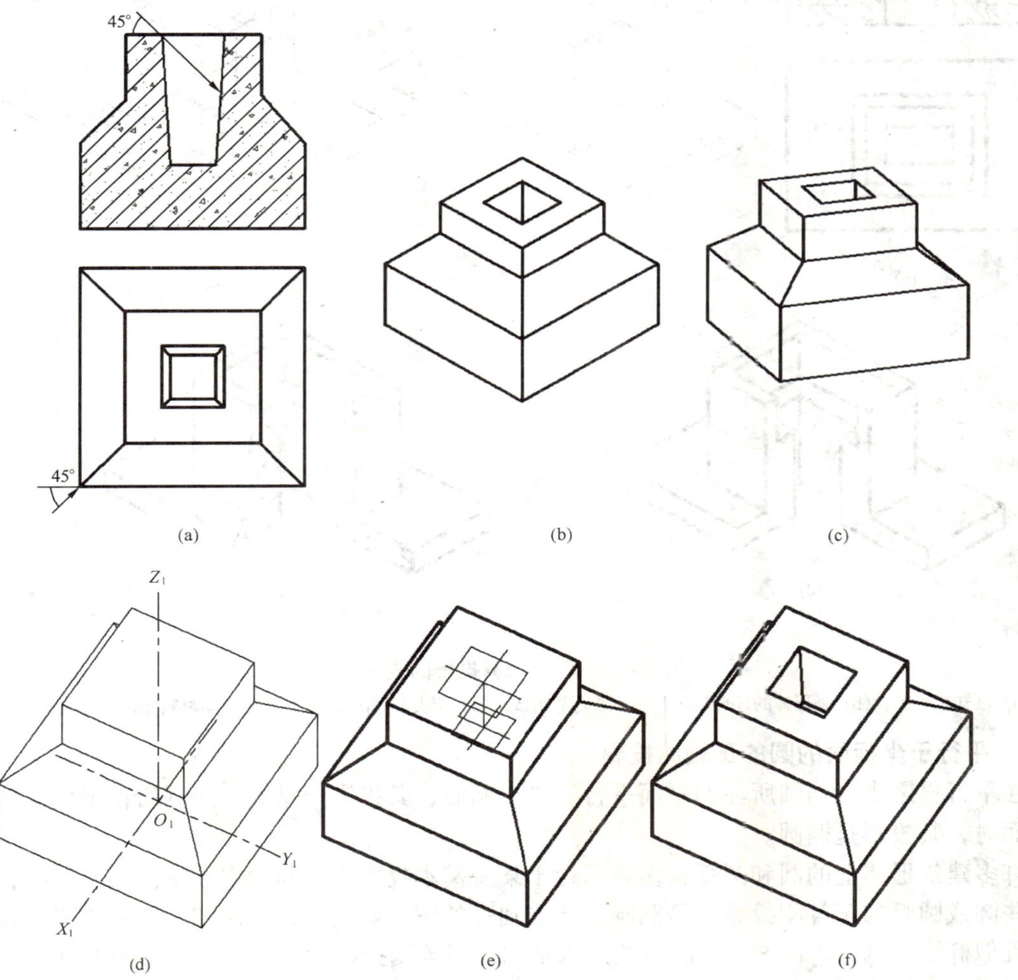

图 8-17　杯形基础正轴测投影

(a)已知投影图；(b)正等测图；(c)正二测图；(d)选用正三测画基础外形；(e)画杯口上、下底面；(f)完成作图该杯形基础是由3部分叠加而成的，每一部分均是一个正四棱柱且其在 H 面上的投影为正方形（对角线与投影方向的投影重合）。画出杯形基础的正等测投影，必然使转交处的交线成一直线，且看不清杯口深度，如图8－17（b）所示。若画出其正二测投影，亦看不清杯口深度，如图8－17（c）所示。因此，我们选择作其正三测投影，作图步骤如图8－17（d）～图8－17（f）所示。

【例8－6】 见图8－18（a），已知形体的正投影图，求作它的正轴测投影。

该形体显然具有比较复杂的内部构造，因此轴测图的类型选用剖切轴测图。形体被剖切去的那一部分的大小，应依据第9章所叙述的剖面图的种类确定，剖切面应与坐标面相平行。该形体属左右、前后均对称形体，因此将该形体剖去1/4。作图步骤如图8－18所示：

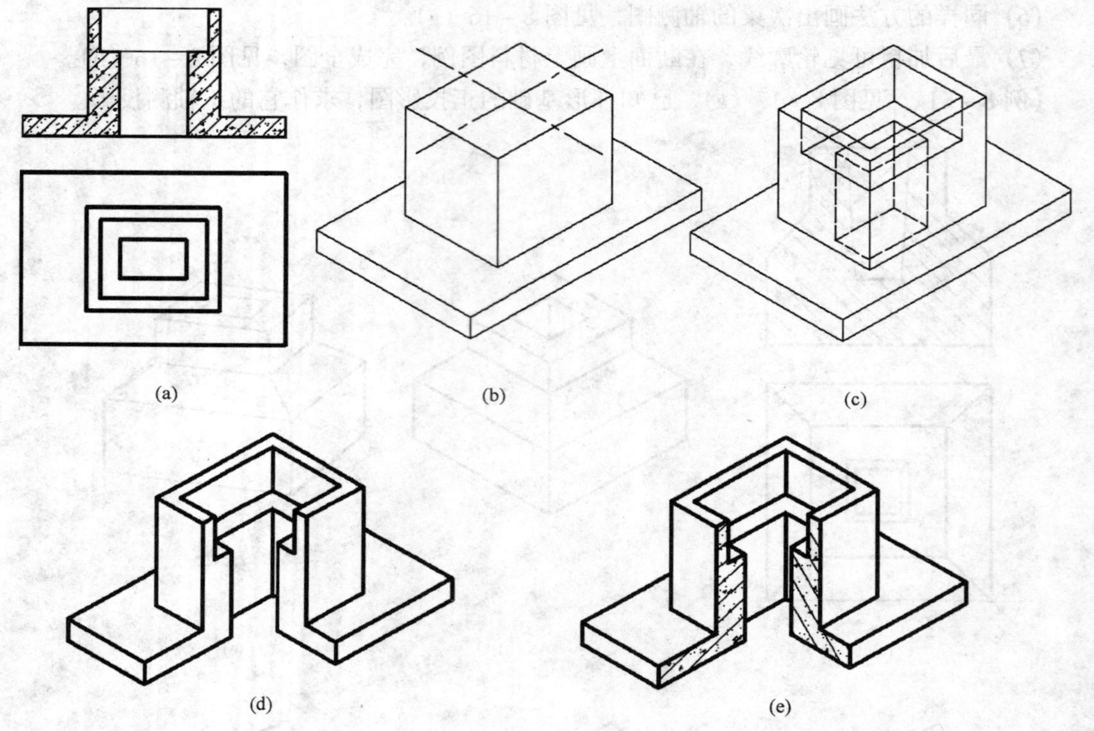

图8－18 剖切轴测投影的画法

（a）已知投影图；（b）画形体的外形轮廓；（c）画内部构造；（d）切去形体的1/4；（e）画断面材料图例，完成作图

8.2.3 平行于坐标面的圆的正轴测投影

在平行投影中，当圆所在的平面平行于投影面时，其投影仍是圆，当圆所在平面倾斜于投影面时，其投影是椭圆。

许多建筑形体上的圆和圆弧，多数平行于某一基本投影面，与轴测投影面却不平行，所以这些圆或圆弧的正等测投影都是椭圆。圆或圆弧的正等测投影，常用四心法（四段圆弧连接的近似椭圆）画出。图8－19所示的是水平圆的正等测投影的近似画法，可用同样的方法作出正平圆和侧平圆的正等测投影，如图8－20所示。

圆的轴测投影还可用图5－7所示的八点法绘出，这种方法适用于任一类型的轴测投影作图。只要作出了该圆的外切正方形的轴测投影，即可按照此方法作出圆的轴测投影。

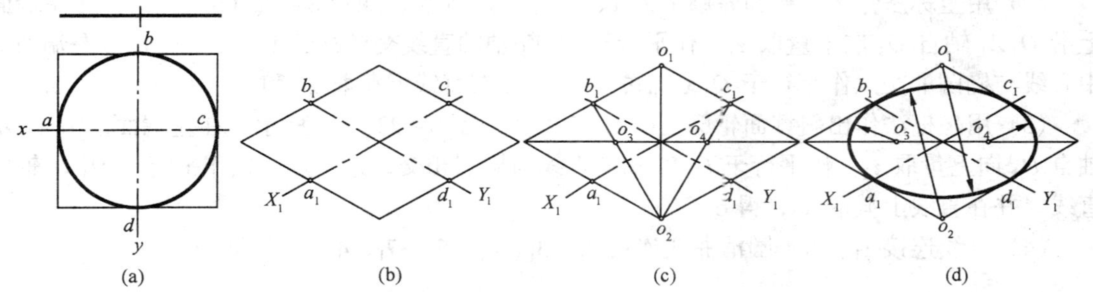

图 8－19　水平圆的正等测投影近似画法

(a) 水平圆正投影；(b) 画出中心线及外切菱形；(c) 求四个圆心；(d) 画四段弧

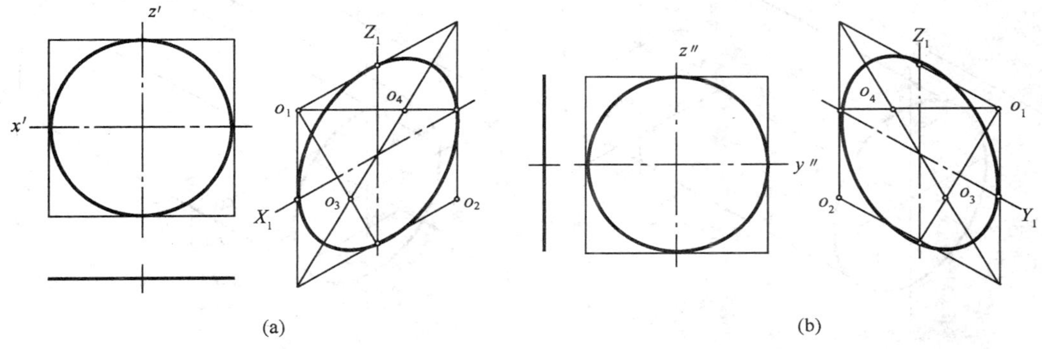

图 8－20　正平圆和侧平圆的正等测投影

(a) 正平圆；(b) 侧平圆

8.2.4　曲面立体的正轴测图画法

【例 8－7】　见图 8－21，已知带斜截面圆柱的正投影图，求作它的正等测投影。

该圆柱带斜截面，作图时应先画出未截之前的圆柱，然后再画斜截面。由于斜截面的轮廓线是非圆曲线，所以应用坐标法（利用形体上各点相对于坐标系的坐标值求作轴测投影的方法）求出截面轮廓上一系列的点，用圆滑曲线依次连接各点即可。

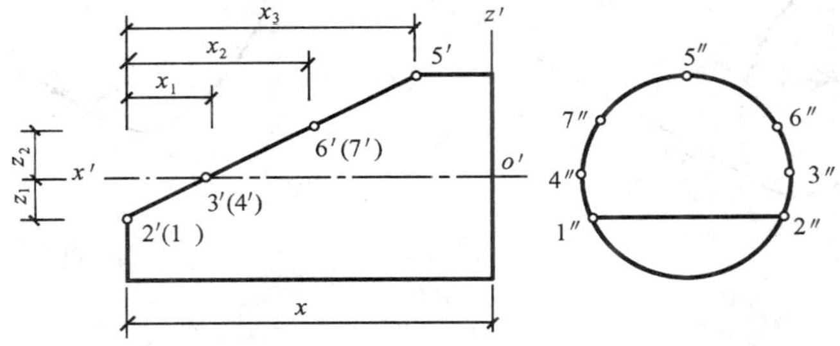

图 8－21　已知正投影图

作图步骤如图 8－22 所示：

(1) 利用四心法画出圆柱左端面的正等测投影，沿 O_1X_1 方向向右后量取 x，画右端面，作平行于 O_1X_1 轴的直线与两端面相切，得圆柱的正等测图，如图 8－22（a）所示。

(2) 用坐标法作出斜截面轮廓上的1、2、3、4、5点，如图8－22（b）所示。在左端面上沿 O_1Z_1 轴自 O_1 向下量取 z_1，作平行于 O_1Y_1 轴的直线交椭圆于 1_1、2_1。分别过左端面的中心线与椭圆的交点作平行于 O_1X_1 轴的直线，并在直线上截取 x_1 和 x_3，得 3_1、4_1、5_1。

(3) 用坐标法作出斜截面轮廓上的6、7点，如图8－22（c）所示。在左端面上沿 O_1Z_1 轴自 O_1 向上量取 z_2，作平行于 O_1Y_1 轴的直线与椭圆相交，过交点分别作平行于 O_1X_1 轴的直线，并在直线上截取 x_2，得 6_1、7_1。

(4) 直线连接 1_1、2_1，圆滑曲线连接 2_1、3_1、6_1、5_1、7_1、4_1、1_1，即为所求。

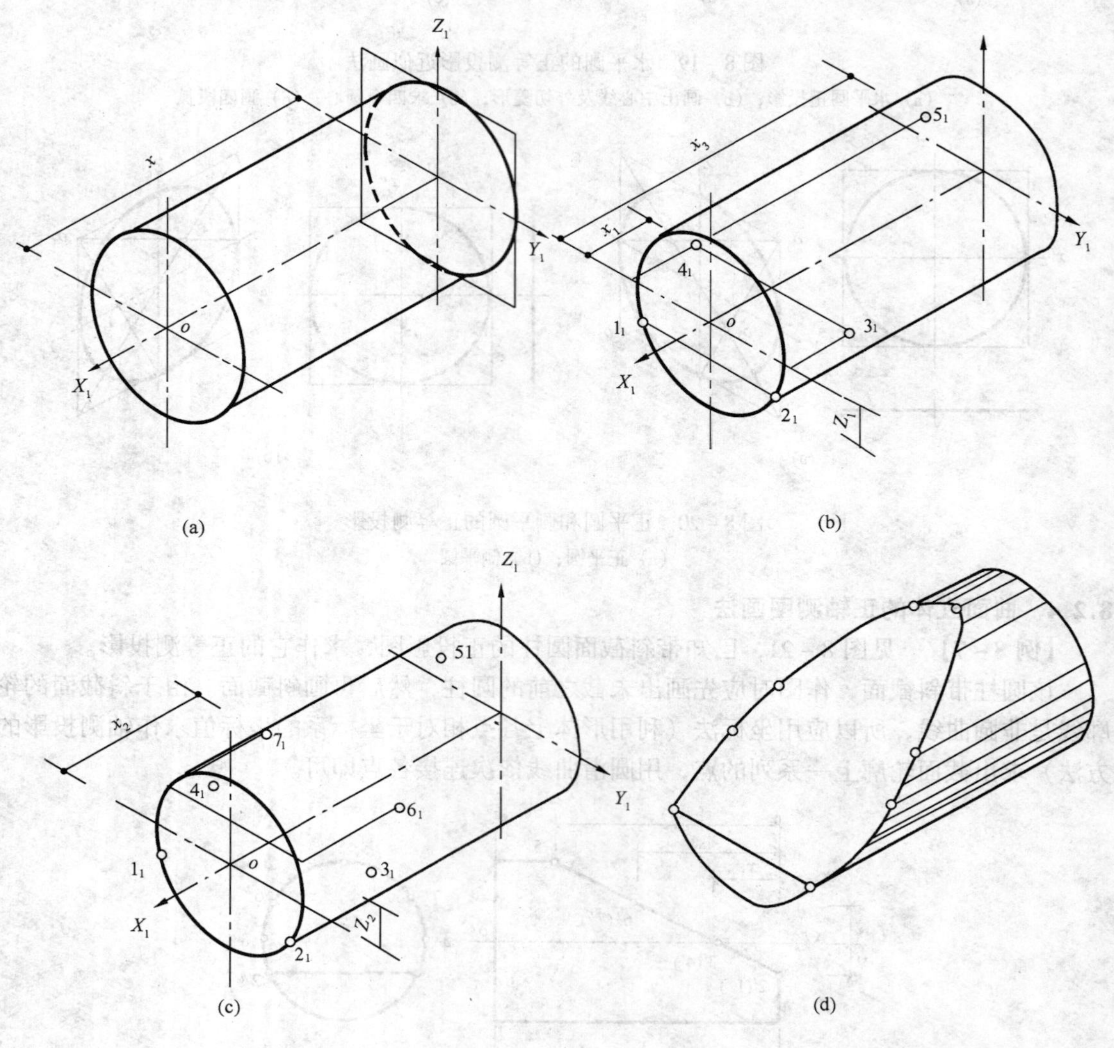

图8－22　带斜截面圆柱的正等测投影

(a) 画左端面与画右端面，完成圆柱；(b) 作点1、2、3、4、5；(c) 作点6、7；(d) 完成作图

【例8－8】　见图8－23（a），已知支架的正投影图，求作它的正二测投影。

支架是由竖板、底板和加强板组成的。竖板顶部是圆柱面，底部两侧面与圆柱面相切，中间有一圆柱孔。底板是一长方形板，已知加强板是一三棱柱，作图时可分别采用叠砌法和

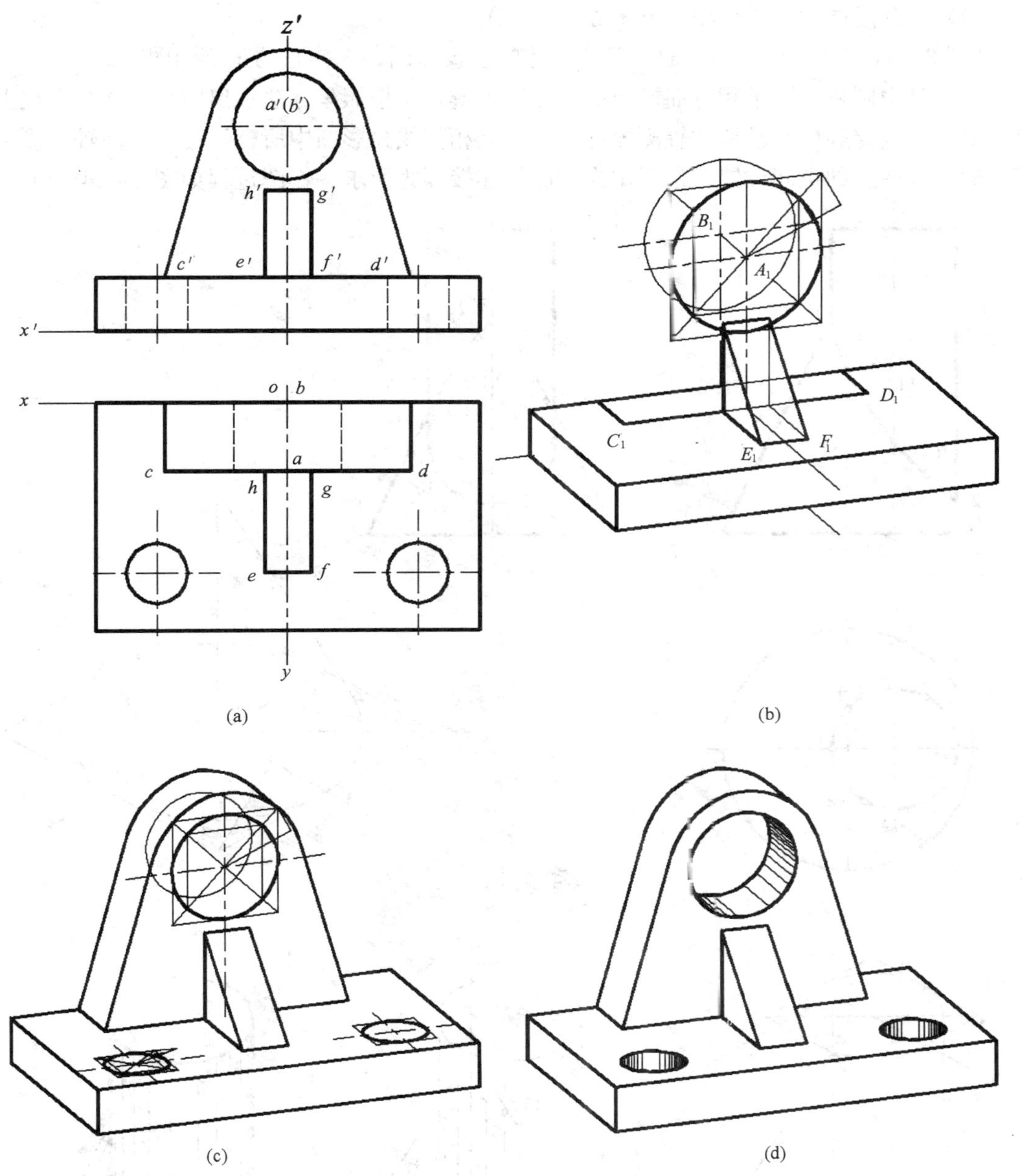

图 8-23　支架的正二测投影

(a) 已知正投影图；(b) 作竖板、底板、加劲板的主要轮廓；(c) 作圆柱孔；(d) 完成作图

切割法作图。

作图步骤如下：

(1) 根据支架正投影图，画出竖板、底板、加强板的主要轮廓。确定竖板后孔口的圆心 B_1，由 B_1 定出前孔口的圆心 A_1，画出竖板圆柱面的正二测近似椭圆，见图 8-23 (b)。

(2) 画出底板、竖板上的圆柱孔的正二测近似椭圆，见图 8-23 (c)。

（3）整理图样，完成作图，见图 8－23（d）。

【例 8－9】 见图 8－24（a），已知形体的正投影图，求作它的正等测图。

形体是由圆柱与圆锥相贯而形成的，作图关键在于按照坐标法求出两个形体相贯线上的点。因此，确定圆柱与圆锥的轴测投影后，根据相贯线投影图中所标记的点，在轴测投影中依次确定这些点的空间位置，最后用光滑曲线连接即为所求，作图过程如图 8－24 所示。

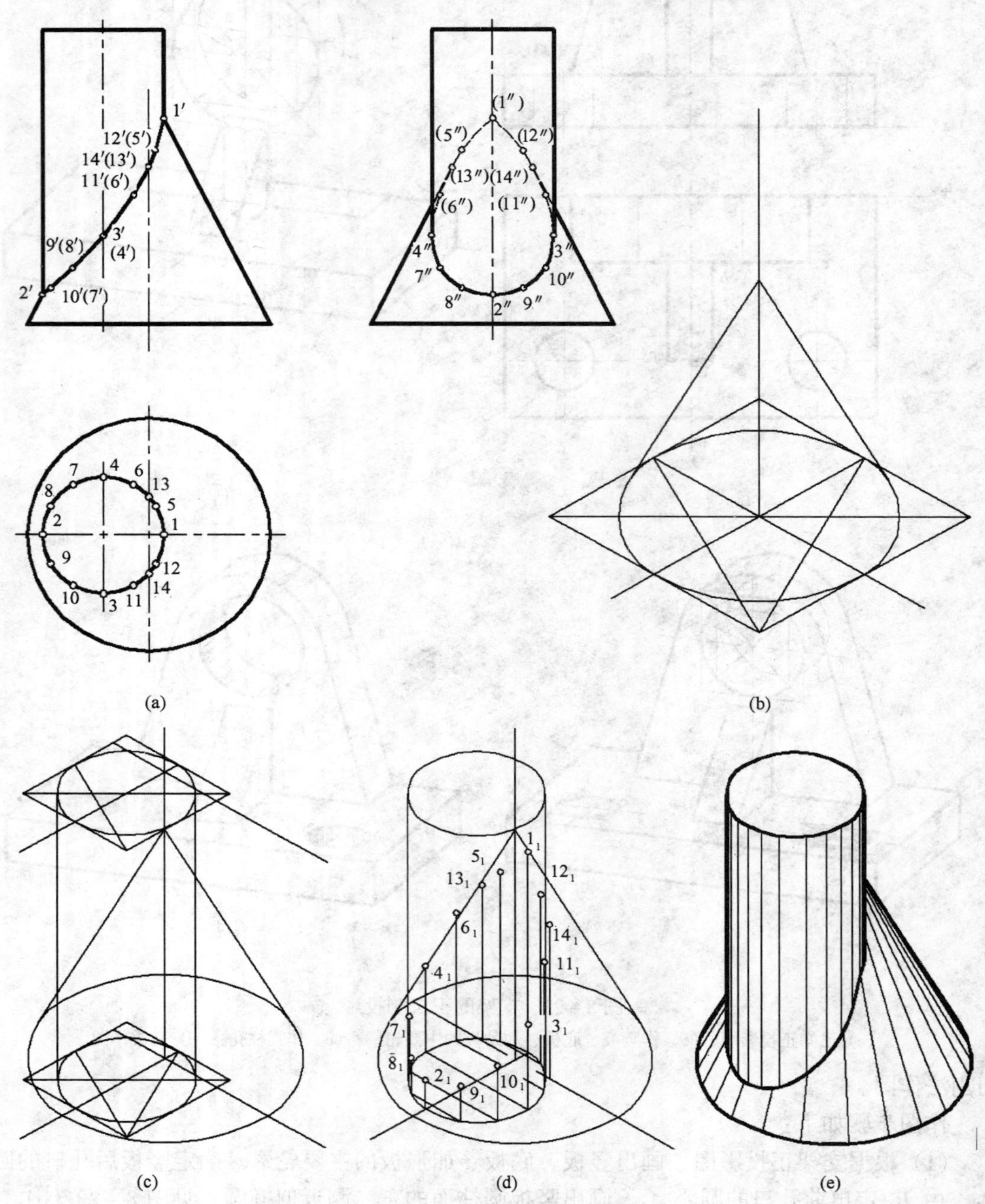

图 8－24 组合体的正等测图

（a）已知正投影图；（b）画出圆锥；（c）画出圆柱；（d）依次作出各点；（e）完成作图

8.3 斜 轴 测 图

当投影方向倾斜于轴测投影面时所得的投影，称为斜轴测投影。

8.3.1 正面斜轴测图

如图 8 – 4 所示，当轴测投影面 R 与正立面（V 面）平行或重合时，所得到的斜轴测投影称为正面斜轴测投影。

无论投影方向如何选择，平行于轴测投影面的平面图形，其正面斜轴测投影反映实形，即$\angle X_1O_1Z_1 = 90°$，$p = r = 1$。O_1Y_1 轴的变形系数与轴间角之间无依从关系，可任意选择。通常选择 O_1Y_1 轴与水平方向成 45°，$q = 0.5$（正面斜二轴测图）作图较为方便、美观，一般适用于正立面形状较为复杂的形体，图 8 – 25 显示了涵洞管节的正面斜二轴测投影的作图过程。

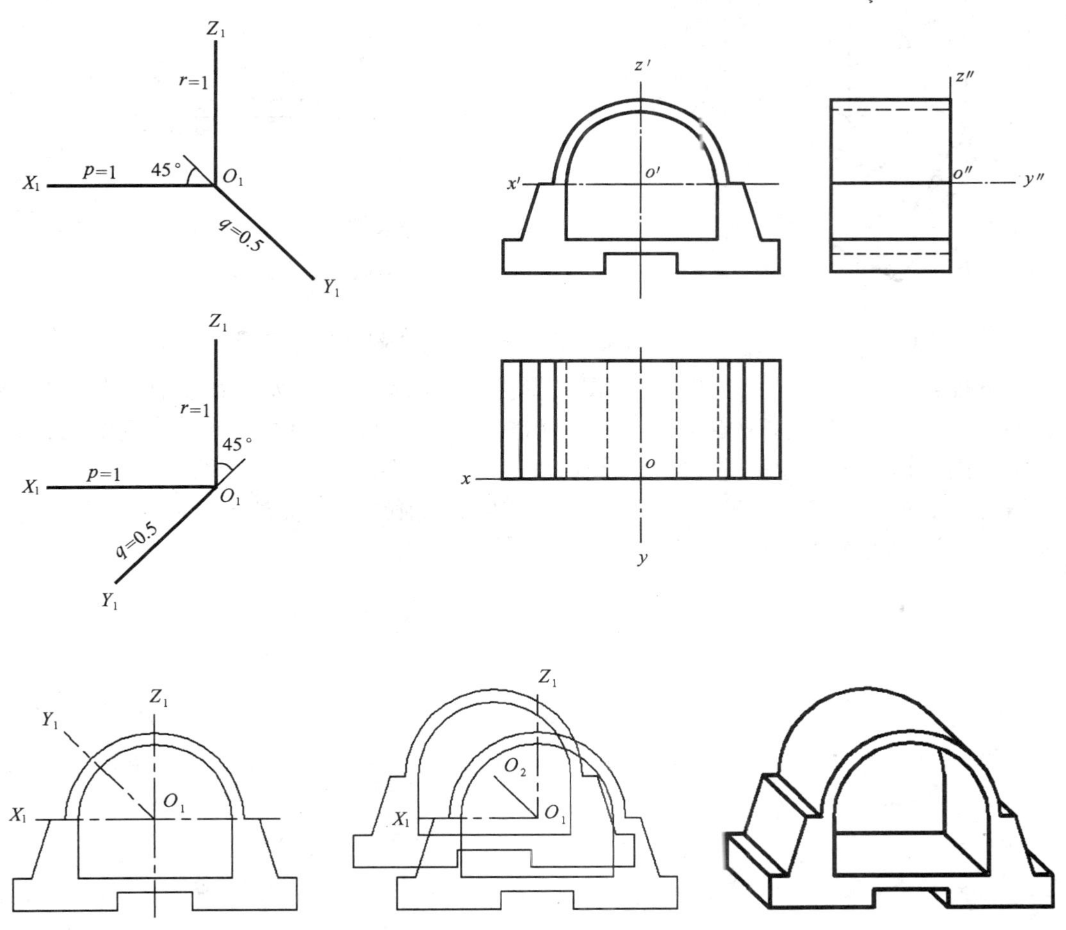

图 8 – 25 正面斜轴测投影常用轴测轴及轴向变形系数

8.3.2 水平面斜轴测图

如图 8 – 26 所示，当轴测投影面 P 与水平面（H 面）平行或重合时，所得到的斜轴测投影称为水平面斜轴测投影。

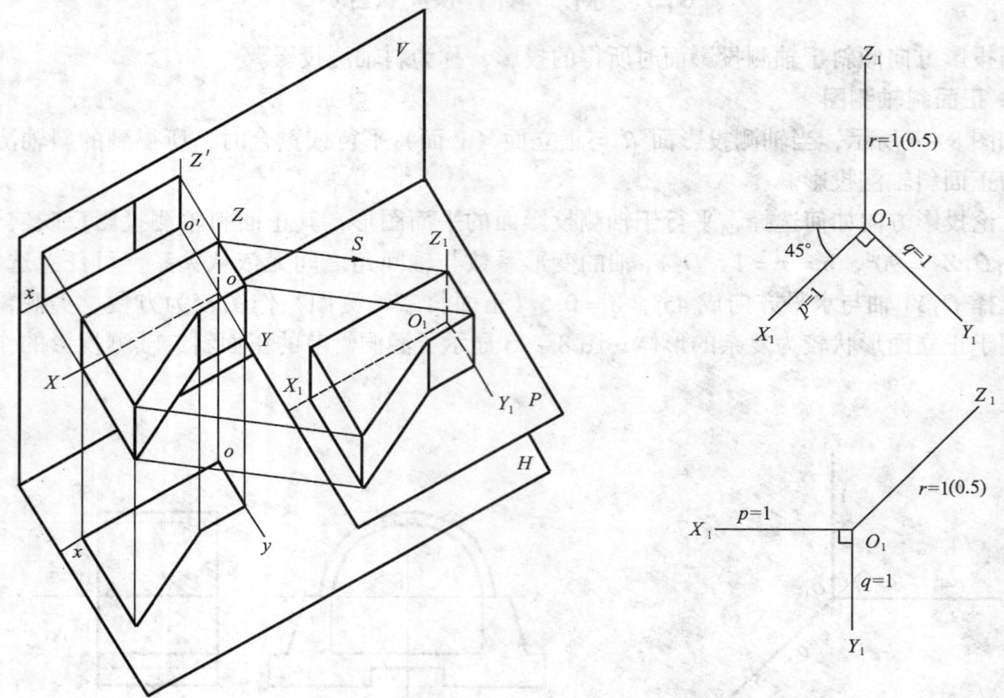

图 8－26　水平面斜轴测投影常用轴测轴及轴向变形系数

无论投影方向如何选择，平行于轴测投影面的平面图形，其水平面斜轴测投影反映实形，即$\angle X_1O_1Y_1=90°$，$\angle X_1O_1Z_1=135°$，$\angle Y_1O_1Z_1=135°$，$r=1$ 或 0.5，如图 8－26 所示。

水平面斜轴测图，适宜用来绘制一幢房屋建筑的水平剖面或一个区域的总平面，它可以反映房屋内部布置，或一个区域中各建筑物、道路、设施等的平面位置及相互关系，以及建筑物和设施等的实际高度等。

第 9 章　房屋建筑的图样画法

土木工程图是工程施工、生产和管理等环节最重要的技术文件。它不仅包括按投影原理绘制的表明工程形状的图形，还包括工程的材料、做法、尺寸、有关文字说明等，所有这一切都必须有统一规定，才能使不同岗位的技术人员对工程图有完全一致的理解，从而使工程图真正起到技术语言的作用。

同其他专业的制图标准一样，建筑制图标准的基本内容也是包括对图幅、字体、图线、比例、尺寸标注、专用符号、代号、图例、图样画法（包括投影法、规定画法、简化画法等）、专用表格等项目的规定，这些都是建筑工程图必须统一的内容。本书在第 1 章中已经对图幅、字体、图线、比例、尺寸标注等内容进行了讲解，本章主要对房屋建筑的图样画法进行阐述，其他内容将在相关专业制图章节中介绍。

9.1　制图标准简介

标准是生产社会化、产品现代化、科技市场化的重要依据和技术法规，也是国内外技术交流、商品交流的重要工具。

9.1.1　《技术制图》标准的发展

研究和制定制图标准的国际标准化组织第 10 委员会（ISO TC/10）成立于 1947 年。它担负着各类工程技术制图标准化和统一化的任务。ISO TC/10 认为，新标准中有关规则方面（如图幅、比例、字体、图线、图样画法和尺寸注法等）不仅应考虑机械制图的特点，同时应兼顾建筑制图、船舶制图等要求，为今后的统一和制定共同遵循的《技术制图》标准打好基础。为此，1982 年 11 月在西柏林召开的 ISO TC/10 第 8 次全会强调必须遵循“一个项目、一个标准”的制定原则，对于基本通则方面的标准只制定一项，共同遵守。

《技术制图》标准是制图标准体系中各类技术性制图应该遵守的公共规则。我国《技术制图》标准的制定，为各类专业技术性制图规定了需要统一的制图基础的通用标准，促进了工程技术语言在各个技术领域的发展与交流。我国的《技术制图》标准与国际标准协调一致，并密切关注国际标准的动向，兼顾手工制图及计算机绘图（CG）二者的需要和新要求，使之具有较强的国际先进性。

9.1.2　建筑制图标准的发展

为了适应我国大规模的社会主义经济建设的需要，我国建筑工程部（现建设部）于 1955 年首先公布了“单色建筑图例标准（即标准 103—55)，为建筑制图的标准化向前迈进了一大步。实践证明，该标准对教学和生产起到了积极的作用．但是当时没有及时制定全国统一的建筑制图标准，全国各个建筑设计单位，不得不都制定自己的制图标准，以统一本单位的制图工作。这一时期我国的建筑制图比较混乱，这给技术交流和建筑施工等带来了很多的困难。

1965年，我国初次颁布了国家建筑制图标准（即 GBJ—9—65），但是文化大革命的发生，使这一国家标准没有得到很好的推广和应用。1973年又重新修订颁布了国家建筑制图标准（即 GBJ—1—73），该标准是在原1965年标准的基础上修订而成的，从1973年6月1日在全国开始实行。它在我国的建筑事业中起了很大的作用，但是在多年的生产实践中，发现该国标中存在的问题较多，亟待修订，于是又对 GBJ 1—73 分专业进行了修订。修订后的《建筑制图标准》共分为6册，即《房屋建筑制图统一标准》GBJ 1—86；《总图制图标准》GBJ 103—87；《建筑制图标准》GBJ 104—87；《建筑结构制图标准》GB 105—87；《给水排水制图标准》GBJ 106—87；《采暖通风与空气调节制图标准》GBJ 114—88。

为了与1990年以来发布实施的《技术制图》中相关的国家标准（包括 ISO TC/10 的相关标准）在技术内容上协调一致，并充分考虑手工制图与计算机制图的各自特点，兼顾二者的需要和新的要求，在全国范围内广泛征求意见的基础上，由建设部会同有关部门共同对原六项标准进行了修订，并于2002年3月1日起实施。实施后的六项标准分别是：《房屋建筑制图统一标准》GB/T 50001—2001；《总图制图标准》GB/T 50103—3001；《建筑制图标准》GB/T 50104—2001；《建筑结构制图标准》GB/T 50105—2001；《给水排水制图标准》GB/T 50106—2001 和《暖通空调制图标准》GB/T 50114—2001。

9.2 投 影 法

9.2.1 第一角画法

在实际工程中，由于功能上的需要，建筑形体一般具有比较复杂的内外部形状和构造。《房屋建筑制图统一标准》中规定：房屋建筑的视图，应按正投影法并用第一角画法绘制；对某些工程构造，当用第一角画法绘制不宜表达时，可用其他方法绘制。

本书自第2章开始，介绍和使用了三面正投影图，即对空间几何元素分别从上向下、从前向后、从左向右进行投影而得到的投影图。对于复杂的建筑形体，还必须通过从下向上、从后向前、从右向左进行投影，才能详细了解形体的各个表面。这样对建筑形体进行投影而得到的6个投影图，就称为建筑形体的基本视图。图9－1是建筑形体基本视图的产生过程。

当六个视图位于同一张图纸上，并按图9－1（b）所示位置排列时，可以省略各视图的名称。但是大多情况下，较多复杂的建筑形体的视图是根据图纸的大小和空间等因素排列的。因此，必须对每个视图注写图名，图名宜标注在视图的下方或一侧，并在图名下方绘制一条粗横线，其长度以图名所占长度为准，见图9－2。当使用详图符号作为图名时，符号下方不画粗横线（参见本书第10章）。

9.2.2 局部投影法

将建筑形体的某一局部向基本投影面投影，所得到的视图称为局部视图。如图9－3所示，正立面图和平面图已把形体的主要形状表达清楚了，只是左部的开口形状表达不清，这时不需要再画出形体的完整左侧立面图，故可采用局部投影法，只画出形体左部开口部分的左侧立面图。

画局部视图时，局部视图的范围一般用波浪线（也可用断开线）表示，并在原基本视图上用箭头指明投影方向，用大写拉丁字母编号，在所得的局部投影图下方注写“×向”，如图9－3所示。

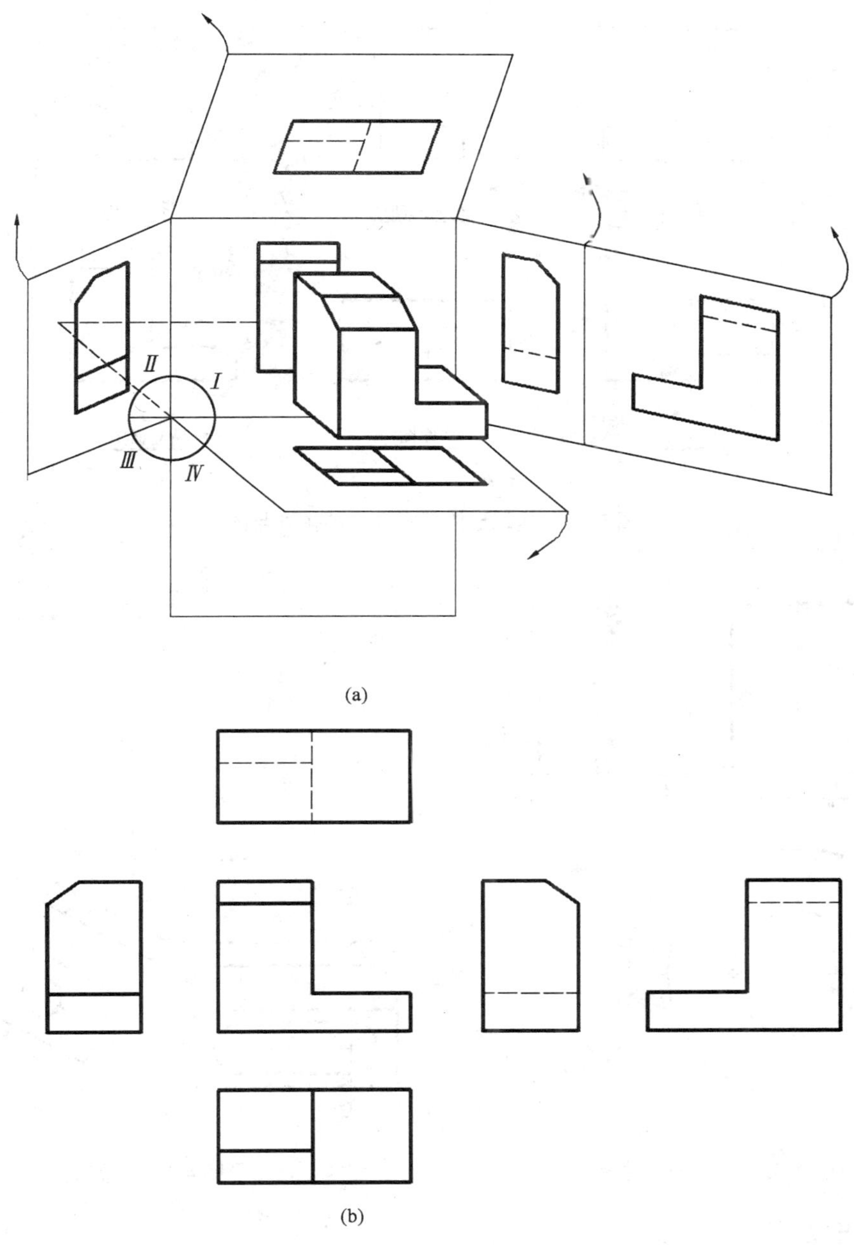

图 9－1　建筑形体的基本视图

9.2.3　斜投影法

当形体的某一局部表面倾斜于基本投影面时，这部分在基本投影面上的投影就不反映实形。为了得到反映实形的投影，可采用画法几何中的换面法，设置一个平行于形体倾斜部分的表面的新投影面，将倾斜部分的表面向新投影面投影，见图 9－4，这样的投影图称为斜视图。

斜视图的标注与局部视图相同。可以将斜投影图旋转至“正”位，以便于阅读，但应在斜投影图名后加注“旋转”二字，如“*A* 向旋转”。

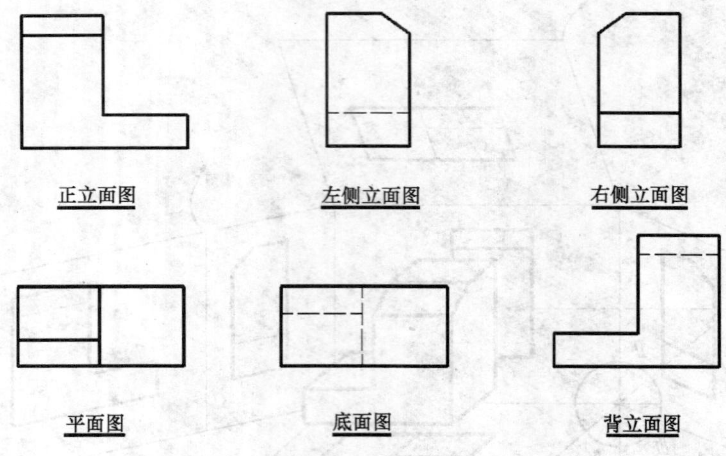

图 9－2　建筑形体基本视图的排列与图名

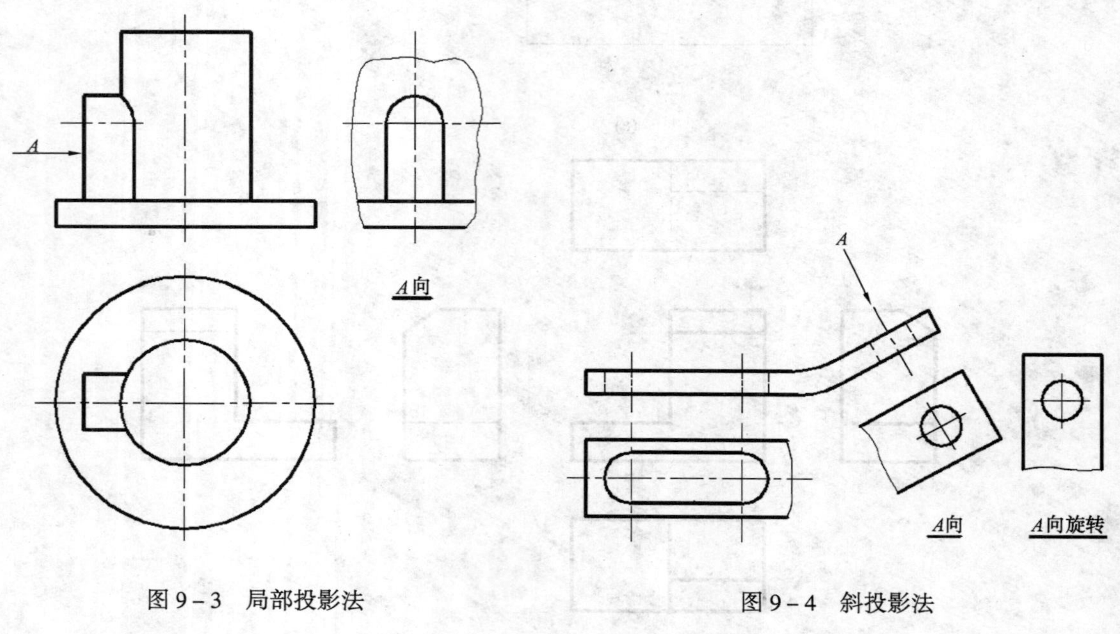

图 9－3　局部投影法　　　图 9－4　斜投影法

9.2.4　展开投影法

建（构）筑物的某些部分，如果与投影面不平行（如圆形、折线形、曲线形等），在画立面图时，可以将该部分展至与基本投影面平行的位置后，再以正投影法绘制，并应在图名后注写“展开”字样，如图 9－5 所示。

9.2.5　镜像投影法

当某些工程构造在采用第一角画法制图不易清楚表达时，如图 9－6（a）所示的梁、板、柱构造节点，其平面图会出现太多虚线，给看图带来不便（如图 9－6（b）上图所示）。如果假想将一镜面放在物体的下面来替代水平投影面，则对物体在镜面中产生的反射图像所作出的正投影，称为镜像视图，如图 9－6（b）下图所示。镜像投影应在图名后加注“镜

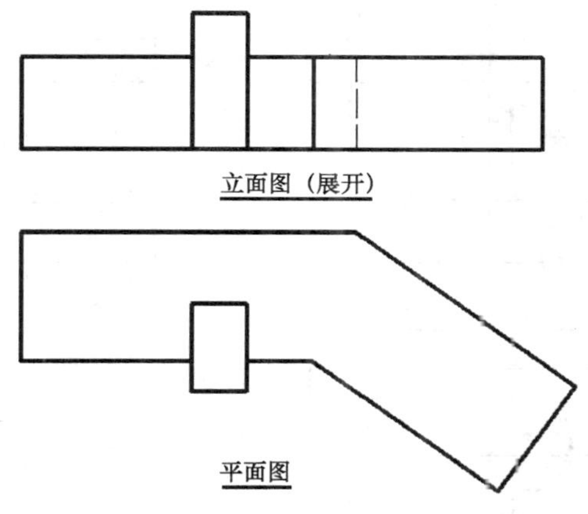

图 9－5　展开投影法

像”二字，或按图 9－6（c）画出镜像视图识别符号。在房屋建筑中，常用镜像视图来表达室内顶棚的装修等构造。

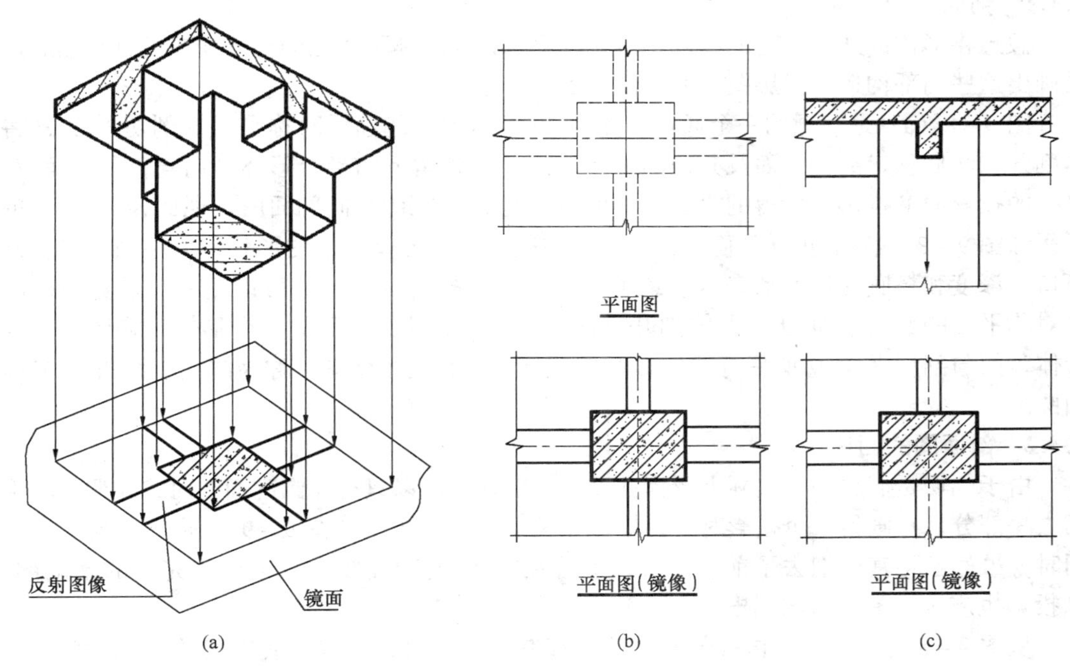

图 9－6　镜像投影法

9.3　剖　面　图

对于内部构造比较复杂的建筑形体。见图 9－7，如采用第一角画法来绘制形体正投影图，内部不可见的形体轮廓线需用虚线画出。又如一幢房屋，内部有各种房间、走道、楼梯、门窗、梁、柱等，如果都用虚线表示这些看不见的部分，必然形成图面虚实线交错，混淆不清，不利于标注尺寸，也不方便读图和施工。

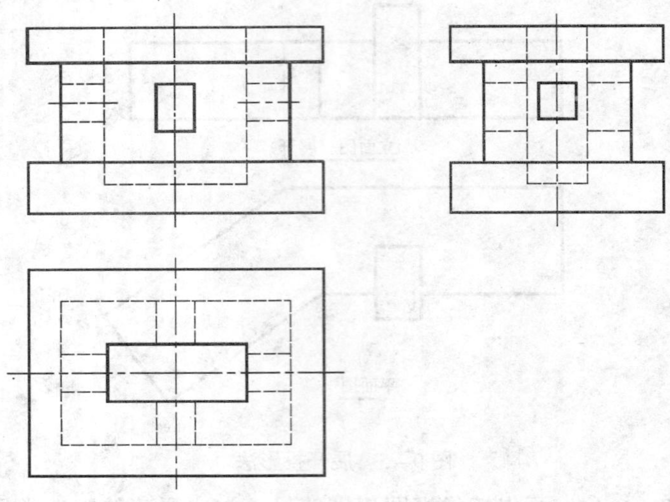

图 9-7　形体投影图

9.3.1　剖面图的产生

假想将形体剖开，让它的内部构造显露出来，使形体不可见的部分变成可见，然后用实线画出这些内部构造的投影图，称为剖面图。

图 9-8（a）是假想用一个通过如图 9-7 所示形体的前后对称平面的剖切平面 *P* 将形体剖开，然后移走剖切平面及其前面的半个形体，将留下的半个形体，向与剖切平面 *P* 所平行的投影面 *V* 投影，所得的投影图，称为正立剖面图或 *V* 向剖面图。现比较图 9-7 的 *V* 投影和图 9-8（a）的正立剖面图，可看出在剖面图中形体内部的形状、大小和构造，例如杯口的深度和杯底的长度都表示清楚了。同样，如图 9-8（b），可以用一个通过基础的左右对称平面的剖切平面 *Q* 将形体剖开，移走剖切平面及其左面的半个形体，将留下的半个形体，向与剖切平面 *Q* 所平行的投影面 *W* 投影，所得的投影图，称为侧立剖面图或 *W* 向剖面图。

9.3.2　剖面图的画法

由于剖切是假想的，实际上形体并没有被剖开，所以只有在画剖面图时，才假想将形体切去一部分，在画另一个投影时，则应按完整的形体画出。如图 9-9 所示，在画 *V* 向剖面图时，虽然已将基础剖去了前半部分，但是在画 *W* 向剖面图时，则仍按完整的基础剖开，*H* 投影也应按完整的基础画出。

从图 9-8 可看出，形体被剖开之后，都有一个截口，即截交线围成的平面图形，又称为断面。在剖面图中，要在断面上画出建筑材料图例，以区分断面（剖到的）和非断面（未剖到，但能看到的）部分。各种建筑材料图例必须遵照“国标”规定的画法。图 9-8 和图 9-9的断面上，所画的是钢筋混凝土图例。在不指明建筑材料时，可以用等间距、同方向的 45°细斜线来表示断面。当两个相同图例连接时，图例线应错开，或倾斜方面相反，见图9-10。

画剖面图时，一般都使剖切平面平行于基本投影面，从而使断面的投影反映实形。同时，应使剖切平面通过形体上的孔、洞、槽等隐蔽形体的中心线，将形体内部表示清楚。剖面图除应画出剖切面切到部分的图形外，还应画出沿投射方向看到的部分，被剖切面切到部

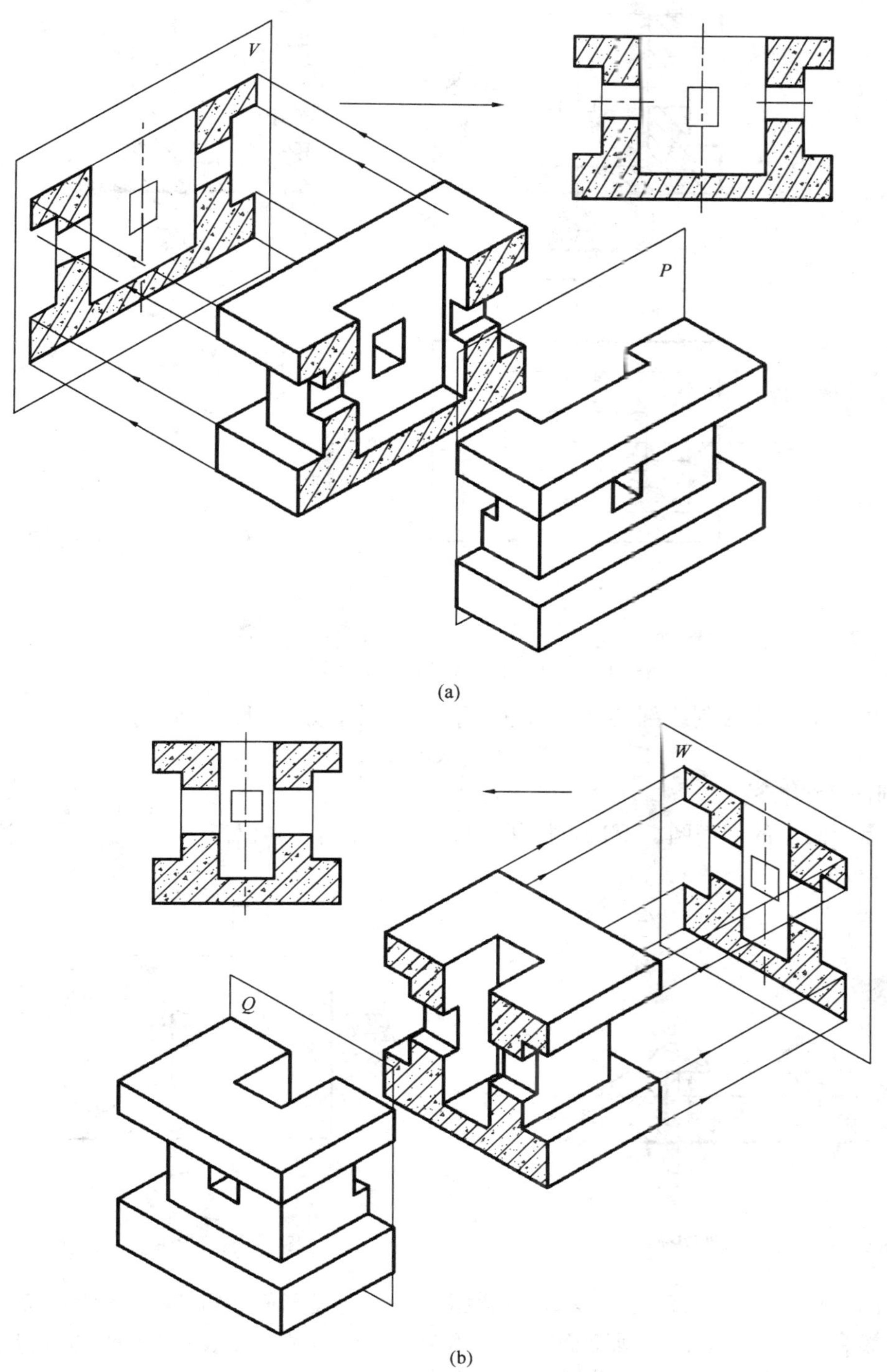

图 9-8　剖面图的产生

（a）V 向剖面图；（b）W 向剖面图

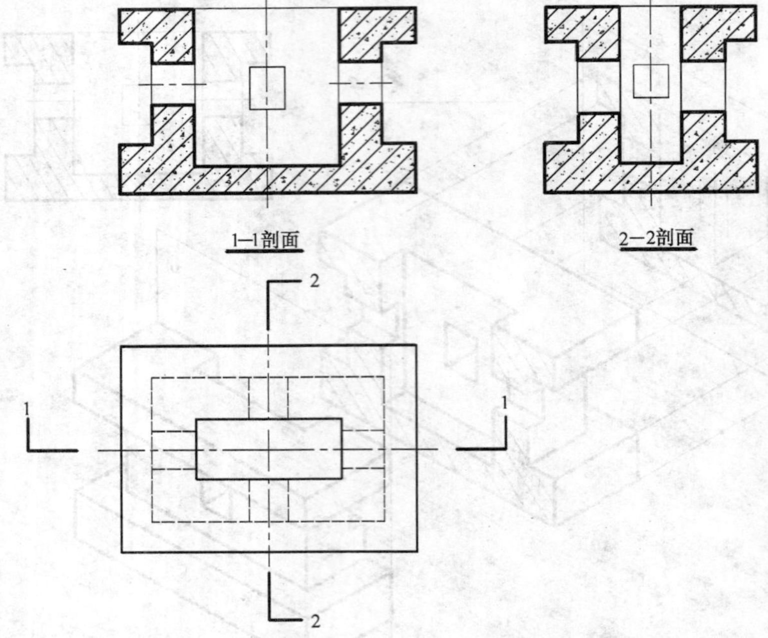

图 9－9　用剖面图表示的投影图

分的轮廓线用粗实线绘制，剖切面没有切到，但沿投射方向可以看到的部分，用中实线绘制。

9.3.3　剖面图的标注

根据需要画出的剖面图，要进行标注，如图 9－11 所示，以便读图。标注时应注意以下几点：

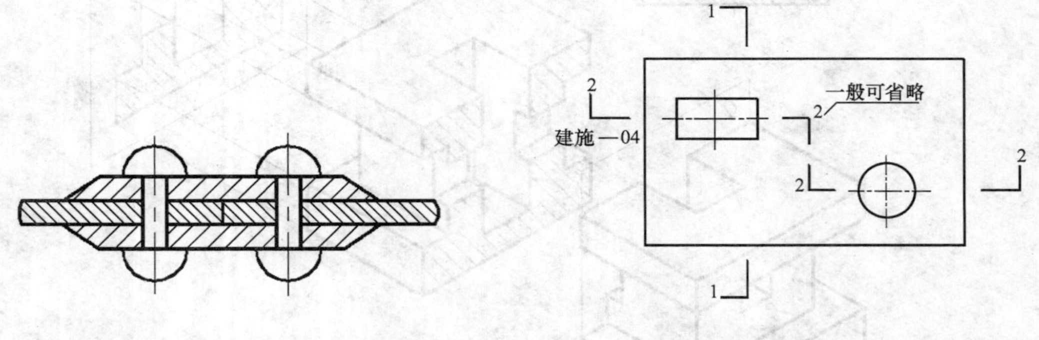

图 9－10　相邻构件图例线画法　　图 9－11　剖面图的标注

（1）剖切平面一般垂直于某一基本投影面（大多是投影面平行面），在它所垂直的投影面上的投影会积聚成一直线。画剖面图时，用两小段粗实线来表示，称为剖切位置线，用来表示剖切平面的剖切位置。剖切位置线的长度为 6～10mm。

（2）为表明剖切后剩下的形体的投影方面，在画剖面图时，必须在剖切位置线的两端同侧各画一段与之垂直的粗实线，长度为 4～6mm，用来表示投影的方向，称为剖视方向线。

（3）建筑形体需 2 次剖切时，要对每一次剖切进行编号，一般用阿拉伯数字，按由左至右、由下至上的顺序编排，并注写在剖视方向线的端部。如剖切位置线需转折时，在转折处一般不再加注编号。但是，如果剖切位置线在转折处与其他图线发生混淆，则应在转角的外侧加注与该符号相同的编号。

(4) 在剖面图的下方或一侧，写上与该图相对应的剖切符号的编号，作为该图的图名，如“1—1”、“2—2”、……并在图名下方画一等长的粗实线，如图 9 - 9 所示。

(5) 剖面图如与被剖切图样不在同一张图纸内，可在剖切位置线的另一侧注明其所在图纸的图纸编号，如图 9 - 11 中 2—2 剖切位置线下侧注写的“建施—04”，即表示 2—2 剖面图在“建施”第 4 张图纸上。

9.3.4 剖面图的几种类型

9.3.4.1 全剖面图

如图 9 - 12 所示，用一个剖切平面将形体全部剖开后得到的剖面图，称为全剖面图。全剖面图一般用于不对称的建筑形体，或者内部构造复杂但外形比较简单对称的建筑形体，

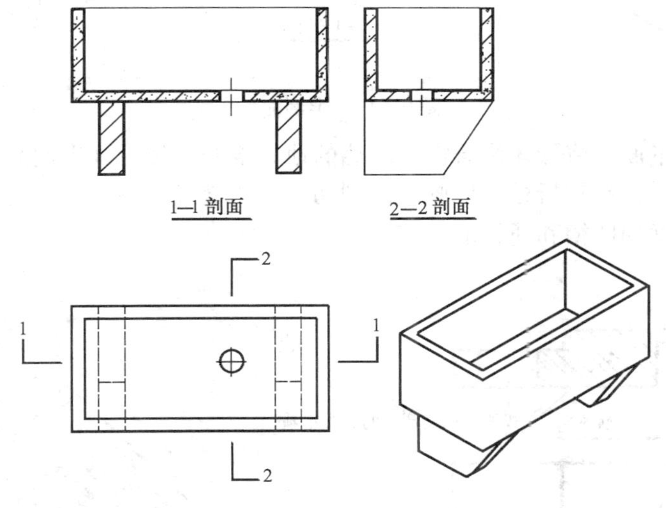

图 9 - 12 全剖面图

9.3.4.2 半剖面图

当建筑形体是左右对称或前后对称，而外形又比较复杂时，可以选择两个相互垂直的剖切面剖切，其中的一个剖切面必须与形体的对称平面重合，另一剖切面通过形体内部构造比较复杂或典型的部位，这种剖面图称为半剖面图。如图 9 - 13 所示的形体，其 V、W 投影分别是半个外形正投影图和半个剖面图拼成的图形，以同时表示形体的外形和内部构造。

在半剖面图中，剖面图和投影图之间，规定用形体的对称中心线（细单点长画线）为分界线，见图 9 - 13，剖切平面相交产生的交线不画。当对称中心线为铅直线时，剖面图画在投影图右侧，当对称中心线为水平线时，剖面图画在投影图下方。若剖切平面与建筑形体的对称平面重合，且半剖面图又处于基本投影图的位置时，可不予标注，如图中的 V、W 剖面图均未作标注。但当剖切平面不与建筑形体的对称平面重合时，应按规定标注，如图中的 1—1剖面图。

9.3.4.3 阶梯剖面图

如果一个剖切平面不能将形体上需要表达的内部构造一齐剖开时，可以将剖切平面转折

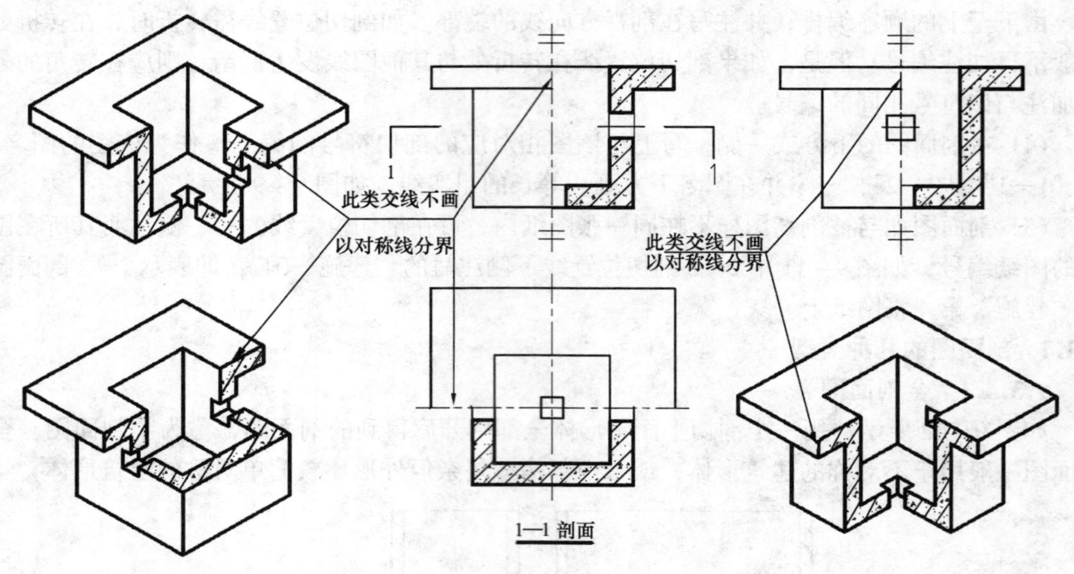

图 9－13　半剖面图

成两个互相平行的平面，将形体沿着需要表达的地方剖开，然后画出剖面图，称为阶梯剖面图。同半剖面图一样，在转折处不应画出两剖切平面的交线，图 9－14 是采用阶梯剖面表达组合体内部不同深度的凹槽和通孔的例子。

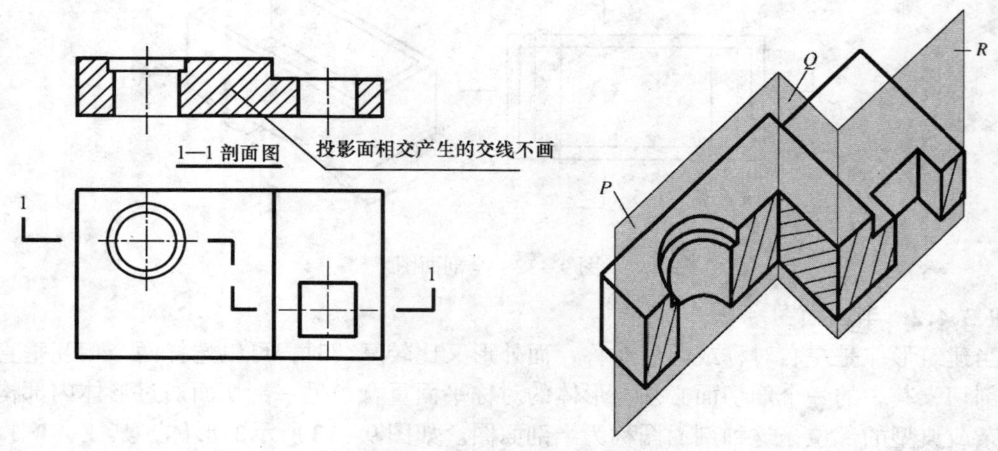

图 9－14　阶梯剖面图剖切凹槽和通孔

9.3.4.4　旋转剖面图

当建筑形体是带孔的回转体时，需用两个相交的剖切平面剖切，剖开后将倾斜于基本投影面的剖切平面，连同断面一起旋转到与基本投影面平行的位置后，再向基本投影面投影，所得到的剖面图，称为旋转剖面图，如图 9－15 所示。

9.3.4.5　局部剖面图

当建筑形体的外形比较复杂，完全剖开后就无法表示清楚它的外形，这时，可以保留原投影图的大部分，而只将形体的某一局部剖切开，所得到的剖面图，称为局部剖面图。如图

9－16所示的杯形基础投影图，为了表示基础内部钢筋的布置，在不影响外形表达的情况下，将杯形基础水平投影的一个角画成剖面图。按“国标”规定，投影图与局部剖面之间，画上波浪线作为分界线。《建筑结构制图标准》规定，断面上已画出钢筋的布置不必再画钢筋混凝土的材料图例。

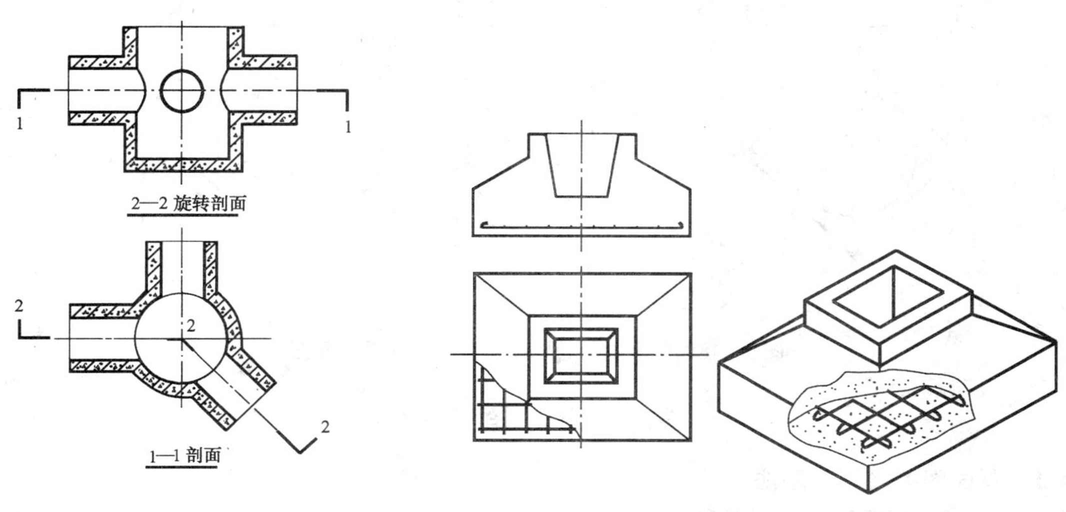

图 9－15　旋转剖面图　　　　图 9－16　杯形基础的局部剖面

图 9－17 是表示用分层局部剖面图来反映楼面各层所用的材料和构造的做法。这种剖面图多用于表达楼面、地面、屋面和墙面等的构造。

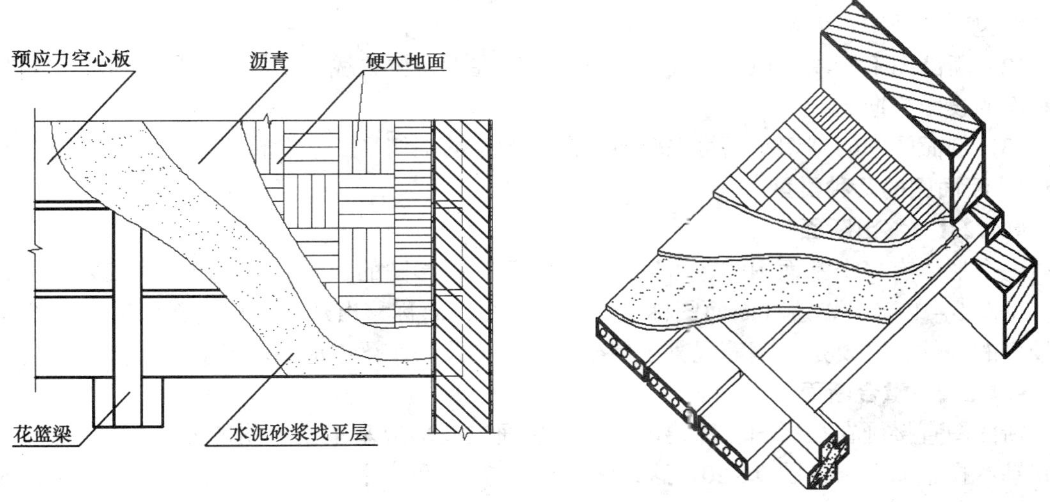

图 9－17　分层局部剖面

当形体的图形对称线与轮廓线重合时，不宜采用半剖面图，通常采用局部剖面图。如图 9－18（a）中形体应少剖一些，保留与对称线重合的外部轮廓线；图 9－18（b）中形体应多剖一些，以显示与对称线重合的内部轮廓线；图 9－18（c）中形体上部多剖，下部少剖，从而使得与对称线重合的内外轮廓线均可表达出来。

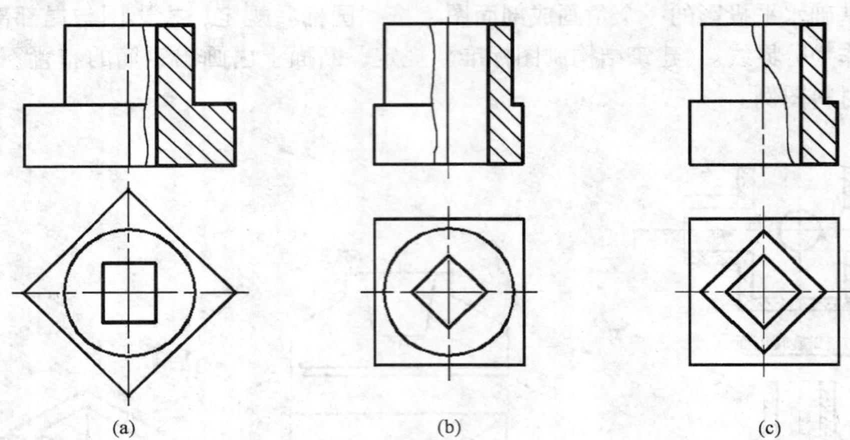

图 9－18　对称线与轮廓线重合时的局部剖面图

9.4　断　面　图

9.4.1　断面图的概念与画法

用一个剖切平面将形体剖开之后，形体产生一个断面。如果只把这个断面投影到与它平行的投影面上，所得的投影称为断面图。见图 9－19。

断面图也是用来表示形体的内部形状的。断面图的画法与剖面图的画法有以下区别：

(1) 断面图是形体被剖开后产生的断面的投影，见图 9－19 (d)，它是面的投影；剖面图是形体被剖开后产生的断面连同剩余形体的投影，见图 9－19 (c)，它是体的投影。剖面图必然包含断面图在内。

(2) 断面图不标注剖视方向线，只将编号写在剖切位置线的一侧，编号所在的一侧即为该断面的投影方向。

(3) 剖面图中的剖切平面可以转折，断面图中的剖切平面不能转折。

9.4.2　断面图的几种类型

9.4.2.1　移出断面

一个形体有多个断面图时，可以整齐地排列在投影图的四周，并可以采用较大的比例画出，见图 9－19 (d)，这种断面图称为移出断面图，简称移出断面。移出断面适用于断面变化较多的构件，主要是在钢筋混凝土屋架、钢结构及吊车梁中应用较多。

9.4.2.2　重合断面

断面图直接画在投影图轮廓线内，即将断面先按形成基本投影图的方向旋转 90°，再重合到基本投影图上，见图 9－20，这种断面称为重合断面图，简称重合断面。重合断面的轮廓线应用细实线画出，以表示与建筑形体的投影轮廓线的区别。

重合断面常用来表示整体墙面的装饰、屋面形状与坡度等。当重合断面不画成封闭图形时，应沿断面的轮廓线画出一部分剖面线，见图 9－21。

9.4.2.3　中断断面

将杆件的断面图画在杆件投影图的中断处，见图 9－22，这种断面图称为中断断面图，

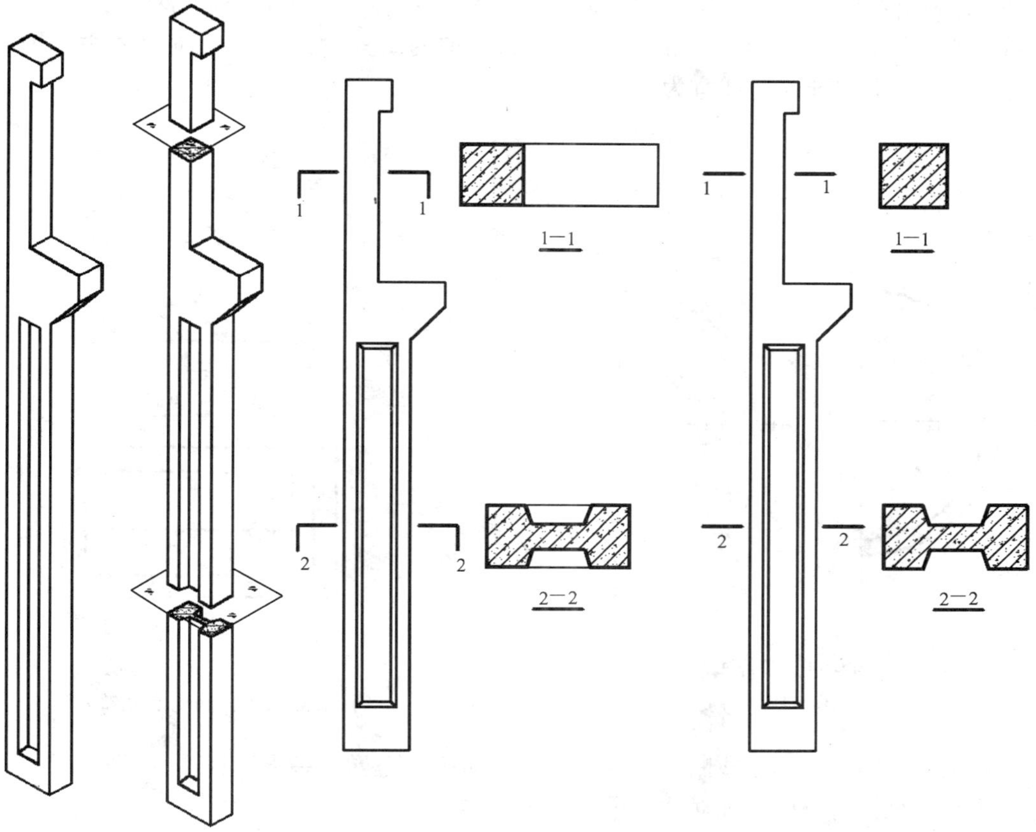

图 9－19　断面图的画法

(a) 工字柱；(b) 剖开后；(c) 剖面图；(d) 断面图

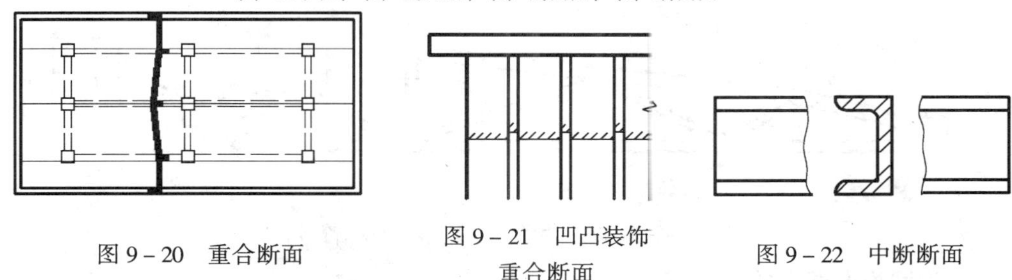

图 9－20　重合断面　　图 9－21　凹凸装饰重合断面　　图 9－22　中断断面

简称为中断断面。中断断面常用来表示较长而横断面形状不发生变化的杆件，如型钢。中断断面不加任何说明。

9.5 简 化 画 法

采用简化画法，可适当提高绘图效率，节省图纸。《房屋建筑制图统一标准》(GB/T 50001—2001)规定了以下几种简化画法：

9.5.1 对称视图的画法

构配件的视图有 1 条对称线，可只画该视图的一半；视图有 2 条对称线，可只画该视图的 1/4，并画出对称符号，如图 9－23 所示。对称符号由对称线和两端的两对平行线组成，平行线用细实线绘制，长为 6～10mm，每对平行线的间距宜为 2～3mm，对称线垂直平分于两对平行线，两端超出平行线宜为 2～3mm。

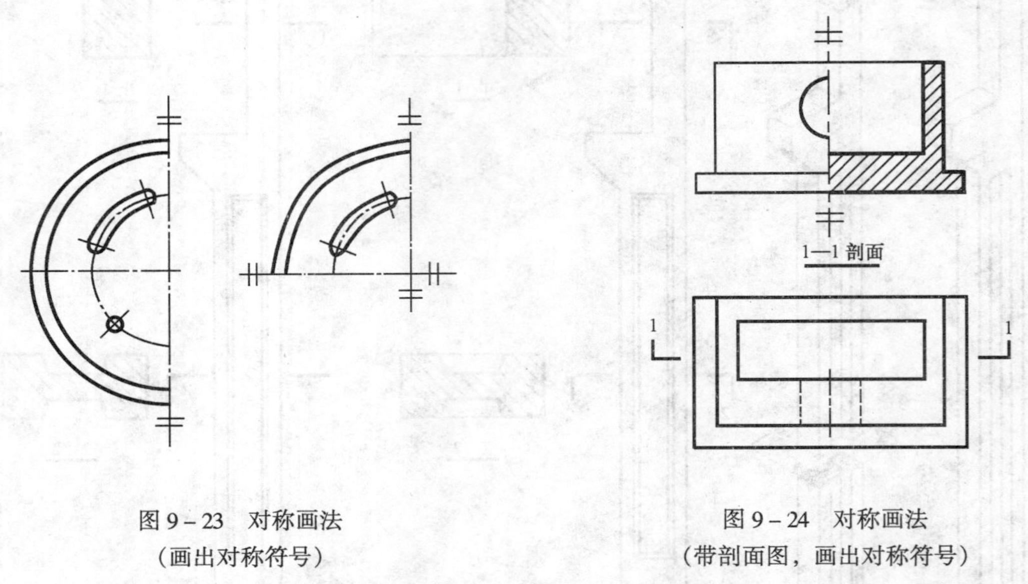

图 9－23　对称画法（画出对称符号）

图 9－24　对称画法（带剖面图，画出对称符号）

对称的构件需画剖面图或断面图时，可以对称符号为界，一半画视图（外形图），一半画剖面图或断面图，此时需加对称符号，如图 9－24 所示。

对称的构件画一半时，可以稍稍超出对称线之外，然后加上用细实线画出折断线或波浪线，此时不宜画对称符号，如图 9－25 所示。

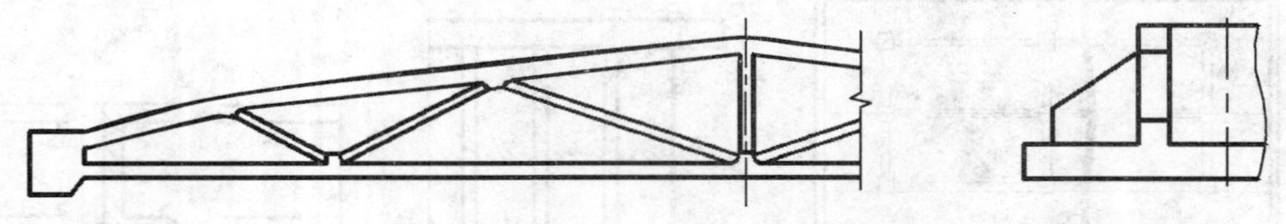

图 9－25　对称画法（不画对称符号）

9.5.2　相同构造要素的画法

构配件内多个完全相同而连续排列的构造要素，可仅在两端或适当位置画出其完整形状，其余部分以中心线或中心线交点表示，见图 9－26（a）、图 9－26（b）、图 9－26（c）所示。如相同构造要素少于中心线交点，则其余部分应在相同构造要素位置的中心线交点处用小圆点表示，如图 9－26（d）所示。

9.5.3　较长构件的画法

较长的构件，如沿长度方向的形状相同或按一定规律变化，可断开省略绘制，断开处应以折断线表示，如图 9－27 所示。当在用折断省略画法所画出的较长构件的图形上标注尺寸时，尺寸数值应标注构件的全部长度。

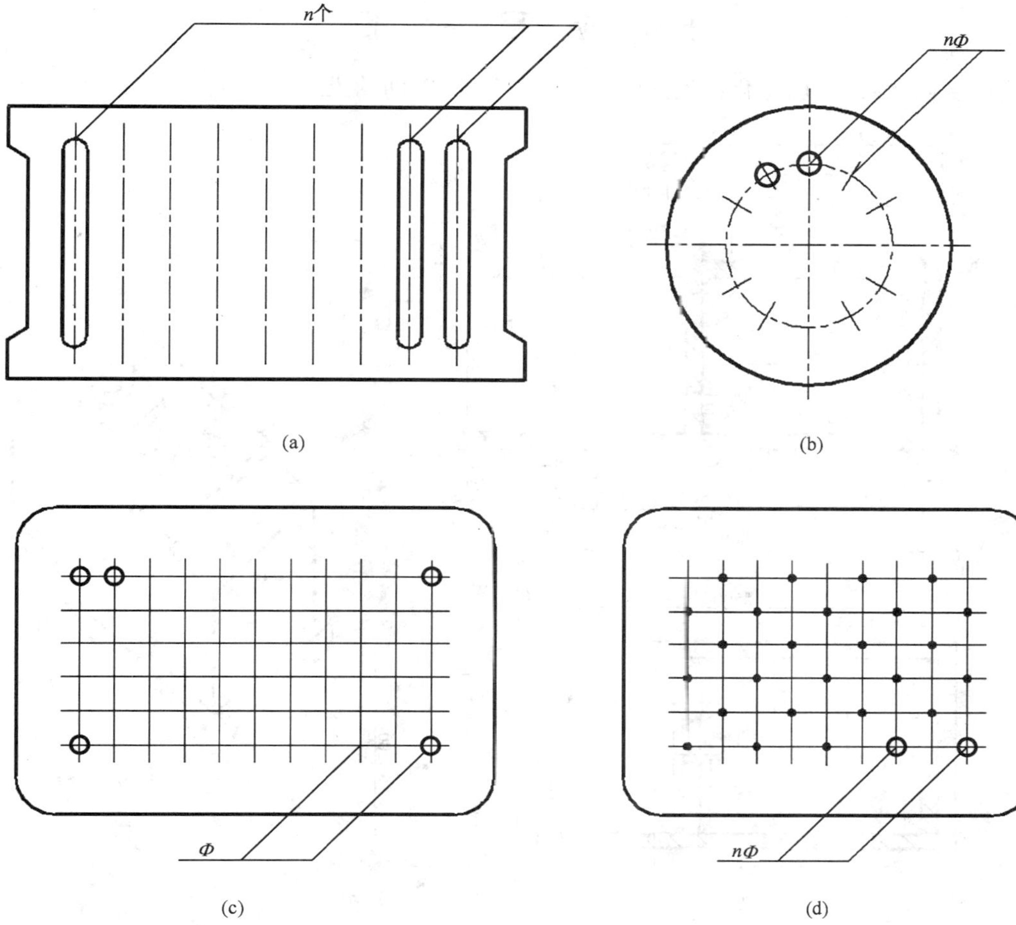

(a) (b)

(c) (d)

图 9 – 26　相同要素简化画法

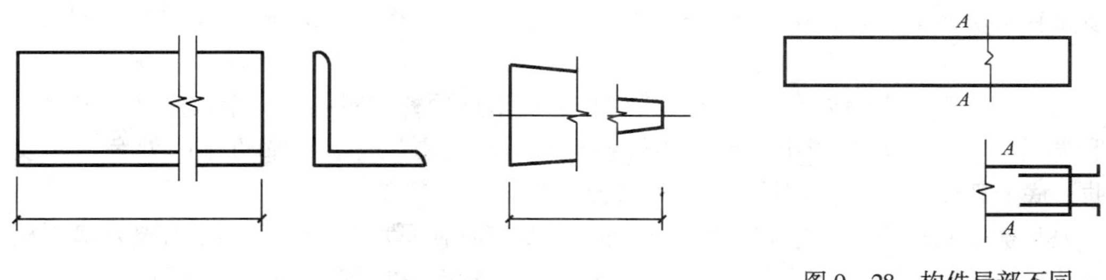

图 9 – 27　折断简化画法

图 9 – 28　构件局部不同的简化画法

9.5.4　构配件局部不同的画法

一个构配件如与另一个构配件仅部分不同，该构配件可只画不同部分，但应在两个构配件的相同部分与不同部分的分界线处，分别绘制连接符号，两个连接符号应对准在同一线上，如图 9 – 28 所示。

9.6 应 用 举 例

见图 9－29（a)，已知化污池的两面投影，补绘 *W* 面的投影。

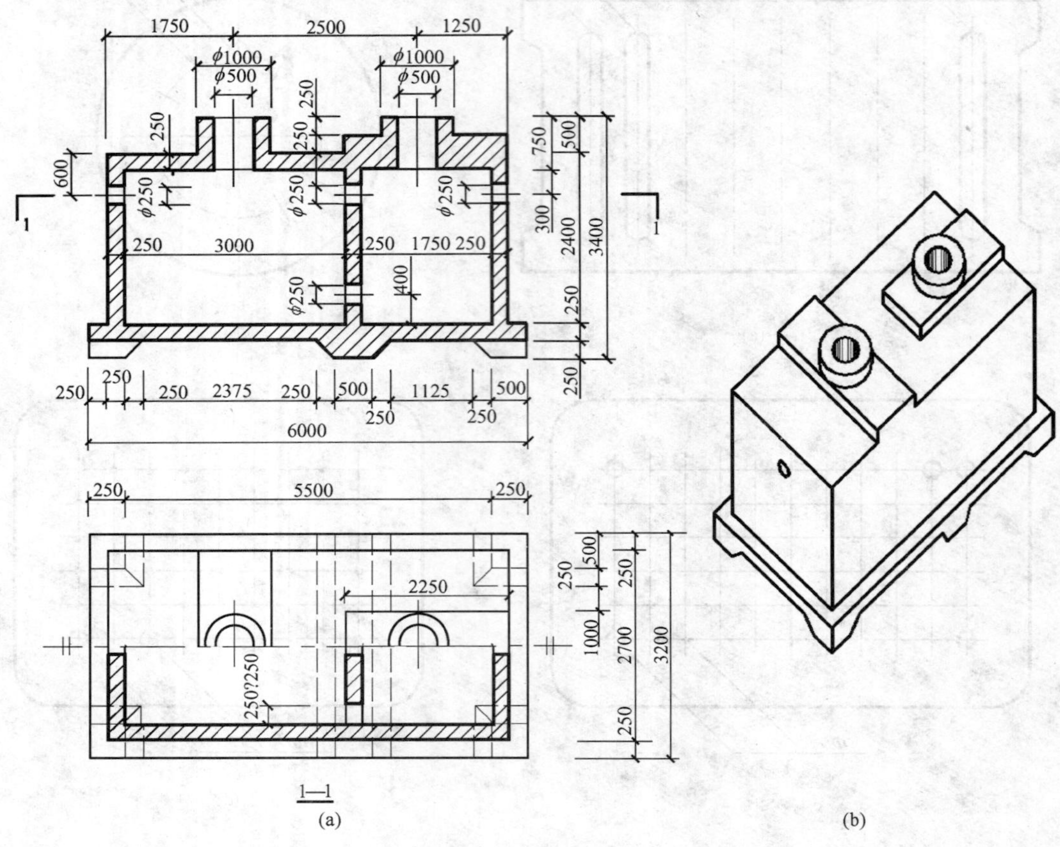

图 9－29　化污池的两面投影和直观图

该化污池由四个主要部分组成。最下方是一长方体底板，底板上部有一长方体池身，池身顶面有两块四棱柱加强板。每一块加强板上方有一直径为 1000mm 的圆柱体，见图 9－29（b)。

底板下部靠近中间处有一个与底板相连的梯形截面，左右各有一个没有画上材料图例的梯形线框，它们与 *H* 投影中的虚线线框各自对应。可看出底板下靠近中间处有一四棱柱加强肋，底板四角各有一个四棱台的加强墩子。

池身被横隔板分隔为左右两格，四周壁厚及横隔板厚均为 250mm。左右壁及横隔板上各有一 φ250mm 的小圆柱孔，位于前后对称的中心线上，横隔板前后两端又有对称的两个 250mm × 250mm 方孔，其高度与小圆柱孔相同。横隔板正中下方还有一个小圆柱孔，直径为 250mm。

池身顶部的两块加强板，左边一块横放，其大小是 1000mm × 2700mm × 250mm；右边一块纵放，其大小是 2250mm × 1000mm × 250mm。加强板上方的圆柱体高 250mm，并挖去一直径为 500mm 的圆柱通孔，孔深 750mm，与箱内池身相通。

由于化污池左右不对称，已知正立面图采用全剖面图，剖切平面通过前后对称面，如图 9－30（a）所示，可将池身左右两格结构以及左右壁及横隔板上的小孔、顶部的圆柱孔都表达出来；化污池前后对称，已知平面图采用半剖面图，剖切平面通过左右壁小圆柱孔的轴线，如图 9－29（a）投影图中的 1－1 剖切平面和图 9－29（b）直观图。平面图中的虚线表示底板下加强墩的形状和位置，在其他投影图中无法清晰表达，此处虚线不可省略。

根据以上分析，可自下而上补绘出各基本形体的 *W* 投影，如图 9－31 所示。由于化污池前后对称，将 *W* 投影改画为半剖面图，剖切位置选择在通过左边垂直圆柱孔的轴线，可以将横隔板上圆孔、方孔的分布进一步表达清楚，如图 9－32 所示，本例省略了尺寸标注。

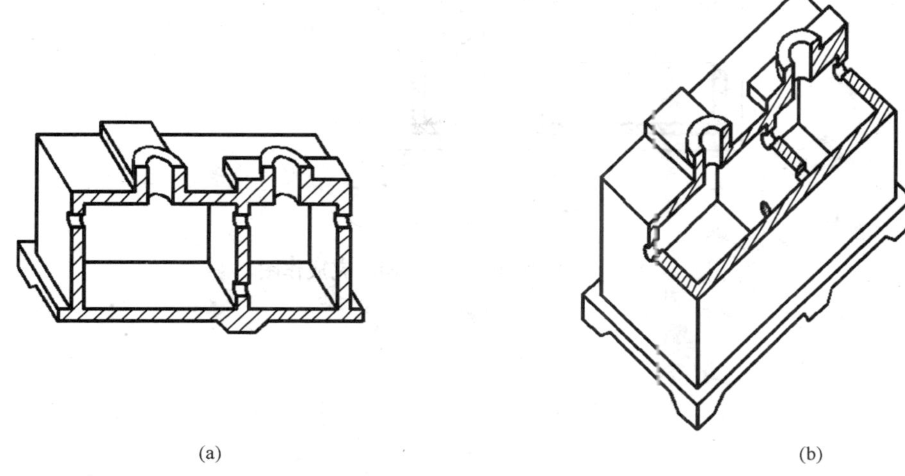

(a)　　(b)

图 9－30　正立剖面和水平剖面的直观图

（a）全剖面；（b）半剖面

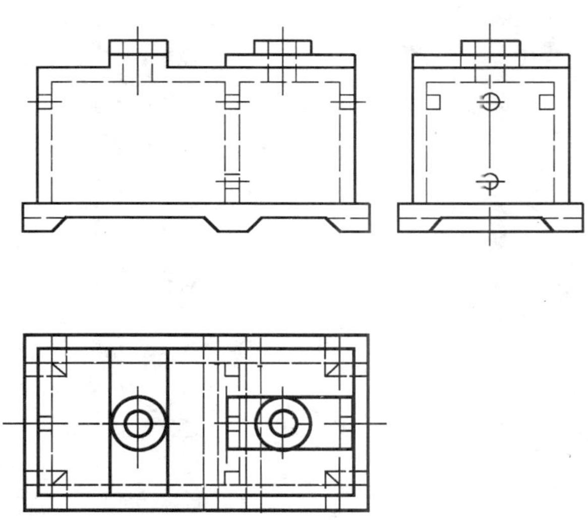

图 9－31　补绘化污池的 *W* 投影

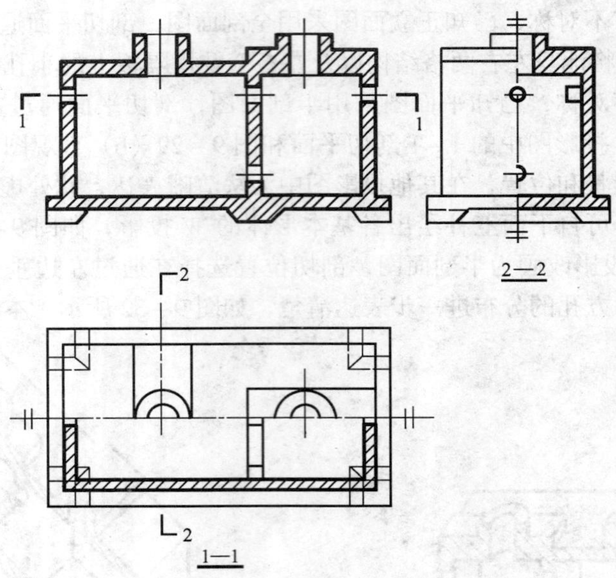

图 9 – 32　将 W 投影改为半剖面，完成作图

第10章 建筑施工图

10.1 概述

房屋是供人们生活、生产、工作、学习和娱乐的场所。将一幢拟建房屋的内外形状和大小，以及各部的结构、构造、装修、设备等内容，按照“国标”的规定，用正投影方法，详细准确画出的图样，称为“房屋建筑图”。它是用以指导施工的一套图纸，所以又称为“施工图”。

10.1.1 房屋建筑的类型及组成

房屋按功能可分为工业建筑（如厂房、仓库、动力站等）、农业建筑（如粮仓、饲养场、拖拉机站等）以及民用建筑。民用建筑按其使用功能又可分为居住建筑（如住宅、宿舍等）和公共建筑（如学校、商场、医院、车站等）。

各种不同功能的房屋建筑，一般都是由基础、墙（柱）、楼（地）面、楼梯、屋顶、门、窗等基本部分所组成，另外还有阳台、雨篷、台阶、窗台、雨水管、散水以及其他一些构配件和设施。

基础位于墙或柱的最下部，是房屋与地基接触的部分。基础承受建筑物的全部荷载，并把全部荷载传递给地基。基础是建筑物最重要的组成部分，它必须坚固、耐久、稳定，能经受地下水及土壤中所含化学物质的侵蚀。

墙是建筑物的承重构件和围护构件。作为承重构件，它承受着建筑物由屋顶或楼板层传来的荷载，并将这些荷载再传给基础；作为围护构件，外墙起着抵御自然界各种因素对室内的侵袭作用，内墙起着分隔空间、组成房间、隔声、遮挡视线以及保证室内环境舒适的作用。墙体要有足够的强度、稳定性以及良好的保温、隔热、隔声、防火、防水等能力。

柱是框架或排架结构的主要承重构件，和承重墙一样承受楼板层、屋顶以及吊车梁传来的荷载，它必须具有足够的强度和刚度。

楼板层是水平方向的承重构件，并用来分隔楼层之间的空间。它承受人和家具设备的荷载，并将这些荷载传递给墙或梁，它应有足够的强度和刚度，有良好的隔声、防火、防水、防潮等能力。

楼梯是房屋的垂直交通设施，供人们上下楼层使用。楼梯应有足够的通行能力，应做到坚固和安全。

屋顶是房屋顶部的围护构件，抵抗风、雨、雪的侵袭和太阳辐射热的影响。屋顶又是房屋的承重构件，承受风、雪和施工期间的各种荷载等。屋顶应坚固耐久，具有防水、保温、隔热等性能。

门的主要功能是通行和通风，窗的主要功能是采光和通风。

10.1.2 房屋建筑的设计程序

房屋的建造一般经过设计和施工两个过程，而设计工作一般又分为三个阶段：初步设计、技术设计和施工图设计。

建筑设计人员根据建设单位提出的设计任务和要求，进行调查研究，收集必要的设计资料，提出方案，确定平面、立面、剖面等图样，表达出设计意图。初步设计图的内容主要有总平面布置图，建筑平、立、剖面图。初步设计图图面布置比较灵活，可以画上阴影、配景、透视等，以增强图面效果。初步设计图需送交有关部门审批，批准后方可进行技术设计。

技术设计，是初步设计经建设单位同意和主管部门批准后，进一步去解决构件的选型、布置以及建筑、结构、设备等各工种之间的配合等技术问题，从而对方案作进一步的修改。技术设计是初步设计具体化的阶段，也是各种技术问题的定案阶段。对一些技术上复杂而又缺乏设计经验的工程，更应重视此阶段的设计工作，作为协调各工种的矛盾和绘制施工图的准备，技术设计图应报有关部门审批。

施工图设计是在技术设计的基础上，按建筑、结构、设备（水、暖、电）各专业分别完整详细地绘制所设计的全套房屋施工图，将施工中所需的具体要求都明确地反映到这套图纸中。房屋施工图是施工单位的施工依据，整套图纸应完整统一、尺寸齐全、正确无误。

10.1.3 施工图的分类和编排顺序

施工图由于专业分工的不同，可分为建筑施工图、结构施工图和设备施工图。

一套简单的房屋施工图有几十张图纸，一套大型复杂的建筑物甚至有几百张图纸。为了便于看图，根据专业内容或作用的不同，一般要将这些图纸进行排序。

（1）图纸目录：又称标题页或首页图，说明该套图纸有几类，各类图纸分别有几张，每张图纸的图号、图名、图幅大小；如采用标准图，应写出所使用标准图的名称，所在的标准图集和图号或页次。编制图纸目录的目的是为了便于查找图纸，图纸目录中应先列新绘制图纸，后列选用的标准图或重复利用的图纸。

（2）设计总说明（即首页）：主要介绍工程概况、设计依据、设计范围及分工、施工及建造时应注意的事项。内容一般包括：本工程施工图设计的依据；本工程的建筑概况，如建筑名称、建设地点、建筑面积、建筑等级、建筑层数、人防工程等级、主要结构类型、抗震设防烈度等；本工程的相对标高与总图绝对标高的对应关系；有特殊要求的做法说明，如屏蔽、防火、防腐蚀、防爆、防辐射、防尘等；对采用新技术、新材料的做法说明；室内室外的用料说明，如砖标号、砂浆标号、墙身防潮层、地下室防水、屋面、勒脚 、散水、室内外装修做法等。

（3）建筑施工图（简称建施）：主要表示建筑物的总体布局、外部造型、内部布置、细部构造、内外装饰、固定设施和施工要求的图样。一般包括总平面图、建筑平面图、建筑立面图、建筑剖面面、门窗表和建筑详图等。

（4）结构施工图（简称结施）：主要表示房屋的结构设计内容，如房屋承重构件的布置，构件的形状、大小、材料等。一般包括结构平面布置图和各构件详图等。

（5）设备施工图（简称设施）：包括给水排水、采暖通风、电气照明等设备的布置平面图、系统图和详图。表示上、下水及暖气管道管线布置，卫生设备及通风设备等的布置，电气线路的走向和安装要求等。

10.1.4 施工图设计的特点

10.1.4.1 施工图设计的严肃性

施工图是设计单位最终的“技术产品”，是进行建筑施工的依据，对建设项目建成后的质量及效果负有相应的技术与法律责任。未经原设计单位的同意，任何个人和部门不得修改施工图纸。经协商或要求后，同意修改的，也应由原设计单位编制补充设计文件（如变更通知单、变更图、修改图等），与原施工图一起形成完整的施工图设计文件，并归档备查。在建筑物竣工投入使用后，施工图也是对该建筑进行维护、修缮、更新、改建、扩建的基础资料。

10.1.4.2 施工图设计的承前性

初步设计、技术设计和施工图设计是建筑工程设计的三个阶段。其实质可以认为是从宏观到微观、从定性到定量、从决策到实施逐步深化的进程。施工图设计必须以方案图为依据，忠实于既定的基本构思和设计原则。如有重大修改变化时，应对施工草图进行审定确认或者调整初步设计，甚至重新进行方案设计。

10.1.4.3 施工图设计的复杂性

建筑施工图的优劣，不仅取决于处理好建筑工种本身的技术问题，同时更取决于各工种之间的配合协作。建筑的总体布局、平面构成、空间处理、立面造型、色彩用料、细部构造及功能、防火、节能等关键设计内容是要在建筑施工图中表达的，并成为其他工种设计的基础资料。但是，一个工种认为最合理的设计措施，对另一工种或其他工种，都可能造成技术上的不合理甚至不可行。所以，必须通过各工种之间的反复磋商、讨论，才能形成一套在总平面、建筑、结构、设备等各项技术上都比较先进、可靠、经济，而且施工方便的施工图纸，以保证建成后的建筑物，在安全、适用、经济、美观等各方面均得到业主乃至社会的认可与好评。

10.1.4.4 施工图设计的精确性

作为建筑工程设计最后阶段的施工图设计，是从事相对微观、定量和实施性的设计。如果说初步设计的重心在于确定做什么，那么施工图设计的重心则在于如何做。逻辑不清、交代不详、错漏百出的施工图，必然导致施工费时费力，反复修改，对某些工种的设计无法合理使用或留下隐患，会给经济上造成损失，甚至发生工程事故。

10.1.5 标准图（集）

为了加快设计和施工速度，提高设计和施工的质量，将各种大量常用的建筑物及其构配件，按照国家标准规定的模数协调，根据不同的规格标准，设计编绘出成套的施工图，以供设计和施工时选用，这种图样称为标准图或通用图。将其装订成册即为标准图集或通用图集。

标准图（集）分为两个层次，一是国家标准图（集），经国家相关部、委批准，可以在全国范围内使用；第二是地方标准图（集），经各省、市、自治区有关部门批准，可以在相应地区范围内使用。

标准图有两种，一种是整幢建筑的标准设计（定型设计）图集；另一种是目前大量使用的建筑构配件标准图集，以代号“G”（或“结”）表示建筑构件图集，以代号“J”（或“建”）表示建筑配件图集。

10.1.6 阅读施工图的方法

施工图的绘制是前述各章投影理论和图示方法及有关专业知识的综合应用。阅读施工图，必须做到以下几点：

(1) 掌握投影原理和形体的各种图样方法，熟识施工图中常用的图例、符号、线型、尺寸和比例的意义。

(2) 观察和了解房屋的组成及其基本构造。

(3) 熟悉有关的国家标准。

(4) 阅读时，应先整体后局部，先文字说明后图样，先图形后尺寸。按目录顺序通读一遍，对工程对象的建设地点、周围环境、建筑物的大小及形状、结构型式和建筑关键部位等情况先有概括的了解。然后，不同工种的技术人员，根据不同要求，重点深入地看不同类别的图纸。阅读时注意各类图纸的联系，互相对照，避免发生矛盾而造成质量事故或经济损失。

10.1.7 施工图中常用的符号

一张完整的施工图是由图线、汉字、数字、字母等所组成的，对于这些组成我们大体又可以分为实体元素和符号元素两种（文字说明除外）。实体元素如墙体、门窗、楼梯、房间、走道、阳台等，基本都是反映了建筑物组成部分的投影关系；符号元素如定位轴线、尺寸标注、标高符号、索引符号、详图符号、指北针等，则是为了说明建筑物承重构件的定位、各部分的的关系、标高、建筑的朝向或是图样之间的联系等。在这一节里我们将首先对常用的符号元素进行分析，在后续的几节里再了解实体元素的识读。

10.1.7.1 定位轴线

在施工图中通常将房屋的基础、墙、柱、墩和屋架等承重构件的轴线画出，并进行编号，以便于施工时定位放线和查阅图纸。这些轴线称为定位轴线。

《房屋建筑制图统一标准》（GB/T 50001—2001）规定：定位轴线应用细点画线绘制。定位轴线一般应编号，编号注写在轴线端部的圆内。圆应用细实线绘制，直径为 8 ~ 10mm。定位轴线圆的圆心，应在定位轴线的延长线上或延长线的折线上，如图 10 – 1 所示。

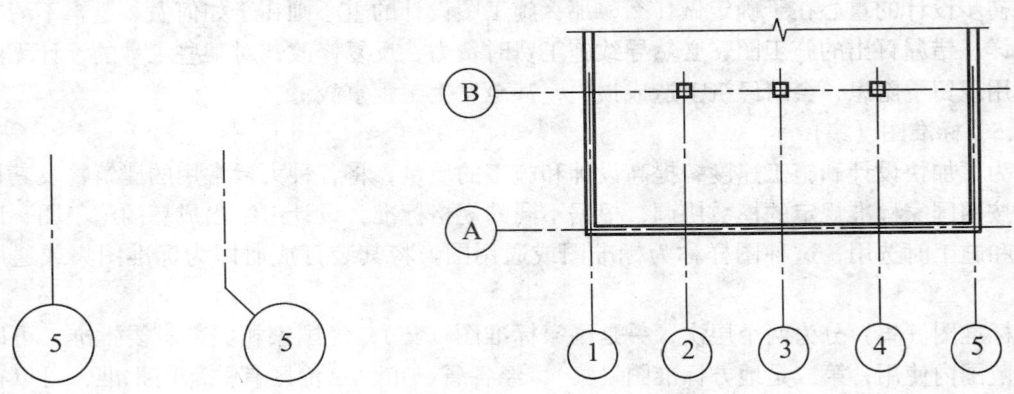

图 10 – 1　定位轴线　　　图 10 – 2　定位轴线的编号顺序

平面图上定位轴线的编号，宜标注在图样的下方与左侧。横向编号应用阿拉伯数字，从左至右顺序编写，竖向编号应用大写拉丁字母，从下至上顺序编写，如图 10 – 2 所示。拉丁字母的 I、Z、O 不得用作编号，以免与数字 1、2、0 混淆。如字母数量不够时，可增用双字母或加数字注脚，如 A_A、B_A、…、Y_A 或 A_1、B_1、…、Y_1。

对于一些与主要承重构件相联系的次要构件，它们的定位轴线一般作为附加定位轴线。

附加定位轴线的编号，应以分数形式表示，“国标”规定：两根定位轴线间的附加定位轴线，应以分母表示前一轴线的编号，分子表示附加定位轴线的编号，编号宜用阿拉伯数字顺序编写。“国标”还规定：特殊情况下，可以在①号轴线和Ⓐ号轴线之前附加轴线，但附加定位轴线的分母应以01或0A表示，如图10-3所示。

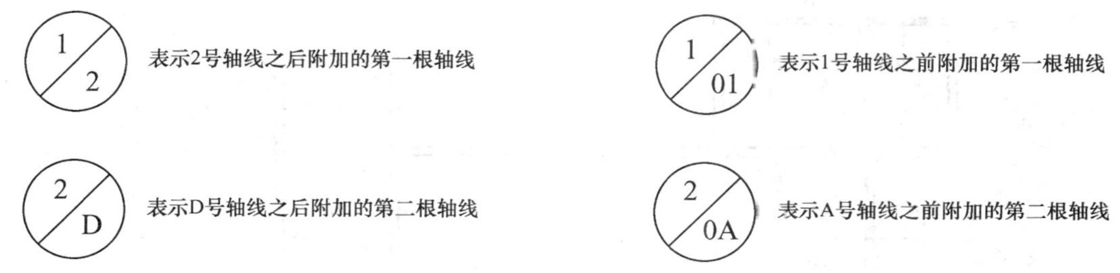

图10-3　附加轴线

一个详图适用于几根轴线时，应同时注明各有关轴线的编号，通用详图中的定位轴线，应只画圆，不注写轴线编号，如图10-4所示。

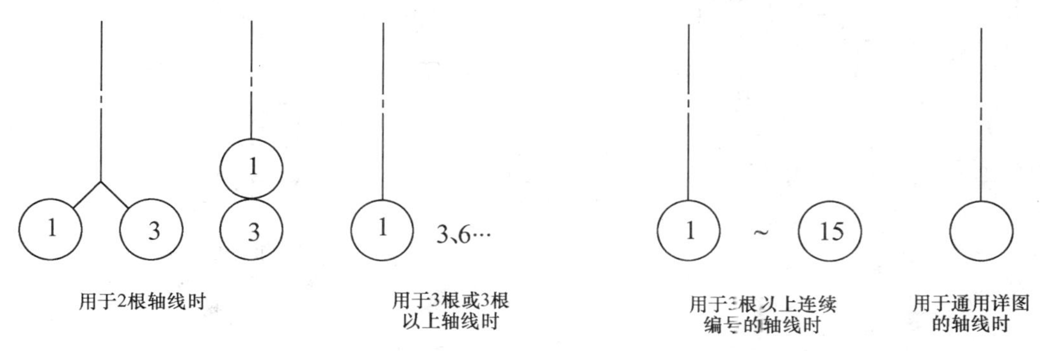

图10-4　详图的轴线编号

组合较复杂的平面图中定位轴线也可采用分区编号，编号的注写形式应为“分区号—该分区编号”。分区号采用阿拉伯数字或大写拉丁字母表示，如图10-5所示。

10.1.7.2　标高符号

标高是标注建筑物高度的一种尺寸形式。在施工图中，建筑某一部分的高度通常用标高符号来表示。标高符号应以直角等腰三角形表示，按图10-6（a）所示形式用细实线绘制，如标注位置不够，也可按图10-6（b）所示形式绘制。标高符号的具体画法如图10-6（c）、图10-6（d）所示。

在立面图和剖面图中，标高符号的尖端应指至被注高度的位置。尖端一般应向下，也可向上。应当注意：当标高符号在图形的外部时，在标高符号的尖端位置必须增加一条引出线指向所注写标高的位置；当标高符号在图形的内部直接指至被注高度的位置时，在标高符号的尖端位置就不必再增加一条引出线了，如图10-7所示。标高符号的尖端应指至被注高度的位置，尖端一般应向下，也可向上。在立面图和剖面图中，应注意当标高符号在图形的左侧时，标高数字按图中左侧方式注写，当标高符号位于图形右侧时，标高数字按图中右侧方式注写。在平面图中，标高符号的尖端位置没有引出线，如图10-6（a）所示。

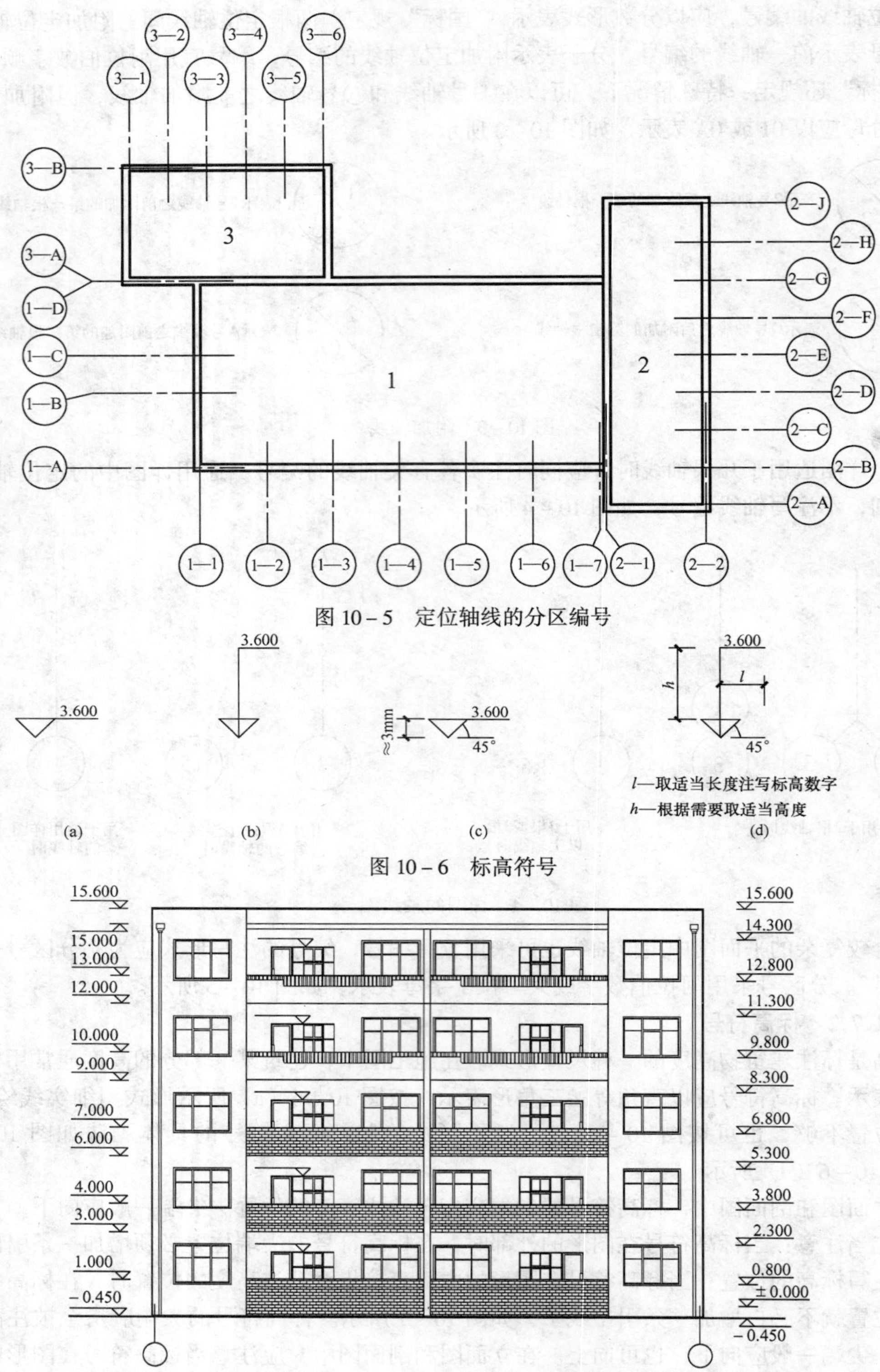

图 10－5　定位轴线的分区编号

图 10－6　标高符号

图 10－7　立面图和剖面图上标高符号注法

在总平面图中，室外地坪标高符号，宜用涂黑的三角形表示，如图 10－8（a）所示，具体画法如图 10－8（b）所示。在图样的同一位置需表示几个不同标高时，标高数字应按图10－8（c)的形式注写，注意括号外的数字是现有值，括号内的数值是替换值。

标高数字应以 m 为单位，注写到小数点以后第三位。在总平面图中，可注写到小数点后第二位。零点标高应注写成 ±0.000，正数标高不注“＋”，负数标高应注“－”，例如：3.200、－0.450。

标高有绝对标高和相对标高之分。绝对标高是以青岛附近的黄海平均海平面为零点，以此为基准标高。在实际设计和施工中，用绝对标高不方便，因此习惯上常以建筑物室内底层主要地坪为零点，以此为基准点的标高，称为相对标高。比零点高的为“＋”，比零点低的为“－”。在设计总说明中，应注明相对标高与绝对标高的关系。

建筑物的标高，还可以分为建筑标高和结构标高，如图 10－9 所示。建筑标高是构件包括粉饰层在内的、装修完成后的标高；结构标高则不包括构件表面的粉饰层厚度，是构件的毛面标高。

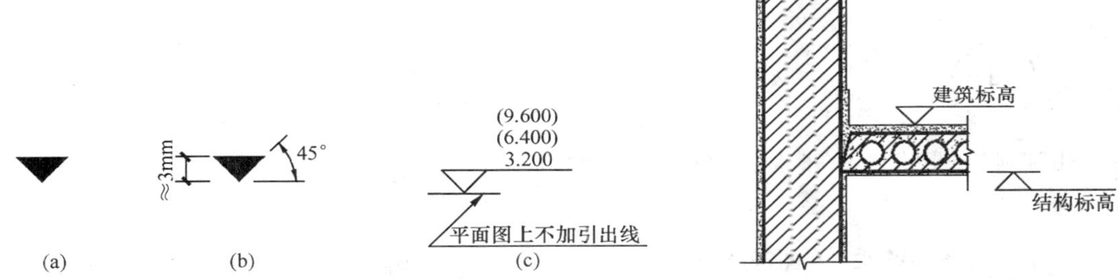

图 10－8　标高符号的几种形式　　图 10－9　建筑标高与结构标高

10.1.7.3　索引符号与详图符号

图样中的某一局部或构件，如需另见详图，应以索引符号为索引，表明详图的编号、详图的位置以及详图所在图纸编号。

（1）索引符号

索引符号是需要将图样中的某一局部或构件画出详图而标注的一种符号，用以表明详图的编号、详图的位置以及详图所在图纸编号。索引符号是由直径为 10mm 的圆和水平直径组成，圆及水平直径均应以细实线绘制，在上半圆中用阿拉伯数字注明该详图的编号，数字较多时，可加文字标注。索引符号需用一引出线指向要画详图的地方，引出线应对准圆心，如图 10－10（a）所示。索引出的详图，如与被索引的详图同在一张图纸内，应在索引符号的下半圆中间画一段水平细实线，如图 10－10（b）所示。索引出的详图，如与被索引的详图

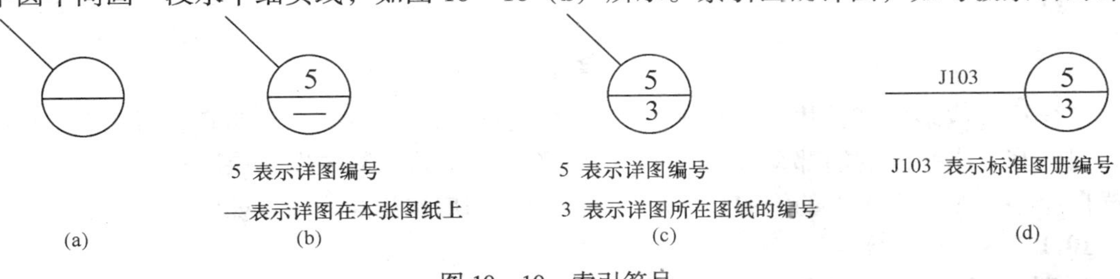

图 10－10　索引符号

不在同一张图纸内，应在索引符号的下半圆中用阿拉伯数字注明该详图所在图纸的编号，如图 10－10（c）所示。

索引出的详图，如采用标准图，应在索引符号水平直径的延长线上加注该标准图册的编号，如图 10－10（d）所示。

索引符号如用于索引剖面详图，应在被剖切的部位绘制剖切位置线，并以引出线引出索引符号，引出线所在的一侧应为投射方向。索引符号的编写同上，如图 10－11 所示。

（2）详图符号

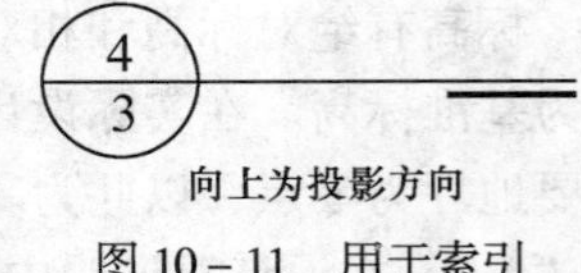

图 10－11　用于索引剖面详图的索引符号

详图符号表示索引出的详图的位置和编号，以此做为详图的图名，一般不用文字书写图名，以免产生混淆。详图符号圆的直径为 14mm，用粗实线绘制。详图与被索引的图样同在一张图纸内时，应在详图符号内用阿拉伯数字注明详图的编号，如图 10－12（a)所示。详图与被索引的图样不在同一张图纸内，应用细实线在详图符号内画一水平直线，在上半圆中注明详图编号，在下半圆注明被索引的图纸的编号，如图 10－12（b）所示。

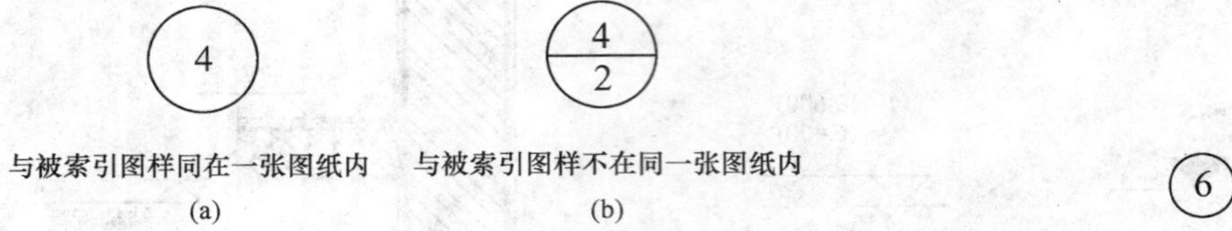

图 10－12　详图符号

图 10－13　零件、钢筋等的编号

零件、钢筋、构件、设备等的编号，以直径为 4～6mm（同一图样应保持一致）的细实线圆表示，其编号应用阿拉伯数字按顺序编写，如图 10－13 所示。

10.1.7.4　引出线

引出线是对建筑工程的构造或处理进行文字说明的一种方式，引出线应以细实线绘制，宜采用水平方向的直线，与水平方向成 30°、45°、60°、90°角的直线，或经上述角度再折为水平线。文字注明宜注写在水平线的上方，见图 10－14（a）；也可注写在水平线的端部，见图 10－14（b）；同时引出几个相同部分的引出线，宜互相平行，见图 10－14（c）；也可画成集中于一点的放射线，见图 10－14（d）。

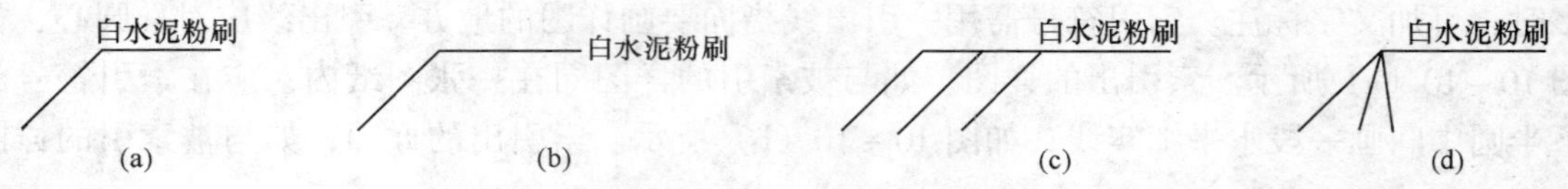

图 10－14　引出线

多层构造或多层管道共用引出线，应通过被引出的各层。文字说明宜注写在水平线的上方，或注写在水平线的端部，说明的顺序由上至下，并应与被说明的层次相互一致；如层次为横向排序，则由上至下的说明顺序应与从左至右的层次相互一致，如图 10－15 所示。

10.1.7.5　其他符号

1. 对称符号

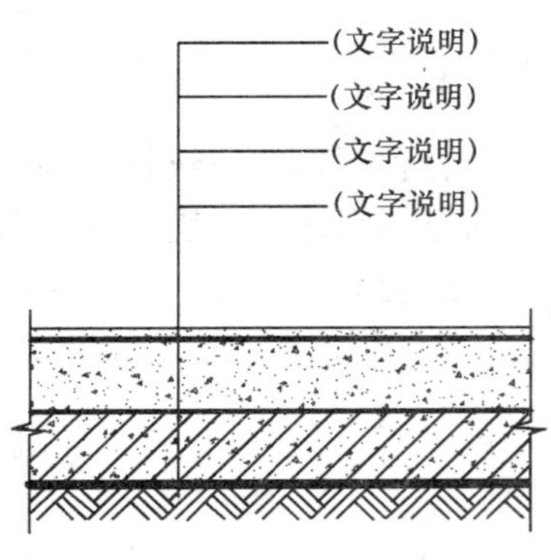

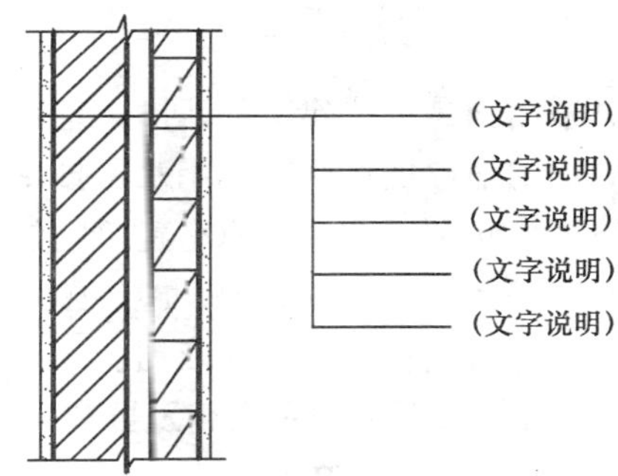

图 10－15　多层构造引出线

由对称线和两端的两对平行线组成。对称线用细点画线绘制；平行线用细实线绘制，其长度宜为 6～10mm，每对的间距宜为 2～3mm。对称线垂直平分于两对平行线，两端超出平行线宜为 2～3mm，如图 10－16（a）所示。

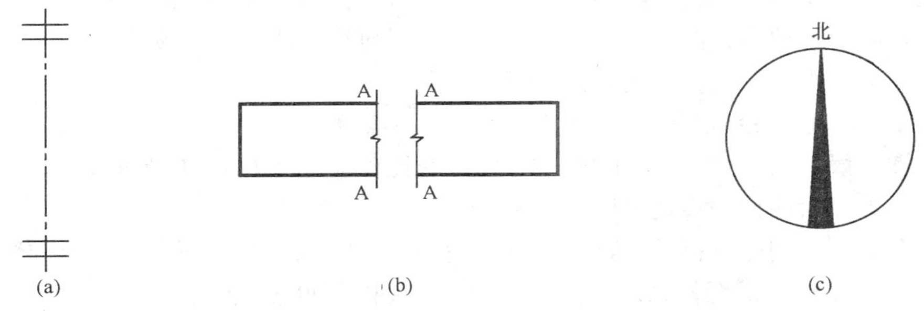

图 10－16　其他符号

（a）对称符号；（b）连接符号；（c）指北针

2. 连接符号

应以折断线表示需连接的部位。两部位相距过远时，折断线两端靠图样一侧应标注大写拉丁字母表示连接编号。两个被连接的图样必须用相同的字母编号。如图 10－16（b）所示。

3. 指北针

指北针的形状宜如图 10－16（c）所示，其圆的直径宜为 24mm，用细实线绘制；指针尾部的宽度宜为 3mm，指针头部应注“北”或“N”。需用较大直径绘制指北针时，指针尾部宽度宜为圆直径的 1/8。

10.1.8　施工图常用比例

为了清楚地表达施工图的内容，根据不同图样的要求，可以选用不同的比例。根据“国标”规定，施工图的绘图比例应符合表 10－1 的要求，绘图时应优先选用常用比例。

表 10－1　常用比例和可用比例

图　名	比　例	可　用　比　例
总平面图	1:500、1:1000、1:2000、1:10000、1:20000	1:2500、1:25000
建筑平、立、剖面图，结构布置图	1:50、1:100、1:150、1:200	1:60、1:80、1:250、1:300
详图	1:1、1:2、1:5、1:10、1:20、1:50	1:3、1:4、1:6、1:15、1:25、1:30、1:40

10.2 总 平 面 图

总平面图是将拟建工程四周一定范围内的新建、拟建、原有和拆除的建筑物、构筑物连同其周围的地形地物状况，用水平投影方法和相应的图例所画出的图样。它表明新建房屋的平面轮廓形状和层数、与原有建筑物的相对位置、周围环境、地貌地形、道路和绿化的布置等情况，是新建房屋及其他设施的施工定位、土方施工、施工总平面设计以及设计水、暖、电、燃气等管线总平面图的依据。

10.2.1 总平面图的图示内容及要求

10.2.1.1 图示内容

(1) 测量坐标网或建筑坐标网；

(2) 新建筑的定位坐标（或相互关系尺寸）、名称（编号）、层数及室内外标高；

(3) 相邻有关建筑、拆除建筑的位置或范围；

(4) 指北针或风向频率玫瑰图；

(5) 道路（或铁路）、明沟等的起点、变坡点、转折点、终点的标高与坡向箭头；

(6) 附近的地形地物，如等高线、道路、水沟、河流、池塘、土坡等；

(7) 用地范围内的绿化、公园等以及管道布置。

10.2.1.2 比例、图线和图例

总平面图一般采用 1∶500、1∶1000、1∶2000 的比例。总平面图中所注尺寸宜以 m 为单位，注写至小数点后两位，不足时以"0"补齐。

由于绘图比例较小，在总平面图中所表达的对象，要用《总图制图标准》（GB/T 50103—2001）中所规定的图例来表示。常用的总平面图例见表 10－2。

表 10－2 总平面图例（部分）

序 号	名 称	图 例	附 注
1	新建建筑物		1. 需要时，可用▲表示出入口，在图形内右上角用点数或数字表示层数 2. 建筑物外形（一般以 ± 0.000 高度处的外墙定位轴线或外墙面线为准）用粗实线表示。需要时，地面以上建筑物用粗实线表示，地面以下建筑物用细虚线表示。
2	原有建筑物		用细实线表示
3	计划扩建的预留地或建筑物		用中粗虚线表示
4	拆除的建筑物		用细实线表示
5	铺砌场地		
6	敞棚或敞廊		

续表

序号	名称	图例	附注
7	围墙及大门		上图为实体性质的围墙，下图为通透性质的围墙，若仅表示围墙时不画大门
8	挡土墙		被挡土在“突出”的一侧
9	填挖边坡		边坡较长时，可在一端或两端局部表示
10	护　坡		
11	室内标高	151.00	
12	室外标高	143.00	室外标高也可以采用等高线表示
13	新建的道路	R9 0.6 101.00 150.00	“R9”表示道路转弯半径为9m，“150.00”为路面中心控制点标高，“0.6”表示0.6%的纵向坡度，“101.00”表示变坡点间距
14	原有道路		
15	计划扩建的道路		
16	拆除的道路		
17	人行道		
18	桥　梁		1. 上图为公路桥，下图为铁路桥 2. 用于旱桥时应注明
19	花　卉		
20	植草砖铺地		

10.2.1.3 风向频率玫瑰图

风向频率玫瑰图（简称风玫瑰图）用来表示该地区常年的风向频率和房屋的朝向。风玫瑰图是根据当地多年平均统计的各个方向吹风次数的百分数，按一定的比例绘制的，与风力无关。风的吹向是指从外吹向中心，有箭头的方向为北向。实线表示全年风向频率，虚线表示按 6、7、8 三个月统计的夏季风向频率。如图 10－17 所示。

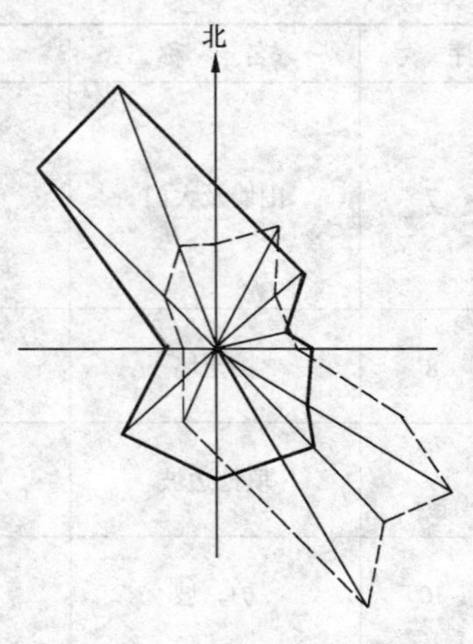

图 10－17 风向频率玫瑰图

10.2.1.4 坐标注法

在大范围和复杂地形的总平面图中，为了保证施工放线正确，往往以坐标表示建筑物、道路和管线的位置。坐标有测量坐标与建筑坐标两种坐标系统，如图 10－18 所示。坐标网格应以细实线表示，一般应画成 100m×100m 或 50m×50m 的方格网。测量坐标网应画成交叉十字线，坐标代号宜用“*X*、*Y*”表示；建筑坐标网应画成网格通线，坐标代号宜用“*A*、*B*”表示。坐标值为负数时，应注“－”号，为正数时，“＋”号可省略。

总平面图上有测量和建筑两种坐标系统时，应在附注中注明两种坐标系统的换算公式。表示建筑物、构筑物位置的坐标，宜注其三个角的坐标，如建筑物、构筑物与坐标轴线平行，可注其对角坐标。在一张图上，主要建筑物、构筑物用坐标定位，较小的建筑物、构筑物也可用相对尺寸定位。

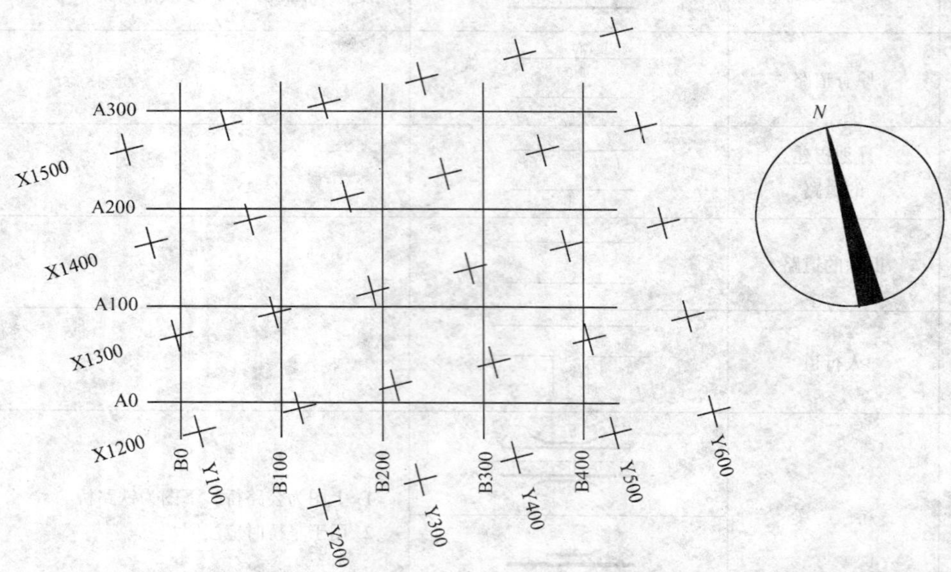

注:图中X为南北方向轴线,X的增量在X轴线上;Y为东西方向轴线,Y的增量在Y轴线上。
A轴相当于测量坐标网中的X轴,B轴相当于测量坐标网中的Y轴。

图 10－18 坐标网格

10.2.1.5 其他

应以含有±0.00 标高的平面作为总图平面，总图中标注的标高应为绝对标高，如标注相对标高，则应注明相对标高与绝对标高的换算关系。

当地形起伏较大时，常用等高线来表示地面的自然状态和起伏情况。

总图上的建筑物、构筑物应注写名称，名称宜直接标注在图上。当图样比例小或图面不够位置时，也可编号列表编注在图内。当图形过小时，可标注在图形外侧附近处。

10.2.2 识读总平面图示例

图 10–19 是某学校的总平面图，图样是按 1∶500 的比例绘制的。它表明该学校在靠近公园池塘的围墙内，要新建两幢 4 层教师公寓。

10.2.2.1 明确新建教师公寓的位置、大小和朝向

新建教师公寓的位置是用定位尺寸表示的。北幢与浴室相距 17.30m，与西侧道路中心线相距 6.00m，两幢教师公寓相距 17.20m。新建公寓均呈矩形，左右对称，东西向总长 29.04m，南北向总宽 14.04m，南北朝向。

10.2.2.2 新建教师公寓周围的环境情况

从图 10–19 中可看出，该学校的地势是自西北向东南倾斜。学校的最北向是食堂，虚线部分表示扩建用地；食堂南面有两个篮球场，篮球场的东面有锅炉房和浴室；篮球场的西面和南面各有一综合楼；在新建教师公寓东南角有一即将拆除的建筑物，该校的西南还有拟建的教学楼和道路；学校最南面有车棚和传达室，学校大门设在此处。

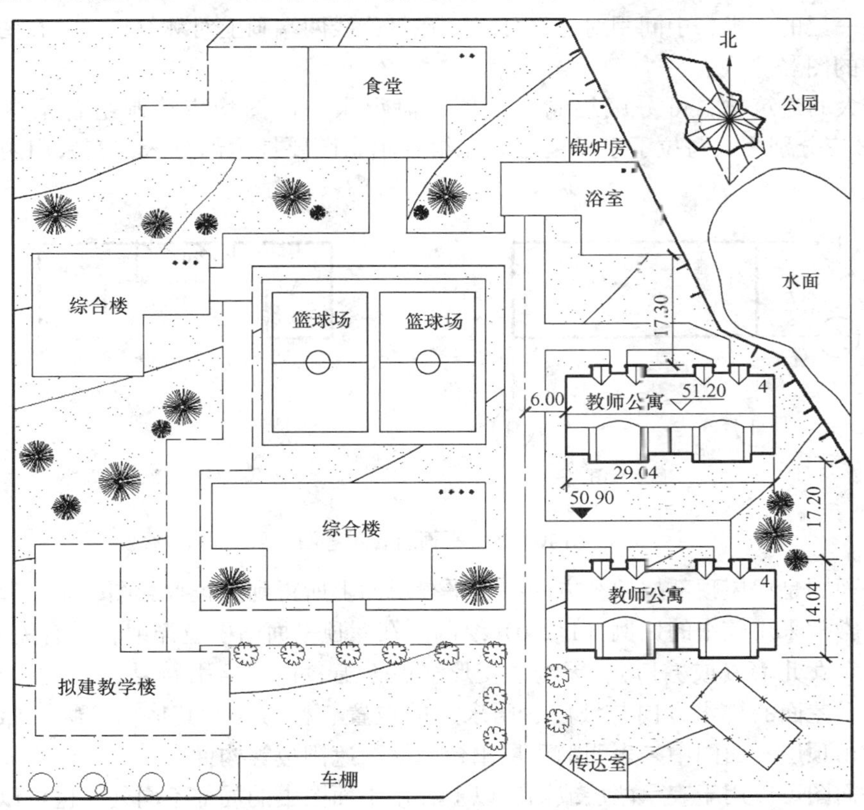

图 10–19 总平面图

10.3 建筑平面图

10.3.1 概述

假想用一水平的剖切面沿门窗洞口的位置将房屋剖切后，对剖切面以下部分房屋所作出的水平剖面图，称为建筑平面图，简称平面图。它反映出房屋的平面形状、大小和房间的布置，墙（或柱）的位置、厚度和材料，门窗的类型和位置等情况。

平面图是建筑专业施工图中最主要、最基本的图纸，其他图纸（如立面图、剖面图及某些详图）多是以它为依据派生和深化而成的。建筑平面图也是其他工种（如结构、设备、装修）进行相关设计与制图的主要依据，其他工种（特别是结构与设备）对建筑的技术要求也主要在平面图中表示，如墙厚、柱子断面尺寸、管道竖井、留洞、地沟、地坑、明沟等。因此，平面图与建筑施工图其他图样相比，较为复杂，绘图也要求全面、准确、简明。

建筑平面图通常是以层数来命名的，若一幢多层房屋的各层平面布置都不相同，应画出各层的建筑平面图，并在每个图的下方注明相应的图名和比例。若各层的房间数量、大小和布置都相同时，至少要画出三个平面图，即底层平面图、标准层平面图、顶层平面图（其中标准层平面图是指中间各层相同的楼层可用一个平面图表示，称为标准层平面图）。若建筑平面图左右对称，则习惯上也可将两层平面图合并画在同一个图上，左边画出一层的一半，右边画出另一层的一半，中间用对称线分界，在对称线两端画上对称符号，并在图的下方分别注明它们的图名。

平面较大的建筑物，可分区绘制平面图，但每张平面图均应绘制组合示意图，见图10－20。各区应分别用大写拉丁字母编号。在组合示意图要提示的分区，应采用阴影线或填充的方式表示。

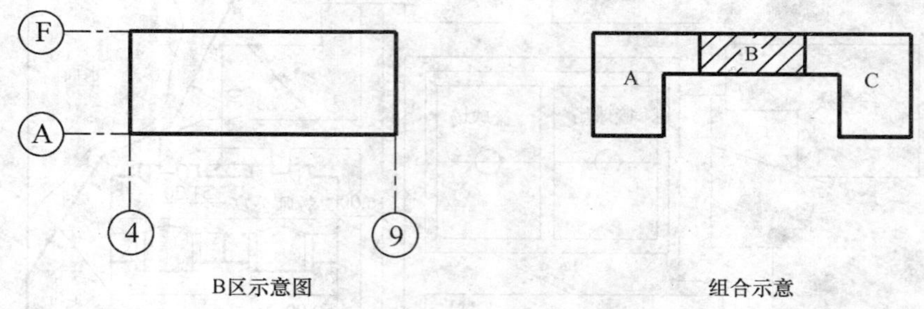

图10－20　平面组合示意图

屋顶平面图是房屋顶部按俯视方向在水平投影面上所得到的正投影图，由于屋顶平面图比较简单，常常采用较小的比例（1:200）绘制。在屋顶平面图中应详细表示有关定位轴线、屋顶的形状、女儿墙（或檐口）、天沟、变形缝、天窗、详图索引符号、分水线、上人孔、屋面、水箱、屋面的排水方向与坡度、雨水口的位置、检修梯、其他构筑物、标高等。此外，还应画出顶层平面图中未表明的顶层阳台雨篷、遮阳板等构件。

局部平面图可以用于表示两层或两层以上合用平面图中的局部不同处，也可以用来将平面图中某个局部以较大的比例另外画出，以便能较为清晰地表示出室内的一些固定设施的形状和标注它们的细部尺寸和定位尺寸。这些房屋的局部，主要是指：卫生间、厨房、楼梯间、高层建筑的核心筒、人防出入口、汽车库坡道等。

顶棚平面图宜用镜向投影法绘制。

10.3.2 建筑平面图的图示内容

(1) 墙体、柱、墩、内外门窗位置及编号;

(2) 注写房间的名称或编号。编号注写在直径为6mm细实线绘制的圆圈内,并在同张图纸上列出房间名称表;

(3) 注写有关尺寸,建筑平面图标注的尺寸有三类:外部尺寸、内部尺寸及标高。

建筑平面图的外部尺寸共有三道尺寸,由外向内,第一道为总尺寸,表示房屋的总长、总宽;第二道为轴线尺寸,表示定位轴线之间的距离;第三道为细部尺寸,表示外部门窗洞口的宽度和定位尺寸。三道尺寸线之间应留有适当距离(一般为7~10mm,但第三道尺寸线应距图形最外轮廓线15~20mm),以便注写数字。

建筑平面图的内部尺寸表示内墙上门窗洞口和某些构配件的尺寸和定位。

建筑平面图常以一层主要房屋的室内地坪为零点(标记为±0.000),分别标注出各房间楼地面的标高。

(4) 表示电梯、楼梯位置及楼梯上下方向、踏步数及主要尺寸;

(5) 表示阳台、雨篷、窗台、通风道、烟道、管道井、雨水管、坡道、散水、排水沟、花池等位置及尺寸;

(6) 表示固定的卫生器具、水池、工作台、橱柜、隔断等设施及重要设备位置;

(7) 表示地下室、地坑、检查孔、墙上预留洞、高窗等位置与标高。如不可见,则应用细虚线画出;

(8) 底层平面图中应画出剖面图的剖切符号,并在底层平面图附近画出指北针(注:指北针、散水、明沟、花池等在其他楼层平面图中不再重复画出);

(9) 标注有关部位上节点详图的索引符号;

(10) 注写图名和比例。

10.3.3 读图示例

现以某教师公寓为例,说明平面图的内容及其阅读方法,见图10-21~图10-24。

图10-21是该住宅的储藏室平面图。从图中可以看出,储藏室地面标高为-2.200,室外地面标高为-2.500,说明储藏室地面比室外地面高出300mm。

该层共有12间储藏室作为车库使用,在出口处都有坡道与室外地面相连,北面4间储藏室出口处都有室外台阶(2个踏步)与室外地面相连,其余4间储藏室由单元入口进入。

楼梯间的开间为2600mm,所画出的那部分梯段是沿单元入口通向第一层楼面的第一个梯段,该梯段共有12个踏面,宽度均为280mm,尺寸标注为:12×280=3360,说明了该梯段的长度为3360mm。

该住宅沿横向共有17条定位轴线,沿纵向共有8条定位轴线,住宅的最左与最右墙体的外侧,各有宽度为900mm的散水,被前后的坡道打断。

储藏室平面中共有三种类型的门:M4、M5、DM1,宽度分别为2700mm、900mm、1500mm。

图10-22是该住宅的一层平面图。从图中可以看出,该层室内主要房间的地面标高为±0.000,厨房、卫生间地面标高为-0.020,这是由于厨房与卫生间的地面上经常有水存在,为防止水从厨房与卫生间内流入客厅或其他房间,故有水房间地面应低于主要地面

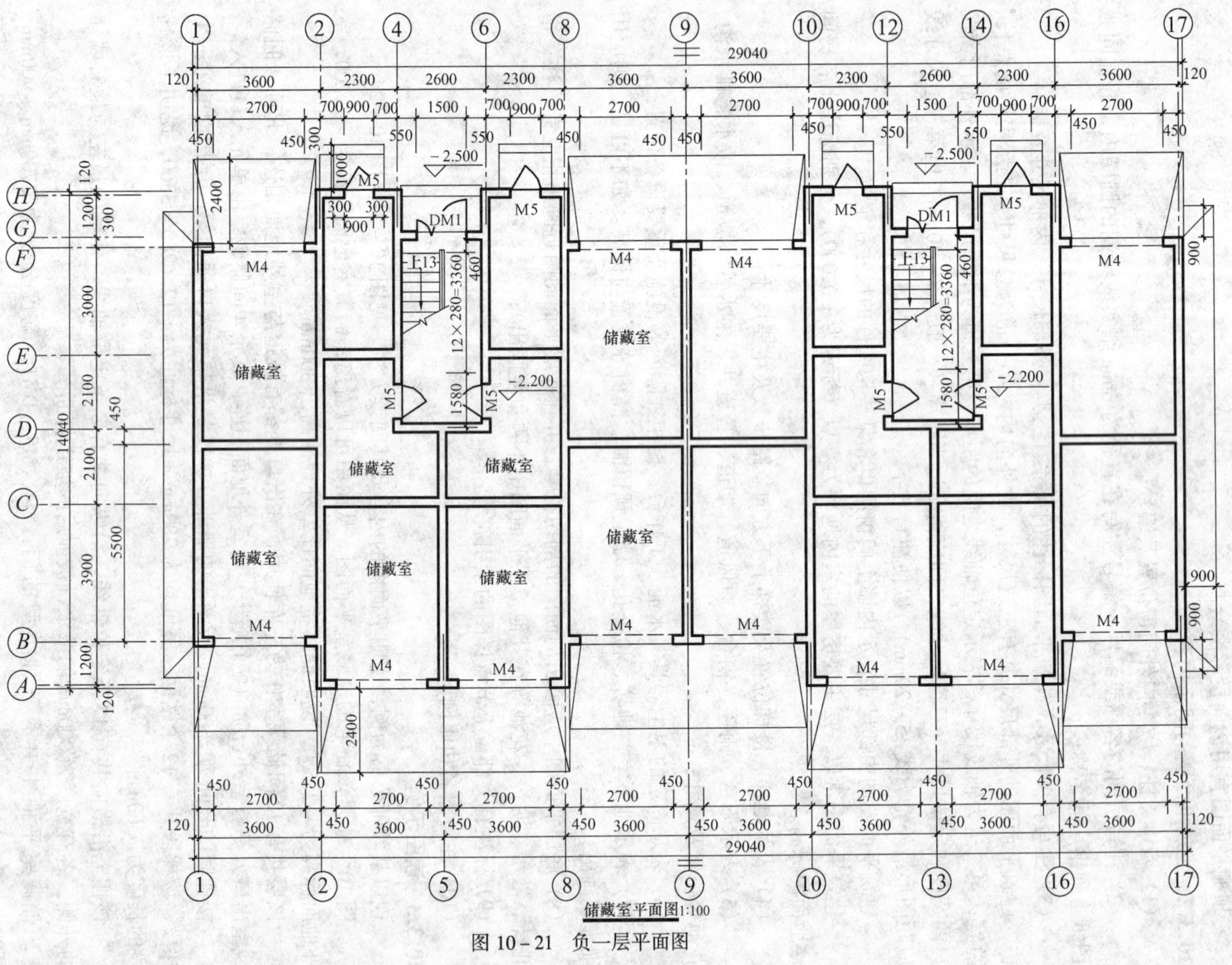

图 10-21 负一层平面图

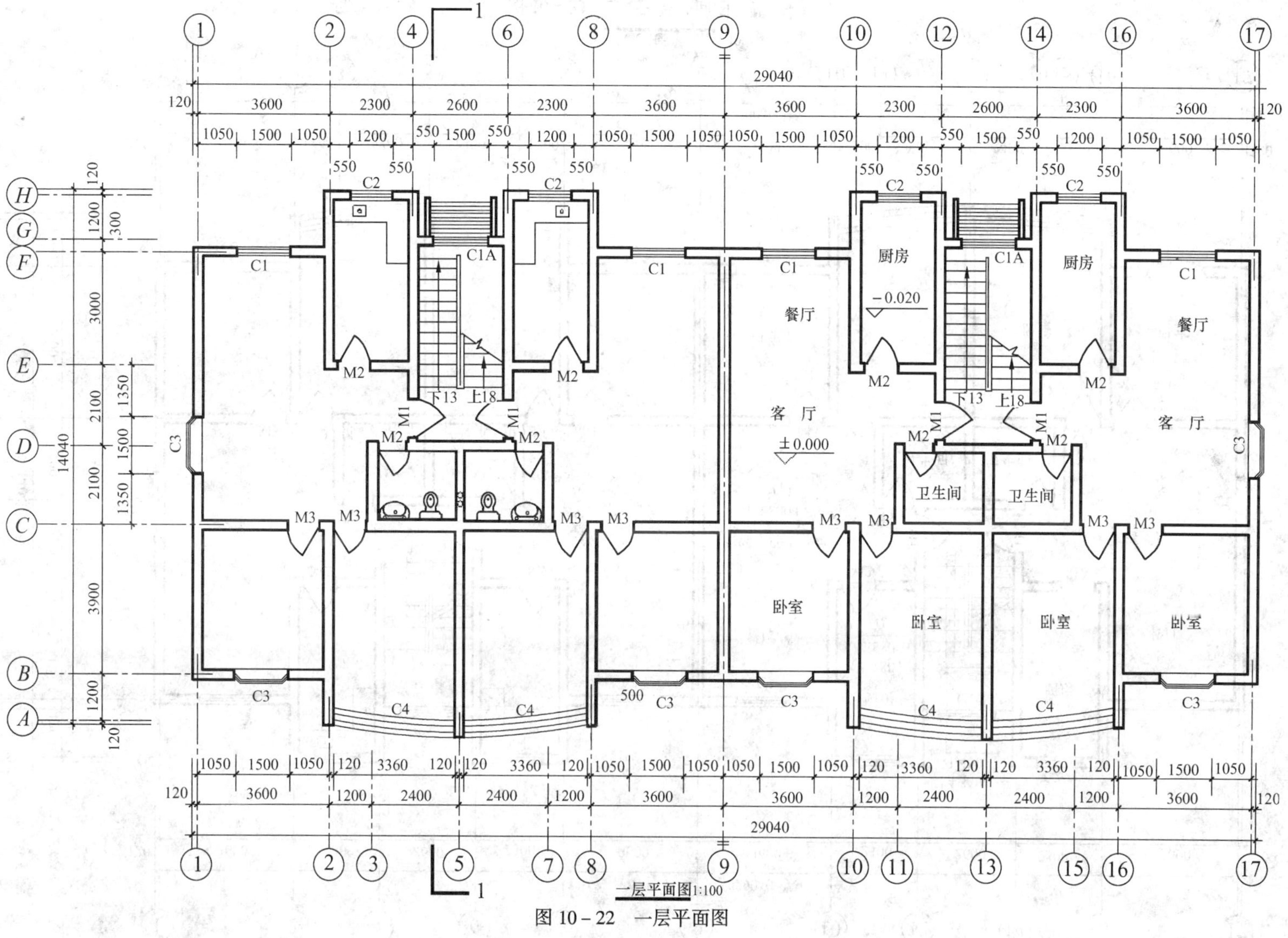

图 10－22　一层平面图

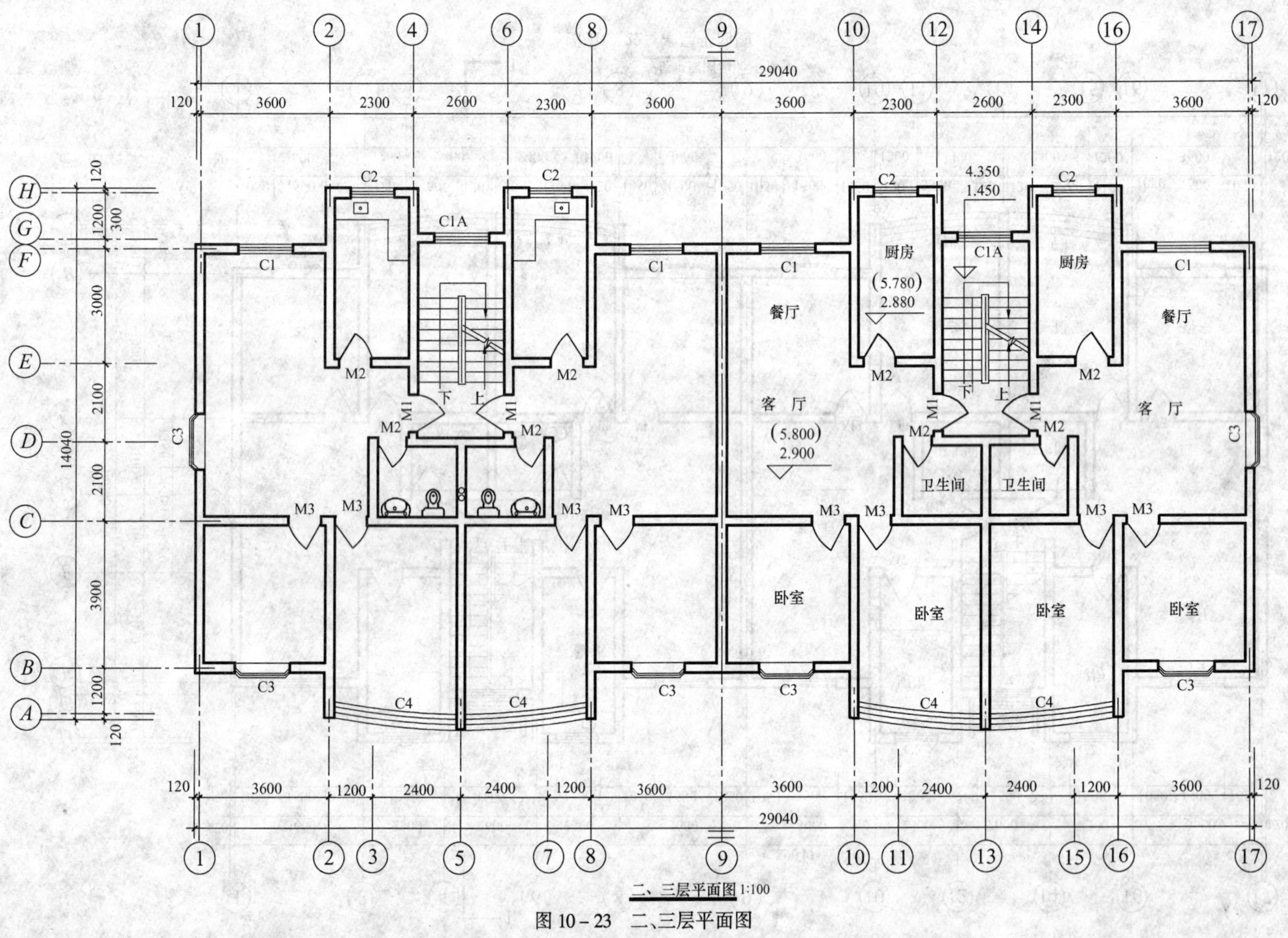

图 10－23 二、三层平面图

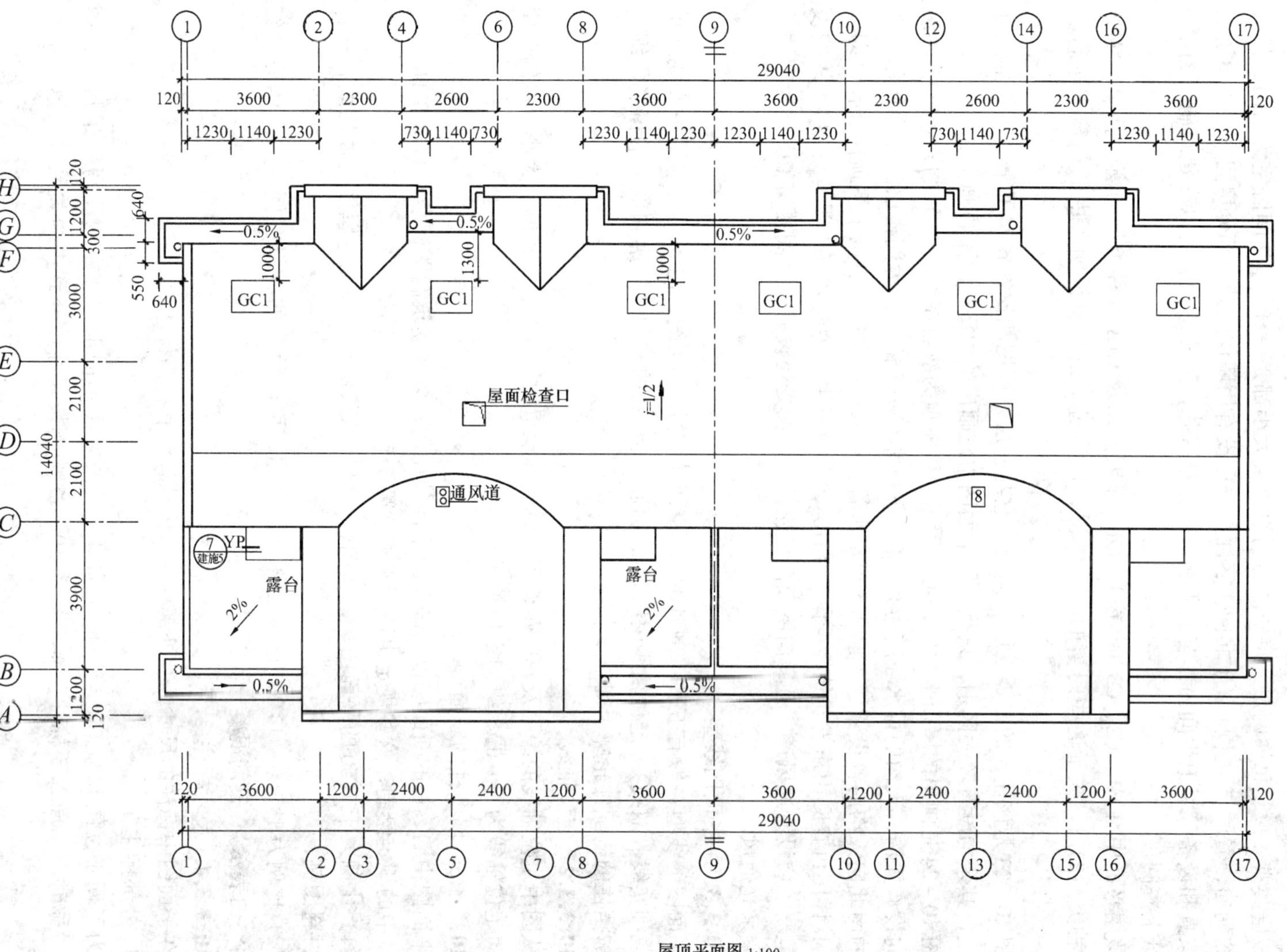

屋顶平面图 1:100

图 10－24　屋顶平面图

20mm，因此这样的房间门在图样中都会增加一条细线表示门口线。

该层共有4户，每梯两户，每户的房间组成及大小都是一样的，2间卧室为南向，具有良好的朝向，餐厅与卫生间置于北向，客厅与餐厅没有用墙体隔开。部分房间内还画出了主要的家具和设备等。卫生间内都有太阳能热水器管道井，其构造做法可以在建筑施工图第4张图纸上查阅。

该层平面中有C1、C2、C3（凸窗）、C4（弧窗）以及C1A五种类型的窗，有M1、M2、M3三种类型的门，关于这些门窗的具体情况，可通过“设计总说明”中的门窗表进行查阅。

图10－23是该住宅的二、三层平面图，它与一层平面图相比，省略了第三道细部尺寸的标注，其余均没有较大区别，只是一层平面图中已画出的雨篷此时不再画出。

图10－24是画出的屋顶平面图，可以看出：该屋顶为双坡屋面，屋面坡度为1/2，沿纵墙方向设有天沟，天沟的排水坡度为0.5%；每户都有一个露台，为阁楼层的住户使用；在房屋的南北向天沟内各设置了3根和5根落水管；在靠近屋脊处设有两个屋顶检查孔（即人孔），其详图可查阅山东省建筑标准图集LJ104；由于卫生间为暗的（即没有外窗），故按设计规范要求应设有通风道，且通向屋顶高出屋面；屋面处还设有六个阁楼窗GC1，为阁楼的起居室采光通风。

10.3.3.1　平面图线型

平面图的线型一般有五种：剖到的墙柱断面轮廓用粗实线；剖到的门扇用中实线（单线）或细实线（双线）；定位轴线用细单点长画线；看到的构配件轮廓和剖到的窗扇用细实线；被挡住的构配件轮廓用细虚线。

10.3.3.2　定位轴线

从图中定位轴线的编号及其间距，可了解到各承重构件的位置及房间的大小。本例房屋的横向定位轴线为①～⑰，纵向定位轴线为Ⓐ～Ⓗ。

10.3.3.3　墙、柱的断面

平面图中墙、柱的断面应根据平面图不同的比例，按《建筑制图标准》（GB/T 50104—2001）中的规定绘制，这些规定也适用于本章第5节的建筑剖面图。

（1）比例大于1∶50的平面图、剖面图，应画出抹灰层与楼地面、屋面的面层线，并宜画出材料图例；

（2）比例为1∶100～1∶200的平面图、剖面图，可画简化的材料图例，如砌体墙涂红（或用空白表示）、钢筋混凝土涂黑等。

10.3.3.4　尺寸标注

在平面图中标注的尺寸，有外部标注、内部标注和标高标注。

1. 外部标注

为了便于读图和施工，当图形对称时，一般在图形的下方和左侧注写三道尺寸，图形不对称时，四面都要标注。本书以图10－22为例按尺寸由外到内的关系说明这三道尺寸：

（1）第一道尺寸，是建筑总尺寸，是指从一端外墙边到另一端外墙边的总长和总宽的尺寸。一般在底层平面图中标注外包总尺寸，在其他各层平面中可以省略。本例建筑外包总尺寸为29 040 mm和14 040 mm，在每个平面图中都进行了标注。

（2）第二道尺寸，是表示轴线间距离的尺寸，用以说明房间的开间及进深。如①～②、⑧～⑨、⑨～⑩、⑯～⑰轴线间的房间开间均为3.6 m，②～⑤、⑤～⑧、⑩～⑬、⑬～⑯轴线间的房间开间也均为3.6 m（1.2 m＋2.4 m）。Ⓑ～Ⓒ轴线间的房间进深为3.9m等。

（3）第三道尺寸，是表示外墙门窗洞口的尺寸。如①～②轴线间的窗C3，其宽度为1 500mm，窗洞边距离轴线为1 050mm；又如Ⓒ～Ⓔ轴线间的C3，宽度为1 500mm，窗洞边距离两侧轴线均为1 350mm；②～④轴线间的窗C2，宽度为1 200mm，窗洞边距离两侧轴线均为550mm。

应该注意，门窗洞口尺寸不要与其他实体的尺寸混行标注，墙厚、雨篷宽度、台阶踏步宽度、花池宽等应就近实体另行标注。

2. 内部标注

为了说明房间的净空大小和室内的门窗洞、孔洞、墙厚和固定设备（如厕所、工作台、搁板、厨房等）的大小与位置，以及室内楼地面的高度，在平面图上应清楚地注写出有关的内部尺寸。相同的内部构造或设备尺寸，可省略或简化标注，如“未注明之墙身厚度均为240”、“除注明者外，墙轴线均居中”等。

3. 标高标注

楼地面标高是表明各房间的楼地面对标高零点（±0.000）的相对高度。本例一层地面定为标高零点，厨房、卫生间地面标高是－0.020，说明这些地面比其他房间地面低20mm。

其他各层平面图的尺寸，除标注出轴线间的尺寸和总尺寸外，其余与底层平面相同的细部尺寸均可省略。

10.3.3.5 构造及配件等图例

为了方便绘图和读图，“国标”规定了一些构造及配件等的图例。

1. 门窗图例

“国标”规定建筑构配件代号一律用汉语拼音的第一个字母大写来表示，即门的代号用M表示，如果按材质、功能或特征编排，则可有以下代号：木门－MM；钢门－GM；塑钢门－SGM；铝合金门－LM；卷帘门－JM；防盗门－FDM；防火门－FM。窗的代号用C表示，同门一样，也可以有以下代号：木窗－MC；钢窗－GC；铝合金窗－LC；木百页窗－MBC。在门窗的代号后面写上编号，如M1、M2、…… C1、C2……，同一编号表示同一类型的门窗，它们的构造与尺寸都一样（在平面图上表示不出的门窗编号，应在立面图上标注）。

图10－25画出了一些常用门窗的图例，门窗洞的大小及其型式都应按投影关系画出。门窗立面图例中的斜线是门窗扇的开启符号，实线为外开，虚线为内开，开启方向线交角的一侧为铰链，即安装合页的一侧，一般设计图中可不表示。门窗的剖面图所示左为外，右为内，平面图所示下为外，上为内。若单层固定窗、悬窗、推拉窗等以小比例绘图时，平、剖面的窗线可用单细实线表示。门的平面图上门扇可绘成90°或60°（45°、30°）的特殊斜线，开启弧线绘出与否均可。

2. 其他图例　如图10－26所示。

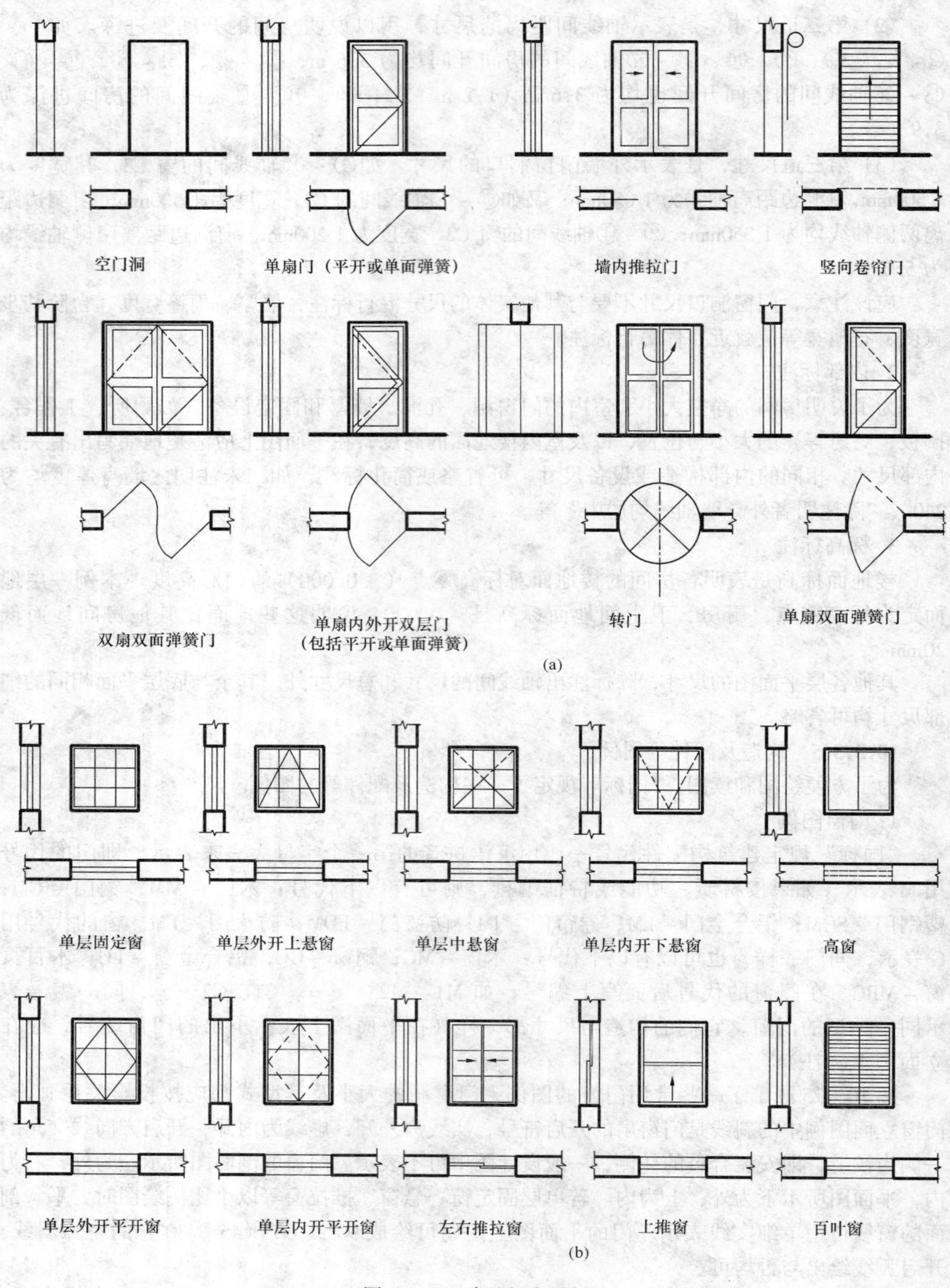

图 10-25 常用门窗图例

（a）门图例；（b）窗的图例

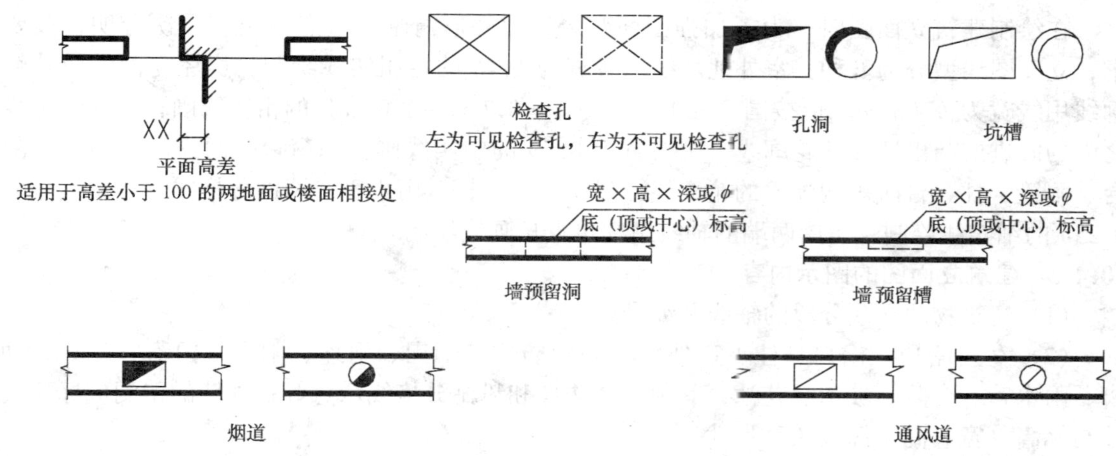

图 10－26　建筑平面图中部分常用图例

10.4 建筑立面图

10.4.1 概述

建筑立面图是房屋外表面的正投影图，简称立面图。立面图主要是用来表达建筑物的外形艺术效果，在施工图中，它主要反映房屋的外貌和立面装修的做法。立面图应包括建筑的外轮廓线和室外地坪线、勒脚、构配件、外墙面做法及必要的尺寸与标高等。

1. 立面图的命名方法

“国标”规定，立面图的命名方法有三种：当房屋为正朝向时，可按朝向命名为东（南、西、北）立面图；当房屋朝向不正时，可按投影（或按立面的主次）命名为正立面图、背立面图、左侧立面图、右侧立面图；房屋朝向不正时，也可按轴线编号命名为①～⑧立面图、⑧～①立面图、Ⓐ～Ⓖ立面图、Ⓖ～Ⓐ立面图。

2. 图示内容

按投影原理，立面图上应将立面上所有看得见的细部都表示出来。但由于立面图的比例较小，如门窗扇、檐口构造、阳台栏杆和墙面复杂的装修等细部，往往只用图例表示。它们的构造和做法，都另有详图或文字说明。因此，立面图上相同的门窗、阳台、外檐装修、构造做法等可在局部重点表示，绘出其完整图形，其余部分都可简化，只画出轮廓线。

较简单的对称式建筑物或对称的构配件等，在不影响构造处理和施工的情况下，立面图可绘制一半，并在对称轴线处画对称符号。这种画法，由于建筑物的外形不完整，故较少采用。前后或左右完全相同的立面，可以只画一个，另一个注明即可。

3. 标高与尺寸标注

建筑立面图宜标注室外地坪、入口地面、雨篷底、门窗上下口、檐口、女儿墙顶及屋顶最高处部位的标高。除了标高外，有时还需注出一些并无详图的局部尺寸，用以补充建筑构造、设施或构配件的定位尺寸和细部尺寸，如本例墙面上与室内楼面标高相同水平构件的尺寸 120。标高一般标注在图形外，并做到符号上下对齐，大小一致，必要时，可标注在图内。

4. 图线

在绘制建筑立面图时，为了加强图面效果，使外形清晰、重点突出和层次分明，按要求，立面图线型分为五种：室外地坪线用线宽为 1.4b 的特粗实线绘制；房屋立面的最外轮廓线用线宽为 b（b 的取值按国家标准，常取 b = 0.7mm ~ 1.0mm）的粗实线画；在外轮廓线之内的凹进或凸出墙面的轮廓线，用线宽为 0.5b 的中实线画，如窗台、门窗洞、檐口、阳台、雨篷、柱、台阶等构配件的轮廓线；门窗扇、栏杆、雨水管和墙面分格线等均用线宽为 0.25b 的细实线绘制；房屋两端的轴线用细单点长画线绘制。

10.4.2　建筑立面图的图示内容

（1）建筑物两端或分段的轴线及编号。

（2）女儿墙顶、檐口、柱、室外楼梯和消防梯、烟囱、雨篷、阳台、门窗、门斗、勒脚、雨水管、台阶、坡道、花池，其他装饰构件和粉刷分格线示意等；外墙的留洞应标注尺寸与标高（宽 × 高 × 深及关系尺寸）。

（3）在平面图上表示不出的窗编号，应在立面图上标注。平、剖面图未能表示出来的屋顶、檐口、女儿墙、窗台等标高或高度，应在立面图上分别注明。

（4）各部分构造、装饰节点详图索引符号。

10.4.3　读图示例

现以图 10 – 27 ~ 图 10 – 29 所示的立面图为例，说明立面图的内容及其阅读方法。

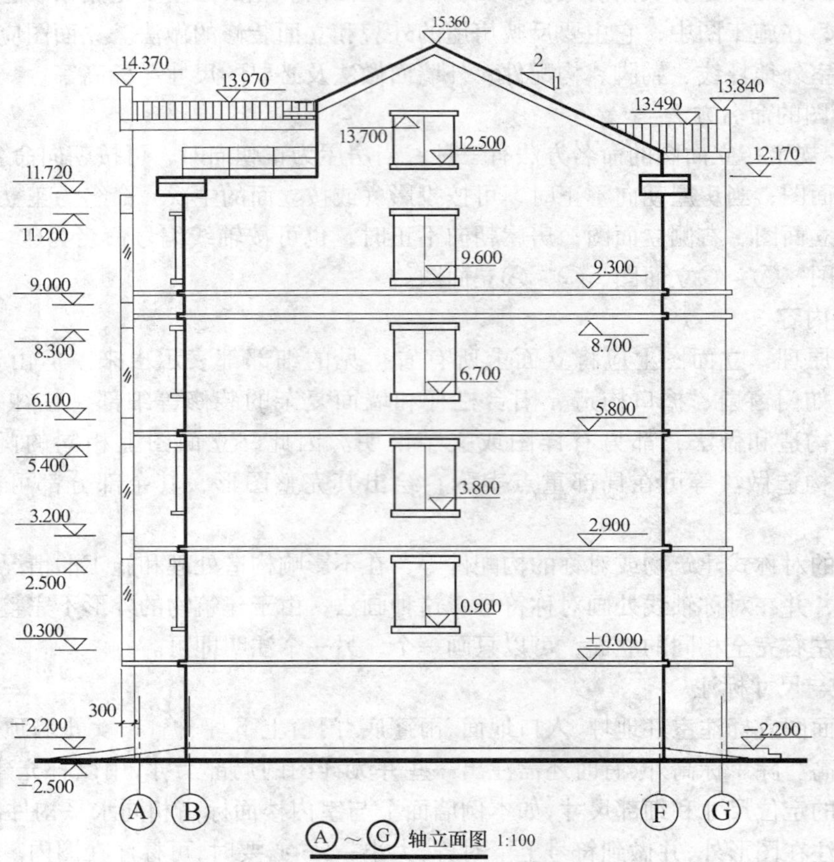

图 10 – 27　建筑立面图（一）

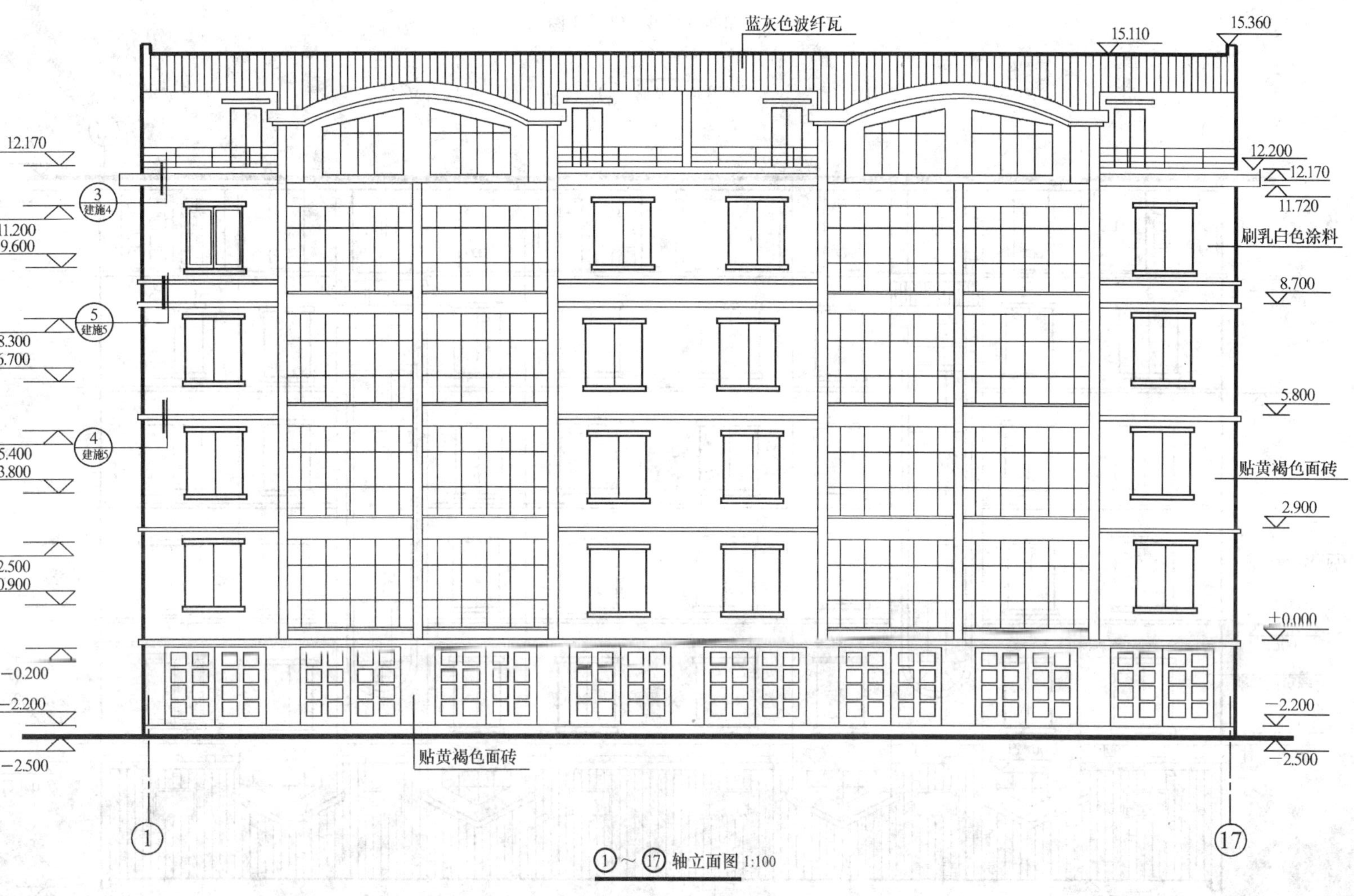

图 10－28　建筑立面图(二)

图 10－29　建筑立面图(三)

从图名或轴线编号可知这三个立面图分别是表示房屋的南向、北向及东向的立面图，比例与平面图一样，为 1:100，按表 10－1 选用。

从图中可看出：外轮廓线所包围的范围显示出这幢房屋的总长、总宽、总高。屋顶采用坡屋顶，共 4 层住户，房屋最下一层为储藏室（车库），顶层住户拥有阁楼层，各层左右对称；图中按实际情况画出了窗洞的可见轮廓和窗形式。

从图上的文字说明，可了解到房屋外墙面装修的做法。外墙面以及一些构配件与设施等的装修做法，在立面图中常用引出线作文字说明，如本例房屋 1～3 层墙面采用贴黄褐色外墙面砖，4 层及阁楼层墙面采用乳白色涂料。外墙勒脚处墙面除坡道外均采用乳白色外墙涂料，屋面采用蓝灰色波纤瓦，等等。

⑰～①立面图上表达出了楼梯间外墙面的处理以及原来各层厨房向上延伸与屋面相交而形成的四个老虎窗；另在坡屋面上设置了六个威卢克斯窗（阁楼窗 GC1）。此外，在立面图上，对于一些构件还在图形中标注出了索引符号。

10.5 建筑剖面图

10.5.1 概述

建筑剖面图是房屋的竖直剖视图，也就是用一个或多个假想的平行于正立投影面或侧立投影面的竖直剖切面剖开房屋，移去剖切平面某一侧的形体部分，将留下的形体部分按剖视方向向投影面作正投影所得的图样。

建筑剖面图应表示剖切断面和投影方向可见的建筑构配件轮廓线，其尺寸包括外部尺寸与标高和内部楼地面标高及内部门窗洞尺寸。画建筑剖面图时，常用全剖面图和阶梯剖面图的形式。剖切符号一般应画在底层平面图内，剖切平面应根据图纸的用途或设计深度，选择房屋内部构造复杂而又反映特征且具有代表性的部位，并应尽量通过门窗洞和楼梯间剖切。如选在层高不同、层数不同、内外空间比较复杂或典型的部位。

剖面图的数量是根据房屋的具体情况和施工实际需要而决定的。剖切面一般选用横向剖切，即平行于侧立面，必要时也可以纵向剖切，即平行于正立面。剖面图的图名应与平面图上所标注剖切符号的编号一致，如 1—1 剖面图、2—2 剖面图等。

剖面图中的断面，其材料图例应与平面图相同。有时在剖视方向上还可以看到室外局部立面，如果其他立面图没有表示过，则可用细实线画出该局部立面，否则可简化或不表示。

习惯上，剖面图不画出基础的大放脚，墙的断面只需画到地坪线以下适当的地方，画断开线断开就可以了，断开以下的部分将由房屋结构施工图的基础图表明。

为了方便绘图和读图，房屋的立面图和剖面图，宜绘制在同一水平线上，图内相互有关的尺寸及标高，宜标注在同一竖直线上，如图 10－30 所示。

10.5.2 建筑剖面图的图示内容

（1）墙、柱、轴线及轴线编号

（2）室外地面、底层地（楼）面、各层楼板、吊顶、屋顶（包括檐口、烟囱、天窗、女儿墙等）、门、窗、梁、楼梯、台阶、坡道、散水、平台、阳台、雨篷、洞口、墙裙、踢脚板、防潮层、雨水管及其他装修可见的内容。

（3）标高及高度方向上的尺寸

剖面图和平面图、立面图一样，宜标注室内外地坪、台阶、地下层地面、门窗、雨篷、

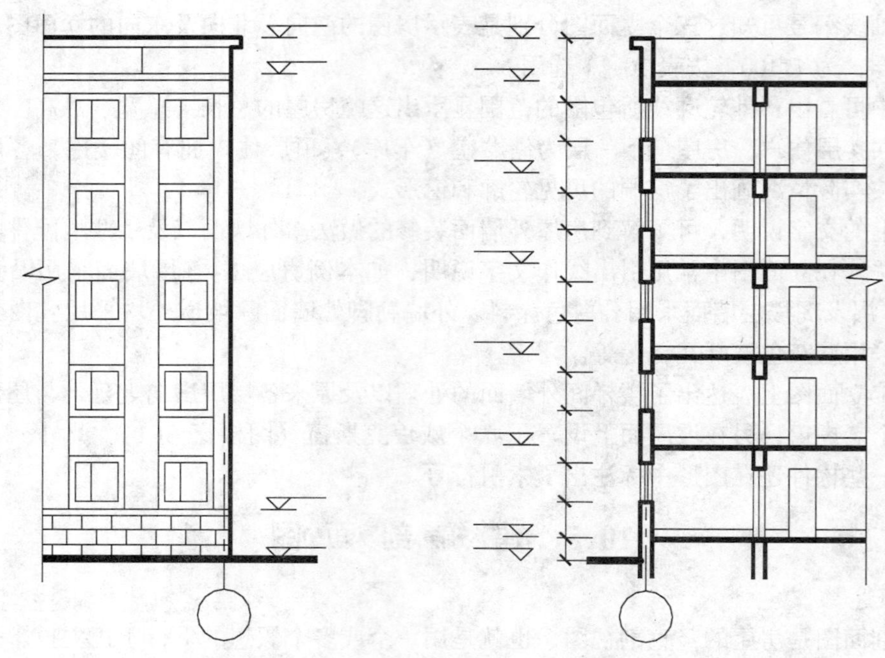

图 10－30　立面图、剖面图的位置关系

楼地面、阳台、平台、檐口、屋脊、女儿墙等处完成面的标高。平屋面等不易标明建筑标高的部位可标注结构标高，并予以说明。结构找坡的平屋面，屋面标高可标注在结构板面最低点，并注明找坡坡度。有屋架的立面，应标注屋架下弦搁置点或柱顶标高。

高度方向上的尺寸包括外部尺寸和内部尺寸。

外部尺寸应标注以下三道：

① 洞口尺寸：包括门、窗、洞口、女儿墙或檐口高度及其定位尺寸；

② 层间尺寸：即层高尺寸，含地下层在内；

③ 建筑总高度：指由室外地面至檐口或女儿墙顶的高度。屋顶上的水箱间、电梯机房和楼梯出口小间等局部升起的高度可不计入总高度，可另行标注。当室外地面有变化时，应以剖面所在处的室外地面标高为准。

内部尺寸主要标注地坑深度、隔断、搁板、平台、吊顶、墙裙及室内门、窗等的高度。

（4）表示楼地面各层的构造，可用引出线说明。若另画有详图，在剖面图中可用索引符号引出说明；若已有“构造说明一览表”或“面层做法表”时，在剖面图上不再进行任何标注。

（5）节点构造详图索引符号。

10.5.3　读图示例

现以图 10－31 所示的剖面图为例，说明剖面图的内容及其阅读方法。

图中标高都表示与 ±0.000 的相对尺寸。可以看出，各层（除阁楼层 2.37m）的层高为 2.9m；表示楼、地面各层的构造，可用引出线说明，也可以另画详图，在剖面图中要用索引符号引出说明，本例在设计说明中已有“建筑做法说明”，故在剖面图上不再作任何标注。

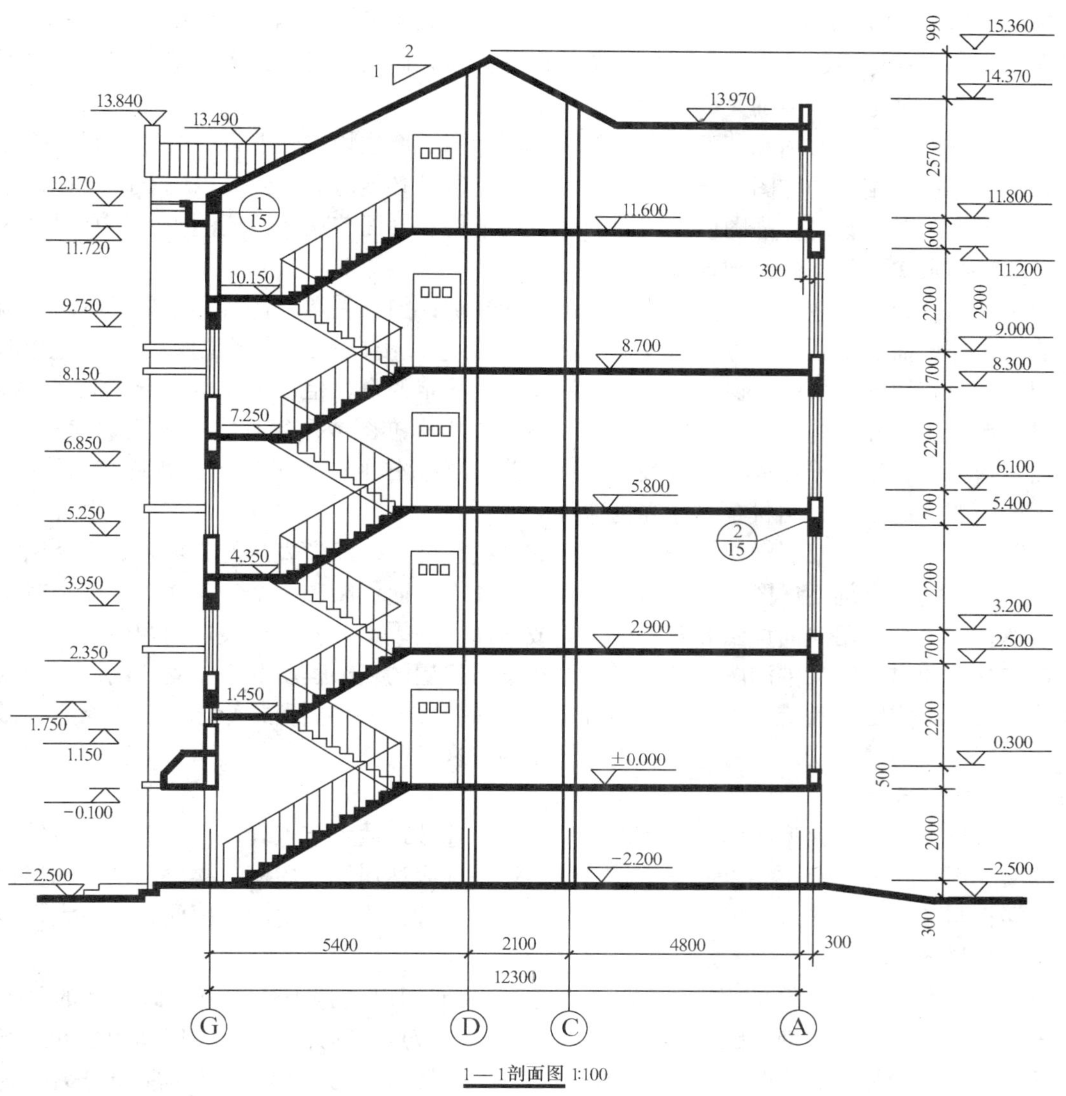

图 10－31　建筑剖面图

从图名和轴线编号与平面图上的剖切位置和轴线编号相对照，可知 1－1 剖面图是通过④～⑤轴线间的楼梯梯段，剖切后向右进行投影而得到的横向剖面图，绘图比例为 1∶100。图中画出了屋顶的结构形式以及房屋室内外地坪以上各部位被剖切到的建筑构配件。如室内外地面、楼地面、内外墙及门窗、梁、楼梯与楼梯平台、雨篷等。

图中在檐口、窗顶等处画出了索引符号，需绘制详图。

10.6　建　筑　详　图

建筑平面图、立面图、剖面图一般采用较小的比例，在这些图样上难以表示清楚建筑物某些局部构造或建筑装饰，必须专门绘制比例较大的详图，将这些建筑的细部或构配件用较大比例（1:20、1:15、1:10、1:5、1:2、1:1 等）将其形状、大小、材料和做法等详细地表示出来，这种图样称为建筑详图，简称详图，也可称为大样图。建筑详图是整套施工图中不可缺少的部分，是施工时准确完成设计意图的依据之一。

在建筑平面图、立面图和剖面图中，凡需绘制详图的部位均应画上索引符号，而在所画出的详图上应注明相应的详图符号。详图符号与索引符号必须对应一致，以便看图时查找相互有关的图纸。对于套用标准图或通用图的建筑构配件和剖面节点，只要注明所套有图集的名称、编号和页次，就不必另画详图。

建筑详图可分为构造详图、配件和设施详图和装饰详图三大类。构造详图是指屋面、墙身、墙身内外饰面、吊顶、地面、地沟、地下工程防水、楼梯等建筑部位的用料和构造做法。配件和设施详图是指门、窗、幕墙、浴厕设施、固定的台、柜、架、桌、椅、池、箱等的用料、形式、尺寸和构造，大多可以直接或参见选用标准图或厂家样本（如门、窗）。装饰详图是指为美化室内外环境和视觉效果，在建筑物上所作的艺术处理，如花格窗、柱头、壁饰、地面图案的纹样、用材、尺寸和构造等。

详图的图示方法，根据细部构造和构配件的复杂程度，按清晰表达的要求来确定。例如墙身节点图只需一个剖面详图来表达；楼梯间宜用几个平面详图和一个剖面详图、几个节点详图表达；门窗则常用立面详图和若干个剖面或断面详图表达。若需要表达构配件外形或局部构造的立体图时，宜按轴测图绘制。详图的数量与房屋的复杂程度及平、立、剖面图的内容及比例有关。详图的特点，一是用较大的比例绘制，二是尺寸标注齐全，三是构造、做法、用料等详尽清楚。现以墙身大样和楼梯详图为例来说明。

10.6.1 墙身大样

墙身大样实际是在典型剖面上典型部位从上至下连续地放大节点详图。一般多取建筑物内外的交界面——外墙部位，以便完整、系统、清楚地表达房屋的屋面、楼层、地面和檐口构造、楼板与墙面的连接、门窗顶、窗台和勒脚、散水等处构造的情况，因此，墙身大样也称为外墙身详图。

墙身大样实际上是建筑剖面图的局部放大图，不能用以代替表达建筑整体关系的剖面图。画墙身大样时，宜由剖面图直接索引出，常将各个节点剖面连在一起，中间用折断线断开，各个节点详图都分别注明详图符号和比例。下面以图 10－32 所示的某房屋墙身大样为例，作简要的介绍。

10.6.1.1 檐口节点剖面详图

檐口节点剖面详图主要表达顶层窗过梁、遮阳或雨篷、屋顶（根据实际情况画出它的构造与构配件，如屋面梁、屋面板、室内顶棚、天沟、雨水管、架空隔热层、女儿墙及其压顶）等的构造和做法。在该檐口节点剖面详图中，屋面的承重层是预制钢筋混凝土空心板，按 3%来砌坡，上面有 TS－C 防水卷材层和架空层，以用来防水和隔热。檐口外侧有一檐沟，通过女儿墙所留孔洞（泄水口兼通风口），使雨水沿雨水管集中排流到地面。

10.6.1.2 窗台节点剖面详图

窗台节点剖面详图主要表达窗台的构造，以及内外墙面的做法。该房屋窗台的材料为砖，外表面出挑 60mm，厚 60 mm，外墙面是 20 mm 厚的水刷石面层。

10.6.1.3 窗顶节点剖面详图

窗顶节点剖面详图主要表达窗顶过梁处的构造，内、外墙面的做法，以及楼板层的构造情

10.200
9.600
9.100
(7.300)
4.100
(6.400)
3.200
(5.900)
2.700
0.900
±0.000
-0.060
-0.450
3%
2%
XJ202
180 高架空层
TS-C 防水卷材层
20 厚水泥砂浆找平层
120 厚预制空心楼板砌坡 3%
喷大白浆两道
20 厚水泥砂浆抹面层
120 厚预制空心楼板
喷大白浆两道
水刷石
白水泥粉刷
白水泥粉刷
水刷石
防潮层
150 高 1:2.5 水泥砂浆踢脚板
20 厚水泥砂浆抹面层
70 厚 C20 细石混凝土
素土夯实
1
2
3
A
B
外墙身剖面图 1:20
图 10－32 墙身大样图

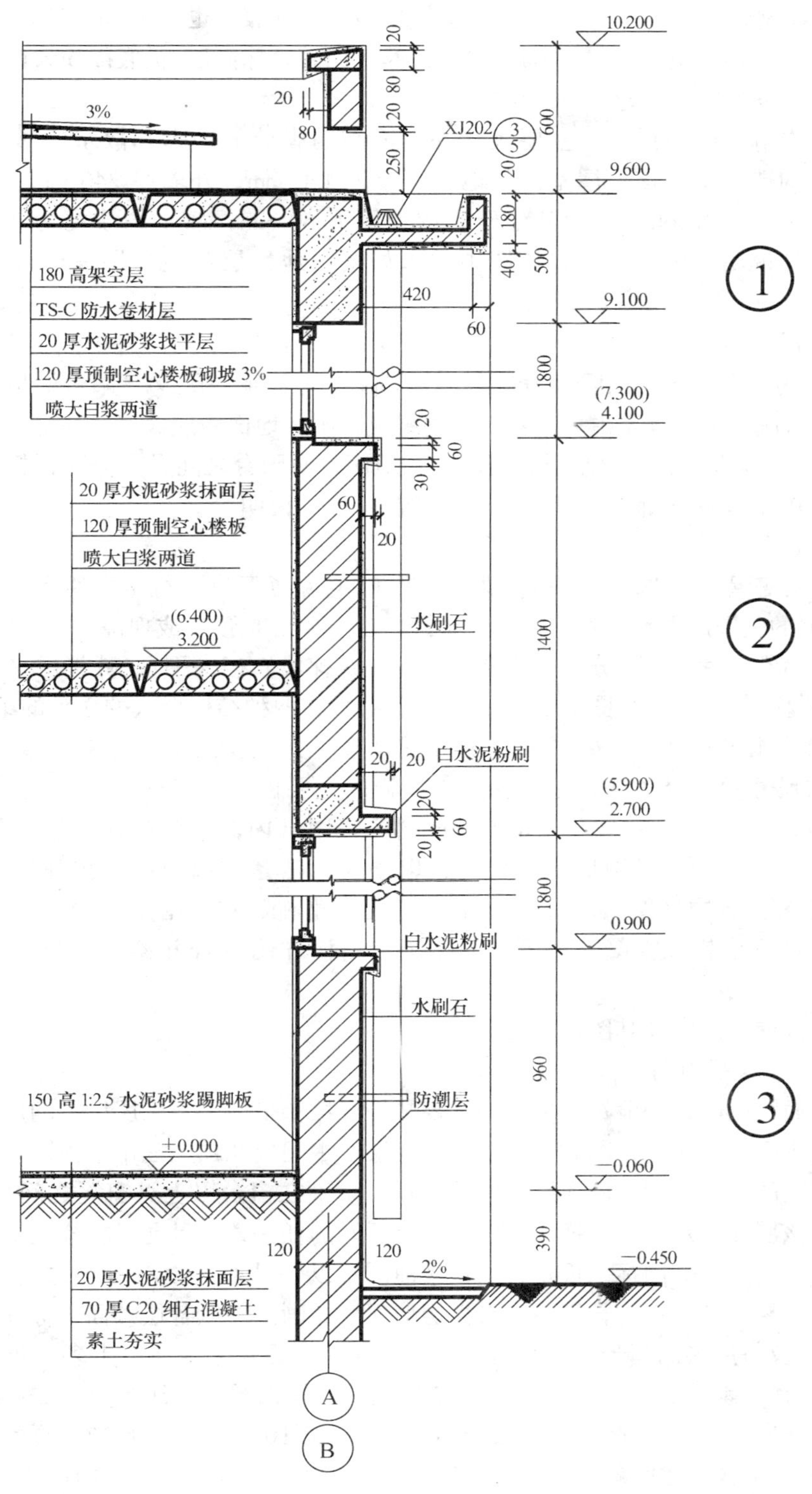

况。该房屋窗顶过梁为 L 形，出挑 120 mm，厚度为 60 mm，外表面也是 20 mm 厚的水刷石面层，楼板采用 120mm 厚预制空心板，板顶面做 20mm 厚水泥砂浆抹面层，板底面喷大白浆两道。

10.6.1.4 勒脚和散水节点剖面详图

勒脚和散水节点剖面详图，主要表达外墙面在墙脚处的勒脚和散水的做法，以及室内底层地面的构造情况。该房屋室内外地面高差为 450 mm，外墙厚 240 mm 且轴线居中，水平防潮层标高为 -0.060，说明其位于室内地面下 60 mm；散水的坡度为 2%，由于散水的做法在设计说明中已有，所以该图中并未如楼（地）层和屋顶层一样对其构造做法引出说明。

10.6.2 阳台详图

图 10-33 为阳台详图。该阳台为悬挑式双阳台（或称组合阳台），阳台栏板采用钢筋混凝土和钢栏杆组成，钢栏杆是由多个对接角钢组成；阳台地面做成坡面，在每个阳台的转角处设有一根 DN32 泄水管，将雨水引到雨水管和地面；两阳台之间设有分隔栏杆，其横杆和竖杆分别是由Φ 42 及Φ 16 镀锌管组成，详细情况见图中说明。

10.6.3 楼梯详图

楼梯是多层房屋中供人们上下的主要交通设施，它除了要满足行走方便和人流疏散畅通外，还应有足够的坚固耐久性。在房屋建筑中最广泛应用的是预制或现浇的钢筋混凝土楼梯。楼梯通常由楼梯段（简称梯段，分为板式梯段和梁板式梯段）、楼梯平台（分楼层平台和休息平台）、栏杆（或栏板）扶手组成。图 10-34 是板式和梁板式两种结构形式的楼梯的组成。

楼梯的构造比较复杂，需要画出它的详图。楼梯详图主要表达楼梯的类型、结构形式、各部位的尺寸及装修做法，是楼梯施工放样的主要依据。楼梯详图一般包括平面图、剖面图及踏步、栏杆详图等，并尽可能画在同一张图纸内。平、剖面图比例要一致，以便对照阅读。踏步、栏杆详图比例要大些，以便表达清楚该部分的构造情况。楼梯详图一般分建筑详图和结构详图，并分别绘制，编入“建施”和“结施”中。对于一些构造和装修较简单的现浇钢筋混凝土楼梯，其建筑和结构详图可合并绘制，编入“建施”或“结施”均可。

下面介绍楼梯的内容及其图示方法。

10.6.3.1 楼梯平面图

与建筑平面图相同，一般每一层楼梯都要画一个楼梯平面图。三层以上的房屋，当底层与顶层之间的中间各层布置相同时，通常只画底层、中间层和顶层三个平面图。

楼梯平面图的剖切位置，同房屋平面图一样，是剖在窗台以上（窗洞之间），所以它的位置一般是在该层往上走的第一梯段（中间平台下）的任一处，且通过楼梯间的窗洞口。各层被剖切到的梯段，按“国标”规定，均在平面图中以一根 45°（30°、60°）的折断线表示剖切位置。在每一梯段处画有一长箭头（自楼层地面开始画）并以各层楼面为标准，分别注写“上”和“下”及每层楼的踏步数，表明从该层楼（地）面往上或往下走多少步级可到达上（或下）一层的楼（地）面。例如在图 10-35 的负一层平面图中，注有“上 13”的箭头表示从储藏室层楼面向上走 13 步级可达一层楼面，一层平面图中注有“下 13”的箭头表示从一层楼面向下走 13 步级可达储藏室层楼面，“上 18”的箭头表示从一层楼面向上走 18 步级可达二层楼面等。

ϕ42镀锌管
水泥砂浆
深绿色菱格瓷砖贴面
ϕ16镀锌管
L50×50
ϕ42镀锌管
DG32 泄水管
白色菱格瓷砖贴面
1—1剖面 1:10
管入墙用砂浆
窝牢
泛水
DN32l−180
管端与预埋
件焊接
DN32
泄水管
L50×50×5 对焊
预埋件焊接
阳台局部平面图 1:10
分隔栏杆见阳
台局部平面和剖面
阳台栏杆构件平面布置图 1:50

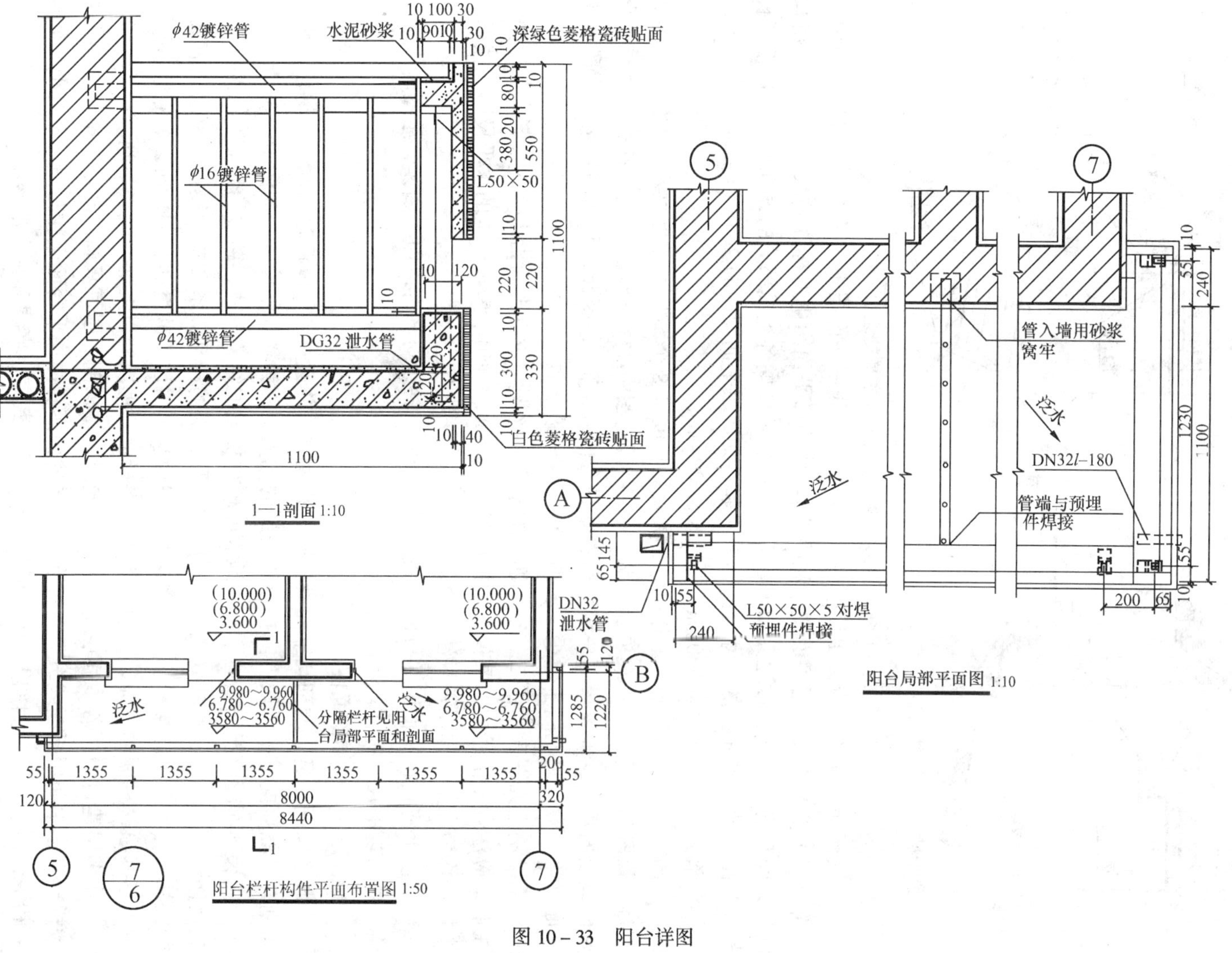

图 10－33　阳台详图

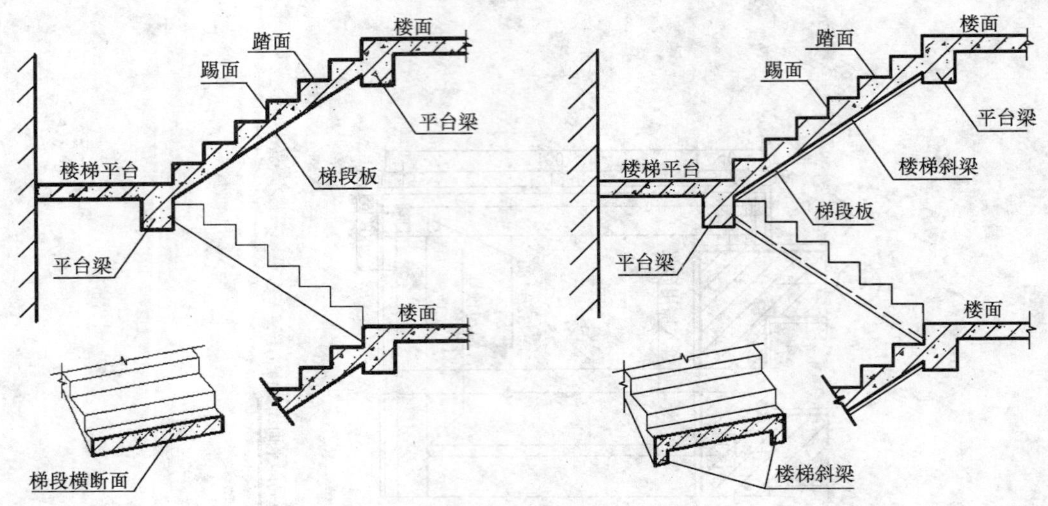

图 10 – 34　两种结构形式楼梯的组成

各层楼梯平面图都应标出该楼梯间的轴线。在底层平面图中，必须注明楼梯剖面图的剖切符号（本例是在负一层平面图中注明的）。从楼梯平面图中所标注的尺寸，可以了解楼梯间的开间和进深尺寸，楼地面和平台面的标高以及楼梯各组成部分的详细尺寸。通常把梯段长度与踏面数、踏面宽的尺寸合并写在一起，如底层平面图中的 280 × 8 = 2240，表示该梯段有 8 个踏面，每一踏面宽 280mm，梯段长为 2240mm。

从图 10 – 35 中还可以看出，每一梯段的长度是 8 个踏步的宽度之和（280 × 8 = 2240），而每一梯段的步级数是 9（18/2），为什么呢？这是因为每一梯段最高一级的踏面与休息平台面或楼面重合（即将最高一级踏面看做平台面或楼面），因此，平面图中每一梯段画出的踏面（格）数，总比踏步数少一，即：踏面数 = 踏步数 – 1。

标准层平面图表示了二、三、四层的平面，该图中没有再画出雨篷的投影，其标高的标注形式应注意，括号内的数值为替换值。顶层平面图画出了屋顶檐沟的水平投影，楼梯的两个梯段均为完整的梯段，只注有“下 18”。

习惯上将楼梯平面图并排画在同一张图纸内，轴线对齐，以便于阅读，绘图时也可以省略一些重复的尺寸标注。

10.6.3.2　楼梯剖面图

假想用一个竖直的剖切平面沿梯段的长度方向并通过各层的门窗洞和一个梯段，将楼梯间剖开，然后向另一梯段方向投影所得到的剖面图称为楼梯剖面图，如图 10 – 36 所示。

楼梯剖面图应能完整地、清晰地表明楼梯梯段的结构形式、踏步的踏面宽、踢面高、级数及楼地面、平台、栏杆（或栏板）的构造及它们的相互关系。本例楼梯，每层只有两个平行的梯段，称为双跑楼梯。由于楼梯间的屋面与其他位置的屋面相同，所以，在楼梯剖面图中可不画出楼梯间的屋面，一般用折断线将最上一梯段的以上部分略去不画。

在多层建筑中，若中间层楼梯完全相同时，楼梯剖面图可只画出底层、中间层、顶层的楼梯剖面，中间用折断线分开，并在中间层的楼面和楼梯平台面上注写适用于其他中间层楼面和平台面的标高。例如图 10 – 36 中只画出了储藏室、底层和顶层的楼梯剖面。

楼梯剖面图中应标注出楼梯间的进深尺寸和轴线编号，地面、平台面、楼面等的标高，梯段、栏杆（或栏板）的高度尺寸（建筑设计规范规定：楼梯扶手高度应自踏步前缘量至扶

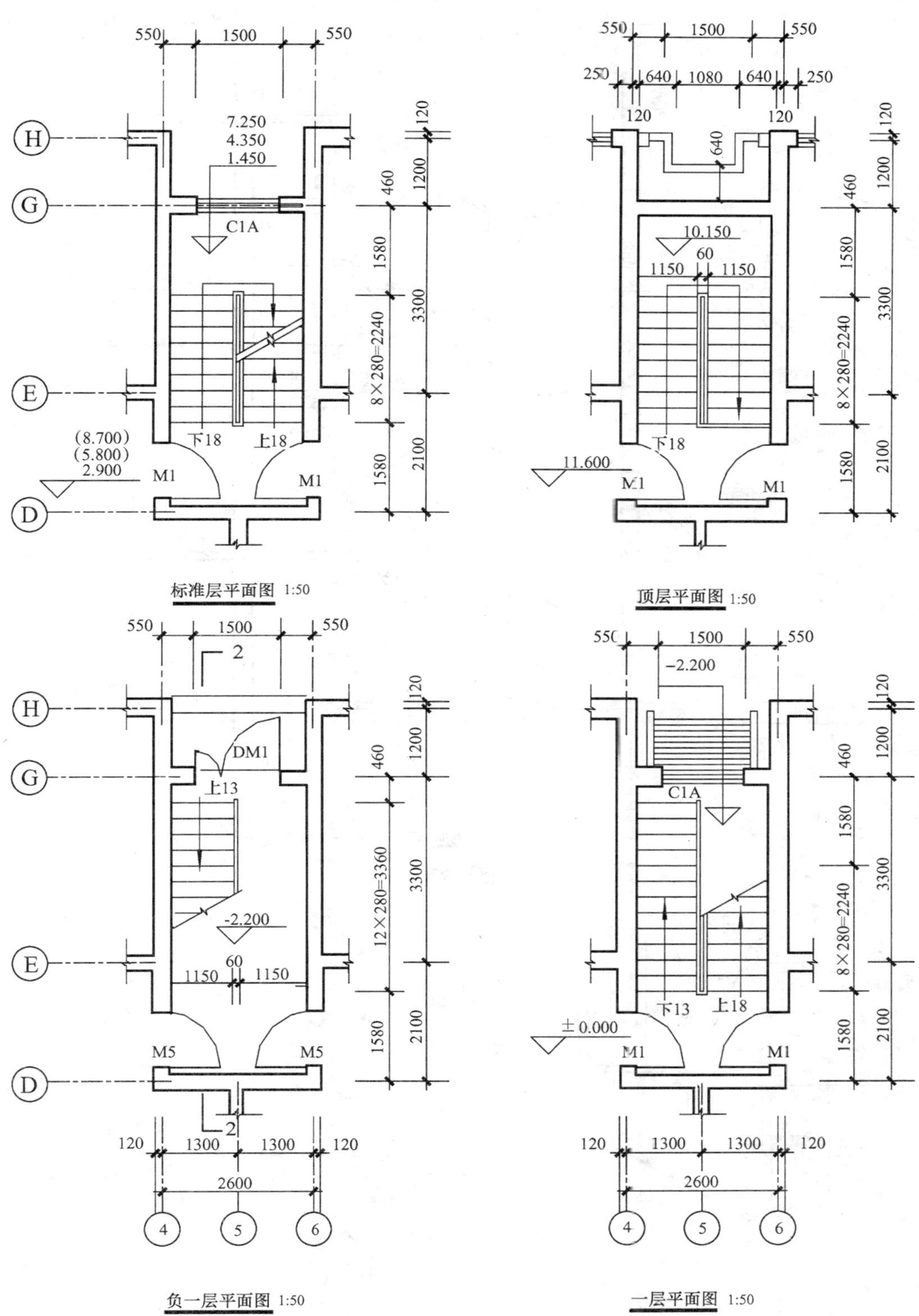

图 10－35　楼梯平面图

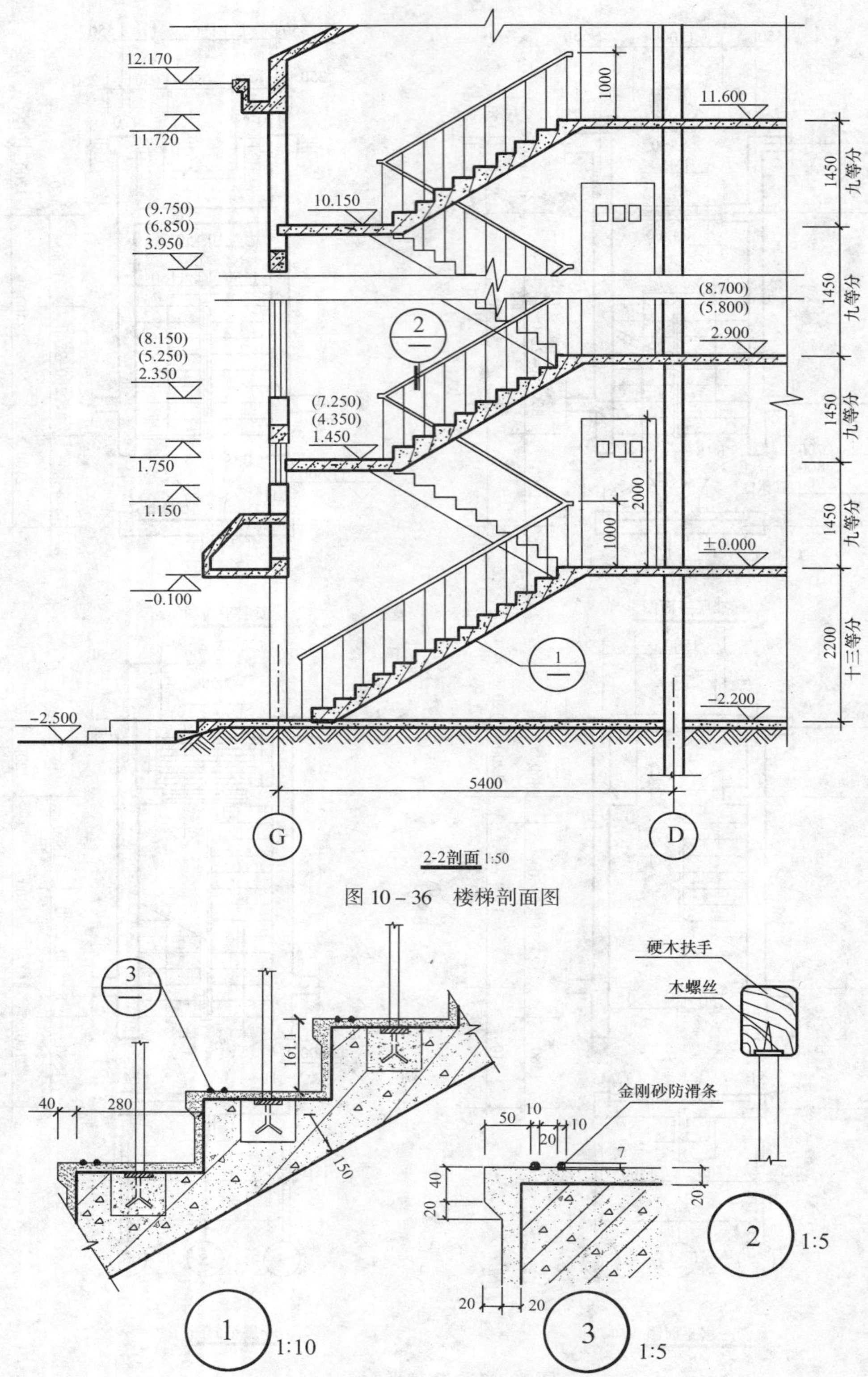

2-2剖面 1:50

图 10－36　楼梯剖面图

图 10－37　楼梯踏步、栏杆、扶手详图

手顶面的垂直距离，其高度不得小于900mm)，其中梯段的高度尺寸与踢面高和踏步数合并书写，如 9 × 161.1 = 1450，表示有 9 个踢面，每个踢面高度为 161.1mm，梯段高度为 1450mm；此外，还应注出楼梯间外墙上门、窗洞口、雨篷的尺寸与标高。

在楼梯剖面图中，需要画详图的部位，应画上索引符号，另采用更大的比例画出它们的详图，说明各节点型式、大小、材料以及构造情况，如图 10 – 37 所示。

10.7 建筑施工图的画法

10.7.1 绘制建筑施工图的步骤

在绘图过程中，要始终保持高度的责任感和严谨细致的作风。绘图要投影正确、技术合理、尺寸齐全、表达清楚、字体工整以及图样布置紧凑、图面整洁等。

1. 选定比例和图幅

根据房屋的外形、平面布置和构造的复杂程度,以及施工的具体要求选定比例,进而由房屋的大小以及选定的比例,估计图形大小及注写尺寸、符号,说明所需的图纸,选定标准图幅。

2. 进行合理的图面布置

图面布置（包括图样、图名、尺寸、文字说明及表格等）要主次分明、排列均匀紧凑、表达清晰。尽量保持各图之间的投影关系，或将同类型的、内容关系密切的图样，集中在一张或顺序连续的几张图纸上，以便对照查阅。若画在同一张图纸上时，应注意平面图、立面图、剖面图三者之间的关系，做到平面图与立面图（或剖面图）长对正，平面图与剖面图（或立面图）宽相等，立面图（或剖面图）与剖面图（或立面图）高平齐。

3. 用较硬的铅笔画底稿

先画图框和标题栏，均匀布置图面；再按平→立→剖→详图的顺序画出各图样的底稿。

4. 加深（或上墨）

底稿经检查无误后，按“国标”规定选用不同线型，进行加深（或上墨）。画线时，要注意粗细分明，以增强图面的效果。加深（或上墨）的顺序一般是：先从上到下画水平线，后从左到右画铅直线或斜线；先画直线，后画曲线；先画图，后注写尺寸及说明。

10.7.2 建筑平面图的画法举例

现以图 10 – 38 所示的二、三层平面图为例，说明建筑平面图的画法。

（1）定轴线，画墙身，见图 10 – 38（a）；

（2）画细部，如门窗洞、楼梯、台阶、卫生间、散水等，见图10 – 39（b）；

（3）检查无误后,擦去多余的作图线,按平面图的线型要求加深图线,见图 10 – 38(c)。

建筑平面图中被剖切到的墙柱断面的轮廓线，用线宽为 b 的粗实线；被剖切到的门扇，用线宽为 0.5b 的中实线；看到的构配件轮廓线及剖到的窗扇均用线宽为 0.25b 的细实线；不可见构配件的轮廓用线宽为 0.5b 或 0.25b 的虚线；其他内容，如定位轴线、尺寸线、尺寸界线、标高符号、引出线等仍符合前面所述的各项规定。

（4）标注轴线、尺寸、门窗编号、剖切符号、图名、比例及其他文字说明,见图 10 – 38(c)。

10.7.3 建筑立面图的画法举例

现以图 10 – 39 所示的⑰ ~ ①建筑立面图为例，说明建筑立面图的画法。

（1）先定室外地坪线、外墙轮廓线和屋面线；根据立面图的标高，画出门窗洞上下坪的高度水平线；再由平面图根据“长对正”，画出各门窗洞的宽度线，见图 10 – 38（a）。

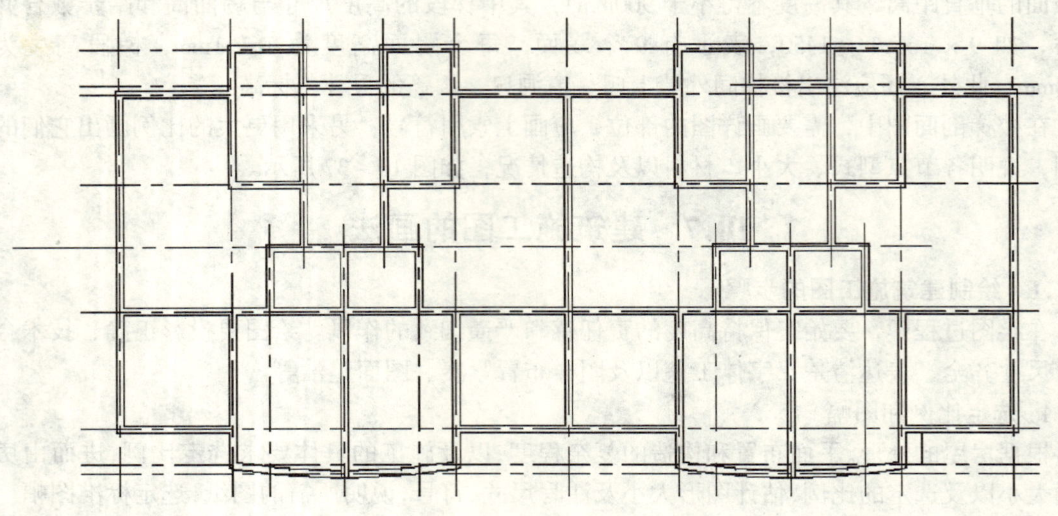

(a)

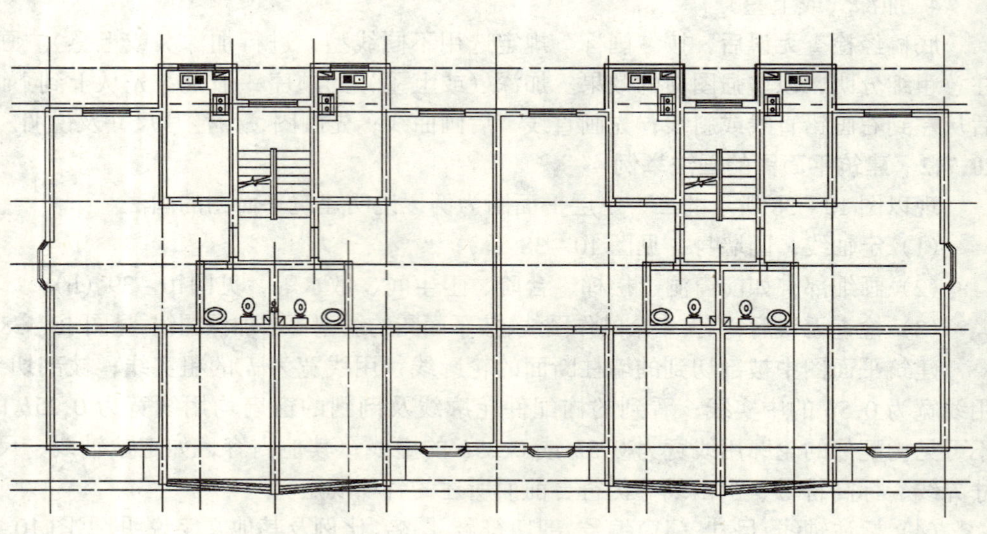

(b)

图 10－38　平面图的画法（一）

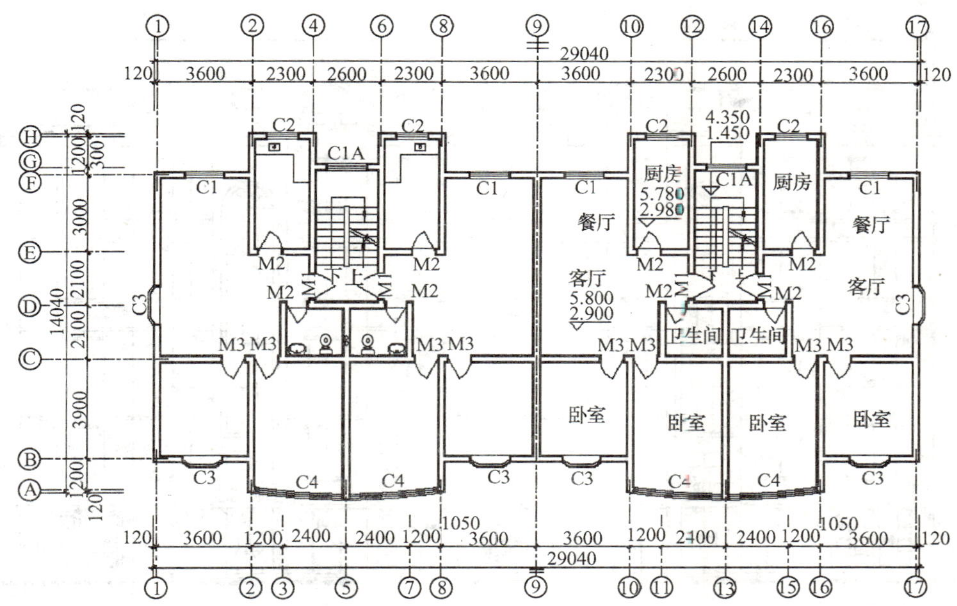

二三层平面图 1:100

(c)

图 10－38 平面图的画法（二）

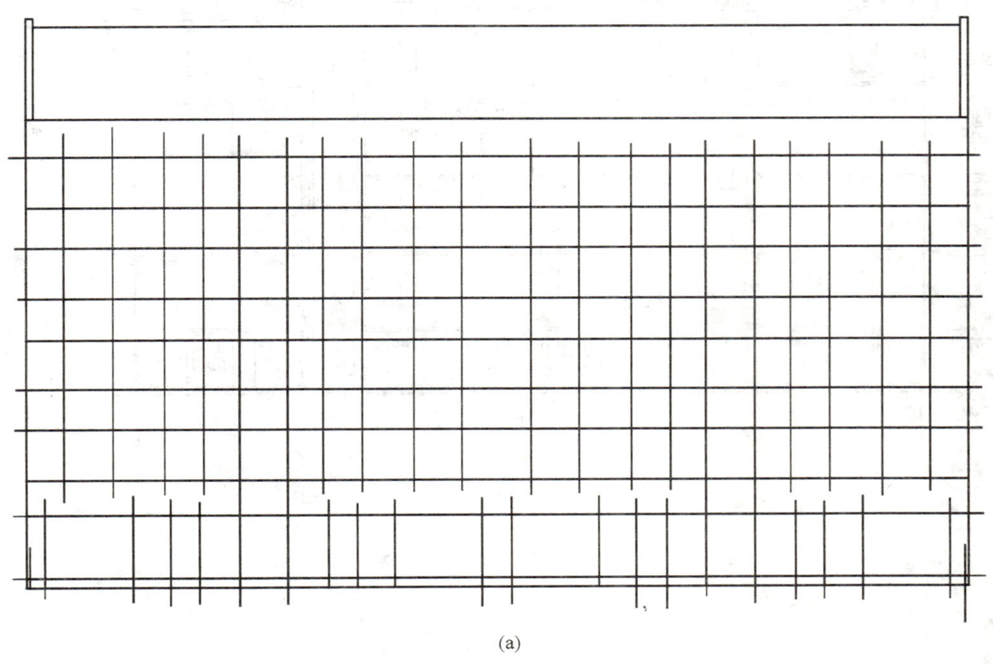

(a)

图 10－39 建筑立面图的画法（一）

(b)

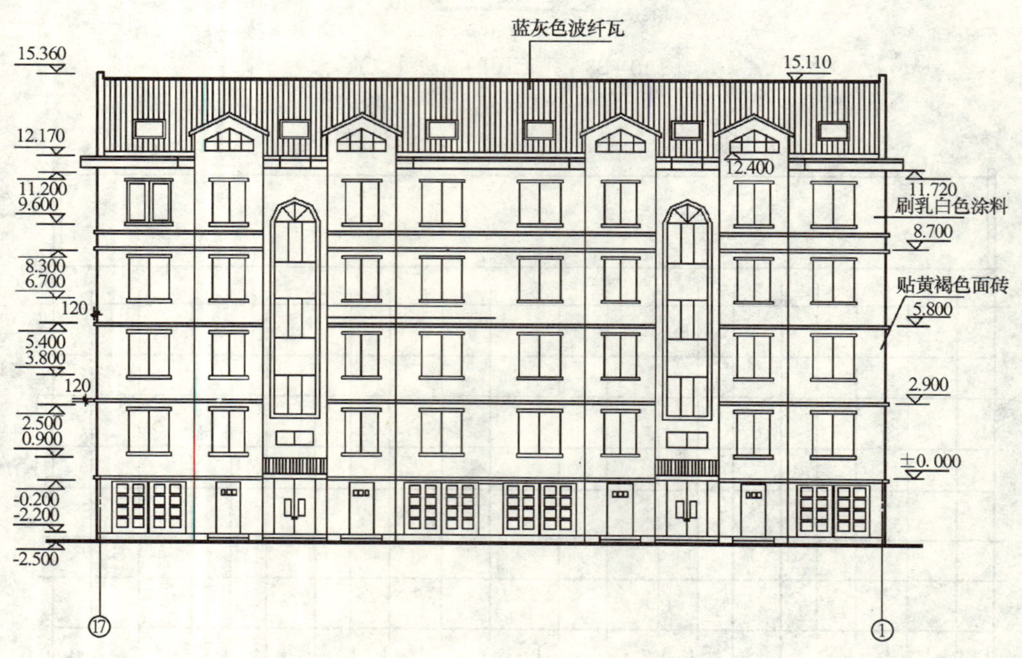

⑰—① 轴立面图 1:100

(c)

图 10－39　建筑立面图的画法（二）

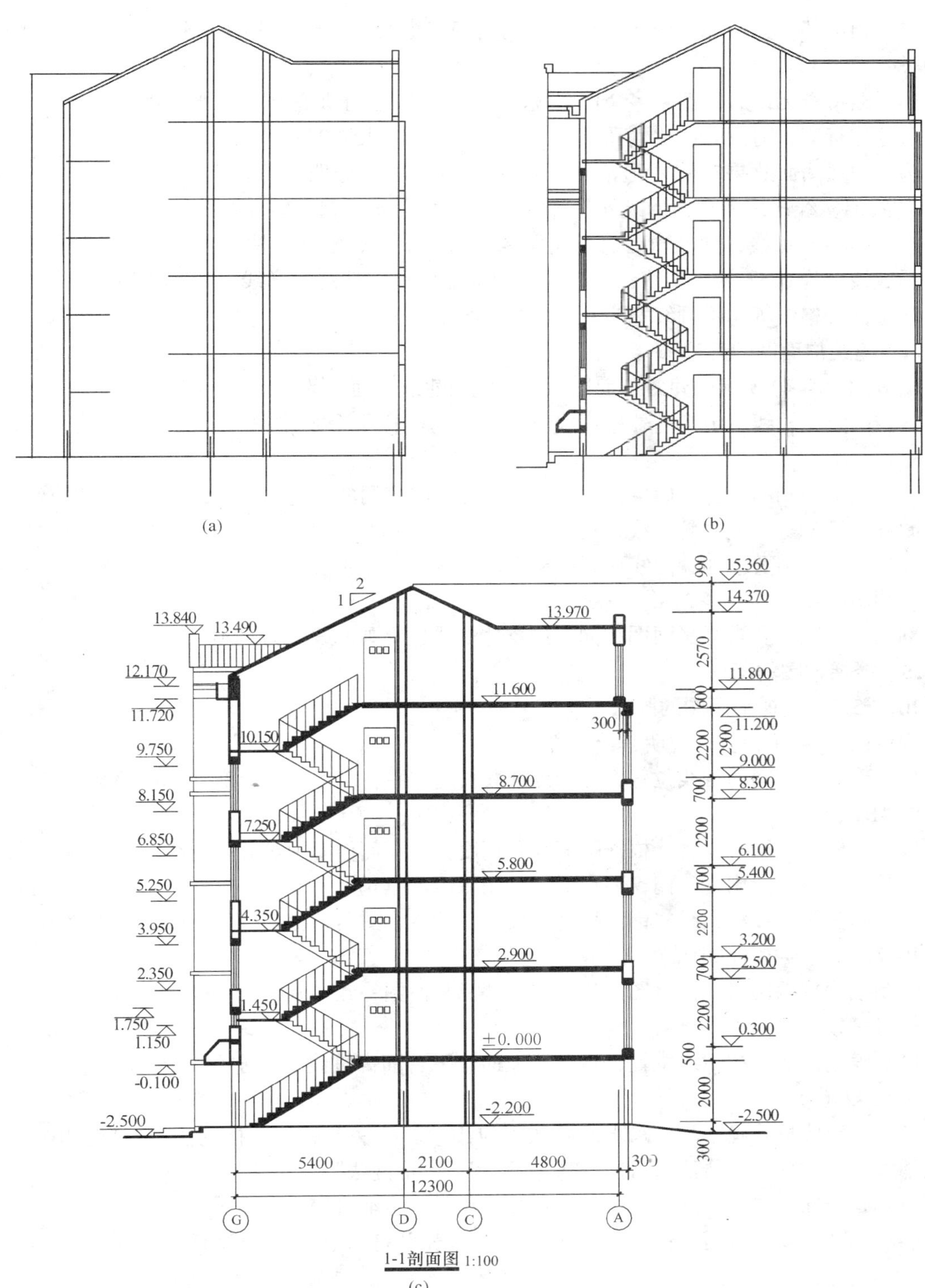

图 10－40　建筑剖面图的画法

（2）画细部，如屋檐、窗台、雨篷、门窗扇、窗套、台阶、阳台、雨水管等，见图 10－39（b）。

（3）经检查无误后，擦去多余作图线，按施工图的要求加深图线，画出墙面分格线、轴线，并标注标高，写图名、比例及有关文字说明，见图 10－39（c）。

为了加强图面效果，使外形清晰、重点突出和层次分明，习惯上地坪线画成线宽为 1.4b 的特粗实线；房屋立面的最外轮廓线画成线宽为 b 的粗实线；在外轮廓线之内的凹进或凸出墙面的轮廓线，如凸窗台、门窗洞、檐口、阳台、雨篷、柱、台阶等构配件的轮廓线，画成线宽为 0.5b 的中实线；一些较小的构配件和细部的轮廓线，如门窗扇、栏杆、雨水管和墙面分格线等均可画线宽为 0.25b 的细实线。

10.7.4 建筑剖面图的画法

现以图 10－40 所示的建筑剖面图为例，说明建筑剖面图的画法。

（1）画定位轴线，定室内外地坪线、楼地面、楼梯平台及屋顶的上表面线，见图 10－40（a）。

（2）画剖切到的墙身，确定楼地面板的厚度，门窗洞的高度位置，画出台阶、楼梯、过梁、圈梁、天沟等构配件轮廓线，见图 10－40（b）。

（3）按施工图要求加深图线，画材料图例，注写标高、尺寸、图名、比例及有关文字说明，见图 10－40（c）。

剖面图的图线要求与平面图相同，注意地坪线也要画成线宽为 1.4b 的特粗实线。

10.7.5 楼梯详图的画法

10.7.5.1 楼梯平面图的画法

现以图 10－41 为例，说明其绘图方法。

（1）确定楼梯间的轴线位置，并画出梯段长度、平台宽度、梯段宽度、梯井宽度等，见图 10－41（a）。

（2）画栏杆、墙身厚度，根据踏面数和宽度，用几何作图中等分平行线的方法等分梯段长度，画出踏步以及雨篷、门窗洞口等，见图 10－41（b）。

（3）画箭头，加深图线，标注标高、尺寸、轴线、图名、比例等，见图 10－41（c）。

10.7.5.2 楼梯剖面图的画法

绘制楼梯剖面图时，注意图形比例应与楼梯平面图一致；画栏杆（或栏板）时，其坡度应与梯段一致。

（1）确定楼梯间的轴线位置，画出楼地面、平台面高度线，确定各梯段的起止点位置，见图 10－42（a）。

（2）确定墙身并画踏步，踏步的画法可应用“斜线法”和“方格网法”，见图 10－43，一般手工绘图常用“斜线法”，计算机绘图可用“方格网法”。

（3）画细部，如窗、梁、栏杆、散水等，见图 10－42（b）。

（4）加深图线，标注轴线、尺寸、标高、索引符号、图名、比例等，见图 10－42（c）

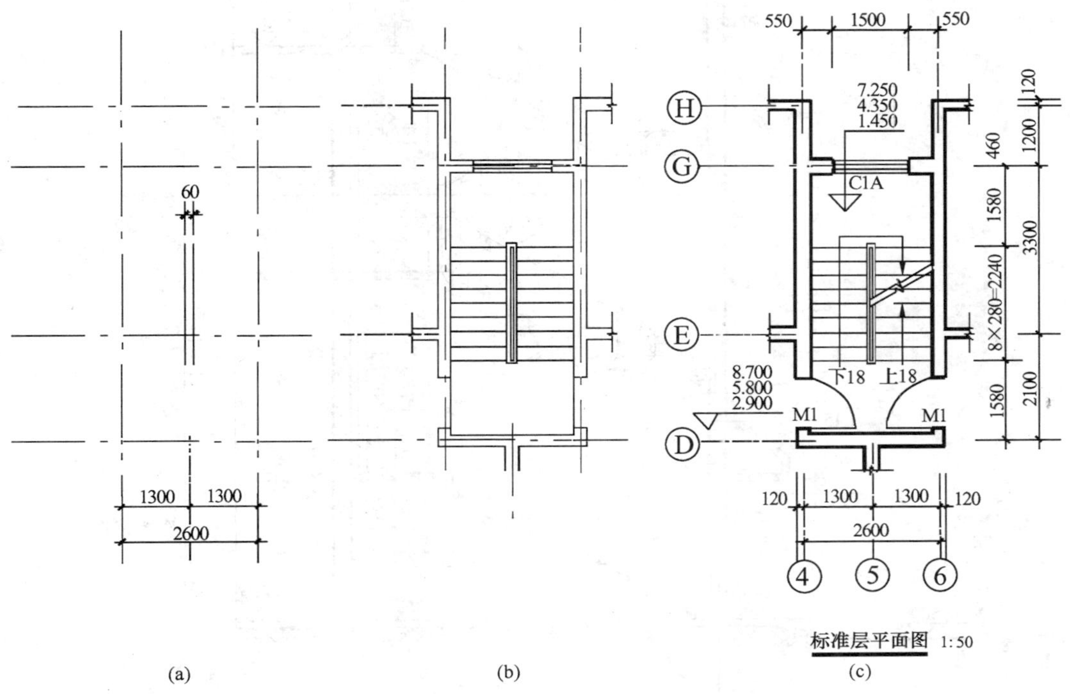

图 10－41　楼梯平面图的画法

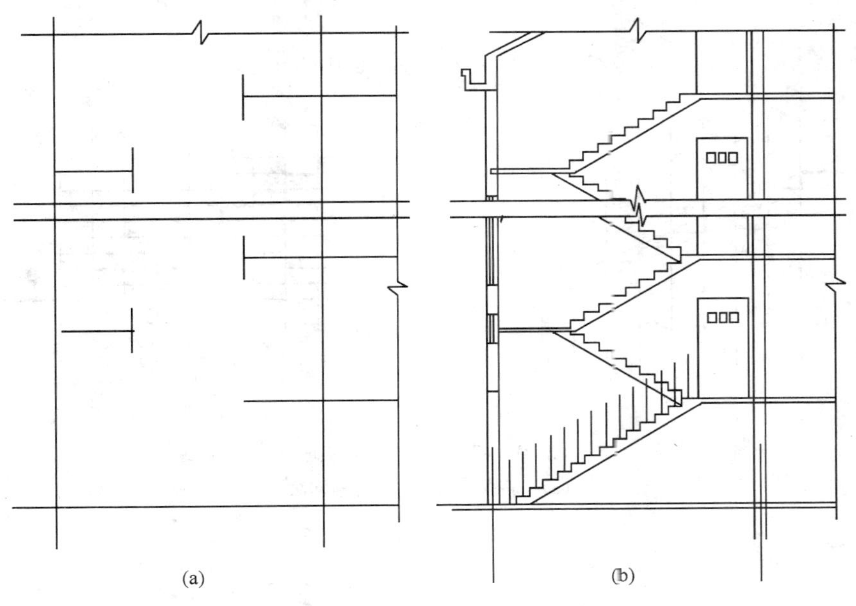

图 10－42　楼梯剖面图的画法（一）

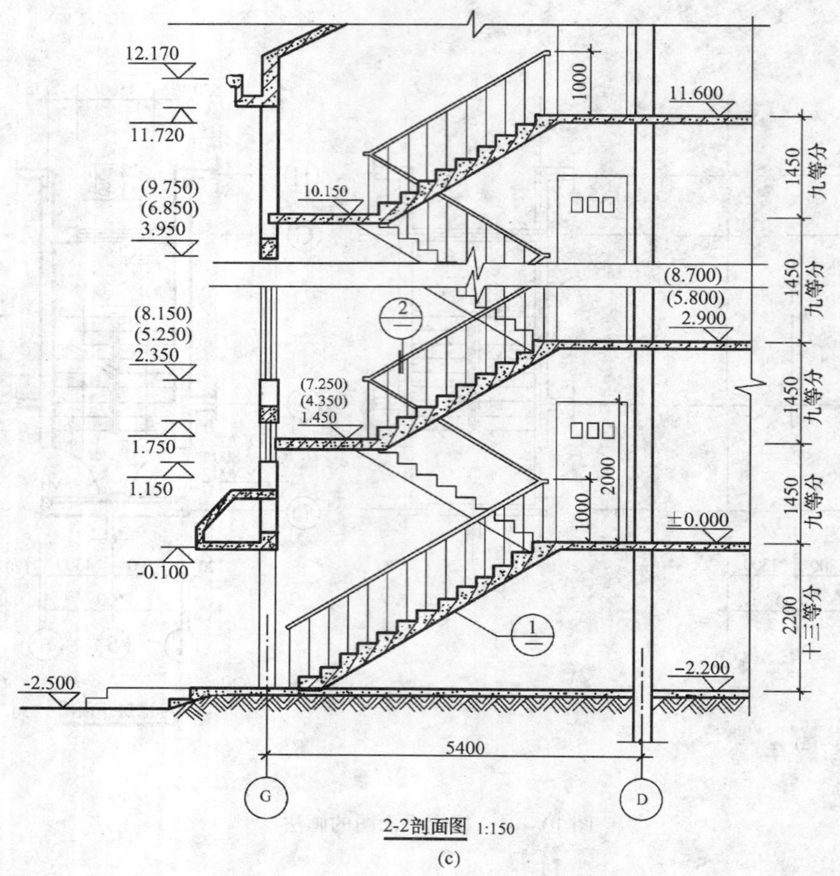

2-2剖面图 1:150

(c)

图 10－42 楼梯剖面图的画法（二）

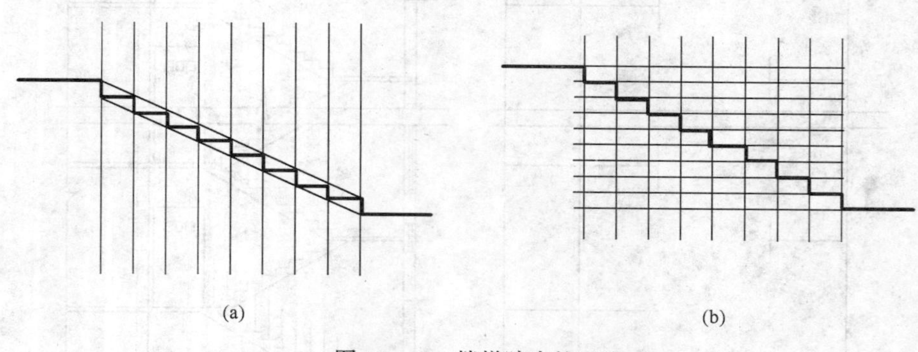

(a) (b)

图 10－43 楼梯踏步的画法

(a)“斜线法”；(b)“方格网法”

第11章　结构施工图

11.1　概　　述

建筑施工图主要表达出了房屋的外形、内部布局、建筑构造和内外装修等内容，而房屋各承重构件的布置、形式和结构构造等内容都没有表达出来。因此，在房屋设计中，除了进行建筑设计，画出建筑施工图外，还要进行结构设计。

结构设计是根据建筑各方面的要求，进行结构选型和构件布置，再通过力学计算，决定房屋各承重构件的材料、形状、大小以及内部构造等，并将设计结果按正投影法绘成图样以指导施工，这种图样称为结构施工图，简称“结施”。

11.1.1　房屋结构按承重构件材料的分类

1. 砖混结构——承重墙用砖或砌块砌筑，梁、楼板和楼梯等承重构件都是钢筋混凝土构件。
2. 钢筋混凝土结构——承重的柱、梁、楼板和屋面都是钢筋混凝土构件。
3. 砖木结构——墙用砖砌筑，梁、楼板和屋架都是木构件。
4. 钢结构——承重构件全部为钢材。
5. 木结构——承重构件全部为木材。

11.1.2　房屋结构按结构体系的分类

1. 墙体结构——以墙体为主要承重构件的结构体系。
2. 框架结构——由梁和柱以刚接或绞接相连接而成的承重体系。
3. 剪力墙结构——由承受竖向和水平作用的钢筋混凝土剪力墙和水平构件所组成的结构体系。
4. 框架—剪力墙结构——由剪力墙和框架共同承受竖向和水平荷载作用的组合型结构体系。

一般民用房屋多采用混合砌体结构，即砖混结构。采用砖混结构造价较低，施工简便。在现代公共建筑或高层建筑中，钢筋混凝土框架结构或框架—剪力墙结构采用的较多，这些结构的抗震性能和稳定性好，平面布置灵活，可以满足较大空间的利用，如影剧院、博物馆、会议室等。

此外，工业厂房建筑大多采用钢筋混凝土或型钢的排架结构，低层大跨度的建筑一般采用薄壳、网架、悬索等空间结构体系，如体育馆、仓库等。

本章将主要介绍某学生宿舍及第10章所述某教师公寓中的钢筋混凝土结构施工图阅读与绘图，简要介绍钢结构施工图的阅读。对于近年来广泛应用于各设计单位和施工单位的建筑结构施工图平面整体设计方法（简称平法），本章也做详细的介绍。

11.1.3　结构施工图的内容

1. 结构设计说明。包括：选用结构材料的类型、规格、强度等级；地基情况；施工注意事项；选用的标准图集等（小型工程可将说明分别写在各图纸上）。

2. 结构平面图。包括：

（1）楼层结构平面图。工业建筑还包括柱网、吊车梁、柱间支撑、连系梁布置等。

（2）基础平面图。工业建筑还有设备基础布置图。

（3）屋面结构平面图。

3. 结构构件详图

（1）梁、板、柱及基础结构详图。

（2）楼梯结构详图。

（3）屋架结构详图。

（4）其他详图，如支撑详图等。

11.1.4 钢筋混凝土构件的基本知识

11.1.4.1 钢筋混凝土构件的组成和混凝土的强度等级

钢筋混凝土构件由钢筋和混凝土两种材料组成。混凝土是由水泥、砂子（细骨料）、石子（粗骨料）和水按一定的比例拌合硬化而成。混凝土的抗压强度高，但抗拉强度低，一般仅为抗压强度的1/10～1/20。因此，混凝土构件容易在受拉或受弯时断裂。混凝土的强度等级应按立方体抗压强度标准值确定，可划分为C10、C15、C20、C25、C30、C35、C40、C45、C50、C55、C60、C65、C70、C75、C80等。数字越大，表示混凝土的抗压强度越高。

为了提高混凝土构件的抗拉能力，常在混凝土构件受拉区域或相应部位加入一定数量的钢筋，如图11－1所示。钢筋不但具有良好的抗拉强度，而且与混凝土有良好的粘结力，其热膨胀系数与混凝土也相近。因此，钢筋与混凝土可以结合成一个整体，共同承受外力。这种配有钢筋的混凝土，称为钢筋混凝土，配有钢筋的混凝土构件，称为钢筋混凝土构件。

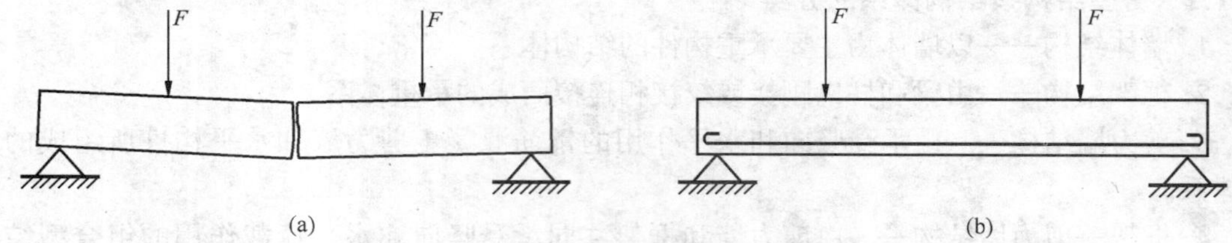

图11－1 钢筋混凝土梁受力示意图

（a）混凝土构件；（b）钢筋混凝土构件

钢筋混凝土构件有现浇和预制两种。现浇是指在建筑工地现场浇制，预制是指在预制品工厂先浇制好，然后运到工地进行吊装。有的预制构件也可在工地上预制，然后吊装。此外，在制作构件时，通过张拉钢筋对混凝土预加一定的压力，可以提高构件的抗拉和抗裂性能，这种构件称为预应力钢筋混凝土构件。

11.1.4.2 钢筋混凝土构件中钢筋的名称和作用

配置在钢筋混凝土构件中的钢筋，按其作用可分为下列几种，如图11－2所示：

（1）受力筋：也称主筋，主要承受拉、压应力的钢筋，用于梁、板、柱、墙等钢筋混凝土构件受力区域中。

（2）箍筋：也称钢箍，用以固定受力筋的位置，并受一部分斜拉应力，多用于梁和柱

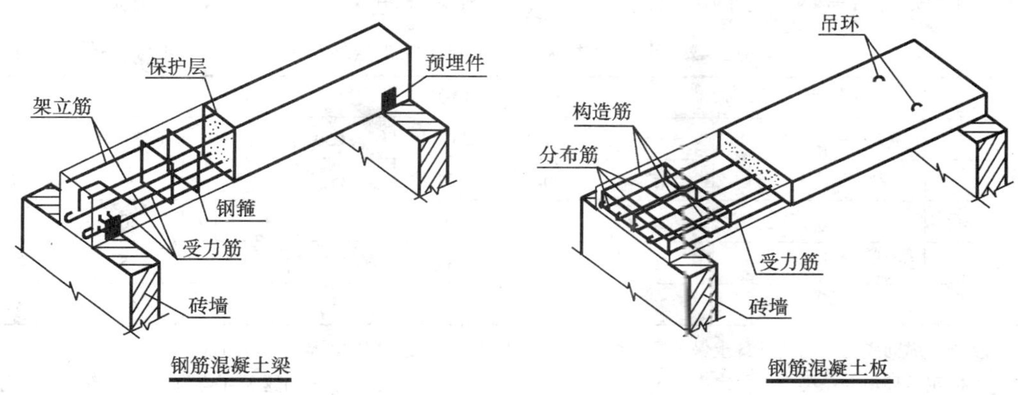

图 11－2　钢筋的分类

内。

（3）架立筋：用以固定梁内箍筋位置，与受力筋、箍筋一起形成钢筋骨架，一般只在梁内使用。

（4）分布筋：用于板或墙内，与板内受力筋垂直布置，用以固定受力筋的位置，并将承受的重量均匀地传给受力筋，同时抵抗热胀冷缩所引起的温度变形。

（5）其他：构件因在构造上的要求或施工安装需要而配置的钢筋，如预埋锚固筋、吊环等。

11.1.4.3　钢筋的种类与代号

钢筋混凝土构件中配置的钢筋有光圆钢筋和带肋钢筋（表面上肋纹）。在混凝土结构设计规范中，对国产建筑用钢筋，按其产品种类和强度值等级不同，分别给予不同代号，以便标注和识别，如表 11－1 所示。

表 11－1　普通钢筋代号及强度标准值

种类（热轧钢筋）	代　号	直　径 d/mm	强度标准值 f_{yk} N/mm^2	备　注
HPB235（Q235）	Φ	8～20	235	光圆钢筋
HRB335（20MnSi）	Φ	6～50	335	带肋钢筋
HRB400（20MnSiV、20MnSiNb、20MnTi）	Φ	6～50	400	带肋钢筋
RRB400（K20MnSi）	Φ^R	8～40	400	热处理钢筋

11.1.4.4　钢筋的保护层

为了达到保护钢筋、防腐蚀、防火以及加强钢筋与混凝土的粘结力的目的，在构件中钢筋外边缘至构件表面之间应留有一定厚度的保护层。根据《混凝土结构设计规范》（GB 50010—2002）规定：纵向受力的普通钢筋及预应力钢筋，其混凝土保护层厚度不应小于钢筋的公称直径，且应符合表 11－2 的要求。

11.1.4.5　钢筋的弯钩

为了使钢筋和混凝土具有良好的粘结力，避免钢筋在受拉时滑动，应对光圆钢筋的两端进行弯钩处理，弯钩常做成半圆弯钩或直弯钩，见图 11－3（ε）、图 11－3（b）。钢箍两端在交接处也要做出弯钩，弯钩的长度一般分别在两端各伸长 50mm 左右，见图 11－3（c）。

表 11－2　纵向受力钢筋的混凝土保护层最小厚度　　单位：mm

环境类别		板、墙、壳			梁			柱		
		≤C20	C25～45	≥C50	≤C20	C25～45	≥C50	≤C20	C25～45	≥C50
一		20	15	15	30	25	25	30	30	30
二	*a*	—	20	20	—	30	30	—	30	30
	b	—	25	20	—	35	30	—	35	30
三		—	30	25	—	40	35	—	40	35

注：基础中纵向受力钢筋的混凝土保护层厚度不应小于 40mm；当无垫层时不应小于 70mm。
室内正常环境为一类环境，室内潮湿环境为二 *a* 类环境，严寒和寒冷地区的露天环境为二 *b* 类环境，使用除冰盐或滨海室外环境为三类环境。

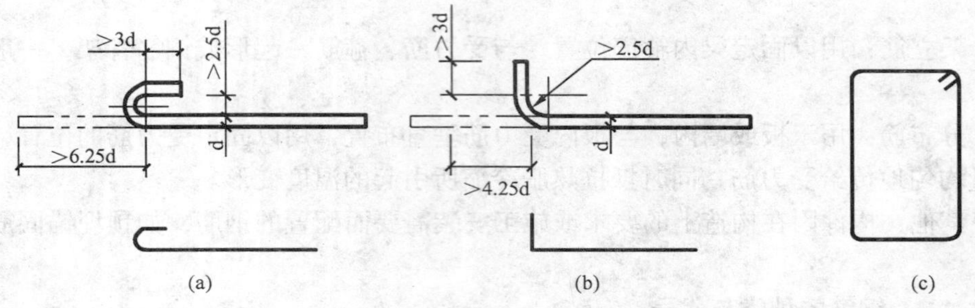

图 11－3　钢筋和钢箍的弯钩和简化画法

（a）钢筋的半圆弯钩；（b）钢筋的直弯钩；（c）钢箍的弯钩

带肋钢筋由于与混凝土的粘结力强，所以两端不必加弯钩。

11.1.5　钢筋混凝土结构图的图示特点

（1）绘图时根据图样的用途和所绘形体的复杂程度，选用表 11－3 中的常用比例，特殊情况下也可选用可用比例。

（2）为了突出表示钢筋的配置情况，在构件结构图中，把钢筋画成粗实线，构件的外形轮廓线画成细实线；在构件断面图中，不画材料图例，钢筋用黑圆点表示。钢筋常用的表示方法见表 11－4。

表 11－3　结构专业制图比例

图　　名	常 用 比 例	可 用 比 例
结构平面图、基础平面图	1:50、1:100、1:150、1:200	1:60
圈梁平面图、总图中管沟、地下设施等	1:200、1:500	1:300
详　　图	1:10、1:20	1:5、1:25、1:40

（3）钢筋的标注应给出钢筋的代号、直径、数量、间距、编号及所在位置，如图 11－4 所示。钢筋说明应沿钢筋的长度标注或标注在相关钢筋的引出线上。简单的构件或钢筋种类较少时可不编号。如图 11－4 所示。

表 11－4　钢筋的一般表示方法

名　称	图　例	说　明
钢筋横断面	●	下图表示长、短钢筋投影重叠时，短钢筋的端部用 45°斜划线表示
无弯钩的钢筋端部		
带半圆形弯钩的钢筋端部		
带直钩的钢筋端部		
带丝扣的钢筋端部		
无弯钩的钢筋搭接		
带半圆弯钩的钢筋搭接		
带直钩的钢筋搭接		
预应力钢筋或钢绞线		
单根预应力钢筋横断面	+	

(4) 构件配筋图中箍筋的长度尺寸，应指箍筋的里皮尺寸；受力钢筋的尺寸应指钢筋的外皮尺寸，如图 11－5 所示。

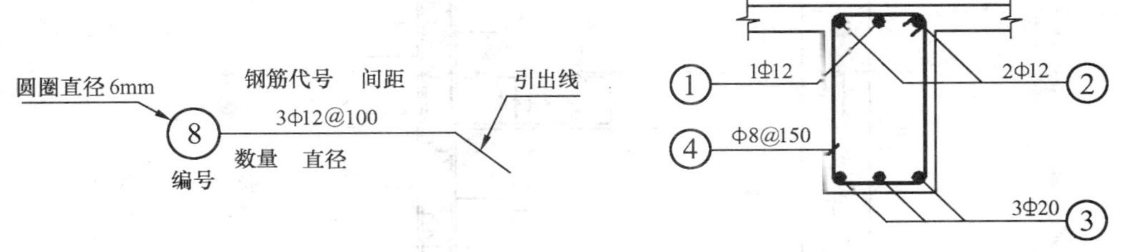

图 11－4　钢筋的标注

(5) 结构图的其他图示特点

①当构件的纵、横向断面尺寸相差悬殊时，可在同一图样中的纵、横向选用不同的比例绘制。

②当采用标准、通用图集中的构件时，应用该图集中的规定代号或型号注写。

③结构图应采用正投影法绘制，特殊情况下也可采用仰视投影或镜像投影绘制。

④结构图中的构件标高，一般标注构件的结构标高。

⑤构件详图的纵向较长、重复较多时，可用折断线断开，适当省略重复部分。这样做可以简化图纸，提高工作效率。

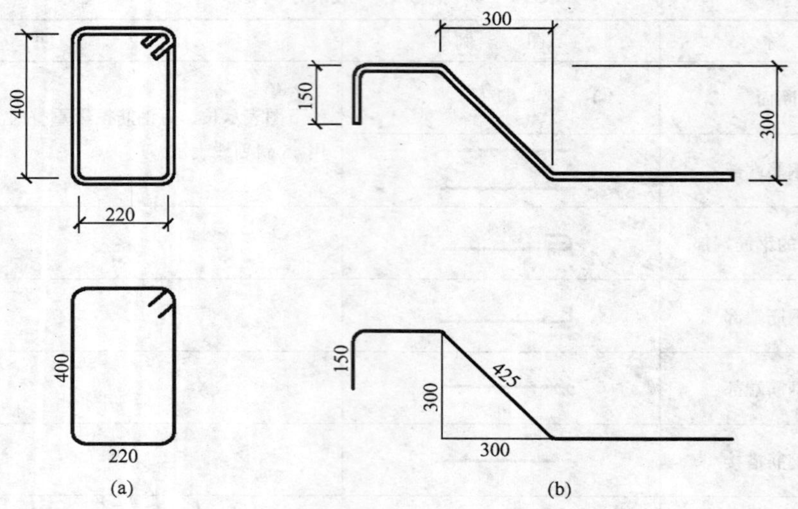

图 11－5　箍筋、受力筋的尺寸注法

(a) 箍筋；(b) 受力钢筋

⑥对称的钢筋混凝土构件，可在同一图样中一半表示模板，另一半表示配筋，如图 11－6所示。

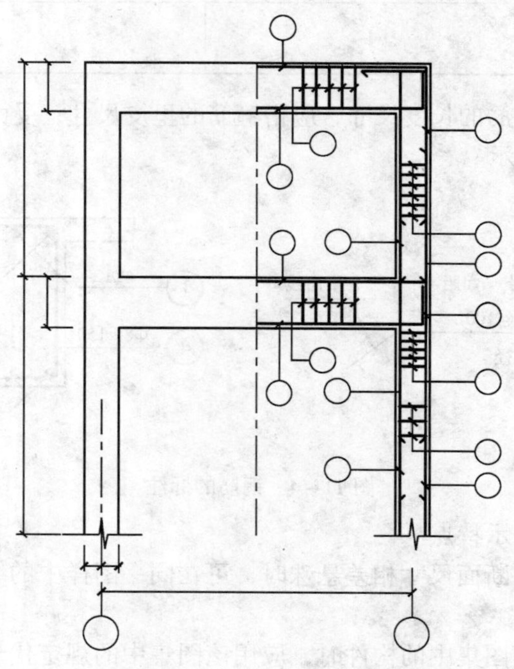

图 11－6　配筋简化图

11.1.6　常用的构件代号

为绘图和施工方便，结构构件的名称应用代号来表示，常用的构件代号见表 11－5。

表 11-5 常用的构件代号

名　称	代　号	名　称	代　号	名　称	代　号
板	B	圈　梁	QL	承　台	CT
屋面板	WB	过　梁	GL	设备基础	SJ
空心板	KB	连系梁	LL	桩	ZH
槽形板	CB	基础梁	JL	挡土墙	DQ
折　板	ZB	楼梯梁	TL	地沟	DG
密肋板	MB	框架梁	KL	柱间支撑	ZC
楼梯板	TB	框支梁	KZL	垂直支撑	CC
盖板或沟盖板	GB	屋面框架梁	WKL	水平支撑	SC
挡雨板或檐口板	YB	檩　条	LT	梯	T
吊车安全走道板	DB	屋　架	WJ	雨　篷	YP
墙　板	QB	托　架	TJ	阳　台	YT
天沟板	TGB	天窗架	CJ	梁　垫	LD
梁	L	框　架	KJ	预埋件	M-
屋面梁	WL	刚　架	GJ	天窗端壁	TD
吊车梁	DL	支　架	ZJ	钢筋网	W
单轨吊车梁	DDL	柱	Z	钢筋骨架	G
轨道连接	DGL	框架柱	KZ	基础	J
车　挡	CD	构造柱	GZ	暗　柱	AZ

注：1. 预制钢筋混凝土构件、现浇钢筋混凝土构件、钢构件和木构件，一般可直接采用本表中的构件代号。在绘图中，当需要区别上述构件的材料种类时，可在构件代号前加注材料代号，并在图纸中加以说明。

2. 预应力钢筋混凝土构件的代号，应在构件代号前加注“Y-”，如 Y-KB 表示预应力钢筋混凝土空心板。

11.2 楼层结构平面图

楼层结构平面图是假想沿楼板顶面将房屋水平剖开后所作楼层结构的水平投影，用来表示楼面板及其下面的墙、梁、柱等承重构件的平面布置，或表示现浇板的构造与配筋，以及它们之间的结构关系。对多层建筑一般应分层绘制。但如果一些楼层构件的类型、大小、数量、布置均相同时，可以只画一个结构平面图，并注明“×层-×层”楼层结构平面图，或“标准层”楼层结构平面图。

11.2.1 楼层结构平面图的内容

（1）标注出与建筑图一致的轴线网及墙、柱、梁等构件的位置和编号。

（2）注明预制板的跨度方向、代号、型号或编号、数量和预留洞等的大小和位置。

（3）在现浇板的平面图上，画出其钢筋配置，并标注预留孔洞的大小及位置。

（4）注明圈梁或门窗洞、过梁的位置和编号。

（5）标注出各种梁、板的底面标高和轴线间尺寸。有时也可标注出梁的断面尺寸。

（6）标注出有关的剖切符号或详图索引符号。

（7）附注说明选用预制构件的图集编号，各种材料标号，板内分布筋的级别、直径、间距等。

11.2.2 结构平面图的一般画法

对于多层建筑，一般应分层绘制。但是，如果各层楼面结构布置情况相同时，可只画出一个楼层结构平面图，并注明各层的层数和各层的结构标高。

在结构平面图中，构件应采用轮廓线表示，如能用单线表示清楚时，也可用单线表示，如梁、屋架、支撑等可用粗点画线表示其中心位置。采用轮廓线表示时，可见的构件轮廓线用中实线表示，不可见构件的轮廓线用中虚线表示，门窗洞一般不再画出，如图 11 – 7 所示。

在楼层结构平面图中，如果有相同的结构布置时，可只绘制一部分，并用大写的拉丁字母外加细实线圆圈表示相同部分的分类符号，其他相同部分仅标注分类符号。分类符号圆圈直径为 6mm，如图 11 – 7 所示。

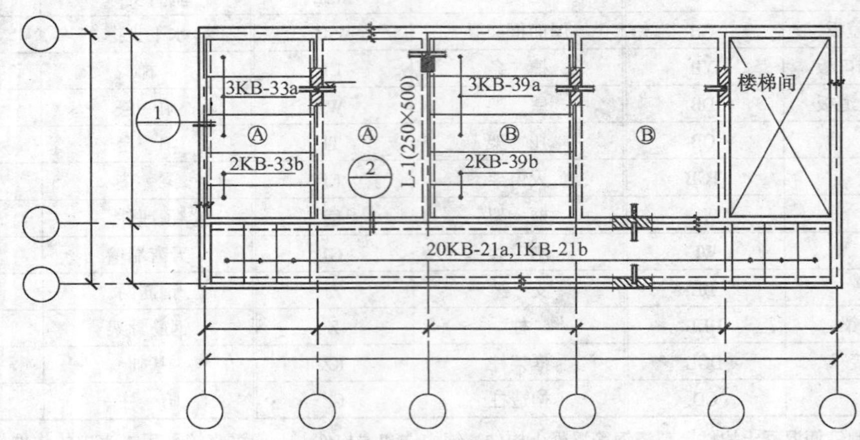

图 11 – 7　结构平面图示例

在楼层结构平面图中，定位轴线应与建筑平面图保持一致，并标注结构标高。

结构平面图中的剖面图、断面详图的编号顺序宜按下列规定编排：

(1) 外墙按顺时针方向从左下角开始编号；

(2) 内横墙从左至右，从上至下编号；

(3) 内纵墙从上至下，从左至右编号，如图 11 – 8 所示。

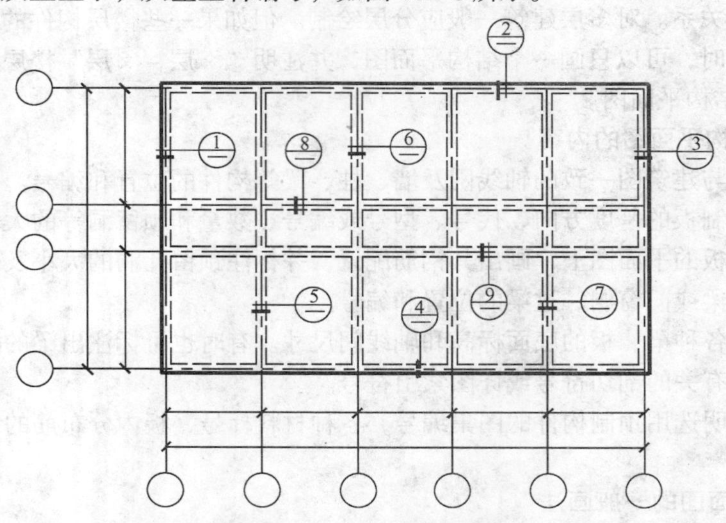

图 11 – 8　结构平面图中断面编号顺序表示方法

11.2.3 钢筋的画法

在结构平面图中配置双层钢筋时，底层钢筋的弯钩应向上或向左画出，顶层钢筋的弯钩则向下或向右画出，如图 11－9 所示。对于现浇楼板来说，每种规格的钢筋只画一根，并注明其编号、规格、直径、间距或数量等，与受力筋垂直的分布筋不必画出，但要在附注中或钢筋表中说明其级别、直径、间距（或数量）及长度等，如图 11－10 所示。

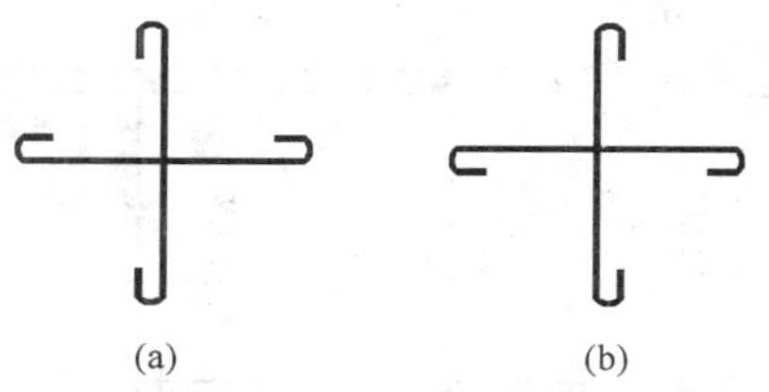

图 11－9 双层钢筋画法
(a) 底层钢筋；(b) 顶层钢筋

图中每组相同的钢筋、箍筋或环筋，可用一根粗实线表示，同时用一两端带斜短划线的横穿细线，表示其余钢筋起止范围，如图 11－11 所示。

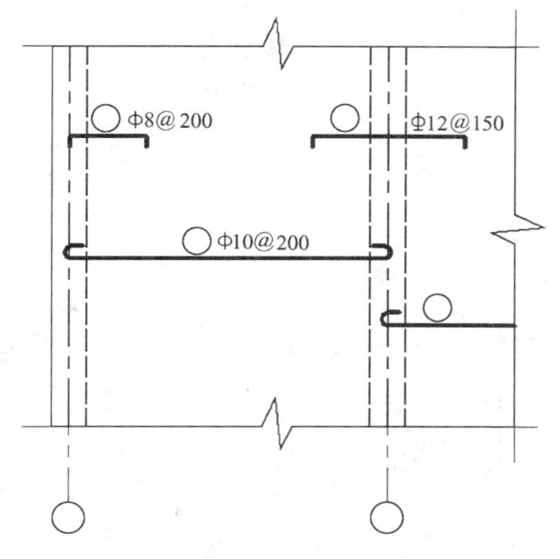

图 11－10 现浇楼板钢筋的画法

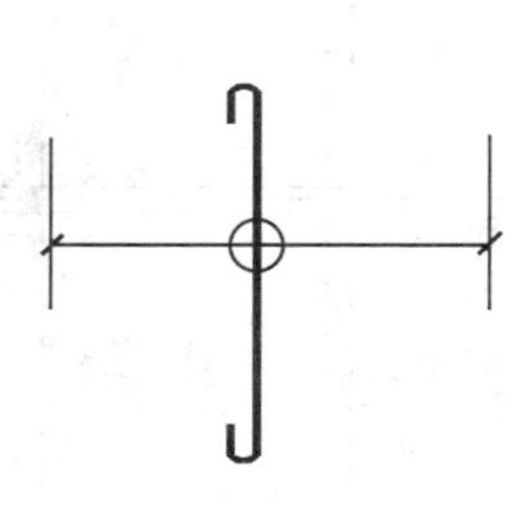

图 11－11 每组相同钢筋的画法

11.2.4 读图示例

现以图 11－12 所示某教师公寓的楼层结构平面图为例，说明楼层结构平面图的内容和读图方法。

从图名得知此图为标准层楼层结构平面图，图的比例和轴线编号与建筑平面图一致。在客厅处标注了三个楼层地面的结构标高。

图中墙角处涂黑的为钢筋混凝土柱，从附注的说明中可知这些柱是构造柱，如果是承重柱，需要在柱子旁边注明柱的代号。图中虚线为不可见的构件轮廓线（被楼板挡住的墙或梁），如果是梁，需要在梁的一侧标注梁的代号，如果是墙，则不做标注。

该教师公寓楼板全部采用整体钢筋混凝土现浇板，板的类型共有 6 种，编号分别为：XB1、XB2、XB3、XB4、XB5、XB6，图中表明了 XB3 和 XB4 的板厚为 180mm，根据说明可知其余板厚均为 120mm。对于现浇楼板来说，每种规格的钢筋只画一根，并注明其编号、规格、直径、间距或数量等。与受力筋垂直的分布筋不必画出，但要在附注中或钢筋表中说明其级别、直径、间距（或数量）及长度等。由于该教师公寓是左右对称的结构布置，因此只画出了左半部分的现浇楼板内部的配筋及其代号，右边的一半则省略不画。

楼梯部分由于比例较小，图形不能清楚表达楼梯结构的平面布置，故需另外画出楼梯结

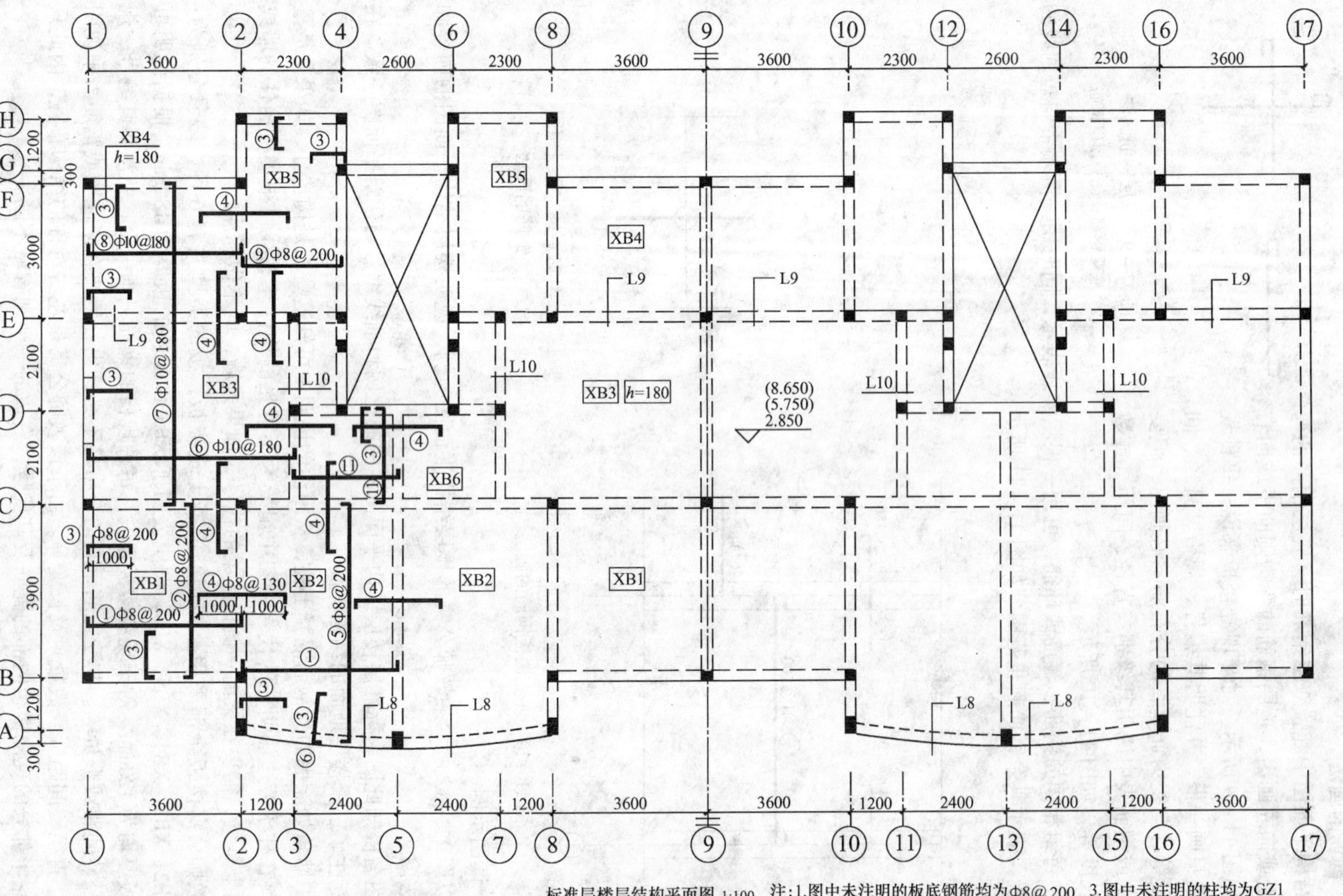

图 11-12 标准层楼层结构平面图

构详图，在这里只需用细实线画出一对角线即可。

图中其余未尽事项，均在附注中加以说明。

根据建设部等部门的有关规定，为提高钢筋混凝土结构的整体刚度，满足现代建筑工程抗震设防等方面的需要，全国范围内正在逐步限制和取消预制多孔板的使用。所以本书只对整体钢筋混凝土现浇板进行阐述，对传统的钢筋混凝土预制多孔板不再进行介绍。

11.3 钢筋混凝土构件详图

钢筋混凝土构件有定型构件和非定型构件两种。定型的预制构件或现浇构件可直接引用标准图或本地区的通用图，只要在图纸上写明选用构件所在的标准图集或通用图集的名称、代号，便可查到相应的构件详图，因而不必重复绘制。非定型构件则必须绘制构件详图。

钢筋混凝土构件详图，一般包括模板图（对于复杂的构件）、配筋图、钢筋表和预埋件详图。配筋图又分为立面图、断面图和钢筋详图，主要表明构件的长度、断面形状与尺寸及钢筋的形式与配置情况。模板图主要表示构件的外形和模板尺寸（外形尺寸）、预埋件、预留孔的位置及大小，以及轴线和标高等，是制作构件模板和安放预埋件的依据。

配筋图一般由立面图和断面图组成。立面图和断面图中的构件轮廓线均用细实线画出，钢筋用粗实线或黑圆点（对于钢筋横断面）画出。断面图的数量依据构件的复杂程度而定，截取位置选在构件断面形状或钢筋数量和位置有变化处，但不宜在构件的弯筋的斜段内截取。立面图和断面图都应标注出相一致的钢筋编号，留出规定的保护层厚度。

当配筋较复杂时，通常在立面图的下方用同一比例画出钢筋详图。相同编号的只画一根，并详细标注出钢筋的编号、数量（或间距）、类别、直径及各段的长度与总尺寸。若在断面图中不能表达清楚钢筋的布置，也应在断面图外增加钢筋大样图，如图 11 – 13 所示。

若断面图中表示的箍筋布置复杂时，也应加画箍筋大样及说明，如图 11 – 14 所示。

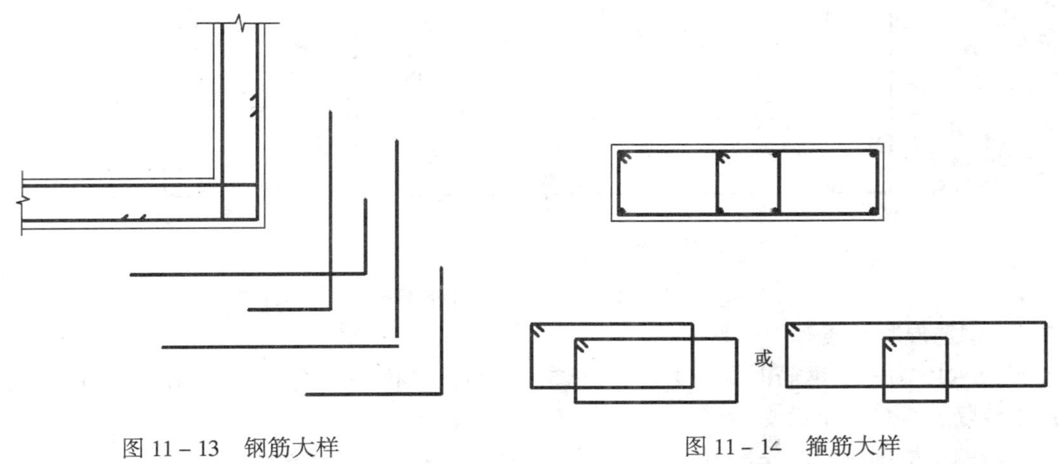

图 11 – 13　钢筋大样　　　图 11 – 14　箍筋大样

为了方便统计用料和编制施工预算，应编写构件的钢筋用量表，说明构件的名称、数量、钢筋的规格、钢筋简图、直径、长度、数量、总数量、重量等，如图 11 – 15 所示。

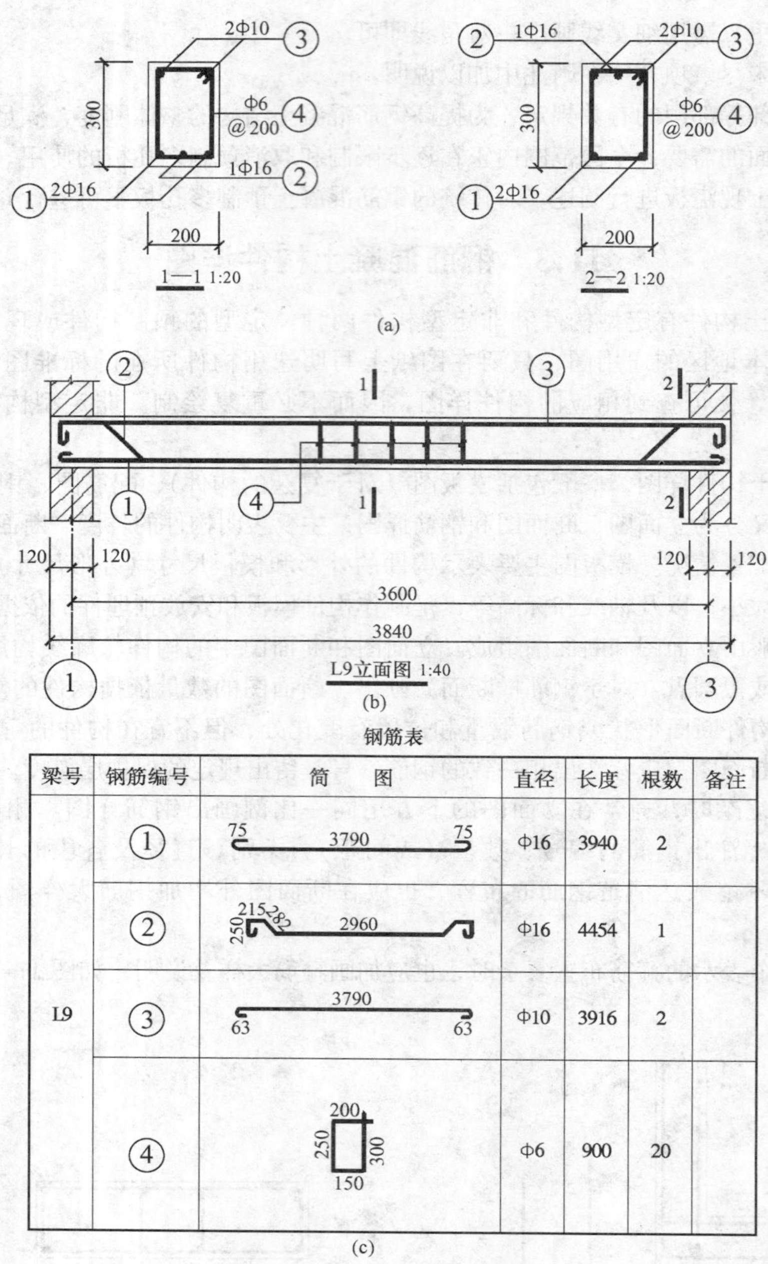

钢筋表

梁号	钢筋编号	简图	直径	长度	根数	备注
L9	①	75 3790 75	Φ16	3940	2	
	②	250 215 282 2960	Φ16	4454	1	
	③	3790 63 63	Φ10	3916	2	
	④	200 250 300 150	Φ6	900	20	

(c)

图 11－15 钢筋混凝土梁

(a) 断面图；(b) 立面图；(c) 钢筋表

11.3.1 钢筋混凝土梁

图 11－15 为一个钢筋混凝土梁的构件详图，包括立面图、断面图和钢筋表。梁的两端搁置在砖墙上，是一个简支梁。

梁内钢筋根据所起的作用不同，主要分为三类，有受拉筋（包括直筋和弯筋）、架立筋和箍筋。在梁的底部配有三根Φ 16 的受拉筋，其中有两根是直筋，编号是①，另有一根是弯筋，编号是②。弯筋在接近梁的两端支座处弯起 45（梁高小于 800mm 时，弯起角度为

45°，弯起大于 800mm 时，弯起角度为 60°）。

在梁中的 1—1 断面图中下方有三个黑圆点，分别是两根①号直筋和一根②号弯筋的横断面。在梁端的 2—2 断面图中，②号弯筋伸到了梁的上方。

梁的上部两侧各配有一根Φ 10 的架立钢筋，编号为③。沿着梁的长度范围内配置编号为④的箍筋。钢筋的中心距为 200mm。

下方的钢筋表中列出了这个梁中每种钢筋的编号、简图、直径、长度和根数。通过梁的立面图、断面图和钢筋表，可以清楚地表达出这根钢筋混凝土梁的配筋情况。

11.3.2 钢筋混凝土柱

下面以工业厂房常用的预制钢筋混凝土牛腿柱为例来说明其结构详图的特点。

对于工业厂房的钢筋混凝土柱等复杂的构件，除画出其配筋图外，还要画出其模板图和预埋件详图，如图 11 – 16 所示。

1. 模板图

从模板图中可以看出，该柱分为上柱和下柱两部分，上柱主要用来支撑屋架，其断面较小，上下柱之间突出的是牛腿，用来支承吊车梁，下柱受力大，故断面较大。与断面图对照，可以看出上柱是方形实心柱，其断面尺寸是为 400mm × 400mm，下柱是工字形柱，其断面尺寸为 400mm × 600mm。牛腿的 2—2 断面处的尺寸为 400mm × 950mm，柱总高为 10550mm。柱顶标高为 9.300mm，牛腿面标高为 6.000mm。柱顶处的 M – 1 表示 1 号预埋件与屋架焊接。牛腿顶面处的 M – 2 和在上柱离牛腿面 830mm 处的 M – 3 预埋件，与吊车梁焊接。预埋件的构造做法，另用详图表示。

2. 配筋图

根据牛腿柱的立面和断面配筋图可看出，上柱的①号钢筋是 4 根直径为 22mm 的 *I* 级钢筋，分别放在柱的四角，从柱顶一直伸入牛腿内 800mm。下柱的③号钢筋是 4 根直径为 18mm 的 *I* 级钢筋，也是放在柱的四角。下柱左、右两侧中间各安放 2 根编号为④、直径为 16mm 的 *I* 级钢筋，下柱中间，配有 2 根编号为⑥、直径为 10mm 的 I 级钢筋。③、④、⑥号筋都从柱底一直伸到牛腿顶部。柱左边的①号和③号钢筋在牛腿处搭接成一整体。牛腿处配置编号为⑪和⑫的弯筋，都是 4 根直径为 12mm 的 *II* 级钢筋，其弯曲形状与各段长度尺寸详见钢筋详图。

牛腿柱的箍筋由于间距不同，应在立面图的尺寸线上标注其编号和起始位置，上柱部分是⑦号箍筋，下柱部分是⑨号和⑩号箍筋。牛腿部分是⑧号箍筋。注意牛腿断面有变化部分的箍筋，其周长要随牛腿断面的变化逐个计算。

3. 预埋件详图

M – 1、M – 2 及 M – 3 详图分别表示预埋钢板的形状和尺寸，图中还表示了各预埋件的锚固钢筋的位置、数量、规格以及锚固长度等。

11.3.3 绘制钢筋混凝土详图应注意的其他事项

（1）配筋图中的立面图要有断面图的剖切符号。

（2）断面图中的钢筋横断面（黑圆点）要紧靠箍筋。

（3）钢筋的标注应正确、规范，引出线可转折，但要清楚，避免交叉，方向及长短要整齐，如图 11 – 17 所示。

（4）注写有关混凝土、砖、砂浆的强度等级及技术要求等说明。

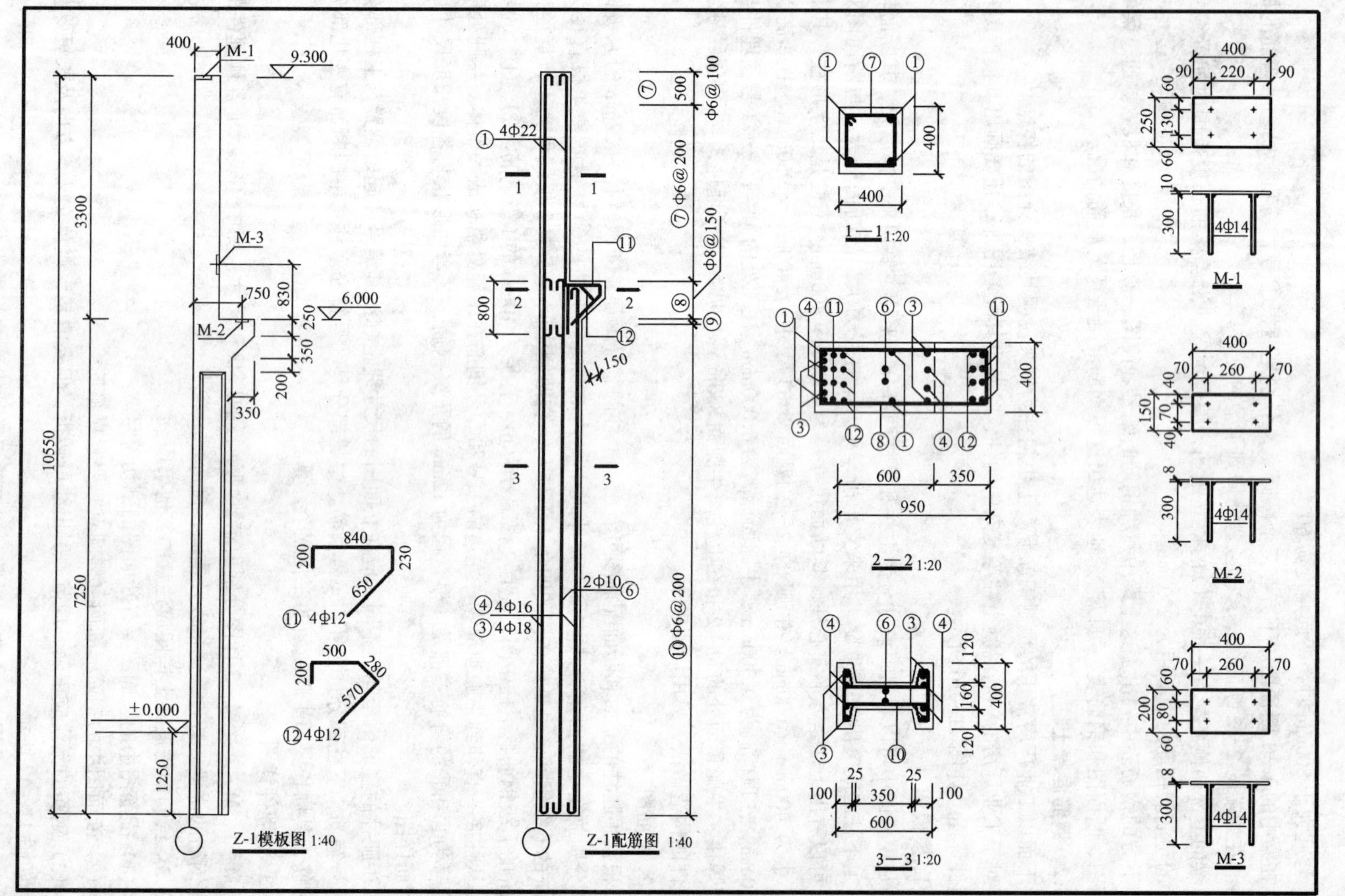

图 11－16 牛腿柱结构详图

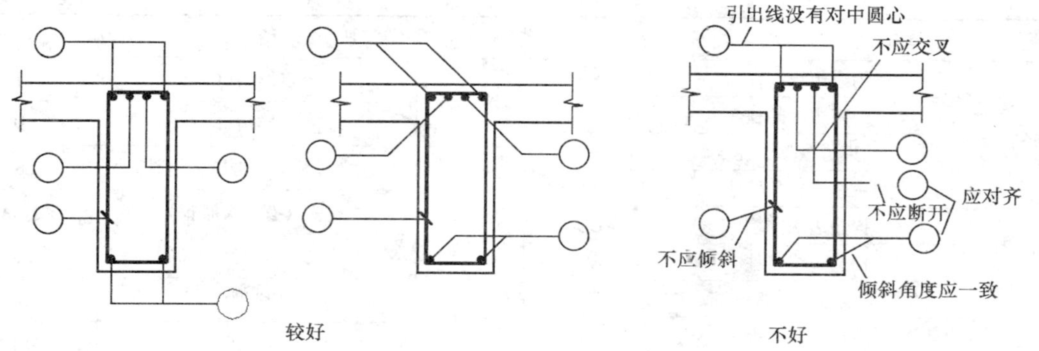

图 11－17　钢筋的标注

11.4　钢筋混凝土结构施工图平面整体表示方法

混凝土结构施工图平面整体表示方法（简称平法）对我国目前混凝土结构施工图的设计表示方法作了重大改革。平法的表达形式，是把结构构件的尺寸和配筋等，按照平面整体表示方法的制图规则，整体直接表达在各类构件的结构平面布置图上，再与标准构造详图相配合，即构成一套新型完整的结构设计。平法改变了传统的将构件从结构平面布置图中索引出来，再逐个绘制配筋详图的繁琐方法，因此，平法的作图简单、表达清晰，适合于常用的现浇混凝土柱、剪力墙、梁等，目前已广泛应用于各设计单位和建设单位。

按平法设计绘制的施工图，是由各类结构构件的平法施工图和标准构造详图两大部分构成。平法施工图包括构件平面布置图和用表格表示的建筑物各层层号、标高、层高表，标准构造详图一般采用图集。按平法设计绘制结构施工图时，必须根据具体工程设计，按照各类构件的平法制图原则，在按结构（标准）层绘制的平面布置图上直接表示各构件的尺寸、配筋和所选用的标准构造详图。出图时，宜按基础、柱、剪力墙、梁、板、楼梯及其他构件的顺序排列。

在平面布置图上表示各构件尺寸和配筋的方式，有平面注写、列表注写和截面注写三种。按平法设计绘制的结构施工图，应将所有柱、墙、梁构件进行编号，编号中含有构件号和序号等，常见的构件代号如表 11－6 所示。

表 11－6　平法结构施工图中的常见构件代号

柱	代　号	梁	代　号
框架柱	KZ	楼层框架梁	KL
框支柱	KZZ	屋面框架梁	WKL
芯　柱	XZ	框支梁	KZL
梁上柱	LZ	非框架梁	L
剪力墙上柱	QZ	悬挑梁	XL
		井式梁	JSL

续表

剪 力 墙		代 号	剪 力 墙		代 号
墙 柱	约束边缘端柱	YDZ	墙 洞	矩形洞口	JD
	约束边缘暗柱	YAZ		圆形洞口	YD
	约束边缘翼墙柱	YYZ	墙 梁	连梁（无交叉暗撑、钢筋）	LL
	约束边缘转角墙柱	YJZ		连梁（有交叉暗撑）	LL（JA）
	构造边缘端柱	GDZ		连梁（有交叉钢筋）	LL（JG）
	构造边缘暗柱	GAZ		暗 梁	AL
	构造边缘翼墙柱	GYZ		边框梁	BKL
	构造边缘转角墙柱	GJZ	墙 身	剪力墙墙身	Q
	非边缘暗柱	AZ			
	扶壁柱	FBZ			

本节主要介绍柱、剪力墙和梁的平面整体方法。

11.4.1 柱平法施工图的表示方法

柱平法施工图是在绘出柱的平面布置图的基础上，采用列表注写方式或截面注写方式来表示柱的截面尺寸和钢筋配置的结构工程图。

11.4.1.1 列表注写方式

在以适当比例绘制出的柱平面布置图（包括框架柱、框支柱、梁上柱和剪力墙上柱）上，标注出柱的轴线编号、轴线间尺寸，并将所有柱进行编号（由类型代号和序号组成），分别在同一编号的柱中选择一个或几个柱的截面，以轴线为界标注柱的相关尺寸，并列出柱表。在柱表中注写柱号、柱段起止标高、几何尺寸（含柱截面对轴线的偏心情况）与配筋的具体数值，并配以各种柱截面形状及其箍筋类型图。

各段柱的起止标高，是自柱根部往上以变截面位置或截面未变但配筋改变处为界分段注写的。其中，框架柱和框支柱的根部标高是指基础顶面标高；芯柱的根部标高是指根据结构实际需要而定的起始位置标高；梁上柱的根部标高是指梁顶面标高；剪力墙上柱的根部标高分两种：当柱与剪力墙重叠一层时，其根部标高为墙顶面往下一层的结构层楼面标高；当柱纵筋锚固在墙顶部时，其根部标高为墙顶面标高。

现以图 11－18 为例进行说明。对于矩形柱，在平面图中应注写截面尺寸 $b \times h$ 及轴线关系的几何参数代号 b_1、b_2 和 h_1、h_2 的具体数值，需对应于各段柱分别注写，其中 $b = b_1 + b_2$，$h = h_1 + h_2$。当截面的某一边收缩变化至与轴线重合或偏到轴线的另一侧时，b_1、b_2、h_1、h_2 中的某项为零或负值。

该图中有 KZ1（框架柱）、XZ1（芯柱）、LZ1（梁上柱）三种柱，图 11－18（c）的柱表为框架柱 KZ1 和芯柱 XZ1 的配筋情况，它分别注写了 KZ1 和 XZ1 不同标高部分的截面尺寸和配筋。如在标高 19.470～37.470m 这段，KZ1 的截面尺寸为 650mm×600mm，柱边离垂直轴线距离左右相等，均为 325mm，柱边离水平轴线距离一边为 150mm，另一边为 450mm。配置的角筋为直径 22mm 的 HRB335 钢筋，b 边一侧中部配置了 5 根直径为 22mm 的 HRB335 级钢筋，h 边一侧中部配置了 4 根直径为 20mm 的 HRB335 级钢筋，箍筋为直径 10mm 的 HPB235 钢筋，其中的斜线“/”区分柱端箍筋加密区与柱身非加密区长度范围内箍筋的不同间距（100/200），当圆柱采用螺旋箍筋时，需要在箍筋前家“*L*”。

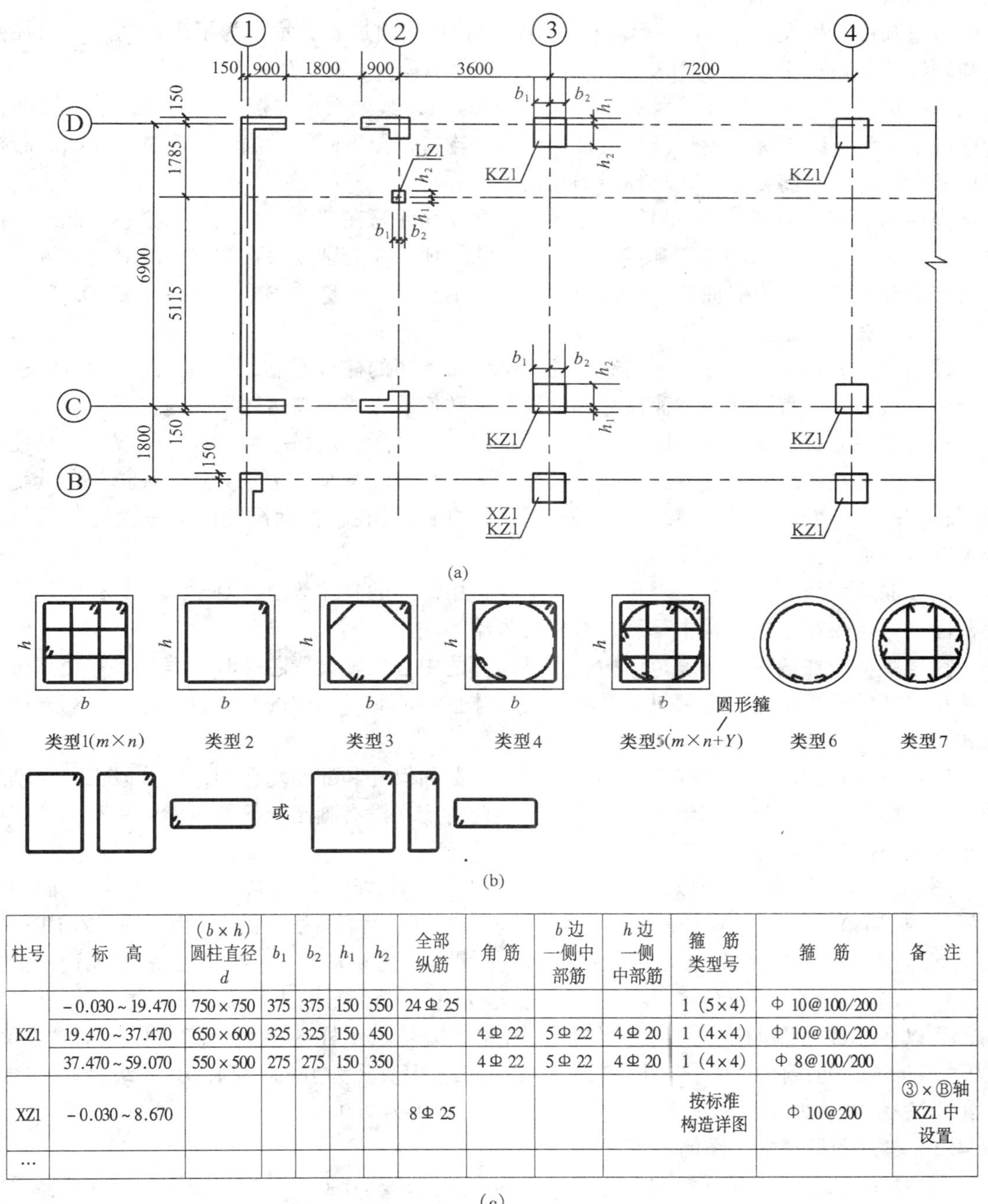

柱号	标　高	($b\times h$) 圆柱直径 d	b_1	b_2	h_1	h_2	全部 纵筋	角 筋	b 边 一侧中 部筋	h 边 一侧 中部筋	箍 筋 类型号	箍　筋	备　注
KZ1	-0.030~19.470	750×750	375	375	150	550	24Φ25				1 (5×4)	Φ10@100/200	
	19.470~37.470	650×600	325	325	150	450		4Φ22	5Φ22	4Φ20	1 (4×4)	Φ10@100/200	
	37.470~59.070	550×500	275	275	150	350		4Φ22	5Φ22	4Φ20	1 (4×4)	Φ8@100/200	
XZ1	-0.030~8.670						8Φ25				按标准 构造详图	Φ10@200	③×Ⓑ轴 KZ1中 设置
…													

(c)

图 11-18　柱平法施工图列表注写方式

(a) 柱平面布置图；(b) 箍筋类型图；(c) 柱表

具体工程所设计的各种箍筋类型，要在图中的适当位置画出箍筋类型图，并注写类型号。图 11-18 (b) 中共有 7 种类型的箍筋，其中类型 1 又有多种组合，如 4×3、4×4、5×4 等，柱表中“箍筋类型号”一栏的 1 (5×4)、1 (4×4) 表示箍筋为类型 1 的 5 (列) ×

(4 行）或 4（列）×（4 行）组合箍筋。

对于圆柱，柱表中 $b \times h$ 一栏需在该圆柱直径数字前加 d 表示。为了表达简单，圆柱截面与轴线的关系也用 b_1、b_2 和 h_1、h_2 表示，并使 $d = b_1 + b_2 = h_1 + h_2$。

图中出现的芯柱（只在③～Ⓑ轴线 KZ1 中设置），其截面尺寸按构造确定，并按标准构造图施工，设计时不标注；当设计者采用与标准构造详图不同的做法时，应进行注明。芯柱定位随框架柱，不需要注写其与轴线的几何关系。

当柱纵筋直径相同，各边根数也相同时，将纵筋注写在“全部纵筋”一栏中。此外，柱纵筋分角筋、截面 b 边中部筋和截面 h 边中部筋三项，应分别注写在柱表中的对应位置，对于采用对称配筋的矩形截面柱，可以仅注写一侧中部筋，对称边省略不注。

11.4.1.2 截面注写方式

截面注写方式，是在分标准层绘制的柱平面布置图的柱截面上，分别在同一编号的柱中选择一个截面，以直接注写截面尺寸和配筋具体数值的方式来表达柱平法施工图。

截面注写方式，要求从相同编号的柱中选择一个截面，按另一种比例原位放大绘制柱截面配筋图，并在各配筋图上的编号后继续注写截面尺寸 $b \times h$，角筋或全部纵筋（当纵筋采用一种直径并且能够图示清楚时）、箍筋的具体数值以及在柱截面配筋图上标注柱截面与轴线关系 b_1、b_2、h_1、h_2 的具体数值。

当纵筋采用两种直径时，需再注写截面各边中部筋的具体数值，对于采用对称配筋的矩形截面柱，可仅在一侧注写中部筋，对称边省略不注。

在某些框架柱的一定高度范围内，在其内部的中心位置设置芯柱时应编号，并在其编号后注写芯柱的起止标高、全部纵筋及箍筋的具体数值。对于芯柱的其他要求，同“列表注写方式”。

应注意，在截面注写方式中，如果柱的分段截面尺寸和配筋均相同，仅分段截面与轴线的关系不同时，可以将它们编为同一柱号，但此时应在没有画出配筋的截面上注写该柱截面与轴线关系的具体尺寸。

图 11－19 分别表示了框架柱、梁上柱的截面尺寸和配筋。图中编号 KZ1 柱的截面图旁所标注的“650×600”表示柱的截面尺寸，“4Φ 22”表示角筋为 4 根直径为 22mm 的 HRB335 级钢筋，“Φ 10@100/200”表示所配置的箍筋；截面上方标注的“5 Φ 22”，表示 b 边一侧配置的中部筋，截面左侧标注的“4 Φ 20”，表示 h 边一侧配置的中部筋，由于柱截面配筋对称，所以在柱截面图的下方和右侧的标注省略。编号 LZ1 柱的截面图旁所标注的“250×300”表示该柱的截面尺寸，“6 Φ 16”表示纵筋为 6 根直径为 16mm 的 HRB335 级钢筋，“Φ 8 @200”表示箍筋为直径 8mm 的 HPB235 级钢筋，间距为 200mm。

11.4.2 剪力墙平法施工图的表示方法

剪力墙平法施工图是在绘出剪力墙的平面布置图的基础上，采用列表注写方式或截面注写方式来表示剪力墙的截面尺寸和钢筋配置的结构工程图。

剪力墙平面布置图可以采用适当比例单独绘制，也可与柱或梁平面布置图合并绘制。当剪力墙较复杂或采用截面注写方式时，应按标准层分别绘制剪力墙平面布置图。

11.4.2.1 列表注写方式

为表达清楚、简便，剪力墙可看成由剪力墙柱、剪力墙身、剪力墙梁（简称墙柱、墙身、墙梁）三类构件组成。因此，在剪力墙平面布置图上需要对它们分别按表 11－6 进行编

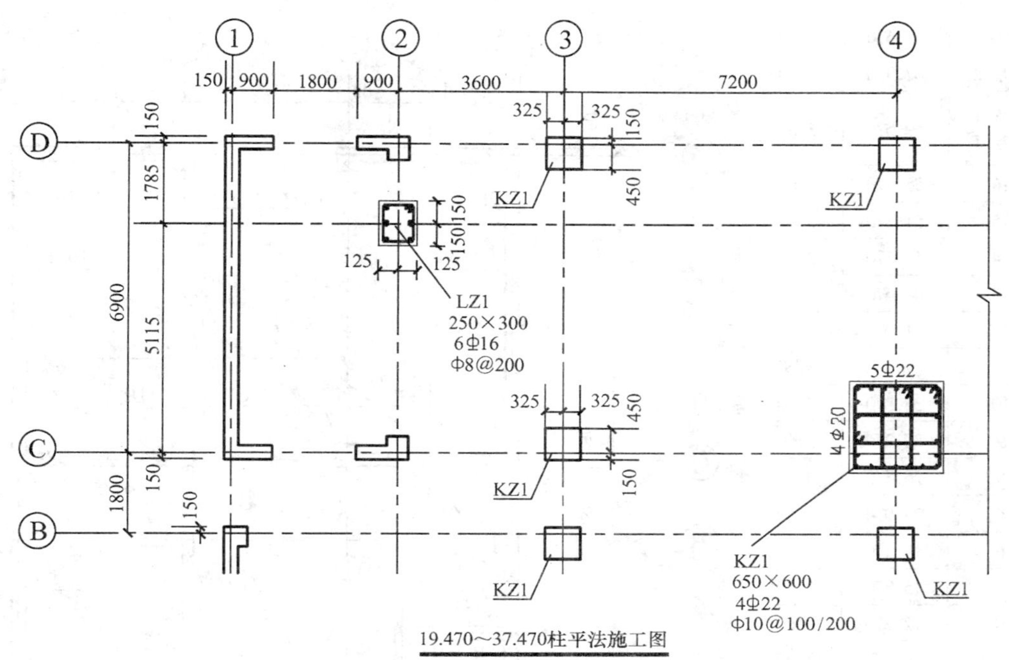

图 11－19　柱平法施工图截面注写方式

号，再分别列出墙柱、墙身、墙梁表。

注意，墙身编号是由墙身代号、序号以及墙身所配置的水平与竖向分布钢筋的排数组成，其中排数应注写在括号内。在编号中，如果若干墙柱的截面尺寸与配筋均相同，仅截面与轴线的关系不同时，可以将其编为同一墙柱号；如果若干墙身的厚度尺寸和配筋均相同，仅墙厚与轴线的关系不同或墙身长度不同时，也可将其编为同一墙身号。

剪力墙柱表中表达的内容主要有：编号、墙柱的起止标高、墙柱的截面配筋图、各段墙柱的纵向钢筋和箍筋的规格与间距；

剪力墙梁表中表达的内容主要有：编号、墙梁所在的楼层号、墙梁的顶面标高与结构层标高之差、墙梁的截面尺寸、墙梁上部和下部纵筋及箍筋的规格与间距；

剪力墙身表中表达的内容主要有：编号、各段墙身起止标高、墙的厚度、一排水平和竖向分布钢筋及拉筋的规格与间距。

图 11－20 所示的是剪力墙平法施工图列表注写方式示例。图 11－20（a）给出了结构层楼面标高和层高。从剪力墙柱表中可以知道编号为 GDZ1 和 GDZ2 的构造边缘端柱、编号为 GYZ2 的构造边缘翼墙（柱）、编号为 GJZ3 的构造边缘转角柱的相关尺寸、标高、纵筋和箍筋配置情况。从剪力墙身表中可以知道编号为 Q1（2 排）的墙身的标高、厚度、水平分布筋、垂直分布筋和拉筋的配置情况。从剪力墙梁表中可以知道编号为 LL1～LL4 的连梁所在的楼层、梁顶相对该结构层标高的高差、梁的截面尺寸、梁上下部纵筋和箍筋的配置情况。

结构层平面图中的“YD1”表示剪力墙圆形洞口的编号。根据规范规定，剪力墙上的洞口均可以在剪力墙平面布置图上原位表达，绘制洞口示意，并标注洞口中心的平面定位尺寸。在洞口中心位置应该引注洞口编号、洞口几何尺寸、洞口中心相对标高和洞口每边补强钢筋四项内容，如图 11－20(b)中“$D=200$”表示该圆形洞口的直径为 200mm，“2 层：－0.800，

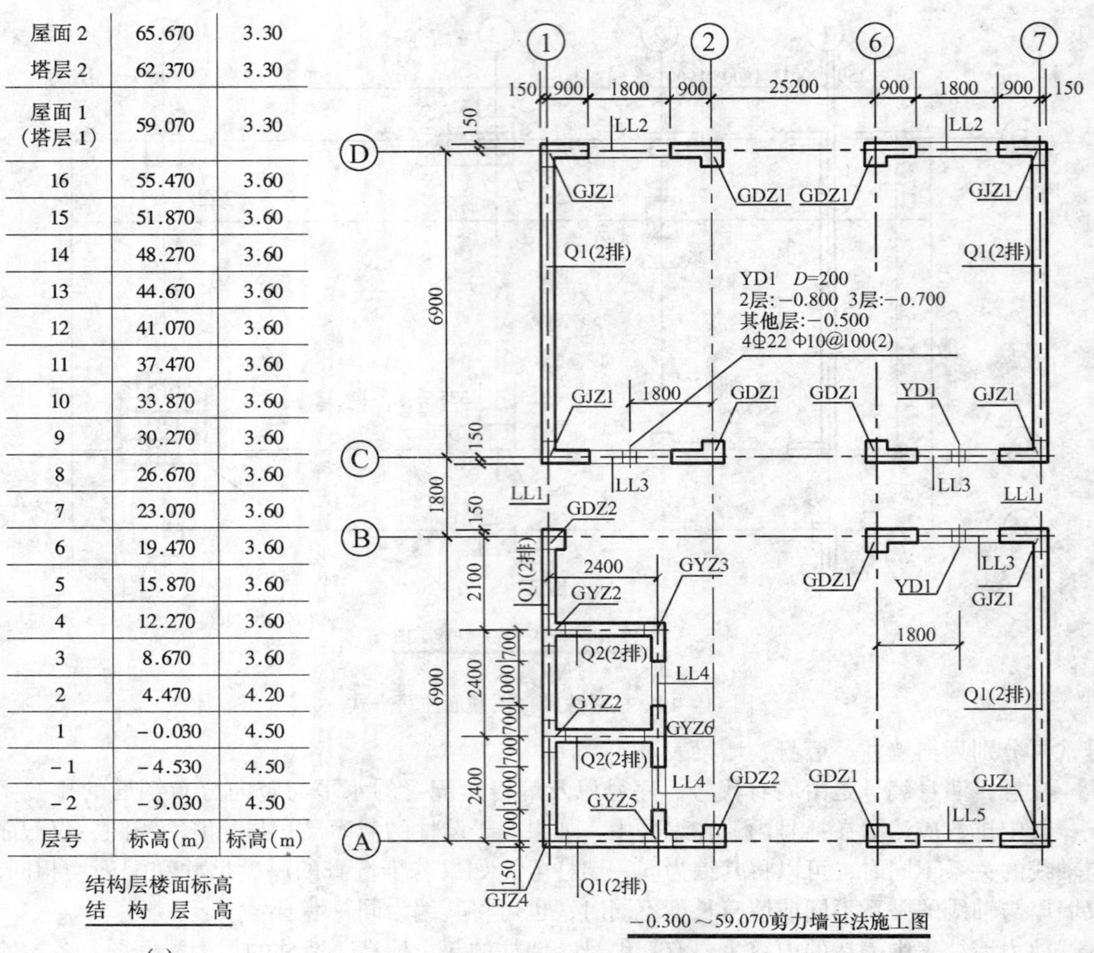

屋面 2	65.670	3.30
塔层 2	62.370	3.30
屋面 1（塔层 1）	59.070	3.30
16	55.470	3.60
15	51.870	3.60
14	48.270	3.60
13	44.670	3.60
12	41.070	3.60
11	37.470	3.60
10	33.870	3.60
9	30.270	3.60
8	26.670	3.60
7	23.070	3.60
6	19.470	3.60
5	15.870	3.60
4	12.270	3.60
3	8.670	3.60
2	4.470	4.20
1	－0.030	4.50
－1	－4.530	4.50
－2	－9.030	4.50
层号	标高（m）	标高（m）

结构层楼面标高
结构层高

（a）

（b）

剪力墙梁表							
编号	所在楼层号	梁顶相对标高高差	梁截面（b×h）	上部纵筋	下部纵筋	侧面纵筋	箍筋
LL1	2～9	0.800	300×2000	4Φ22	4Φ22	同 Q1 水平分布筋	Φ10@100(2)
	10～16	0.800	250×2000	4Φ20	4Φ20		Φ10@100(2)
	屋　面		250×1200	4Φ20	4Φ20		Φ10@100(2)
LL2	3	－1.200	300×2520	4Φ22	4Φ22	同 Q1 水平分布筋	Φ10@150(2)
	4	－0.900	300×2070	4Φ22	4Φ22		Φ10@150(2)
	5～9	－0.900	300×1770	4Φ22	4Φ22		Φ10@150(2)
	10～屋面 1	－0.900	250×1770	3Φ22	3Φ22		Φ10@150(2)
LL3	2		300×2070	4Φ22	4Φ22	同 Q1 水平分布筋	Φ10@100(2)
	3		300×1770	4Φ22	4Φ22		Φ10@100(2)
	4～9		300×1170	4Φ22	4Φ22		Φ10@100(2)
	10～屋面 1		250×1170	3Φ22	3Φ22		Φ10@100(2)
LL4	2		250×2070	3Φ20	3Φ20	同 Q2 水平分布筋	Φ10@120(2)
	3		250×1770	3Φ20	3Φ20		Φ10@120(2)
	4～屋面 1		250×1170	3Φ20	3Φ20		Φ10@120(2)

（c）

图 11－20　剪力墙平法施工图列表注写方式（一）

（a）结构层楼面标高、层高表；（b）结构层平面图；（c）剪力墙梁表

剪力墙身表					
编号	标　高	墙厚	水平分布筋	垂直分布筋	拉　筋
Q1（2排）	－0.030～30.270	300	Φ 12@	Φ 12@250	Φ 6@500
	30.270～59.070	250	Φ 10@250	Φ 10@250	Φ 6@500
Q2（2排）	－0.030～30.270	250	Φ 10@250	Φ 10@250	Φ 6@500
	30.270～59.070	200	Φ 10@250	Φ 10@250	Φ 6@500

(d)

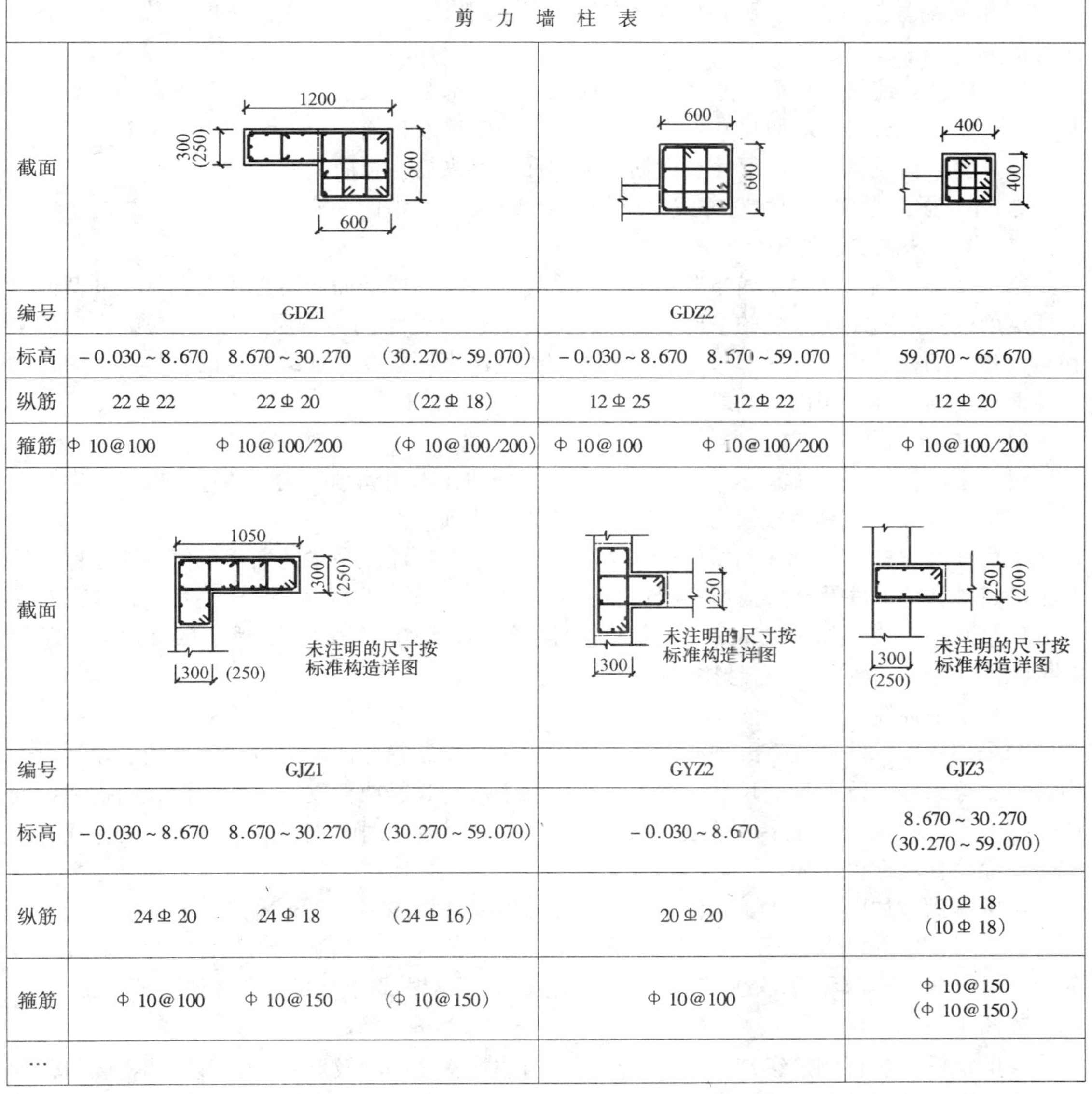

剪力墙柱表			
截面	1200；300 (250)；600；600	600；600	400；400
编号	GDZ1	GDZ2	
标高	－0.030～8.670　8.670～30.270　（30.270～59.070）	－0.030～8.670　8.570～59.070	59.070～65.670
纵筋	22Φ22　22Φ20　（22Φ18）	12Φ25　12Φ22	12Φ20
箍筋	Φ 10@100　Φ 10@100/200　（Φ 10@100/200）	Φ 10@100　Φ 10@100/200	Φ 10@100/200
截面	1050；300 (250)；300 (250)；未注明的尺寸按标准构造详图	250；300；未注明的尺寸按标准构造详图	250 (200)；300 (250)；未注明的尺寸按标准构造详图
编号	GJZ1	GYZ2	GJZ3
标高	－0.030～8.670　8.670～30.270　（30.270～59.070）	－0.030～8.670	8.670～30.270 （30.270～59.070）
纵筋	24Φ20　24Φ18　（24Φ16）	20Φ20	10Φ18 （10Φ18）
箍筋	Φ 10@100　Φ 10@150　（Φ 10@150）	Φ 10@100	Φ 10@150 （Φ 10@150）
…			

图 11－20　剪力墙平法施工图列表注写方式（二）

(d) 剪力墙身表；(e) 剪力墙柱表

3层：-0.700"、"其他层：-0.500"表示该圆形洞口中心距离本结构层楼（地）面标高的洞口中心高度，本例中为负值，表示该圆形洞口中心低于本结构层楼面。

11.4.2.2 截面注写方式

截面注写方式是在分标准层绘制的剪力墙平面布置图上，以直接在墙柱、墙身、墙梁上注写截面尺寸和配筋具体数值的方式，来表达剪力墙平法施工图。

截面注写方式有两种表示方法。一种是原位注写方式，可以直接在墙柱、墙身、墙梁图上注写；另一种方式，选用适当比例将平面布置图放大后，对墙柱绘制出配筋截面图，再进行注写。不管采用哪一种方法，均应对所有墙柱、墙身和墙梁进行编号，然后分别在相同编号的墙柱、墙身和墙梁中选择一根墙柱、一道墙身、一根墙梁进行注写。注写的内容有：

（1）墙柱：编号、截面尺寸及相关几何尺寸、全部纵筋及箍筋；

（2）墙身：编号、墙厚尺寸、水平和竖向分布钢筋及拉筋；

（3）墙梁：编号、截面尺寸、箍筋、上部和下部纵筋、顶面高差。

图 11-21 是采用截面注写方式完成的剪力墙平法施工图。

11.4.3 梁平法施工图的表示方法

梁平法施工图是在梁平面布置图上采用平面注写方式或截面注写方式来表示梁的截面尺寸和钢筋配置的施工图。梁的平面布置图，应分别按梁的不同结构层（标准层），将全部梁和与其相关的柱、墙、板一起采用适当的比例绘制出来，必要时在编号后的括号内还应标注梁顶面标高与标准层楼面标高之差。

11.4.3.1 平面注写方式

梁的平面注写方式，是在梁平面布置图上，分别在不同编号的梁中各选一根梁，在其上注写截面尺寸和配筋具体数值的方式，来表达梁平法施工图。

平面注写包括集中标注和原位标注两种方式。集中标注注写梁的通用数值，原位标注注写梁的特殊数值。注写前应对所有梁进行编号，梁的编号由梁类型代号、序号、跨数及有无悬挑代号几项组成，如 KL7（5A）表示第 7 号框架梁，5 跨，一端有悬挑；L9（7B）表示第 9 号非框架梁，7 跨，两端有悬挑，但悬挑不计入跨数。

（1）集中标注

当采用集中标注时，有五项必须标注的内容及一项选择标注的内容。这五项必须标注的内容是：梁编号、梁的截面尺寸、梁的箍筋、梁上部通长筋或架立筋、梁侧面纵向构造钢筋或受扭钢筋。当集中标注中的某项数值不适用于梁的某部位时，则将该项数值原位标注，施工时，原位标注取值优先。

梁的截面，如图 11-22 所示，如果为等截面时，用 $b \times h$（宽×高）表示；如果为加腋梁时，用 $b \times h\ Yc_1 \times c_2$ 表示，Y 表示加腋，c_1 为腋长，c_2 为腋高，如图 11-22（a）所示；如果有悬挑梁且根部和端部的高度不同时，用斜线分隔根部与端部的高度值，即为 $b \times h_1/h_2$，如图 11-22（b）所示。

梁的箍筋，包括钢筋级别、直径、加密区与非加密区间距及肢数等。箍筋加密区与非加密区的不同间距及肢数应用"/"分隔，当箍筋为同一种间距及肢数时，不用"/"，当加密区与非加密区的箍筋肢数相同时，则将肢数注写一次，箍筋肢数应写在括号内。例如：Φ10@100/200（4）表示箍筋为Ⅰ级钢筋，直径为 10mm，加密区间距为 100 mm，非加密区间距

屋面 2	65.570	3.30
塔层 2	62.370	3.30
屋面 1 (塔层 1)	59.070	3.30
16	55.470	3.60
15	51.870	3.60
14	48.270	3.60
13	44.670	3.60
12	41.070	3.60
11	37.470	3.60
10	33.870	3.60
9	30.270	3.60
8	26.670	3.60
7	23.070	3.60
6	19.470	3.60
5	15.870	3.60
4	12.270	3.60
3	8.670	3.60
2	4.470	4.20
1	-0.030	4.50
-1	-4.530	4.50
-2	-9.030	4.50
层号	标高(m)	标高(m)

结构层楼面标高
结 构 层 高

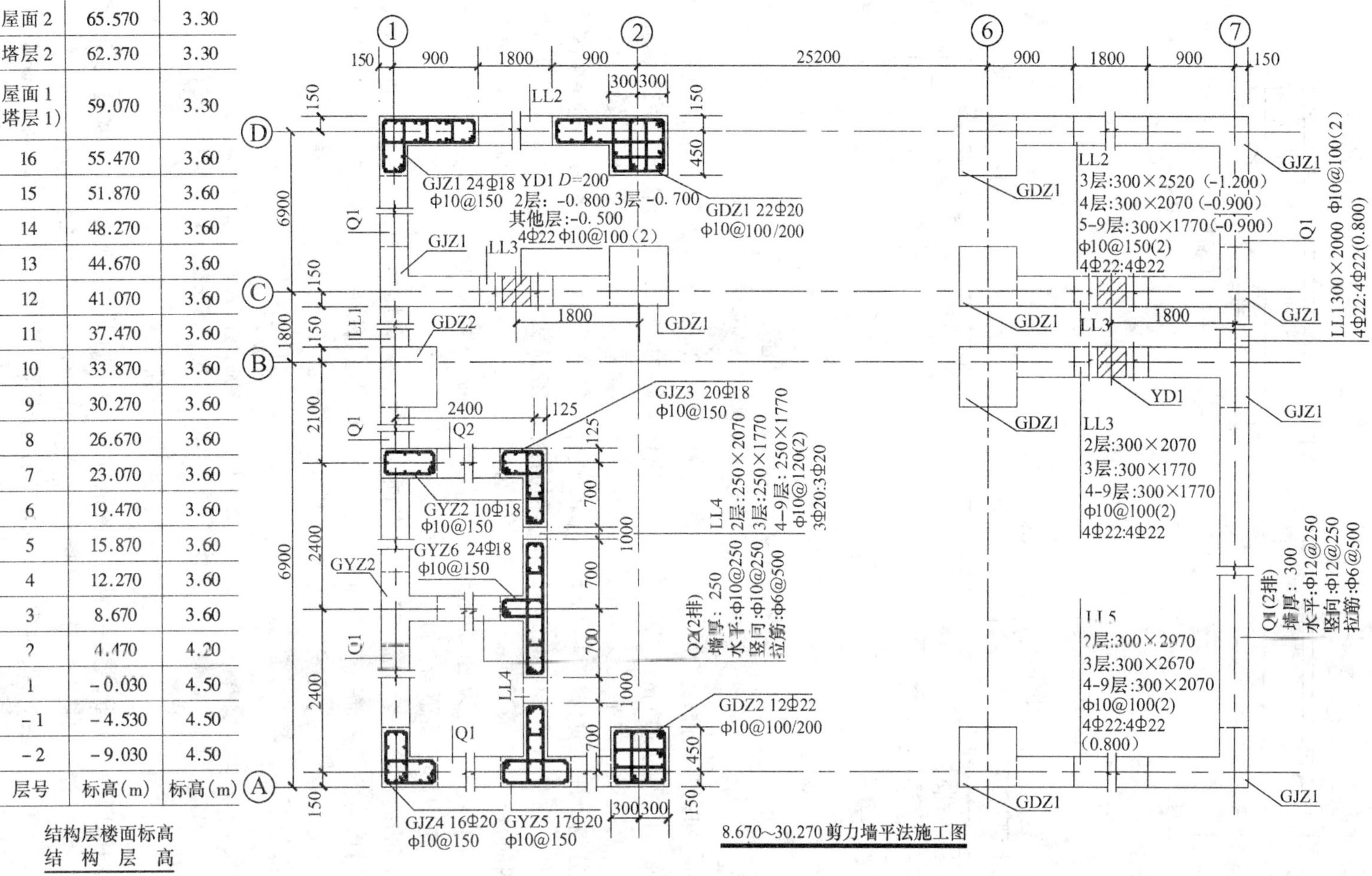

图 11-21 剪力墙平法施工图截面注写方式

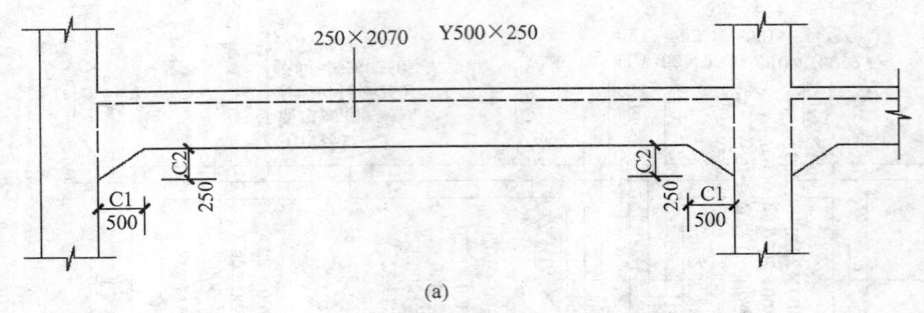

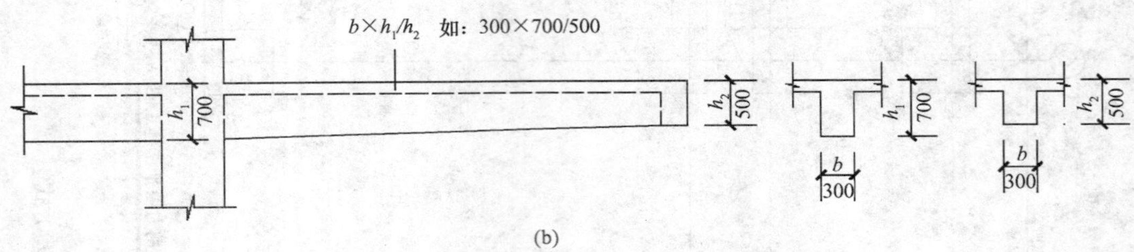

图 11－22 梁的截面尺寸注写

（a）加腋梁截面尺寸注写示意；（b）悬挑梁不等高截面尺寸注写示意

为 200 mm，均为四肢箍；又如，Φ 8@100（4）/150（2）表示箍筋为 HPB235 钢筋，直径为 8mm，加密区间距为 100 mm，四肢箍，非加密区间距为 150 mm，两肢箍。当抗震结构中的非框架梁、悬挑梁、井字梁及非抗震结构中的各类梁采用不同的箍筋间距及肢数时，也用“/”进行分隔，注写时先注写梁支座端部的箍筋，在“/”后注写梁跨中部分的箍筋间距及肢数。例如：13 Φ 10@150/200（4）表示箍筋为 HPB235 级钢筋，直径为 10mm，梁的两端各有 13 个四肢箍，间距为 150 mm，梁跨中部分间距为 200 mm，四肢箍；又如，18 Φ 12@150（4）/200（2）表示箍筋为 HPB235 钢筋，直径为 12mm，梁的两端各有 18 个四肢箍，间距为 150 mm，梁跨中部分间距为 200 mm，两肢箍。

梁上部的通长筋及架立筋，当他们在同一排时，应用加号“＋”将通长筋与架立筋联结，注写时应将角部纵筋写在加号的前面，架立筋写在加号后面的括号内。当梁的上部纵筋和下部纵筋为全跨相同、且多数跨配筋相同时，该项可以加注下部纵筋的配筋值，用分号“;”将上部与下部纵筋的配筋值分隔开，其含义如图 11－23 所示。

2 Φ 25＋2 Φ 22　表示梁的上部配置了 2 Φ 25 的通长钢筋，同时配置了 2 Φ 22 的架立筋。

3 Φ 22；3 Φ 20　表示梁的上部配置了 3 Φ 22 的通长钢筋，下部配置了 3 Φ 20 的通长钢筋。

图 11－23 梁的纵向钢筋注写

梁侧面纵向构造钢筋或受扭钢筋配置的注写，应按以下要求进行：当梁腹板高度 $h_w \geq$ 450mm 时，需配置纵向构造钢筋，在配筋数量前加“G”，注写的钢筋数量为梁两个侧面的总配筋值，为对称配置，如 G4 Φ 12 表示梁的两个侧面共配置了 4 根直径为 12mm 的 HPB235 钢筋，每侧各配置 2 根；当梁侧面配置受扭纵向钢筋时，在配筋数量前加“N”，注写的钢筋数量为梁两个侧面的总配筋值，为对称配置。

梁顶面标高高差，是指相对于结构层楼面标高的高差值，对于位于结构夹层的梁，则指相对于结构夹层楼面标高的高差。若有高差，需将其写入括号内，无高差时则不注。当某梁的顶面高于所在结构层的楼面标高时，其标高高差为正值，反之为负值。

（2）原位标注

原位标注通常主要标注梁支座上部纵筋(指该部位含通长筋在内的所有纵筋)及梁下部纵筋,或当梁的集中标注内容不适用于等跨梁或某悬挑部分时,则以不同数值标注在其附近。

对于梁支座上部的纵筋，当多于一排时，用斜线“/”将各排纵筋自上而下分开，如图 11－24 所示；当同排钢筋有两种直径时，用加号“+”将两种直径的纵筋相联，注写时将角部纵筋写在前面；当梁中间支座两边的上部纵筋不同时，需在支座两边分别标注，当梁中间支座两边的上部纵筋相同时，可仅在支座一边标注配筋值，另一边省略不注。

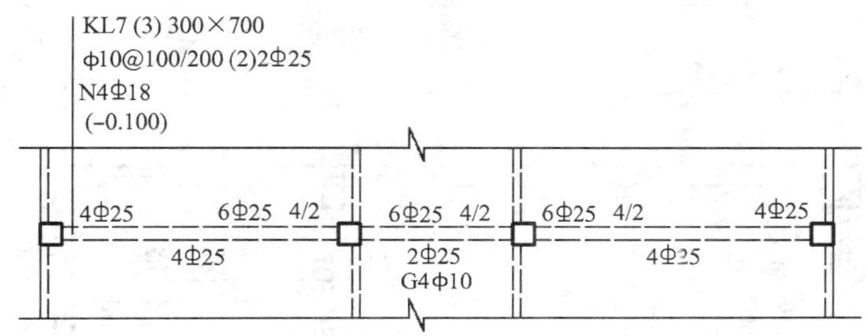

图 11－24　梁的原位标注

对于梁下部纵筋，当多于一排时，用斜线“/”将各排纵筋自上而下分开；当同排钢筋有两种直径时，用加号“+”将两种直径的纵筋相联，注写时将角部纵筋写在前面；当梁下部纵筋不全伸入支座时，将梁支座下部纵筋减少的数量写在括号内，其含义如图 11－25 所示。

6Φ25 2(－2)/4 表示上排纵筋为 2Φ25，且不伸入支座；下排纵筋为 4Φ25，全部伸入支座

2Φ25+3Φ22(－3)/5Φ25 表示上排纵筋为 2Φ25 和 3Φ22，其中 3Φ22 不伸入支座；下排纵筋为 5Φ25，全部伸入支座

图 11－25　梁下部纵筋的标注

对于梁中的附加箍筋或吊筋，应将其画在平面图中的主梁上，用线引注总配筋值（附加箍筋的肢数注在括号内），如图 11－26 所示。当多数附加箍筋或吊筋相同时，可以在梁平法施工图上统一注明，少数与统一注明值不同时，再原位引注。

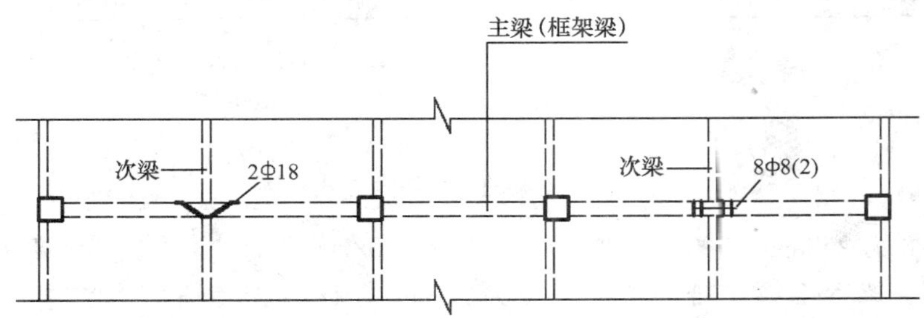

图 11－26　附加箍筋和吊筋的画法

图 11－27 是采用平面注写方式画出的某建筑结构的一部分梁平法施工图。从图中可知，

该图中共有 KL1、KL2、KL5 三种楼层框架梁，有 L1、L3、L5 三种非框架梁。

KL1 的截面为 300mm×700mm，箍筋为Φ 10@100/200（2），4 跨，梁上部和下部均有两排纵向钢筋，梁上部第一排为 4 根直径为 25mm 的 HRB335 钢筋，第二排也为 4 根直径为 25mm 的 HRB335 钢筋，共 8 根；梁下部第一排为 2 根直径为 25mm 的 HRB335 钢筋，第二排为 5 根直径为 25mm 的 HRB335 钢筋，共 7 根。KL1 两侧各配置了 2 Φ 10 的构造钢筋，在 KL1 与 L5 的连接处，KL1 两侧还分别配置了 2 根直径为 16 mm 的受扭钢筋。

KL2 的截面为 300mm×700mm，箍筋为Φ 10@100/200（2），4 跨，梁上部和下部均有两排纵向钢筋，梁上部第一排为 4 根直径为 22mm 的 HRB335 钢筋，第二排为 2 根直径为 22mm 的 HRB335 钢筋，共 6 根；梁下部第一排为 3 根直径为 20mm 的 HRB335 钢筋，第二排为 4 根直径为 20mm 的 HRB335 钢筋，共 7 根。KL2 两侧各配置了 2 Φ 10 的构造钢筋。

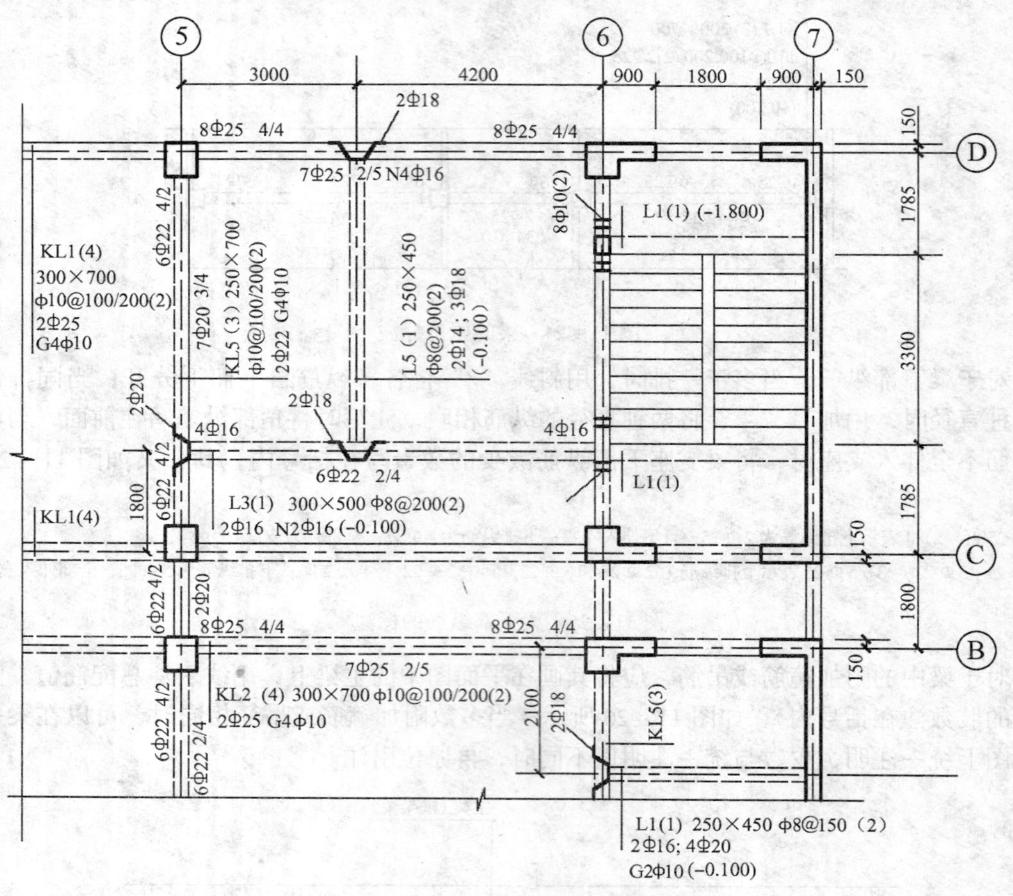

图 11－27　梁的平面注写方式示例

KL5 的截面为 250mm×700mm，箍筋为Φ 10@100/200（2），3 跨，梁上部和下部也均有两排纵向钢筋，梁上部第一排为 4 根直径为 22mm 的 HRB335 钢筋，第二排为 2 根直径为 22mm 的 HRB335 钢筋，共 6 根；梁下部第一排为 3 根直径为 22mm 的 HRB335 钢筋，第二排为 4 根直径为 22mm 的 HRB335 钢筋，共 7 根。KL5 两侧各配置了 2 Φ 10 的构造钢筋。

L1、L3、L5 均为 1 跨非框架梁，其内部的钢筋配置情况参见图中注写。

注意，在多跨梁的集中标注中如果已注明加腋，而该梁其跨的根部不需要加腋时，应该在该跨原位标注等截面的 $b \times h$，以修正集中标注中的加腋信息，如图 11－28 所示。

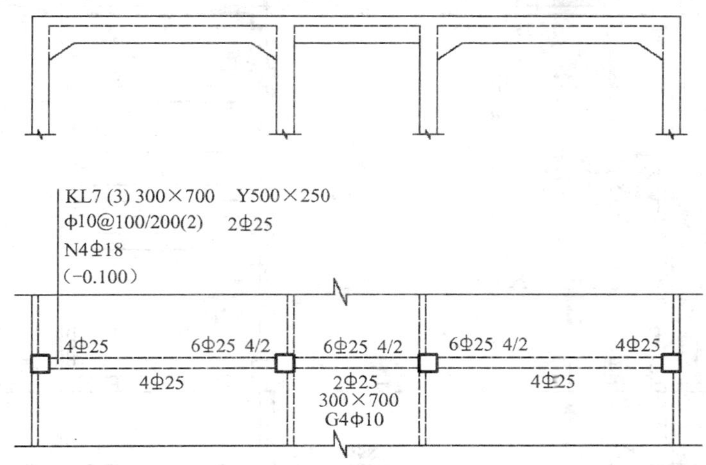

图 11－28　梁加腋平面注写方式表达示例

井字梁通常由非框架梁构成，并以框架梁为支座（特殊情况下以专门设置的非框架大梁为支座）。在此情况下，为明确区分井字梁与框架梁或作为井字梁支座的其他类型梁，井字梁用单粗虚线表示（当井字梁顶面高出板面时用单粗实线表示），框架梁或作为井字梁支座的其他类型梁用双细虚线表示（当梁顶面高出板面时用双实细线表示）。有关井字梁的其他规定及注写要求，可参阅有关标准图集。

11.4.3.2　截面注写方式

梁的截面注写方式是在分标准层绘制的梁平面布置图上，分别在不同编号的梁中各选择一根梁用剖面号（单边截面号）引出配筋图，并在其上注写截面尺寸和配筋具体数值的方式来表达梁平法施工图。在画出的截面配筋详图上应注写截面尺寸 $b \times h$、上部筋、下部筋、侧面构造筋或受扭筋，以及箍筋的具体数值，表达形式同“平面注写方式”。

图 11－29 中从平面布置图上分别引出了 3 个不同配筋的截面图，各图中表示了梁的截面尺寸和配筋情况。从 1－1 截面图中可知，该截面尺寸为 300 mm × 550 mm，梁上部配置了 4 根直径为 16mm 的 HRB335 钢筋；下部配置了双排钢筋，上边一排为 2 根直径为 22 mm 的 HRB335 钢筋，下边一排为 4 根直径为 22 mm 的 HRB335 钢筋；该梁还配置了 2 根直径为 16 mm 的受扭钢筋，梁内的箍筋为Φ8＠200。从 2－2 截面图中可知，该截面配筋中除梁上部的配筋变为 2 根直径为 16mm 的 HRB335 钢筋外，其余均与 1－1 截面配筋相同。从 3－3 截面图中可知，该截面尺寸为 250mm × 450mm，梁上部配置了 2 根直径为 14mm 的 HRB335 钢筋，梁下部配置了 3 根直径为 18mm 的 HRB335 钢筋，梁内的箍筋为Φ8＠200。

梁的截面注写方式可以单独使用，也可以与平面注写方式结合使用。

在梁平法施工图的平面图中，当局部区域的梁布置过密时，除了采用截面注写方式表达外，也可以将过密区用虚线框出，适当放大比例后再用平面注写方式表示。

当表达异型截面梁的尺寸与配筋时，用截面注写方式相对比较方便。

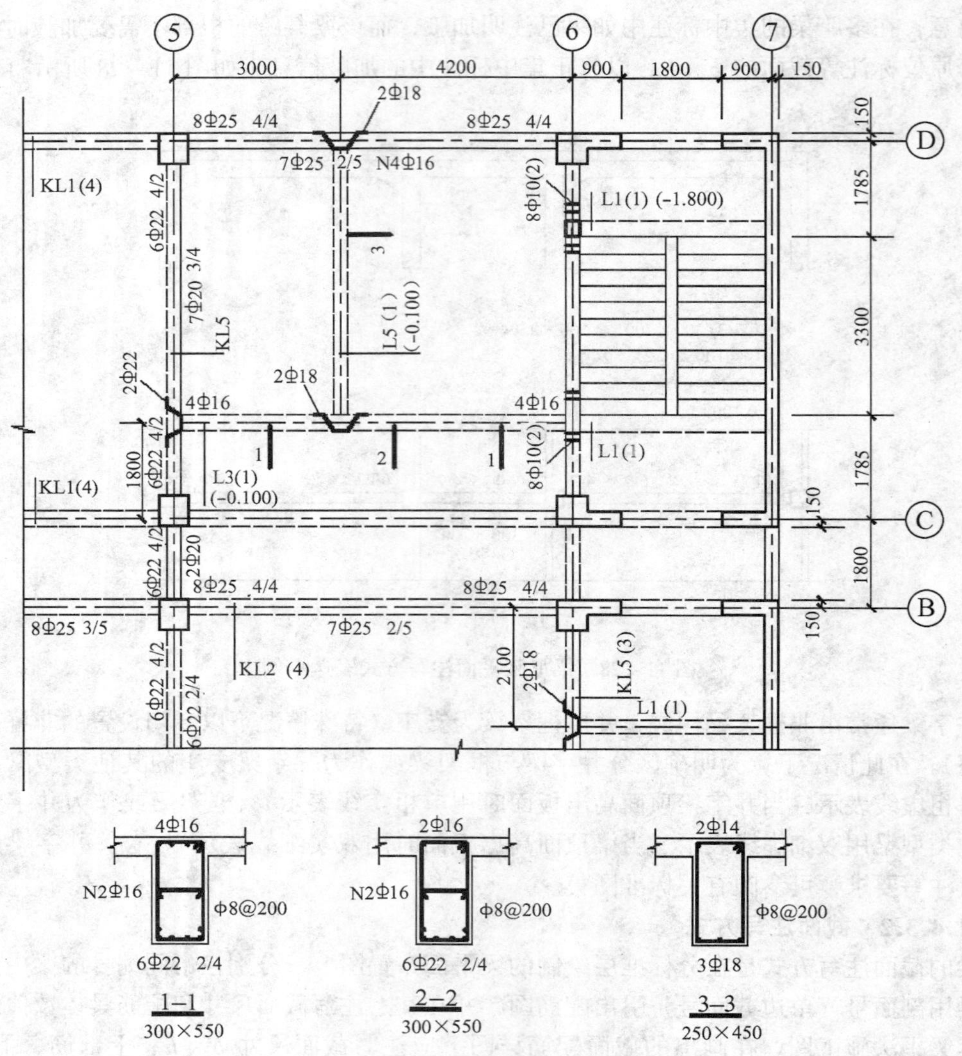

图 11-29 梁的截面注写方式示例

11.5 基础平面图和基础详图

基础是房屋底部与地基接触的承重构件，它承受房屋的全部荷载，并传递给基础下面的地基。根据上部结构的形式和地基承载能力的不同，基础可分为条形基础、独立基础、片筏基础和箱形基础等。如图 11-30 所示是最常见的条形基础和独立基础，条形基础一般用作承重砖墙的基础，独立基础通常为柱子的基础。图 11-31 是以条形基础为例，介绍与基础有关的一些知识。基础下部的土壤称为地基；为基础施工而开挖的土坑称为基坑；基坑边线就是施工放线的灰线；从室内地面到基础顶面的墙称为基础墙；从室外设计地面到基础底面的垂直距离称为埋置深度；基础墙下部做成阶梯形的砌体称为大放脚；防潮层是防止地下水对墙体侵蚀的一层防潮材料。

基础结构图由基础平面图和基础详图组成。

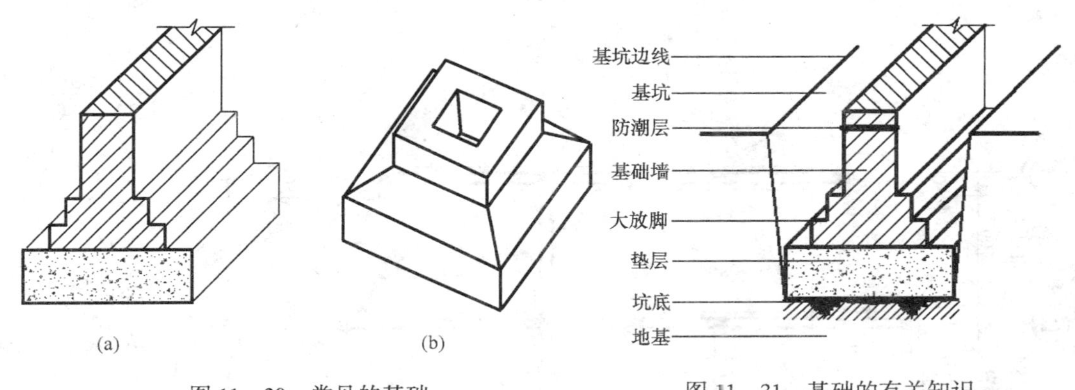

图 11－30　常见的基础

(a) 条形基础；(b) 独立基础

图 11－31　基础的有关知识

11.5.1　基础平面图

11.5.1.1　基础平面图的产生和画法

基础平面图是表示基坑在未回填土时基础平面布置的图样，它是假想用一个水平面沿基础墙顶部剖切后所作出的水平投影图。基础平面图通常只画出基础墙、柱的截面及基础底面的轮廓线，基础的大放脚等细部的可见轮廓线都省略不画，这些细部的形状和尺寸用基础详图表示。

基础平面图的比例、轴线及轴线尺寸与建筑平面图一致。其图线要求是：剖切到的基础墙轮廓线画粗实线，基础底面的轮廓线画中细实线，可见的梁画粗实线（单线），不可见的梁画粗点画线（单线）；剖切到的钢筋混凝土柱断面，由于绘图比例较小，要涂黑表示。

在基础平面图中，应注明基础的大小尺寸和定位尺寸。大小尺寸是指基础墙断面尺寸、柱断面尺寸以及基础底面宽度尺寸；定位尺寸是指基础墙、柱以及基础底面与轴线的联系尺寸。图中还应注明剖切符号。基础的断面形状与埋置深度要根据上部的荷载以及地基承载力而定，同一幢房屋由于各处有不同的荷载和不同的地基承载力，所以下面有不同的基础。每一种不同的基础，都要画出它的断面图，并在基础平面图上用 1－1、2－2……剖切符号表明该断面的位置。

11.5.1.2　基础平面图图示实例

图 11－32 是第十章所述教师公寓的基础平面图，下面以比图为例来说明基础平面图的内容和读图。

从图中可以看出，该房屋有独立基础和条形基础两种基础形式。

剖切到的柱由于比例较小，均涂黑表示。柱旁边标注了柱的代号。从代号可知，有承重柱 Z1，四种构造柱 GZ1、GZ2、GZ3、GZ4。图中有些柱子没有标注代号，根据说明可知，这些均为构造柱 GZ1。柱下的独立基础用中细实线表示了基础底边线，还标注了独立基础的代号。从代号可知，共有五种柱下独立基础，分别是 J－1、J－2、J－3、J－4、J－5。这些独立基础另有详图表示其尺寸和构造。

图中轴线两侧的粗实线表示剖切到的基础墙，中细实线表示向下投影时看到的基础底边线。基础的断面形状与埋置深度要根据上部的荷载和地基承载力而定，同一幢房屋由于各处有不同的荷载和不同的地基承载力，所以下面有不同的基础。对每一种不同的基础，都要画出它的断面图，并在基础平面图上用 1－1、2－2……剖切符号表明该断面的位置。

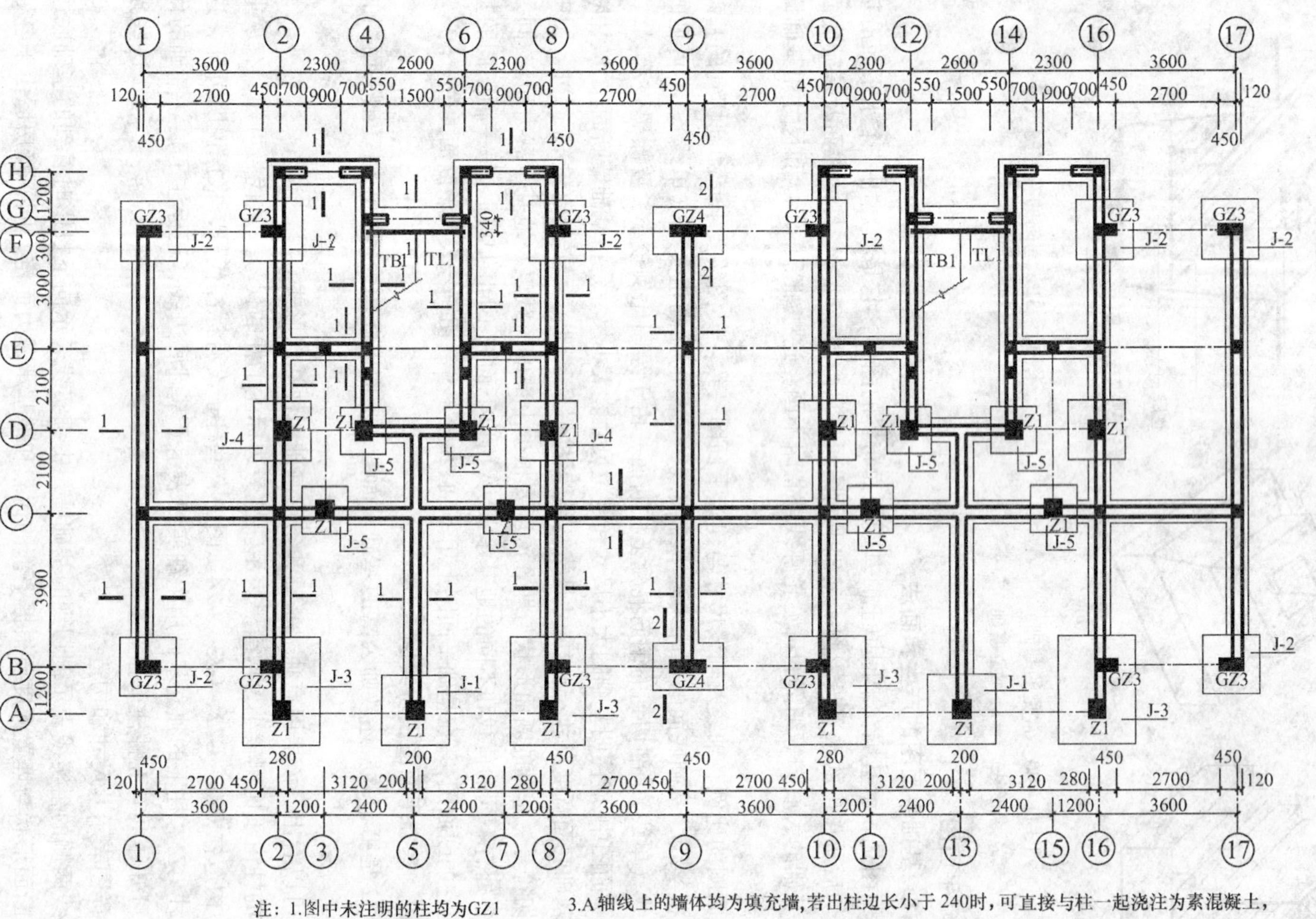

注：1.图中未注明的柱均为GZ1

2.图中所示墙体厚均为240且居中

3.A轴线上的墙体均为填充墙，若出柱边长小于240时，可直接与柱一起浇注为素混凝土，若出柱边长大于240时，可在门洞两侧加设构造柱（GZ1）

基础平面图 1:100

图11－32　基础平面图

11.5.1.3 基础平面图的绘图步骤

（1）按比例画出与房屋建筑平面图相同的轴线及编号。

（2）画基础墙（柱）的断面轮廓线、基础底面轮廓线以及基础梁（或地圈梁）等。

（3）画出不同断面的剖切符号，并分别编号。

（4）标注尺寸。主要标注轴线距离、轴线到基础底边和墙边的距离以及基础墙厚等尺寸。

（5）注写必要的文字说明、图名、比例。

（6）设备较复杂的房屋，在基础平面图上还要配合采暖通风图、给水排水管道图、电源设备图等，用虚线画出管沟、设备孔洞等位置，并注明其内径、宽、深尺寸和洞底标高。

11.5.2 基础详图

在基础平面图中只标明了基础的平面布置，而基础的形状、大小、构造、材料及埋置深度均未标明，所以在结构施工图中还需要画出基础详图。基础详图是垂直剖切的断面图。

图 11－33 是该住宅墙下条形基础的结构详图。从图中可以看出，1－1 断面图中基础的

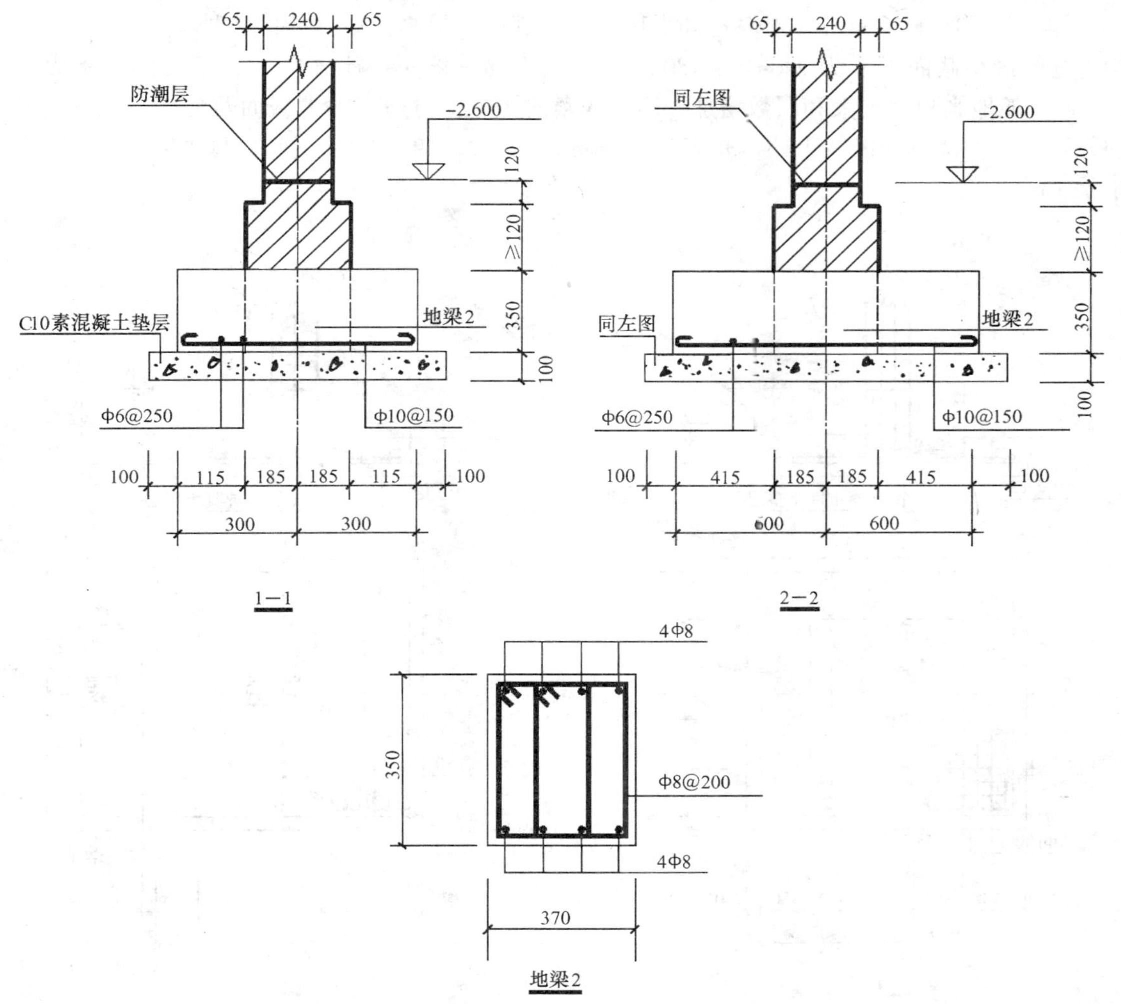

图 11－33　条形基础断面图

底面宽度为600mm，基础的下面有100mm厚的C10素混凝土垫层；基础的主体为350mm高的钢筋混凝土，其内配置双向钢筋，分别是Φ 6@200 和Φ 10@150；基础的大放脚材料为砖，高度≥120 mm，宽度为65 mm；基础墙厚为240 mm，内有一防潮层。

2—2 断面图中除了基础的底面宽度变为1200mm外，其他均与1—1断面图相同。

两图中均有两条虚线，根据引出说明可知，这是地梁（即地圈梁）的投影（不可见），地梁2的断面尺寸及其内部配筋可以参见地梁2详图，其断面尺寸为370 mm × 350 mm，内部配筋沿梁纵向上下各4根直径为8 mm的HPB235钢筋，箍筋为Φ 8@200。

图11－34是该住宅柱下独立基础的结构详图，由平面图和纵断面图组成。

平面图表示了基础大放脚、垫层和柱的平面尺寸。在左下角用局部剖面图表示了基础底部钢筋网的配置情况，还表示了剖切到的上部柱子在基础部分的预留插筋配置情况。

纵断面图是沿柱子中心线处的纵向剖切，按照投影关系放在平面图的上方，根据规定，可以不用标注剖切符号。纵断面图表示了基础垫层和大放脚的高度尺寸，标注了基础顶面和基础底面的相对标高，还表示了基础底部钢筋网的配置情况和柱子在基础内的预留插筋。

构造柱（图11－34中GZ3）是加强房屋整体刚度、提高抗震性能的一种墙身加固措施。构造柱的最小截面尺寸为240mm × 180mm，竖向钢筋一般不小于4 Φ 12，箍筋间距不大于250mm，随地震烈度加大和层数增加，房屋四角的构造柱可适当加大截面及配筋。施工时必须先砌墙，后浇钢筋混凝土柱，并应沿墙每隔500mm设2 Φ 6拉接钢筋，每边伸入墙内不宜小于1m。

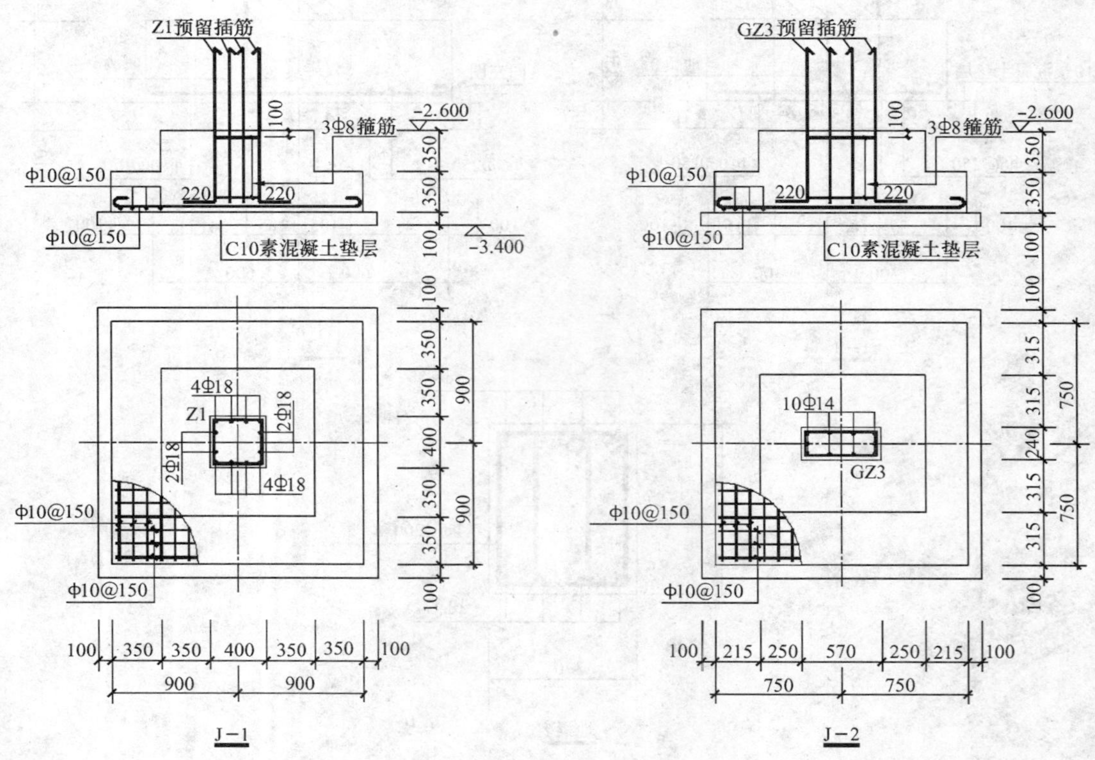

图11－34　独立基础详图

11.6 楼梯结构详图

楼梯结构详图包括楼梯结构平面图、楼梯剖面图和配筋图。本节以前述教师公寓的楼梯结构详图为例，说明楼梯结构详图的图示特点。

11.6.1 楼梯结构平面图

楼梯结构平面图表示了楼梯板和楼梯梁的平面布置、代号、尺寸及结构标高。一般包括地下层平面图、底层平面图、标准层平面图和顶层平面图，常用 1∶50 的比例绘制。楼梯结构平面图和楼层结构平面图一样，都是水平剖面图，只是水平剖切位置不同。通常把剖切位置选择在每层楼层平台的楼梯梁顶面，以表示平台、梯段和楼梯梁的结构布置。

楼梯结构平面图中对各承重构件，如楼梯梁（TL）、楼梯板（TB）、平台板等进行了标注，梯段的长度标注采用“踏面宽×（步级数－1）＝梯段长度”的方式。楼梯结构平面图的轴线编号应与建筑施工图一致，剖切符号一般只在底层楼梯结构平面图中表示。

图 11－35 所示的楼梯结构平面图共有 3 个，分别是底层平面图、标准层平面图和顶层平面图，比例为 1∶50。楼梯平台板、楼梯梁和梯段板都采用现浇钢筋混凝土，图中画出了现浇板内的配筋，梯段板和楼梯梁另有详图画出，故只注明其代号和编号。从图中可知：梯段板共有 4 种（TB－1、TB－2、TB－3、TB－4），楼梯梁共有 3 种（TL－1、TL－2、TL－3）。

11.6.2 楼梯结构剖面图

楼梯结构剖面图表示楼梯承重构件的竖向布置、构造和连接情况，比例与楼梯结构平面图相同。图 11－36 所示的 1－1 剖面图，剖切位置和剖视方向表示在底层楼梯结构平面图中。该图表示了剖到的梯段板、楼梯平台、楼梯梁和未剖切到的可见的梯段板（细实线）的形状和连接情况。剖切到的梯段板、楼梯平台、楼梯梁的轮廓线用粗实线画出。

在楼梯结构剖面图中，应标注出梯段的外形尺寸、楼层高度和楼梯平台的结构标高，还应标注出楼梯梁底的结构标高。

11.6.3 楼梯配筋图

绘制楼梯结构剖面图时，由于选用的比例较小（1∶50），不能详细地表示楼梯板和楼梯梁的配筋，所以需另外用较大的比例（如 1∶30、1∶25、1∶20）画出楼梯的配筋图。楼梯配筋图主要由楼梯板和楼梯梁的配筋断面图组成。如图 11－37 所示，梯段板 TB－2 厚 150mm，板底布置的受力筋是直径为 12mm 的 HPB235 钢筋，间距 100mm；支座处板顶的受力筋是直径为 12mm 的 HPB23 钢筋，间距 100mm；板中的分布筋直径为 6mm 的 HPB23 钢筋，间距 250mm。如在配筋图中不能清楚表示钢筋布置，或是对看图易产生混淆的钢筋，应在附近画出其钢筋详图（比例可以缩小）作为参考。

图 11－38 是楼梯梁的配筋图。

由于楼梯平台板的配筋已在楼梯结构平面图中画出，楼梯梁也绘有配筋图，故在楼梯板配筋图中楼梯梁和平台板的配筋不必画出，图中只要画出与楼梯板相连的楼梯梁、一段楼梯平台的外形线（细实线）就可以了。

如果采用较大比例（1∶30、1∶25）绘制楼梯结构剖面图，可把楼梯板的配筋图与楼梯结构剖面图结合，从而可以减少绘图的数量。

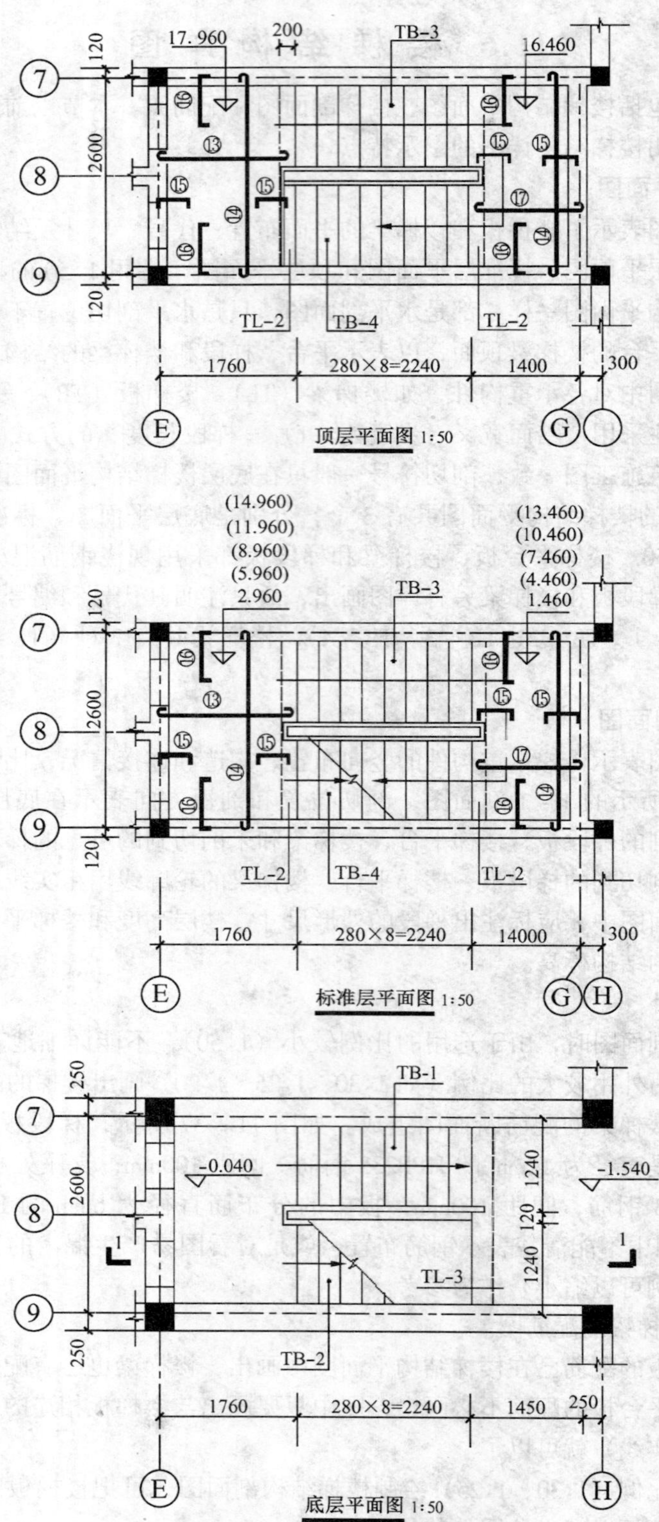

图 11－35　楼梯结构平面图

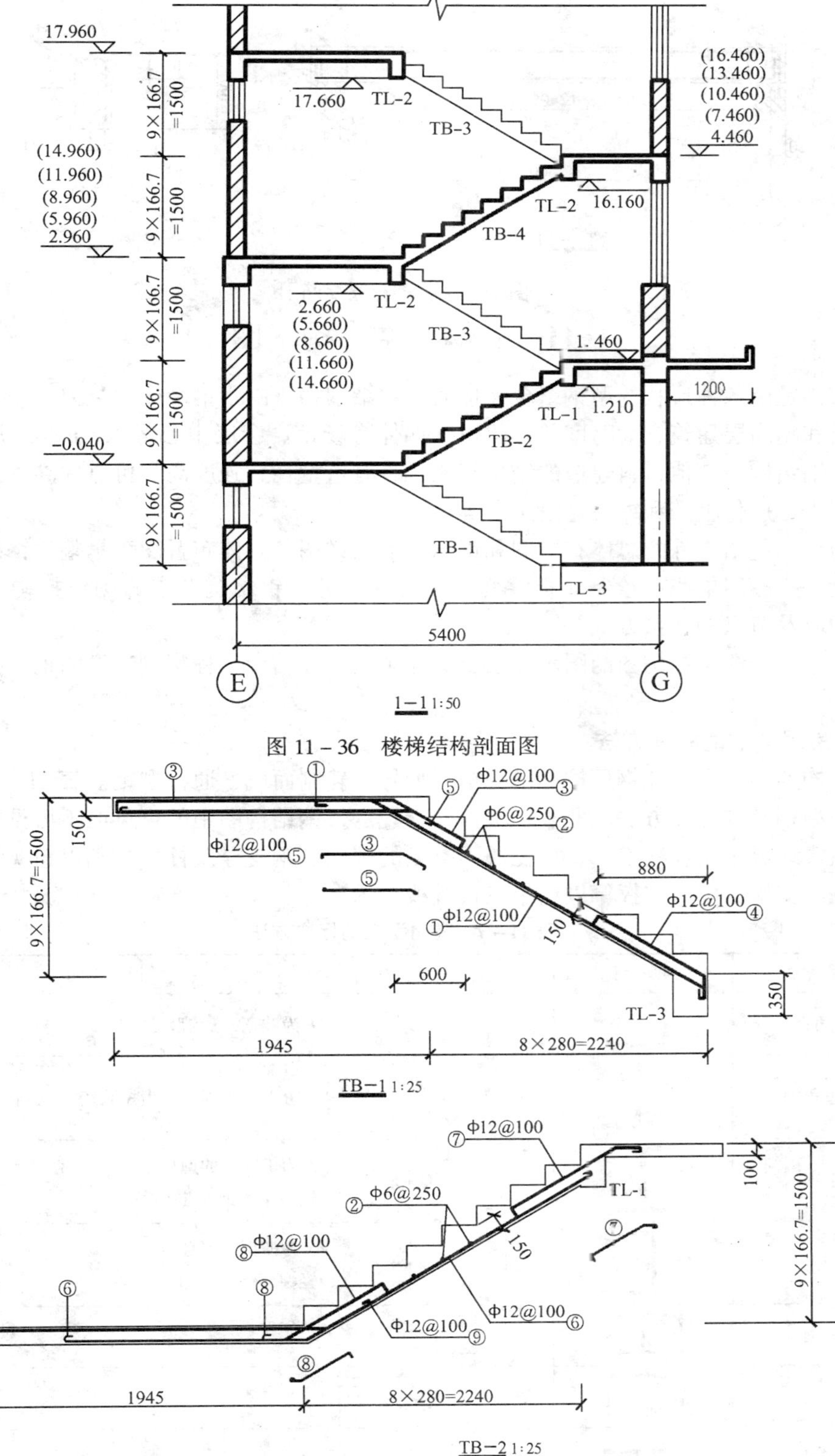

图 11－36 楼梯结构剖面图

图 11－37 楼梯板配筋图

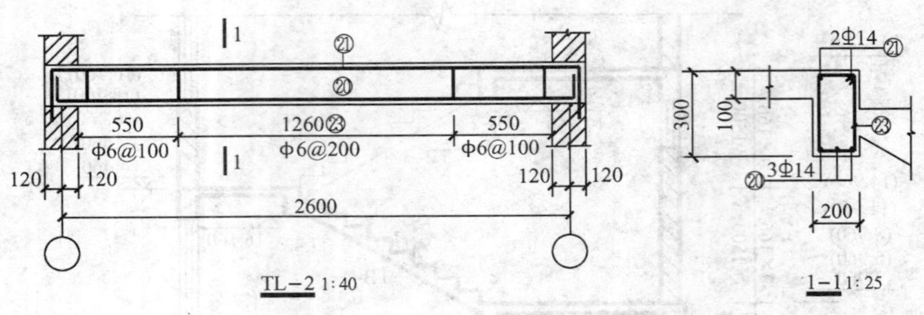

图 11－38　楼梯梁配筋图

11.7　钢　结　构　图

钢结构是由各种形状的型钢组合连接而成的结构物。由于钢结构承载力大，所以常用于包括高层和超高层建筑、大跨度单体建筑（如体育场馆、会展中心等）、工业厂房、大跨度桥梁等。钢结构与其他材料建造的结构相比，具有重量轻、强度高、可靠性高、抗震性能好以及有利于工厂化生产和缩短建设工期等优点。

钢结构图包括构件的总体布置图和钢结构节点详图。总体布置图表示整个钢结构构件的布置情况，一般用单线条绘制并标注几何中心线尺寸；钢结构节点详图包括构件的断面尺寸、类型以及节点的连接方式等。

本节主要介绍钢结构图的图示方法及标注规定，并结合工程实例来说明钢结构图的特点和内容。

11.7.1　常用型钢的标注方法

钢结构的钢材是由轧钢厂按标准规格（型号）轧制而成，通称型钢。表 11－7 列出了一些常用的型钢及其标注方法。此外，根据国标规定，钢结构图中的可见或不可见的轮廓线分别以中粗实线或中粗虚线表示；可见或不可见的螺栓、钢支撑及杆件分别以粗实线或粗虚线表示；柱间支撑、垂直支撑等以粗单点长画线表示。

表 11－7　常用型钢的标注方法

名　称	截　面	标　　注	说　　明
等边角钢		$b \times t$	b 为肢宽　t 为肢厚
不等边角钢	B	$B \times b \times t$	B 为长肢宽　b 为短肢宽　t 为肢厚
工字钢		N　Q N	N 为工字钢的型号 轻型工字钢加注 Q 字
槽　钢		N　Q N	N 为槽钢的型号 轻型槽钢加注 Q 字
方　钢	b	b	
扁　钢	b	$b \times t$	
钢　板		$\frac{-b \times t}{l}$	

续表

名称	截面	标注	说明
T型钢	T	TW×× TM×× TN××	TW为宽翼缘T型钢 TM为中翼缘T型钢 TN为窄翼缘T型钢
H型钢	H	HW×× HM×× HN××	HW为宽翼缘H型钢 HM为中翼缘H型钢 HN为窄翼缘H型钢
圆钢		Φ d	
钢管		DN×× $D\times t$	外径 内径×壁厚

11.7.2 型钢的连接方法

在钢结构施工中，常用一些方法将型钢构件连接成整体结构来承受建筑的荷载，连接包括焊接、螺栓连接、铆接等方式。

11.7.2.1 焊缝

焊接是较常见的型钢连接方法。在有焊接的钢结构图纸上，必须把焊缝的位置、型式和尺寸标注清楚。焊缝应按现行的国家标准《焊缝符号表示法》（GB 324）中的规定标注。焊缝符号主要由图形符号、补充符号和引出线等部分组成，如图11－39所示。图形符号表示焊缝断面和基本型式，补充符号表示焊缝某些特征的辅助要求。引出线则表示焊缝的位置。

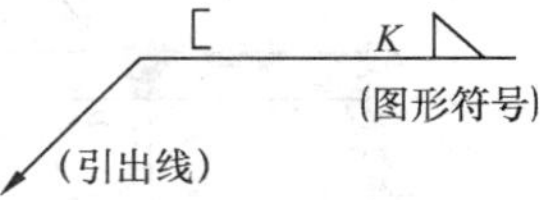

图11－39 焊缝符号

表11－8列出了几种常用的图形符号和补充符号。

表11－8 图形符号和补充符号

焊缝名称	示意图	图形符号	符号名称	示意图	补充符号	标注方法
V型焊缝		V	围焊焊缝符号		○	
单边V型焊缝		V	三面焊缝符号		[	
角焊缝			带垫板符号			
I型焊缝		‖	现场焊缝符号			
点焊缝		○	相同焊接符号			
			尾部符号		<	

焊缝的标注还应符合下列规定：

(1) 在同一图形上，当焊缝形式、断面尺寸和辅助要求均相同时，可只选择一处标注焊缝的符号和尺寸，并加注“相同焊缝符号”。相同焊缝符号为 3/4 圆弧，绘在引出线的转折处（参见表 11－9）；当有数种相同的焊缝时，可将焊缝分类编号标注，在同一类焊缝中也可选择一处标注焊缝的符号和尺寸，分类编号采用大写的拉丁字母 *A*、*B*、*C*……，注写在尾部符号内，如图 11－40 所示。

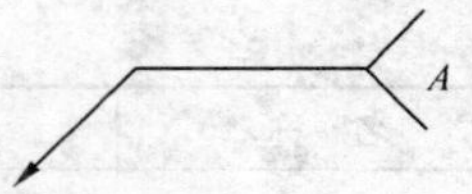

A

图 11－40 相同焊缝的表示方法

(2) 标注单面焊缝时，当箭头指向焊缝所在的一面时，应将图形符号和尺寸标注在横线的上方，如图 11－41 左上图；当箭头指向焊缝所在另一面（相对的那面）时，应将图形符号和尺寸标注在横线的下方，如图 11－41 左下图；表示环绕工作件周围的焊缝时，可按图 11－41 右图的方法标注。

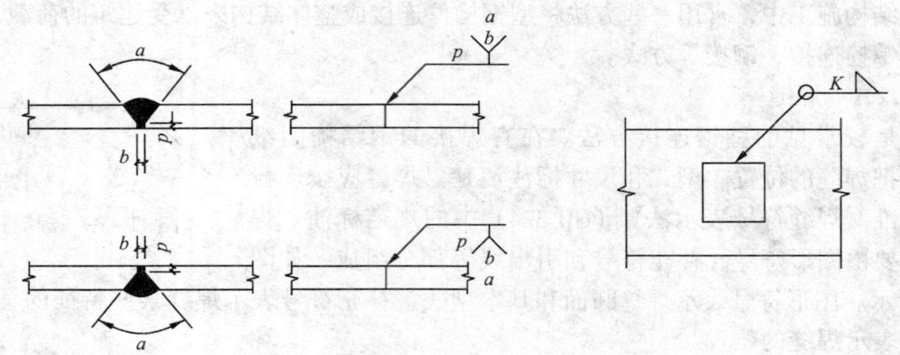

图 11－41 单面焊缝的标注方法

p—钝边；*a*—坡口角度；*b*—根部间隙；*K*—焊角高度

(3) 标注双面焊缝时，应在横线的上、下都标注符号和尺寸。上方表示箭头一面的符号和尺寸，下方表示另一面的符号和尺寸，见图 11－42 (a)；当两面的焊缝尺寸相同时，只需在横线上方标注焊缝的符号和尺寸，见图 11－42 (b)、图 11－42 (c)、图 11－42 (d)。

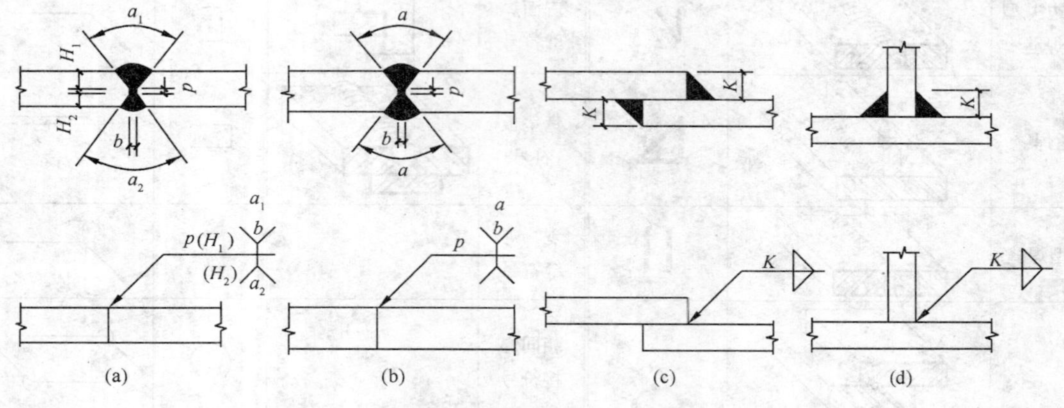

图 11－42 双面焊缝的标注方法

(4) 3 个和 3 个以上的焊件相互焊接的焊缝，不得作为双面焊缝标注。其焊缝符号和尺寸应分别标注，见图 11－43。

(5) 相互焊接的2个焊件中,当只有1个焊件带坡口时,引出线箭头必须指向带坡口的焊件,如图11-44(a)所示;当为单面带双边不对称坡口焊缝时,引出线箭头必须指向较大坡口的焊件,如图11-44(b)所示。

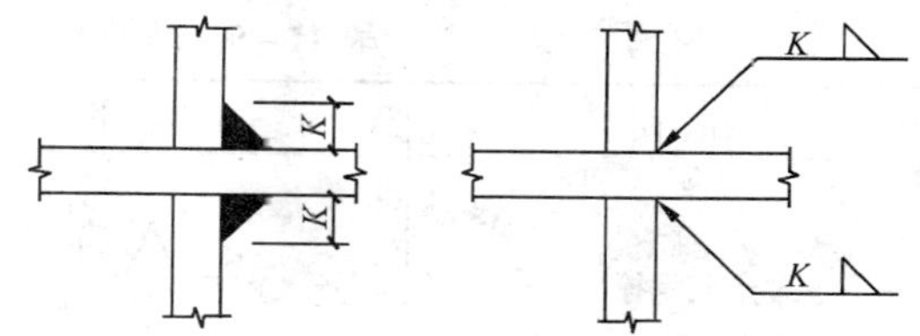

图11-43　3个以上焊件的焊缝标注方法

(6) 当焊缝分布不规则时,在标注焊缝符号的同时,宜在焊缝处加实线(表示可见焊缝),或加细栅线(表示不可见焊缝),如图11-45所示。

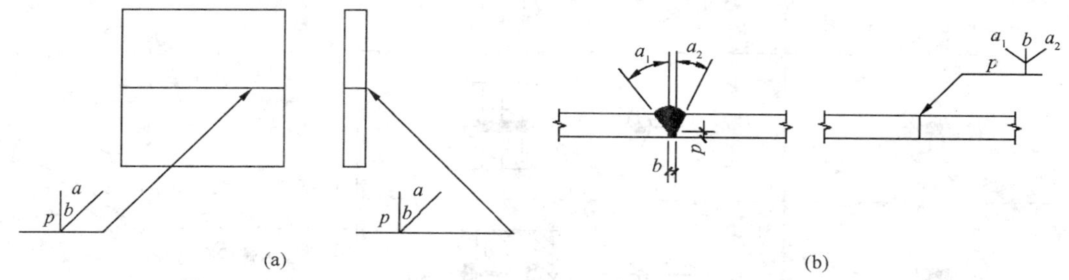

图11-44　单坡口及不对称坡口焊缝的标注方法

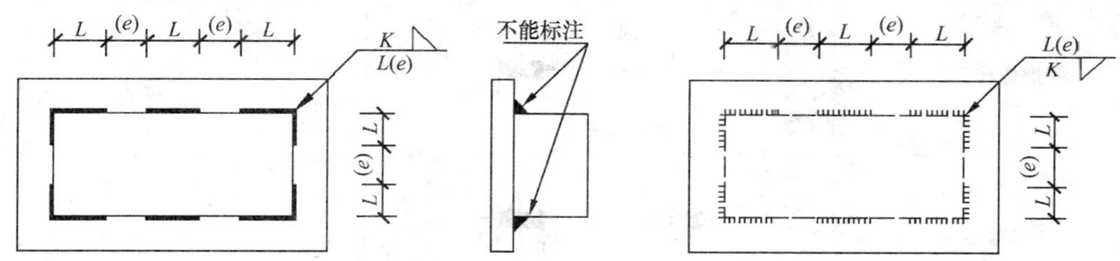

图11-45　不规则焊缝的标注方法

(7) 熔透角焊缝的符号为涂黑的圆圈,绘在引出线的转折处,如图11-46所示。

(8) 图样中较长的角焊缝,可不用引出线标注,而直接在角焊缝旁标注焊缝尺寸值 K,如图11-47所示。

(9) 局部焊缝应按图11-48所示的方法标注。

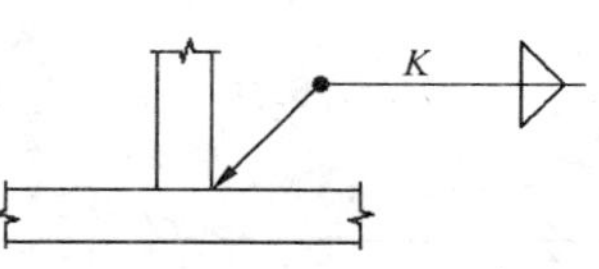

图11-46　熔透角焊缝的标注方法

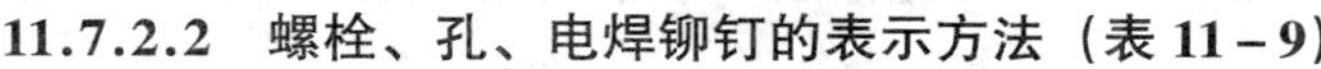

11.7.2.2　螺栓、孔、电焊铆钉的表示方法(表11-9)

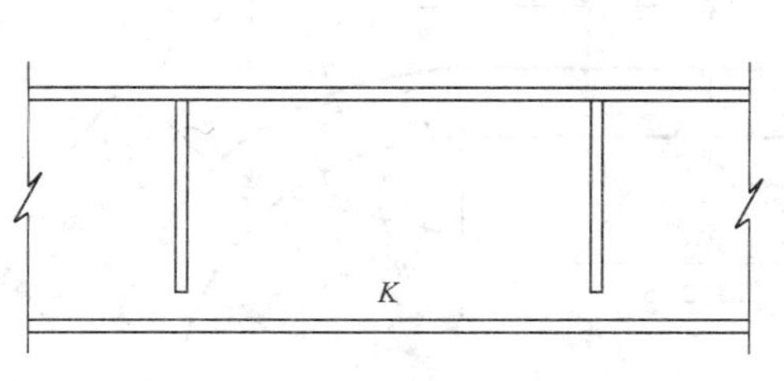

图11-47　较长焊缝的标注方法

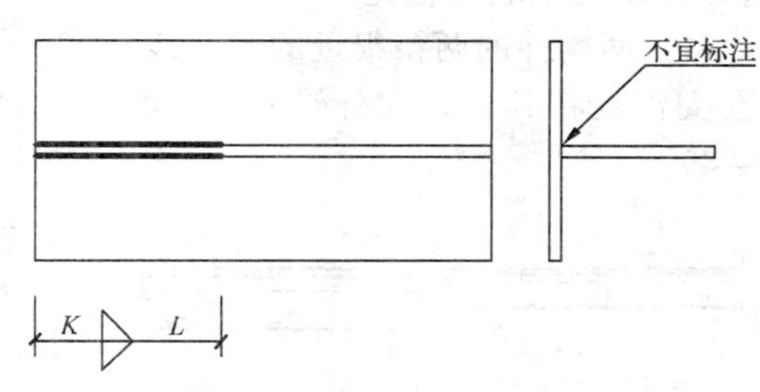

图11-48　局部焊缝的标注方法

表 11－9　螺栓、孔、电焊铆钉的表示方法

名　称	图　例	说　明
永久螺栓	M Φ	1. 细“+”线表示定位线 2. M 表示螺栓型号 3. Φ 表示螺栓孔直径 4. d 表示膨胀螺栓、电焊缝铆钉直径 5. 采用引出线标注螺栓时，横线上表示螺栓规格，横线下表示螺栓孔直径
高强螺栓	M Φ	
安装螺栓	M Φ	
胀锚螺栓	d	
圆形螺栓孔	Φ	
长圆形螺栓孔	Φ b	
电焊铆钉	d	

11.7.3　尺寸标注

钢结构构件的加工和连接安装要求较高，因此标注尺寸时应达到准确、清楚、完整。钢结构图的尺寸标注方法是：

（1）两构件的两条很近的重心线，应在交汇处将其各自向外错开，见图 11－49。

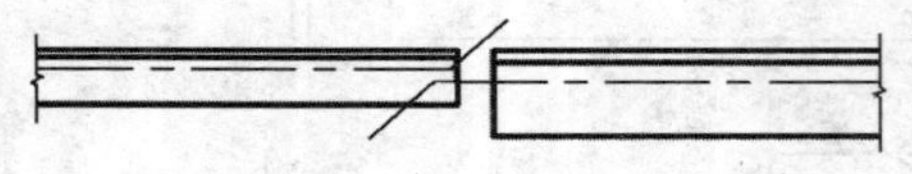

图 11－49　两构件重心线不重合

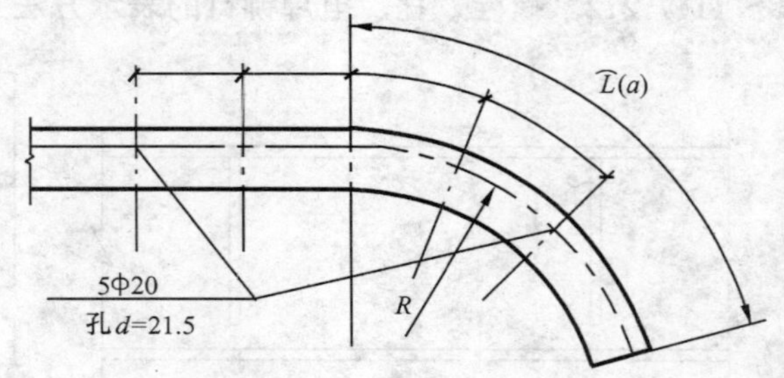

图 11－50　弯曲构件的标注方法

（2）弯曲构件的尺寸应沿其弧度的曲线标注弧的轴线长度，见图 11 – 50。

（3）切割的板材，应标注各线段的长度及位置，见图 11 – 51。

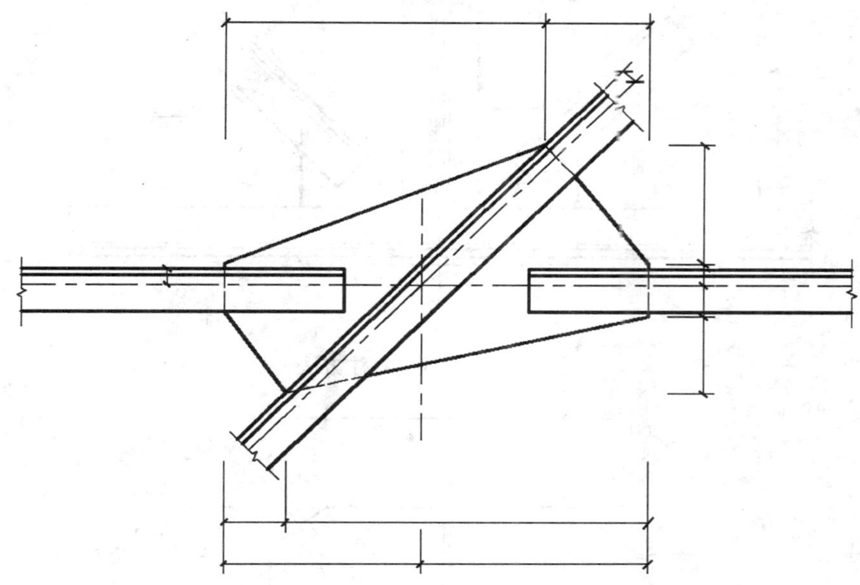

图 11 – 51　切割板材的标注方法

（4）不等边角钢的构件，必须标注出角钢一肢的尺寸，见图 11 – 52（a）中的 *B*。

（5）节点尺寸，应注明节点板的尺寸和各构件螺栓孔中心或中心距，以及构件端部至几何中心线交点的距离，见图 11 – 52（a）、图 11 – 52（b）。

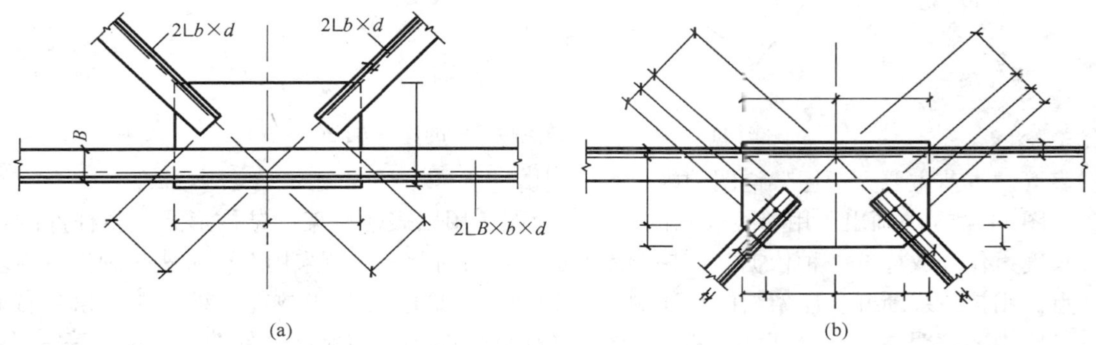

图 11 – 52　不等边角钢和节点尺寸的标注方法

（6）双型钢组合截面的构件，应注明缀板的数量及尺寸，如图 11 – 53 所示。引出横线的上方标注缀板的数量及缀板的宽度、厚度，引出横线的下方标注缀板的长度尺寸。

（7）非焊接的节点板，应注明节点板的尺寸和螺栓孔中心及与几何中心线交点的距离，如图 11 – 54 所示。

11.7.4　钢屋架结构详图

钢屋架结构详图是表示钢屋架的形式、大小、型钢的规格、杆件的组合和连接情况的图样，其主要内容包括屋架简图、屋架详图、杆件详图、连接板详图、预埋件详图以及钢材用

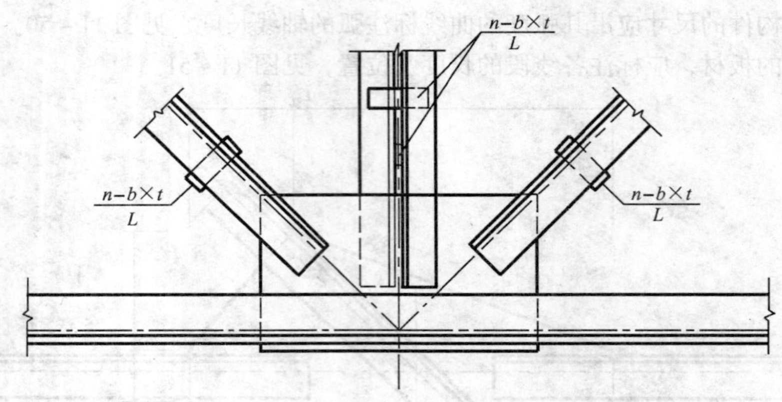

图 11-53　缀板的标注方法

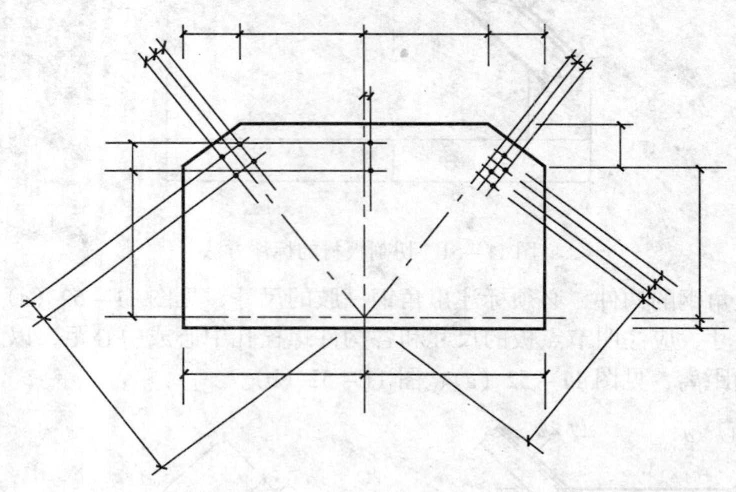

图 11-54　非焊接节点板尺寸的标注方法

料表等。本节主要介绍屋架详图的内容和绘制。

图 11-55 中画出了用单线表示的钢屋架简图，用以表达屋架的结构形式，各杆件的计算长度，作为放样的一种依据。该梯形屋架由于左右对称，故可采用对称画法只画出一半多一点，用折断线断开。屋架简图的比例用 1∶100 或 1∶200。习惯上放在图纸的左上角或右上角。图中要注明屋架的跨度（24000）、高度（3190），以及节点之间杆件的长度尺寸等。

屋架详图是用较大的比例画出的屋架立面图。应与屋架简图相一致。本例只是为了说明钢屋架结构详图的内容和绘制，故只选取了左端一小部分。

在同一钢屋架详图中，因杆件长度与断面尺寸相差较大，故绘图时经常采用两种比例。屋架轴线长度采用较小的比例，而杆件的断面则采用较大的比例。这样既可节省图纸，又能把细部表示清楚。

图 11-56 是屋架简图中编号为 2 的一个下弦节点的详图。这个节点是由两根斜腹杆和一根竖腹杆通过节点板和下弦杆焊接而成的。两根斜腹杆都分别用两根等边角钢（90×6）组成；竖腹杆由两根等边角钢（50×6）组成；下弦杆由两根不等边角钢（180×110×10）

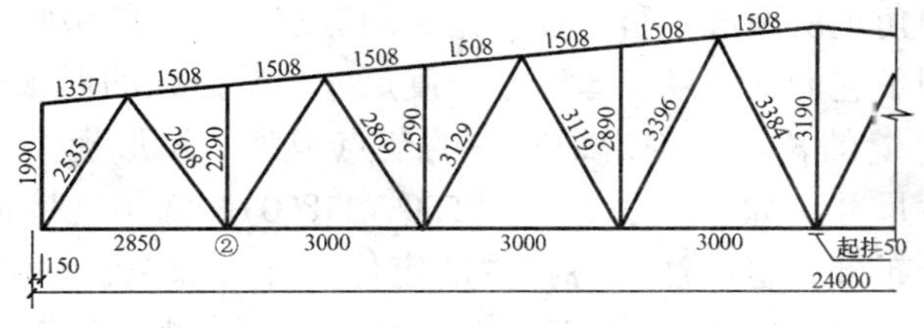

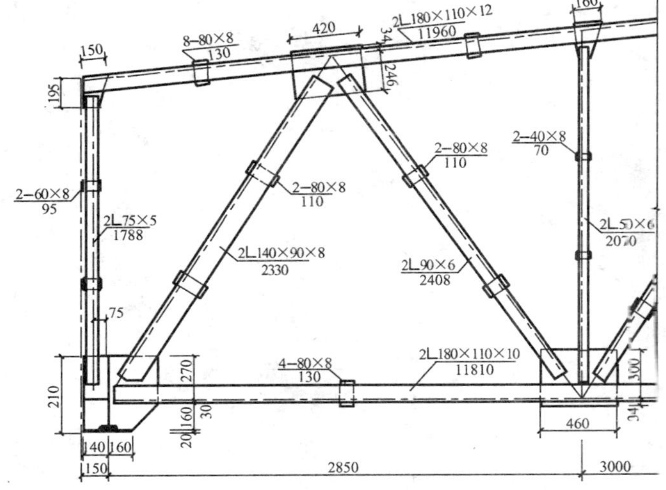

图 11－55　钢屋架结构详图示例

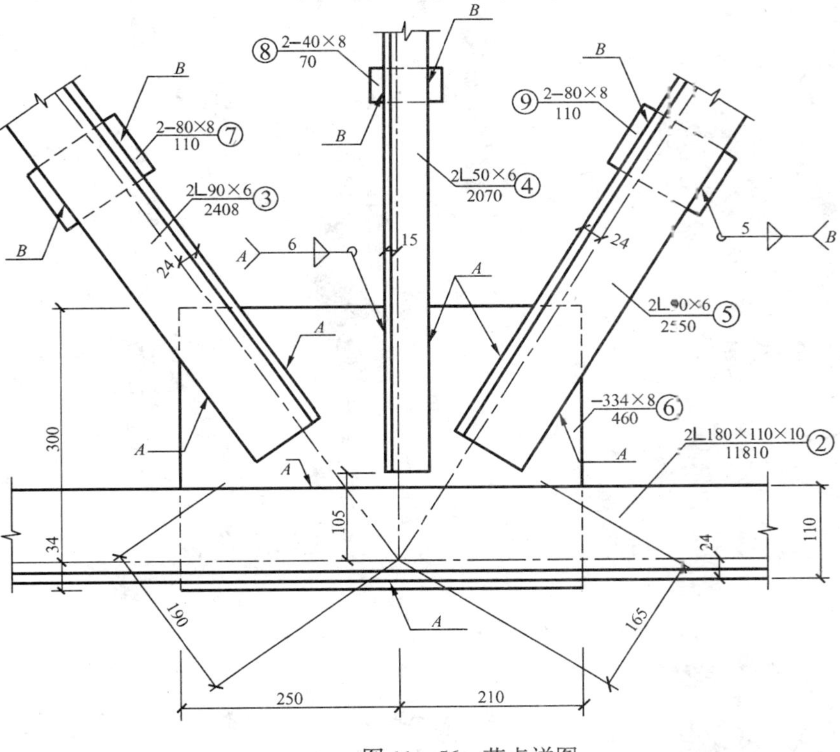

图 11－56　节点详图

组成，由于每根杆件都由两根角钢所组成，所以在两角钢间有连接板。图中画出了斜腹杆和竖腹杆的扁钢连接板，且注明了它们的宽度、厚度和长度尺寸。节点板的形状和大小，根据每个节点杆件的位置和计算焊缝的长度来确定，图中的节点板为一矩形板，注明了它的尺寸。图中应注明各型钢的长度尺寸（如 2408、2070、2550、11800）。除了连接板按图上所标明的块数沿杆件的长度均匀分布外，也应注明各杆件的定位尺寸（如 105、190、165）和节点板的定位尺寸（如 250、210、34、300）。图中还对各种杆件、节点板、连接板编绘了零件编号，标注了焊缝符号。

第12章　设备施工图

一套完整的房屋施工图除建筑施工图、结构施工图外，还应包括设备施工图。设备施工图包括：给水排水施工图、采暖与通风施工图、电气施工图。简称水、暖、电设备施工图。

12.1　给水排水施工图概述

给水排水工程是现代化城市及工矿建设中必要的市政基础工程。给水工程是指水源取水、水质净化、净水输送、配水使用等工程；排水工程是指污水（生活、生产等污水）排放、污水处理、处理后的污水最终排入江河湖泊等工程。

给水排水工程图按其内容的不同，大致可以分为：室内给水排水施工图、室外管道及附

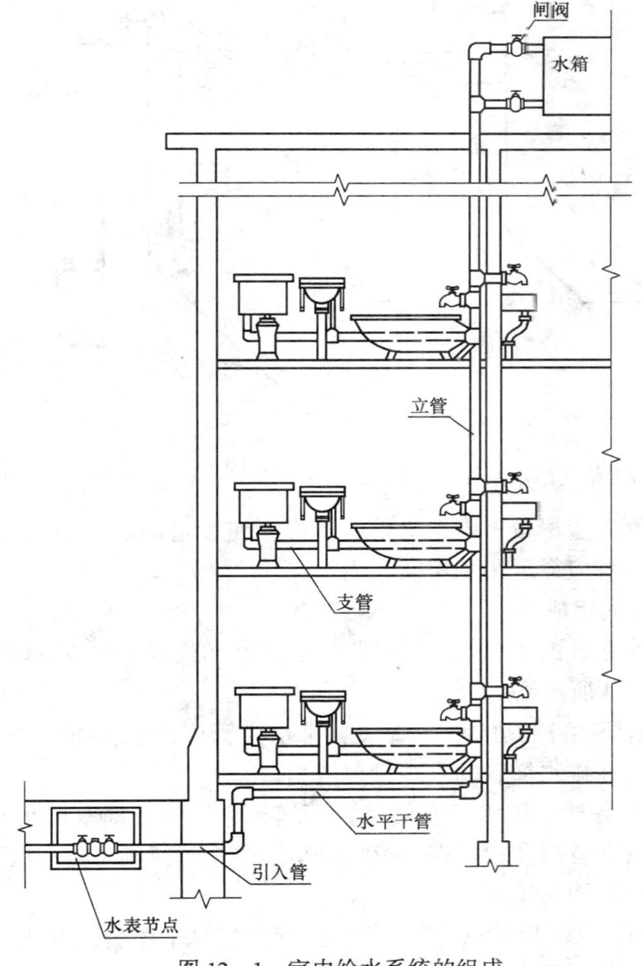

图 12－1　室内给水系统的组成

属设备图、净水设备工艺图。本章主要介绍室内给水排水施工图。

室内给水排水系统都是由相应的管道及配件组成。

12.1.1 室内给水系统的组成

民用建筑室内给水系统按供水对象及要求不同，可分为生活用水系统和消防用水系统。对于一般的民用建筑，可以只设生活用水系统。室内给水系统一般由以下主要部分组成（如图 12－1 所示）。

1. 引入管。自室外管网引入房屋内部的一段水平管道。

2. 水表节点。安装在引入管上的水表及前后阀门等装置的总称。在引入管上安装的水表、阀门、防水口等装置都应设置在水表井中。

3. 给水管网。包括水平干管、立管、支管。

4. 给水器具及附件。包括各种水龙头、闸阀等。

5. 升水及储水设备。当用水量大或水压不足时，需要设置水泵和水箱等设备。

根据给水干管敷设位置的不同，给水管网系统可分为下行上给式（如图 12－2 所示）和上行下给式（如图 12－3 所示）两种。

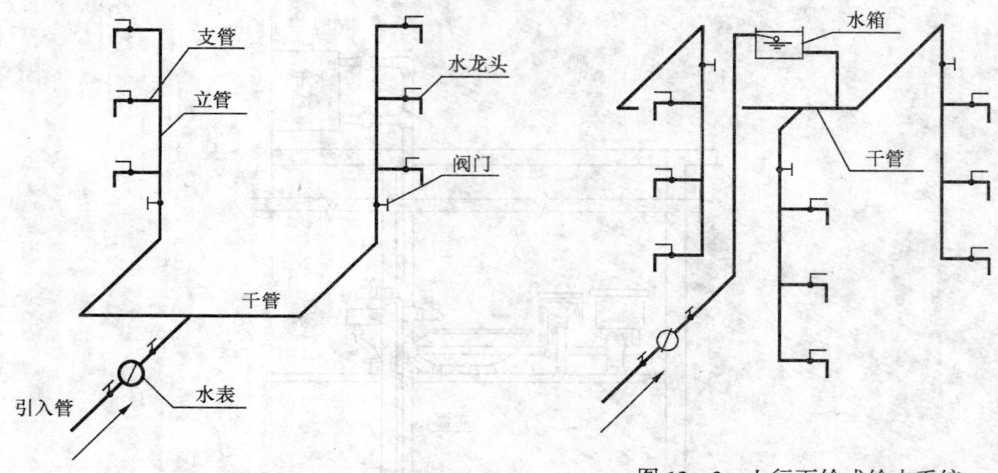

图 12－2　下行上给式给水系统

图 12－3　上行下给式给水系统

布置室内给水管网时应尽量考虑：管系的选择应使管道最短并与墙、梁、柱平行敷设，同时便于检查；给水立管应靠近用水房间和用水点。

12.1.2 室内排水系统的组成

民用建筑室内排水系统的主要任务是排除生活污水和废水。一般室内排水系统由以下主要部分组成（如图 12－4 所示）。

1. 排水横管。连接卫生器具的水平管段。排水横管应沿水流方向设 1% ~ 2% 的坡度。当卫生器具较多时，应在排水横管的末端设置清扫口。

2. 排水立管。连接各楼层排水横管的竖直管道，它汇集各横管的污水，将其排至建筑物底层的排出管。立管在首层和顶层应设有检查口，多层建筑则每隔一层设一个检查口，通常检查口的高度距室内地面为 1.00m。

3. 排出管。将排水立管中的污水排至室外检查井的水平横管。其管径应大于连接的立管，且设有 1% ~ 2%坡向检查井的坡度。

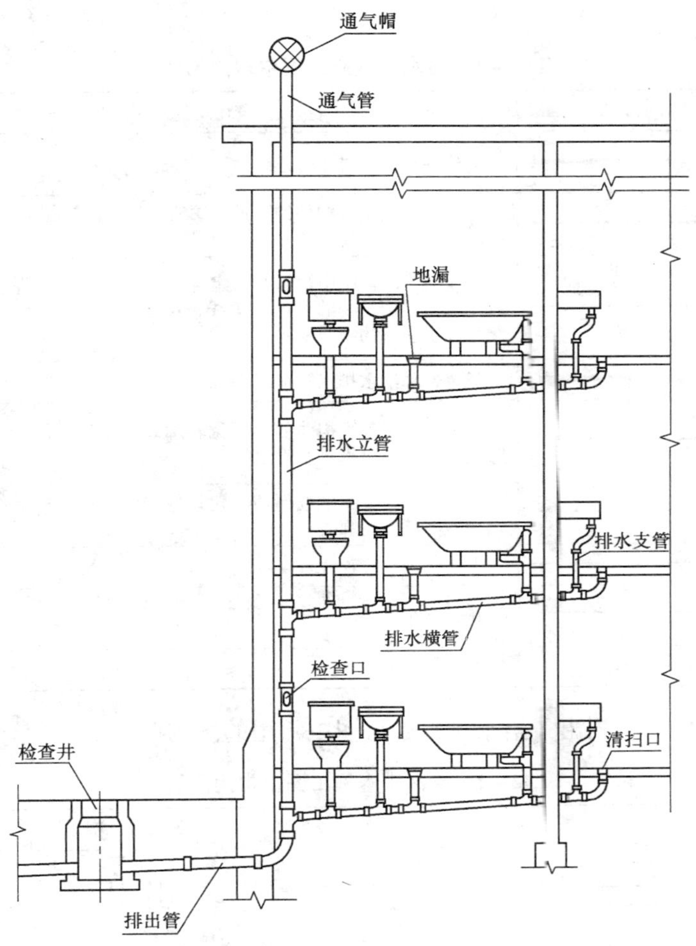

图 12－4　室内排水系统的组成

4. 通气管。顶层检查口以上的一段立管称为通气管，用来排除臭气、平衡气压。通气管应高出屋面 300～700mm，且在管顶设置网罩以防杂物落入。

布置室内排水管网时应尽量考虑：立管的布置要便于安装和检修；立管应尽量靠近污物、杂质最多的卫生设备，横管设有斜向立管的坡度；排出管应以最短的途径与室外管道连接，并在连接处设检查井。

12.1.3　给水排水施工图的有关制图规定

给水排水施工图除了要遵循《房屋建筑制图统一标准》中的规定外，还应符合一些给水排水专业的制图规定。

1. 图线。给水排水施工图中对于图线的运用应符合表 12－1 中的规定。

2. 标高。给水排水施工图中的标高均以 m 为单位，一般保留至小数点后三位。对于给水管道（压力管）宜标注管中心标高，对于排水管道（重力管）宜标注管内底标高。

3. 管径。管径应以 mm 为单位进行标注。对于镀锌钢管、铸铁管、PVC 管宜用公称直径 DN 表示（如 DN100）；对于无缝钢管、铜管、不锈钢管等管材宜用外径 $D\times$ 壁厚表示（如 $D104\times5$）；对于耐酸陶瓷管、钢筋混凝土管、混凝土管、陶土管等管材宜用内径 d 表示

（如 d230）。

表 12－1　给水排水施工图中常用图线

名称	线　型	用 途 说 明
粗实线		新建各种给水排水管道线
中实线		给水排水设备、构件的可见轮廓线，新建建筑物、构筑物的可见轮廓线，原有给水排水的管道线
细实线		平面图、剖视图中被剖切的建筑构造（包括构配件）的可见轮廓线，原有建筑物、构筑物的可见轮廓线，尺寸线，尺寸界线、引出线、标高符号线、较小图形的中心线等
粗虚线		新建各种给水排水管道线
中虚线		给水排水设备、构件的不可见轮廓线，新建建筑物、构筑物的不可见轮廓线，原有的给水排水管道线
细虚线		平面图、剖视图中被剖切的建筑构造的不可见轮廓线，原有建筑物，构筑物的不可见轮廓线
细点画线		中心线、定位轴线
折断线		断开界线
波浪线		断开界线

4. 图例。表 12－2 中列出了给水排水施工图中常用的图例。

表 12－2　给水排水施工图中常用图例

名　称	图　例	备　注
生活给水管	J	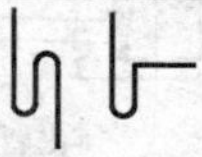
污水管	W	
通风管	T	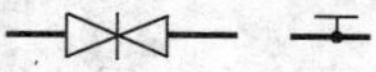
多孔管 		
管道立管	XL-1　XL-1	X：管道类别 L：立管 1：编号
立管检查口		
清扫口	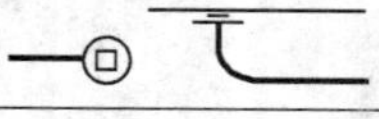	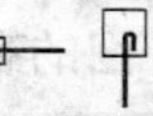
通气帽		
圆形地漏		通用。如为无水封，地漏加存水弯
方形地漏		
承插连接		
法兰连接		

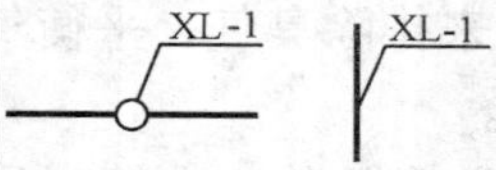

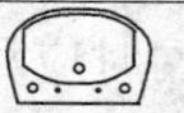

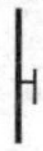

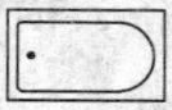

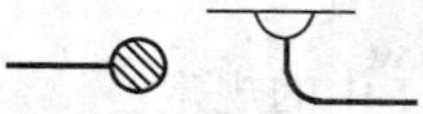

名　称	图　例	备　注
存水弯		
闸阀		
截止阀		
放水龙头		左侧为平面 右侧为系统
立式洗脸盆		
浴盆		
自动冲洗水箱		
污水池		
坐式大便器		
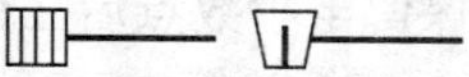 蹲式大便器	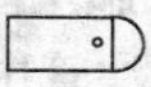	
 淋浴喷头	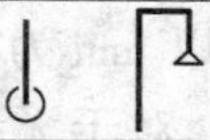	
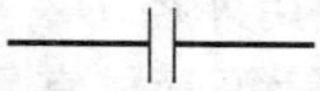 阀门井、检查井		

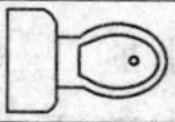

12.2 室内给水排水平面图

室内给水排水施工图包括室内给水排水平面图、室内给水排水系统图、管道安装详图、施工说明。

室内给水排水平面图主要反映卫生设备、管道及其附件的平面布置情况。

12.2.1 室内给水排水平面图的图示特点和表达方法

室内给水排水平面图是在简化的建筑平面图的基础上绘制出室内给水排水管网及卫生设备的平面布置。通常，室内给水排水平面图采用与建筑平面图相同的比例绘制，一般为1:100或1:200，当所选比例表达不清楚时，可以采用1:50的比例绘制。

室内给水排水平面图的数量根据各层管网的布置情况而定。对于多层房屋，底层的给水排水平面图应单独绘制；楼层平面的管道布置若相同，可绘制一个标准层给水排水平面图；当屋顶设有水箱及管道布置时，应单独绘制顶层给水排水平面图。

在给水排水平面图中，墙身、柱、门和窗、楼梯、台阶等主要建筑构件的轮廓线用细实线绘制，由于房屋的建筑平面图只是作为管道系统水平布局和定位的基准，所以房屋的细部及门窗代号均可省略。洗涤池、洗脸盆、浴盆、坐便器等卫生设备和器具以图例的形式用中实线绘制。管道用粗线绘制，其中给水管道用粗实线，排水管道用粗虚线。

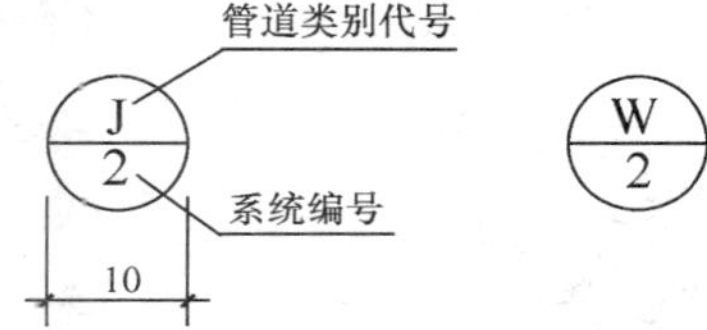

图 12-5　给水排水系统编号表示方法

为了方便读图，在底层给水排水平面图中各种管道应按系统予以编号。一般给水管可以每一根室外引入管（即从室外给水干管引入室内给水管网的水平进户管）为一系统，排水管可以每一根承接室外检查井的排出管为一系统。系统编号的表示方法如图 12-5 所示，其中圆的直径为 10mm，用细实线绘制；分子用相应的字母代号表示管道的类别，例如“J”、“W”分别表示给水、污水；分母用阿拉伯数字表示系统的编号。

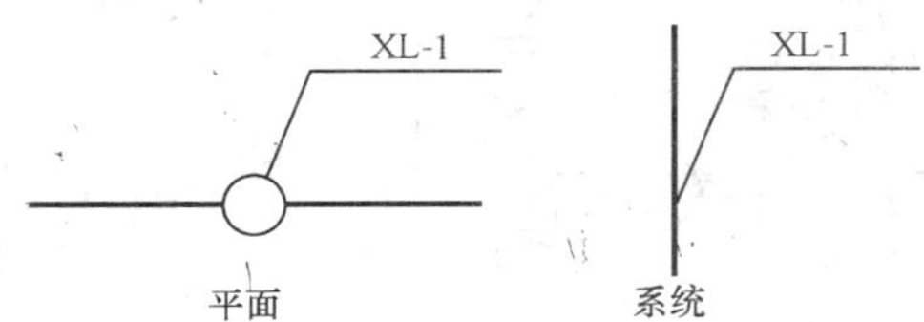

图 12-6　给水排水立管表示方法

在给水排水平面图中，用直径 3mm（3 倍基本线宽）的圆表示立管的断面，如图 12-6 所示。其中左图为平面图的表示方法，右图为系统图的表示方法；X 表示管道类别，L 表示立管，阿拉伯数字表示立管的编号。当多根管道在平面图中重影时，可以平行排列绘制。管道不论敷设在楼面（地面）之上或之下，均不考虑其可见性，应按规定的线型绘制。

12.2.2 阅读室内给水排水平面图

对于一般的中小型民用建筑，室内给排水管网的布置不太复杂，通常将室内给水、排水平面图绘制在同一张图纸上。对于复杂的高层建筑或大型建筑，可以将室内给水、排水平面图分开绘制。

12.2.2.1 室内给水平面图

在建筑、结构施工图中介绍的教师公寓的室内给水、排水平面图被绘制在同一张图纸上。因为东、西单元的给水管道是对称布置的，所以只绘制了西单元的给水平面图。图 12-7 ~ 图 12-9 分别为教师公寓西单元的储藏室给水排水平面图、一 ~ 五层给水排水平面图和阁楼层给水排水平面图。图中粗实线表示给水管道。

从储藏室给水排水平面图（图 12－7）可以看出西单元设有一个给水系统，即给水系统 $\frac{J}{1}$。它是从建筑物北面室外的 1 号水表井通过给水引入管进入房屋内部。引入管的直径为 50mm。因为西单元共有两家用户，引入管又分成两个水平干管分别将水送入给水立管 JL－1 和给水立管 JL－2，干管的直径为 40mm。由于储藏室没有用水设备，所以立管 JL－1 和立管 JL－2 在该层没有设置支管，而是沿竖向直接到达一层用户的厨房。东单元给水系统 $\frac{J}{2}$ 的布置与系统 $\frac{J}{1}$ 完全对称。

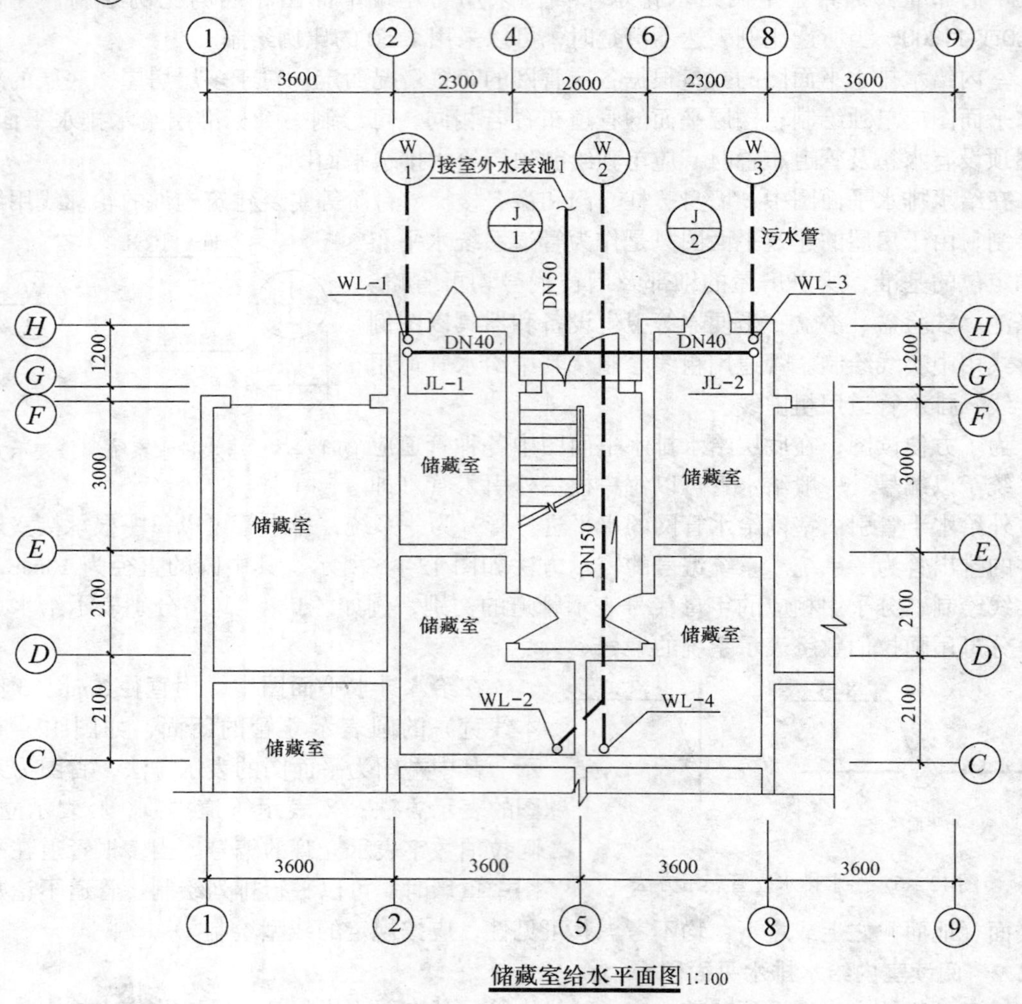

图 12－7　储藏室给水排水平面图

在一～五层给水排水平面图中（见图 12－8），立管 JL－1 由西向东接出一个分支，支管管径为 20mm，并在支管上安装了截止阀、水表和一个配水龙头，供厨房洗涤池用水。支管行至④轴线墙体由北向南进入卫生间，进入卫生间后，再由东向西折向南连接立管 JL－1'，立管 JL－1' 再向东将水送给洗手盆和坐便器。立管 JL－2 的布置与立管 JL－1 完全对称。立管 JL－1 和立管 JL－2 沿竖向从储藏室一直延伸到五层，向每层用户供水。一～五层的给水管网的平面布局完全一致。

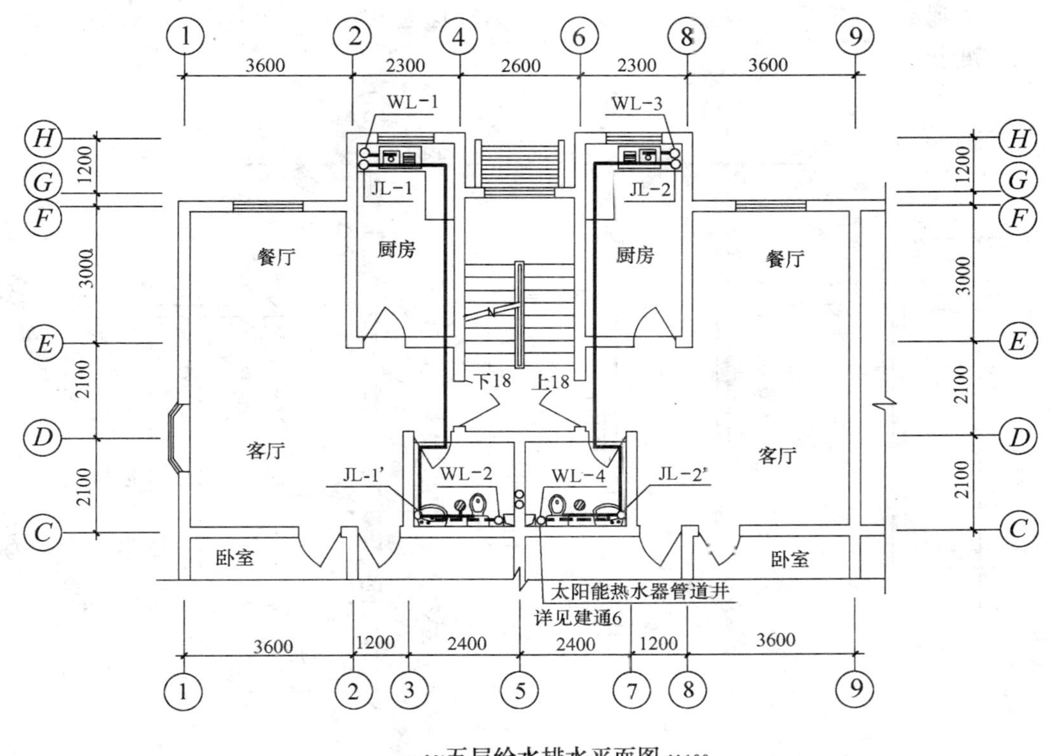

图 12－8　一～五层给水排水平面图

在阁楼层给水排水平面图中（见图 12－9），只有卫生间配有用水设备，所以五层立管 JL－1’延伸到阁楼将水送给阁楼卫生间的洗手盆和坐便器。

12.2.2.2　室内排水平面图

图 12－7～图 12－9 中粗虚线表示的是排水管道。

从储藏室给水排水平面图（图 12－7）可以看出西单元共有三个排水系统，分别为排水系统$\frac{W}{1}$、$\frac{W}{2}$、$\frac{W}{3}$；共有四个排水立管，分别为排水立管 WL－1～WL－4。其中“W”为污水系统代号。

排水系统的排水过程为：水经过用水设备后由排水横管进入排水立管，再由排水立管汇集到排出管，最后由排出管排入室外的检查井。在阅读室内排水平面图时，应从顶层排水平面图开始看起。

在阁楼给水排水平面图中，西单元两个用户阁楼卫生间的洗手盆和坐便器的生活污水分别排入排水立管 WL－2 和 WL－4。

在一～五层给水排水平面图中，西单元两个用户各楼层卫生间的洗手盆和坐便器的生活污水也分别排入排水立管 WL－2 和 WL－4。厨房洗涤池的生活污水分别排入排水立管 WL－1和 WL－3。

在储藏室给水排水平面图中，排水立管 WL－2 和 WL－4 中的污水由一根排出管排入室外2号检查井，排出管的直径为150mm。排水立管WL－1和WL－3中的污水分别经各自的排出管汇集到室外1号和3号检查井，排出管的直径均为100mm。排出管均设有朝向检查井方向的坡度。

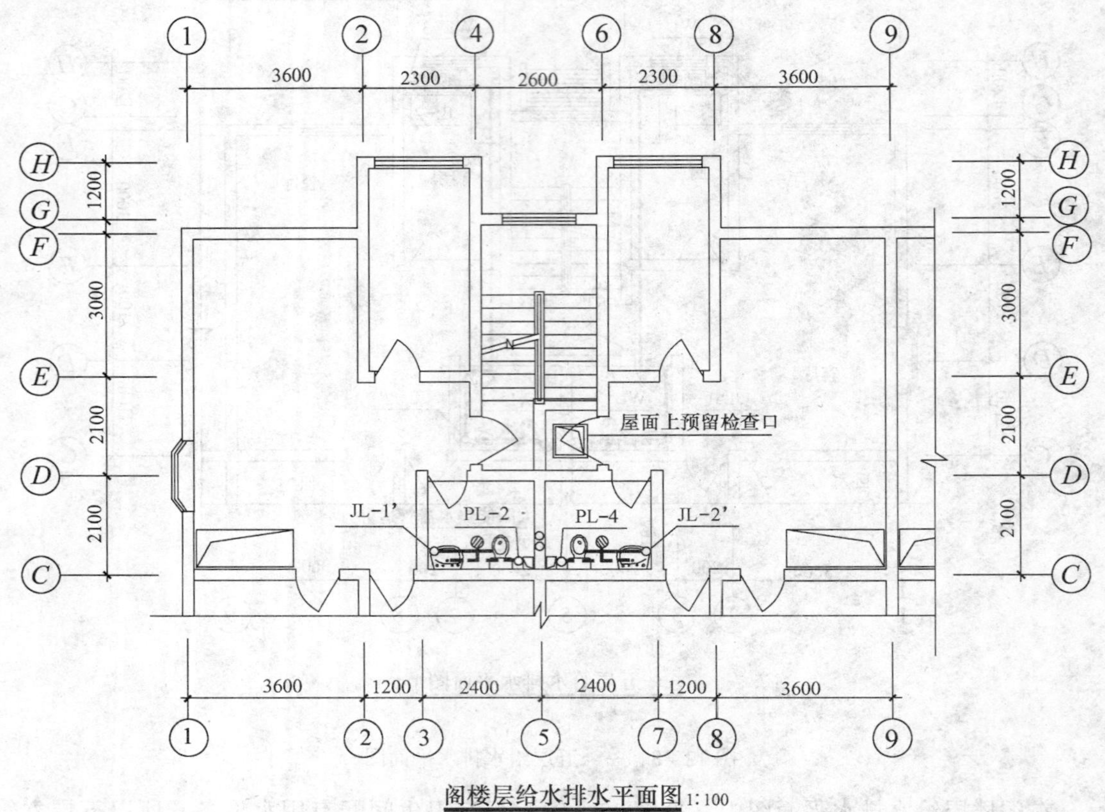

图12－9　阁楼层给水排水平面图

12.2.3　室内给水排水平面图的画图步骤

绘制室内给水排水平面图时，一般先绘制首层给排水平面图，再绘制其他各楼层（或标准层）的给水排水平面图。绘制底层给水排水平面图时的绘图步骤如下：

（1）绘制该楼层的建筑平面图。只绘制主要建筑构件及配件的轮廓线，其方法同建筑平面图。

（2）按图例绘制卫生器具。

（3）绘制管道的平面布置。凡是连接某楼层卫生设备的管道，不论安装在楼板上面或下面，均应画在该楼层的给排水平面图上。给水系统的引入管和排水系统的排出管只需出现在底层给排水平面图中。绘制管道布置时，一般先画立管，再画引入管或排出管，最后按水流方向画出各支管及管道附件。

（4）标注建筑平面图的轴线尺寸，标注管径、标高、坡度、系统编号，书写文字说明。

12.3　给水排水系统图

给水排水系统图用来表达各管道的空间布置和连接情况，同时反映了各管段的管径、坡度、标高及附件在管道上的位置。

因为给水排水管道在空间往往有转折、延伸、重叠及交叉的情况，所以为了清楚地表现管道的空间布局、走向及连接情况，系统图采用了轴测投影原理形成轴测图的绘制方法。

12.3.1 室内给水排水系统图的图示特点和表达方法

室内给水排水平面图是绘制室内给水排水系统图的基础图样。通常，系统图采用与平面图相同的比例绘制，一般为 1∶100 或 1∶200，当局部管道按比例不易表示清楚时，可以不按比例绘制。

系统图习惯上采用 45°正面斜等轴测投影绘制。通常，将房屋的横向作为 *OX* 轴，纵向作为 *OY* 轴，高度方向作为 *OZ* 轴，三个方向的轴向伸缩系数相等均取 1。当系统图与平面图采用相同的比例绘制时，*OX* 轴、*OY* 轴方向的尺寸可以直接在相应的平面图上量取，*OZ* 轴方向的尺寸按照配水器具的习惯安装高度量取。

室内给水、排水系统图通常分开绘制，分别表现给水系统和排水系统的空间枝状结构，即系统图通常按独立的给水或排水系统来绘制，每一个系统图的编号应与底层给水排水平面图中的编号一致。

系统图中的管道依然用粗线型表示，其中给水管用粗实线表示，排水管用粗虚线表示。管道的配件或附件（如阀门、水表、龙头等）用图例表示，卫生器具（如洗涤池、坐便器、浴盆等）不再绘制，只是画出相应卫生器具下面的存水弯或连接的横支管。

为了使系统图绘制简捷、阅读清晰，对于用水器具和管道布置完全相同的楼层，可以只画一层的所有管道，其他楼层省略，在省略处用 *S* 形折断符号表示，并注写“同底层”的字样。当管道的轴测投影相交时，位于上方或前方的管道连续绘制，位于下方或后方的管道则在交叉处断开。如图 12－10 所示。

在给水排水系统图中，应对所有的管段的直径、坡度和标高进行标注。管段的直径可以直接标注在管段的旁边或由引出线引出。给水管为压力管，不需要设置坡度；排水管为重力管，应在排水横管旁边标注坡度，如“$i=0.02$”，箭头表示坡向，当排水横管采用标准坡度时，可省略坡度标注，在施工说明中写明即可。系统图中的标高数字以 m 为单位，保留三位有效数字。给水系统一般要求标注楼（地）面、屋面、引入管、支管水平段、阀门、龙头、水箱等部位的标高，管道的标高以管中心标高为准。排水系统一般要求标注楼（地）面、屋面、主要的排水横管、立管上的检查口及通气帽、排出管的起点等部位的标高，管道的标高以管内底标高为准。

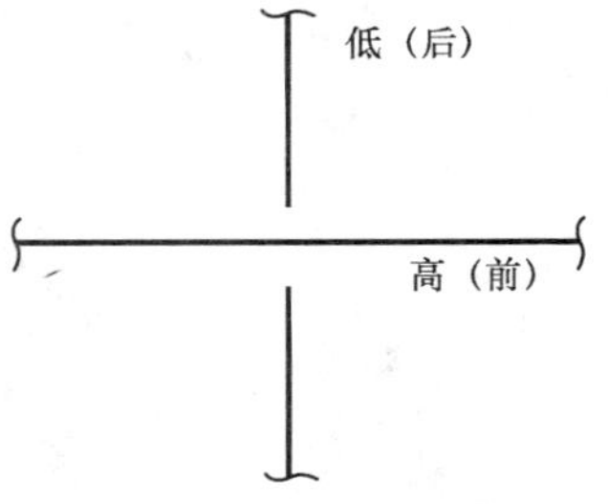

图 12－10 管道交叉表示方法

12.3.2 阅读室内给水排水系统图

阅读系统图时，应与平面图中相同编号系统的平面布置图对照阅读。图 12－11 和图 12－12分别为教师公寓的给水系统$\frac{J}{1}$、排水系统$\frac{W}{1}$和$\frac{W}{2}$的系统图。

12.3.2.1 室内给水系统图

从如图 12－7 所示的储藏室给排水平面图可以看出，给水系统$\frac{J}{1}$的两根立管是对称布置的，所以图 12－11 中只绘制了给水系统$\frac{J}{1}$中给水立管 JL－1 的系统图。

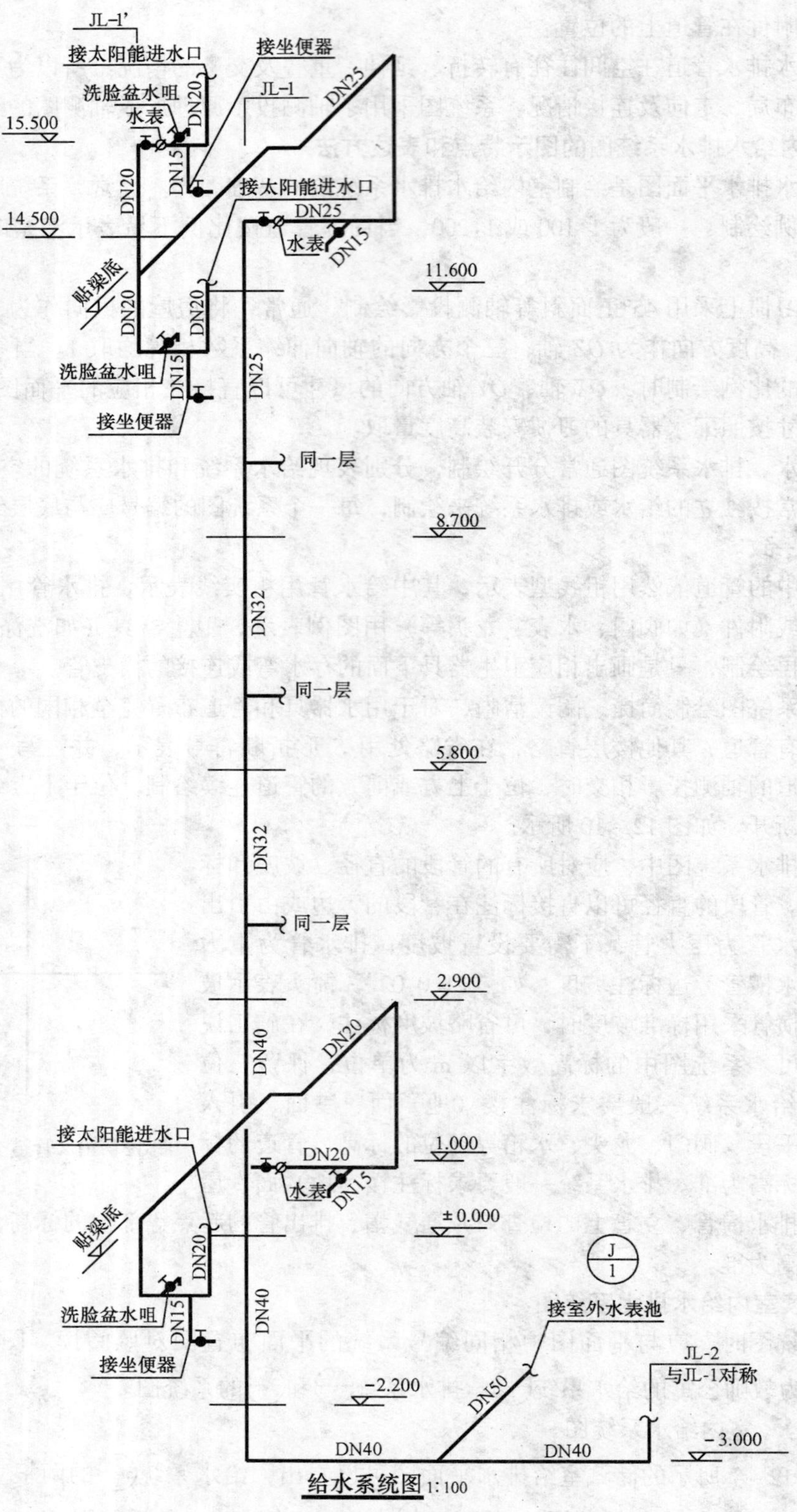

JL-1'
接太阳能进水口
接坐便器
洗脸盆水咀
DN20
JL-1
DN25
水表
15.500
DN20
DN15
接太阳能进水口
DN25
14.500
水表
DN15
11.600
贴梁底
DN20
DN20
洗脸盆水咀
DN15
DN25
接坐便器
同一层
8.700
DN32
同一层
5.800
DN32
同一层
2.900
DN20
DN40
接太阳能进水口
DN20
1.000
水表
DN15
贴梁底
DN20
±0.000
J
1
洗脸盆水咀
DN15
DN40
接坐便器
接室外水表池
JL-2
与JL-1对称
-2.200
DN50
DN40
DN40
-3.000
给水系统图 1:100

图 12-11 给水系统图

如图 12－11 所示，给水系统$\frac{J}{1}$是将生活用水通过直径为 50mm 的引入管从室外水表井引入到室内，然后由直径为 40mm 的给水干管分配给位于两个用户厨房一角的立管，其中干管的埋设高度为－3.000m。立管 JL－1 穿过储藏室和一层地面后在 1m 高处设置给水支管，经截止阀和水表将水先送至厨房洗涤池的配水龙头，再上行至 2.900m 的高度折向南进入卫生间，分别将水送至洗手盆和坐便器，并在支管末端上接太阳能进水口。给水支管的管径为 20mm。

立管 JL－1 继续穿过二层、三层、四层楼面向每层用户供水，给水支管的布局同一层。在立管 JL－1 到达五层时，因为五层上面设置阁楼，所以阁楼卫生间各配水器具的用水是由与五层立管相连的支管的分支立管 JL－1’穿过阁楼楼面向上供给，分支立管 JL－1’的管径为 20mm，并在上面安装了截止阀和水表。立管 JL－1 从底层到顶层管径逐渐减小。

12.3.2.2 室内排水系统图

从如图 12－7 所示的储藏室给排水平面图可以看出，西单元的排水系统$\frac{W}{1}$和排水系统$\frac{W}{3}$是对称设置的，所以图 12－12 中只绘制了排水系统$\frac{W}{1}$和$\frac{W}{2}$的系统图。

如图 12－12 所示，排水系统$\frac{W}{1}$用来收集用户厨房的生活污水。整个排水系统由底层的排出管、排水立管 WL－1 及与其相连的各层排水横管组成。一～五层排水横管的布局相同，即在管径为 50mm 的横管上各连接一个厨房洗涤池下的 S 型存水弯（管径为 50mm）。在立管 WL－1 上设有距楼面高度为 1m 检查口，分别设置在储藏室、一层、阁楼，中间层隔层设置，立管管径为 75mm。在阁楼检查口以上的立管称为通气管，通气管高出屋面 500mm，并在顶端设有通气帽，防止杂物落入。排出管的管径为 100mm，起点的标高为－3.300m，并按标准坡度坡向室外 1 号检查井。

排水系统$\frac{W}{2}$用来收集西单元两个用户卫生间的生活污水。整个排水系统由底层的排出管、排水立管 WL－2 和 WL－4 及与其相连的各层排水横管组成。立管 WL－2 与立管 WL－4 的布局对称，省略不画。一～五层及阁楼卫生间内排水横管的布局相同，即在管径为 100mm 的横管上依次连接洗手盆下的 S 型存水弯（管径为 32mm）、地漏（管径为 50mm）、坐便器下的 P 型存水弯（管径为 100mm）。在立管 WL－4 上设有距楼面高度为 1m 检查口，分别设置在储藏室、一层、阁楼，中间层隔层设置，立管管径为 100mm。通气管高出屋面 500mm，并设有通气帽。排出管的管径为 150mm，起点的标高为－3.300m，排出管汇集立管 WL－2 和 WL－4 中的污水并按标准坡度排向室外 2 号检查井。

12.3.3 室内给水排水系统图的画图步骤

室内给水排水系统图应按系统的编号分别绘制。系统布置完全相同或对称的可以只画一个，各楼层管网布局相同的只画一层。

（1）确定轴测轴的方向。为了使图面上管道清晰易读，避免出现管道过多交叉的现象，通常将房屋的横向作为 *OX* 轴，房屋的纵向作为 *OY* 轴，高度方向作为 *OZ* 轴。

（2）绘制各系统的立管，定出室内地面线、楼面线和屋面线。

（3）从立管引画各楼层的横向管段。对于给水系统，先画引入管，再画与立管相连的横向支管。对于排水系统，先画排出管，再画与立管相连的排水横管。

（4）绘制管道附件（阀门、截止阀、水表、检查口等）、配水器具的存水弯及地漏等。这些都采用相应的图例绘制。

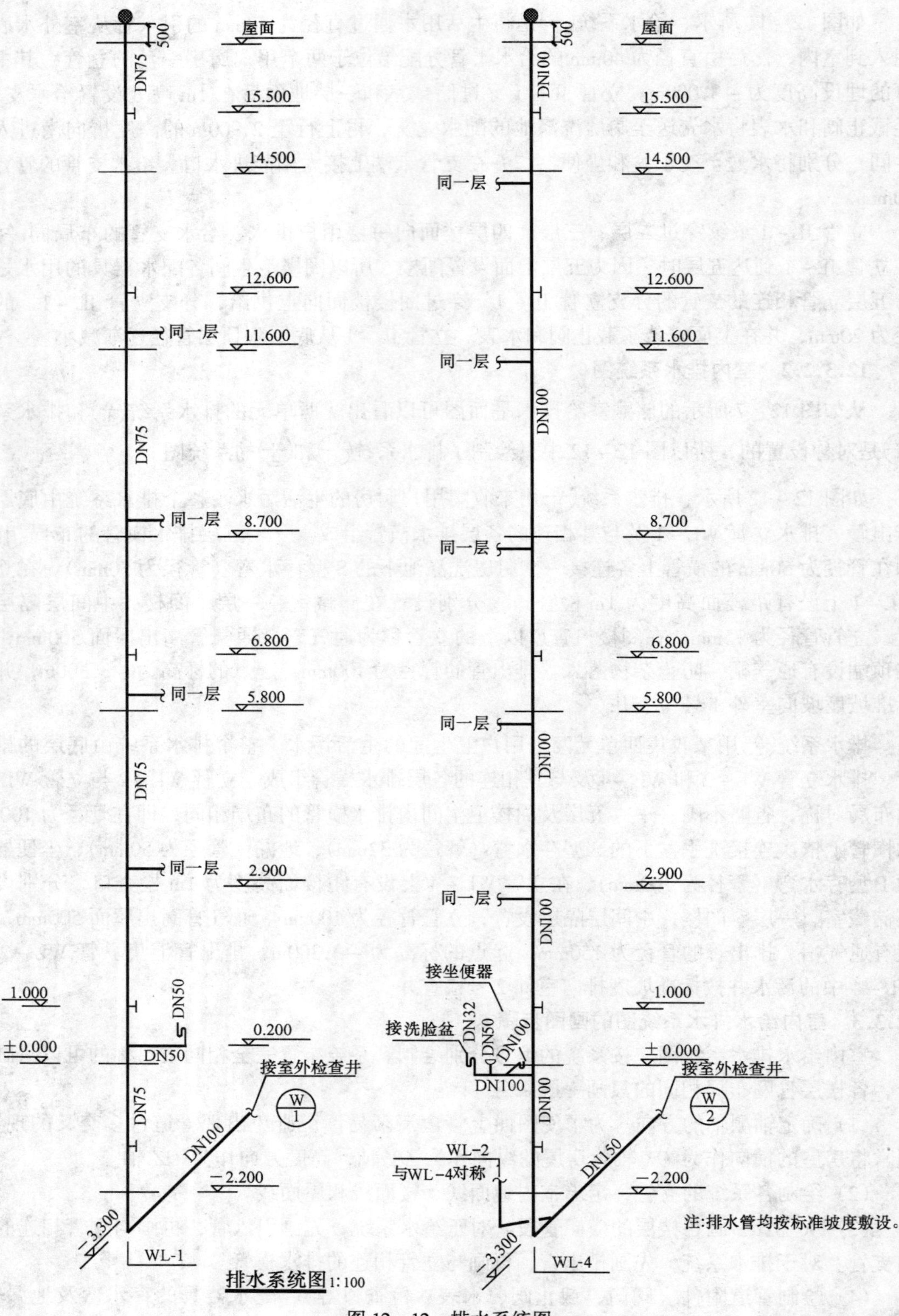

500
屋面
DN75
15.500
14.500
12.600
同一层
11.600
DN75
同一层
8.700
6.800
同一层
5.800
DN75
同一层
2.900
1.000
DN50
0.200
±0.000
DN50
接室外检查井
DN75
W
1
DN100
−2.200
−3.300
WL-1
500
屋面
DN100
15.500
14.500
同一层
12.600
11.600
同一层
DN100
8.700
同一层
6.800
5.800
同一层
DN100
2.900
同一层
DN100
接坐便器
1.000
接洗脸盆
DN32
DN50
DN100
±0.000
DN100
接室外检查井
W
2
DN100
WL-2
与WL-4对称
DN150
−2.200
−3.300
WL-4
注:排水管均按标准坡度敷设。
排水系统图1:100

图 12－12　排水系统图

(5) 绘制管道穿越的墙体。

(6) 标注各管道的直径、坡度、标高等尺寸。

12.4 采 暖 施 工 图

采暖与空调系统是为了改善建筑物内人们的生活和工作条件及满足某些生产工艺、科学实验的环境要求而设置的。暖通设备施工图实际上包括三个方面的内容：采暖、通风和空气调节。为了满足人们生活和工作的正常需要，在冬季将热能从热源输送到室内称为采暖。通风是把室内浊气直接或经处理后排至室外，把新鲜空气输入室内，前者称排风，后者称送风。空调即空气调节，是更高一级的通风。这三种系统的组成和工作原理各不相同，但是对于施工图的识图来说，它们是类似的。这里只介绍采暖系统的组成及图样的表达方法。

12.4.1 采暖系统的组成与分类

采暖系统主要由热源、输热管网和散热三部分组成。热源是指能产生热能的部分（如锅炉房、热电站等）。输热管网通过输送某种热媒（如水、蒸汽等媒介物）将热能从热源输送到散热设备。散热设备以对流或辐射方式将输热管道输送来的热量传递到室内空气中，一般布置在各个房间的窗台下或沿内墙布置，以明装为多。

根据热源与散热器的位置关系，采暖系统可以分为局部采暖系统和集中采暖系统两种形式。局部采暖系统是指热源和散热器在同一个房间内，以使室内局部区域或局部工作地点保持一定温度要求而设置的采暖系统（如火炉采暖、煤气采暖、电热采暖等）。集中采暖系统是指热源和散热设备分别设置，利用一个热源产生的热量通过管道向各个房间或各个建筑物供给热量的采暖方式。

在集中采暖系统中，根据热源被输送到散热设备使用的介质（或热媒）的不同又分为热水采暖系统、蒸汽采暖系统和热风采暖系统。其中最常采用的是热水采暖系统。

热水采暖系统采用的热媒是水。在热水采暖循环系统中主要依靠供给热水和回流冷水的容重差所形成的压力使水进行循环，此循环称为自然循环热水采暖系统；而必须依靠水泵使水进行循环的称为机械循环热水采暖系统。

12.4.2 采暖平面图

采暖施工图一般由设计说明、采暖平面图、系统图、详图、设备及主要材料表等组成。采暖施工图中常用图例见表 12－3。

表 12－3 采暖施工图中常用图例

名 称	图 例	附 注
阀门（通用） 截止阀	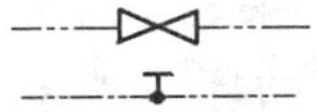	1. 没有说明时，表示螺纹连接 法兰连接时，  焊接时，  2. 轴测画法：
闸 阀		阀杆为垂直， 
手动调节阀		阀杆水平， 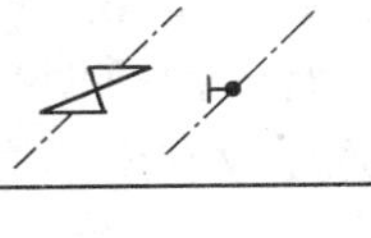

续表

名　称	图　例	附　注
止回阀	或	左图为通用，右图为升降止回阀，流向同左。其余阀门类推
集气罐排气装置		左图为平面图，右图为系统图
矩形补偿器		
固定支架		
坡度及坡向	i=0.003 或 i=0.003	坡度数值不宜与管道起止点标高同时标注。标注位置同管径标注位置
散热器及手动放气阀		左图为平面图画法，中图为剖面图画法，右图为系统图、Y轴测方向画法
百叶窗		
防火阀		

室内采暖平面图主要表示管道、附件及散热器的布置情况，是采暖施工图的重要图样。采暖平面图一般采用 1:100、1:50 的比例绘制。为了突出管道系统，用细实线绘制建筑平面图中的墙身、门窗洞、楼梯等主要构件的轮廓；用中实线以图例形式画出散热器、阀门等附件的安装位置；用粗实线绘制采暖干管；用粗虚线绘制回水干管。在底层平面图中应画出供热引入管、回水管，并注明管径、立管编号、散热器片数等。

图 12－13～图 12－15 分别为教师公寓储藏室采暖平面图、一层采暖平面图和阁楼采暖平面图。整个建筑物户内采用下供下回的单管循环采暖系统。从储藏室采暖平面图中可以看出西单元整个热水采暖的供水干管由北侧楼梯间墙体进入建筑物内部，然后连接到两根立管分别向西单元的两个用户供热，两个用户采暖系统入口的编号分别为 R1 和 R2。由于储藏室没有采暖要求，立管直接穿过一层楼面向上向每层用户供热。每根立管都有水平横管连接每层用户的所有散热器，热水经过所有的散热器后，回流至回水立管，最后经回水干管流回热源。东西两个单元的采暖管道的布置与散热器的位置完全对称，只是散热器的片数有所不同。

在平面图中可以看出每个用户共设置六组散热器，除卫生间厨房和客厅的四组散热器沿横墙布置，其余均设置在窗下或窗边。每组散热器的旁边标注出散热器的片数，如卫生间为6片，厨房为15片。连接散热器的供水管道的管径均为20mm。引入管和回水干管的管径为50mm，且设有 $i=0.003$ 坡向热源的坡度。

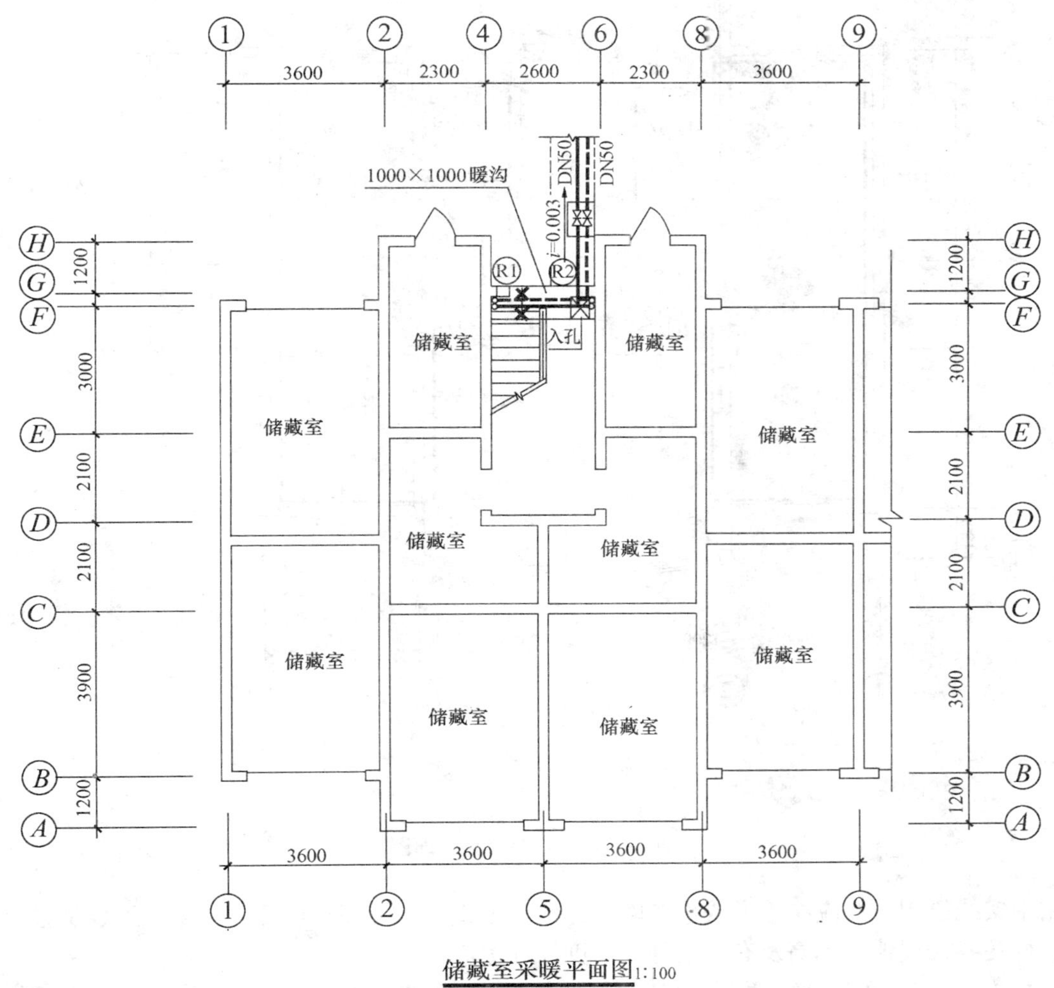

图 12-13　储藏室采暖平面图

12.4.3　采暖系统图

采暖系统图表示从采暖入口到出口的采暖管道、散热器、主要附件的空间位置和相互关系。采暖系统图一般采用45°的正面斜等轴测图绘制。通常将 OZ 轴竖放表达管道高度方向尺寸；OX 轴与房屋横向一致，OY 与房屋纵向一致。

采暖系统图通常采用与采暖平面图相同的比例绘制，特殊情况下可以放大比例或不按比例绘制。当局部管道被遮挡、管线重叠时，可采用断开画法。

系统图中供热管用粗实线绘制；回水管用粗虚线绘制；散热设备、管道阀门等以图例形

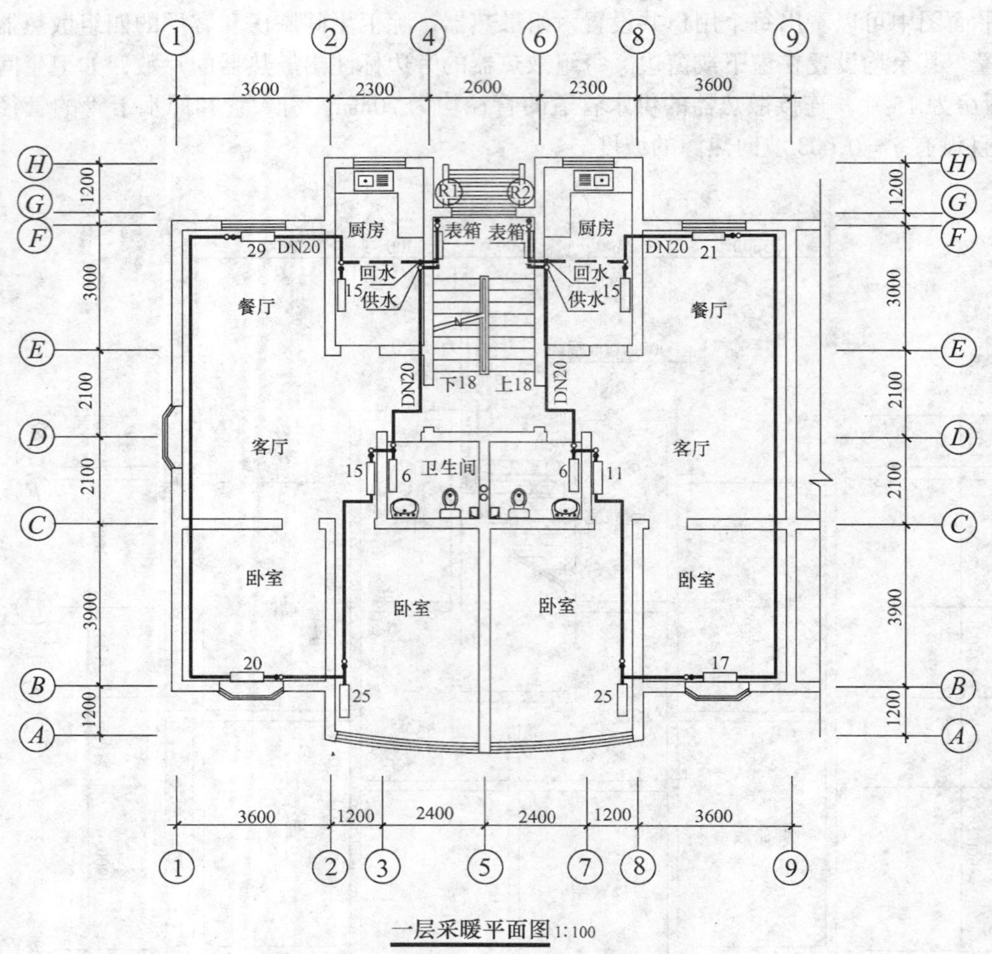

图 12－14　一层采暖平面图

式用中实线绘制，并应在管道或设备附近标注管道直径、标高、坡度、散热器片数及立管编号；标注各楼层地面标高及有关附件的高度尺寸等。

图 12－16 为教师公寓西单元采暖系统图。由于该单元的两个用户的采暖系统除部分散热器的片数不同外，管道布局和散热器的位置均是对称的，所以系统图中只绘制了 R1 采暖系统的系统图。

从系统图中可以看出，室外引入管由北向南进入室内，管径为 50mm 标高为－3.200m，坡度为 0.003。引入管分接两个立管形成两个用户的采暖入口，立管管径分别为 40mm、32mm。立管到达一层楼梯休息平台时，在标高为 1.45m 处连接管径为 20mm 的供水横管，横管上安装一个表箱。再由横管进入每个用户，依次连接卫生间、客厅、主卧室、次卧室、餐厅、厨房的散热器，热水经过厨房的散热器后经与之相连的回水横管流入回水立管，回水横管的管径为 20mm。每层供水横管均沿搂层地面敷设，每组散热器上均设一个手动跑风门。供水立管与回水立管平行设置，且在供回水立管的最高点安装自动排气阀。供回水立管从底层到顶层管径逐渐减小。所有的采暖管道在穿过墙体或楼板时均设有套管。

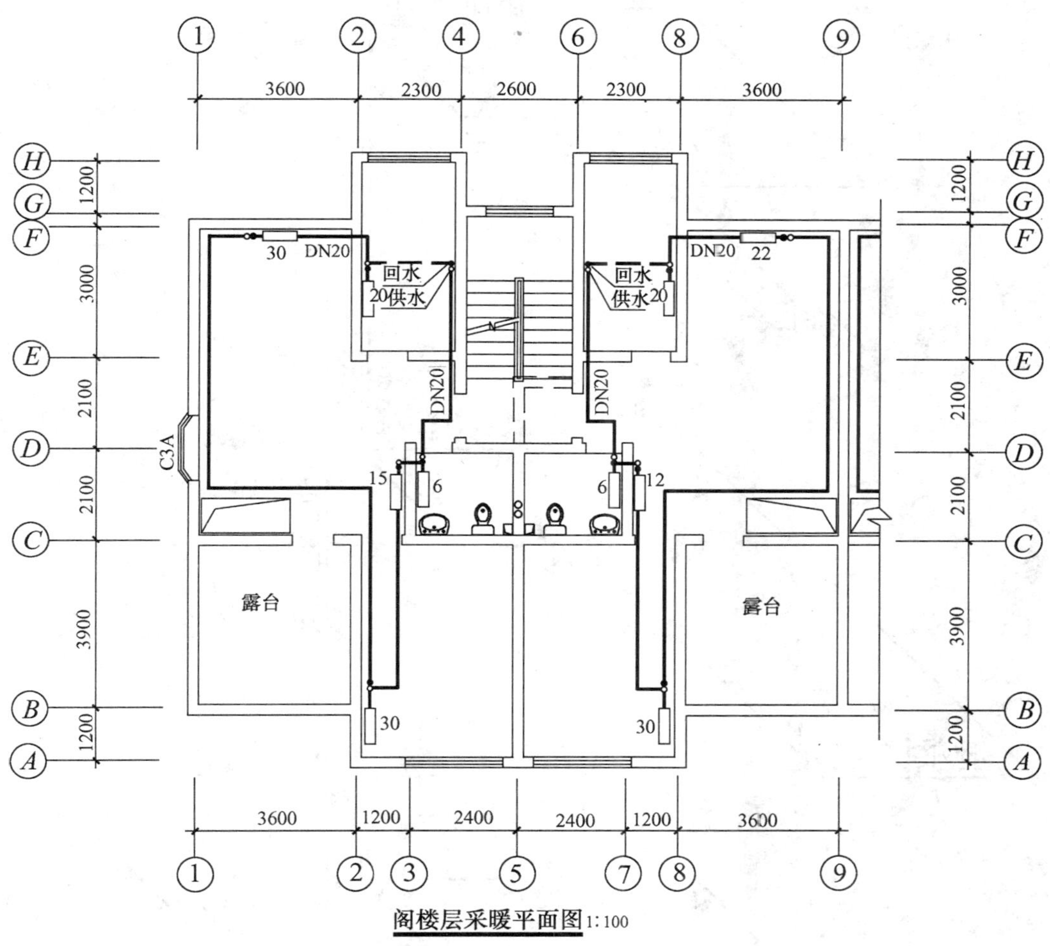

图 12－15　阁楼层采暖平面图

自动排气阀
阁楼层
11.60
DN20
DN20
2DN20
30
20
15
6
30
自动排气阀
2DN20
2DN25
10.15(楼梯息步)
2DN20 2DN20
2DN25
23
8.70
13
4F
DN20
DN20
7.25(楼梯息步)
2DN20
3F
2DN32
12
5
4.35(楼梯息步)
2DN20
2F
2DN32
8.70
19
19
1.45 (楼梯息步)
2DN20
2DN20
R1
R2
2DN50 i=0.003
i=0.003
29
0.00
15
1F
2DN40
2DN32
-3.200
-2.20
-2.20
DN20
DN20
15
6
0.00
20
25
说明:1.住宅户内采暖系统采用下供下回的单管循环采暖系统
2.每组散热器均设手动跑风门一个
3.所有采暖管道穿墙、穿楼板时均应设套管
4.供回水立管干管均于最高点设自动排气阀,住宅
每组散热器均设三通阀或恒温阀
注:未画各层支管系统图参见一层
二三层散热器片数见平面图
R1与R2对称
采暖系统图1:100

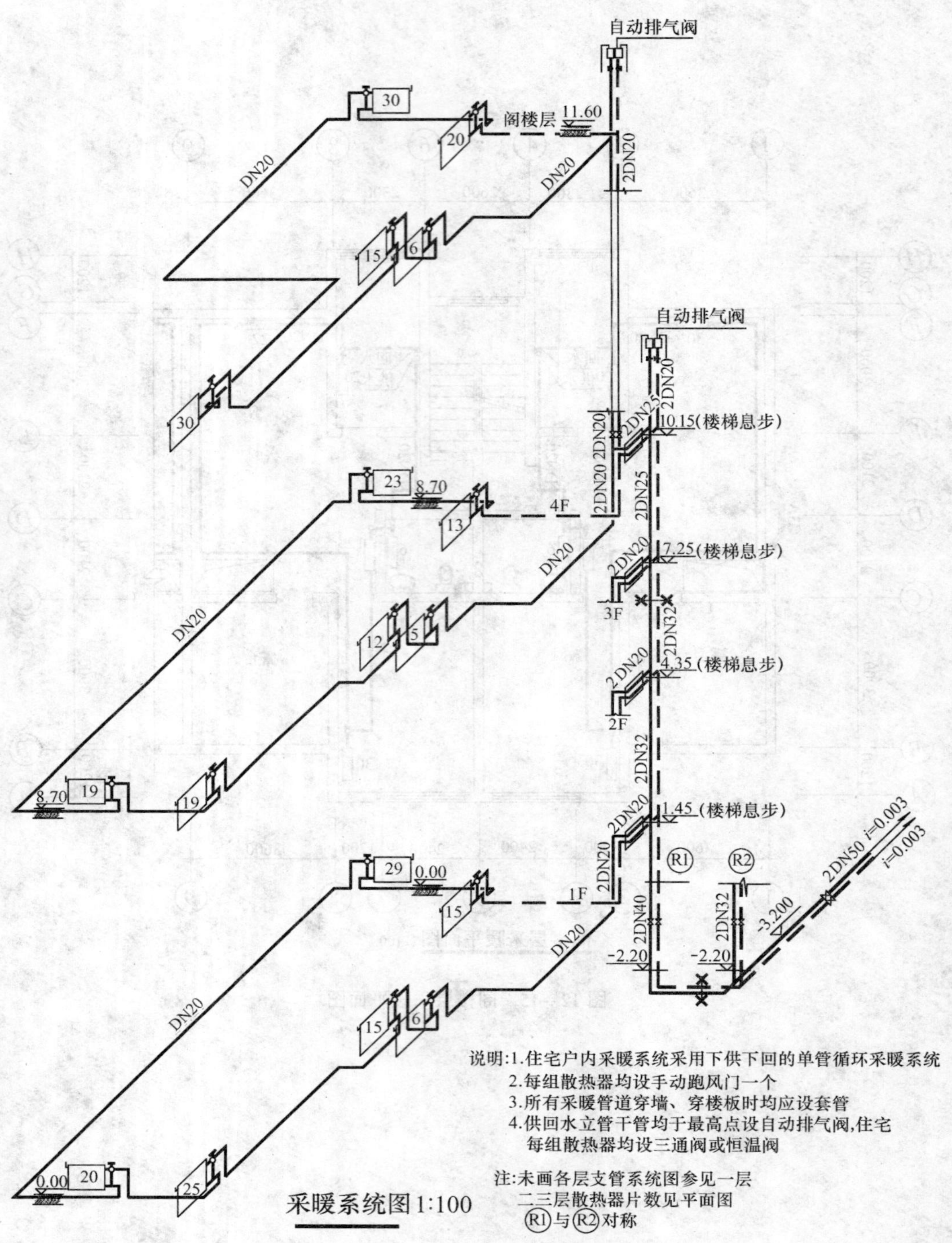

图 12－16　采暖系统图

第13章 路 桥 工 程 图

道路是一种主要承受移动荷载（车辆、行人）反复作用的带状工程结构物，其基本组成部分包括路基、路面，以及桥梁、涵洞、隧道、防护工程、排水设施等附属构造物。因此，道路工程图是由表达线路整体状况的道路路线工程图和表达各工程实体构造的桥梁、隧道和涵洞等工程图组合而成。

桥梁是修筑道路时保证车辆通过江河、山谷、低洼地带的构造物。对于道路路线工程图和桥梁、涵洞、隧道等构造物的工程图，其表达设计思想、绘制工程图样的基本原理，都采用前面所述的正投影理论和方法。本章主要介绍道路路线工程图和桥梁工程图的表达方法。

需要特别提醒的是：如果不加特别说明，道路和桥梁工程图中的尺寸是以厘米（cm）为单位的，这一点与房屋建筑施工图以毫米（mm）为单位有所不同。

13.1 道路路线工程图

道路是车辆通行和行人步行的带状结构物，是人们生产、生活必需的。根据性质、组成和作用的不同，道路可分为公路、城市道路、厂矿道路和农村道路。本节介绍公路和城市道路的表达方法。

道路路线中心线方向狭长，其竖向高差和平面的弯曲变化与地面起伏情况有关，因此道路路线工程图的图示方法与其他工程图不同。道路路线工程图是以地形图作为平面图，称为路线平面图；以纵向断面展开图作为立面图，称为路线纵断面图；以横向断面图作为侧面图，称为路基横断面图。三种图分别画在单独的图纸上。道路路线工程图就是以这三种图样来表示路线的线型、空间位置、路基、路面状况和尺寸。

13.1.1 公路路线工程图

公路是主要承受机动车辆行驶及其荷载反复作用的带状结构物。

公路的中心线由于受自然条件的限制，在平面上有转折，纵面上有起伏，为了满足车辆行驶的要求，必须用一定半径的曲线连接起来，因此路线在平面和在纵断面上都是由直线和曲线组合而成的。平面上的曲线称为平曲线，纵断面上的曲线称为竖曲线。

公路路线工程图包括路线平面图、路线纵断面图和路基横断面图。

13.1.1.1 路线平面图

公路路线平面图的作用是表达路线的方向和水平线型（直线和转弯方向）以及路线两侧一定范围内的地形、地物情况。

道路路线具有狭而长的特点，一般无法把整条路线画在一张图纸内。通常分段画在多张图纸上，每张图样上注明序号、张数、指北针和拼接标记。

图 13－1 所示为某公路 K1＋000 至 K1＋220 段的路线平面图。其内容包括地形、路线两部分。

（1）地形部分

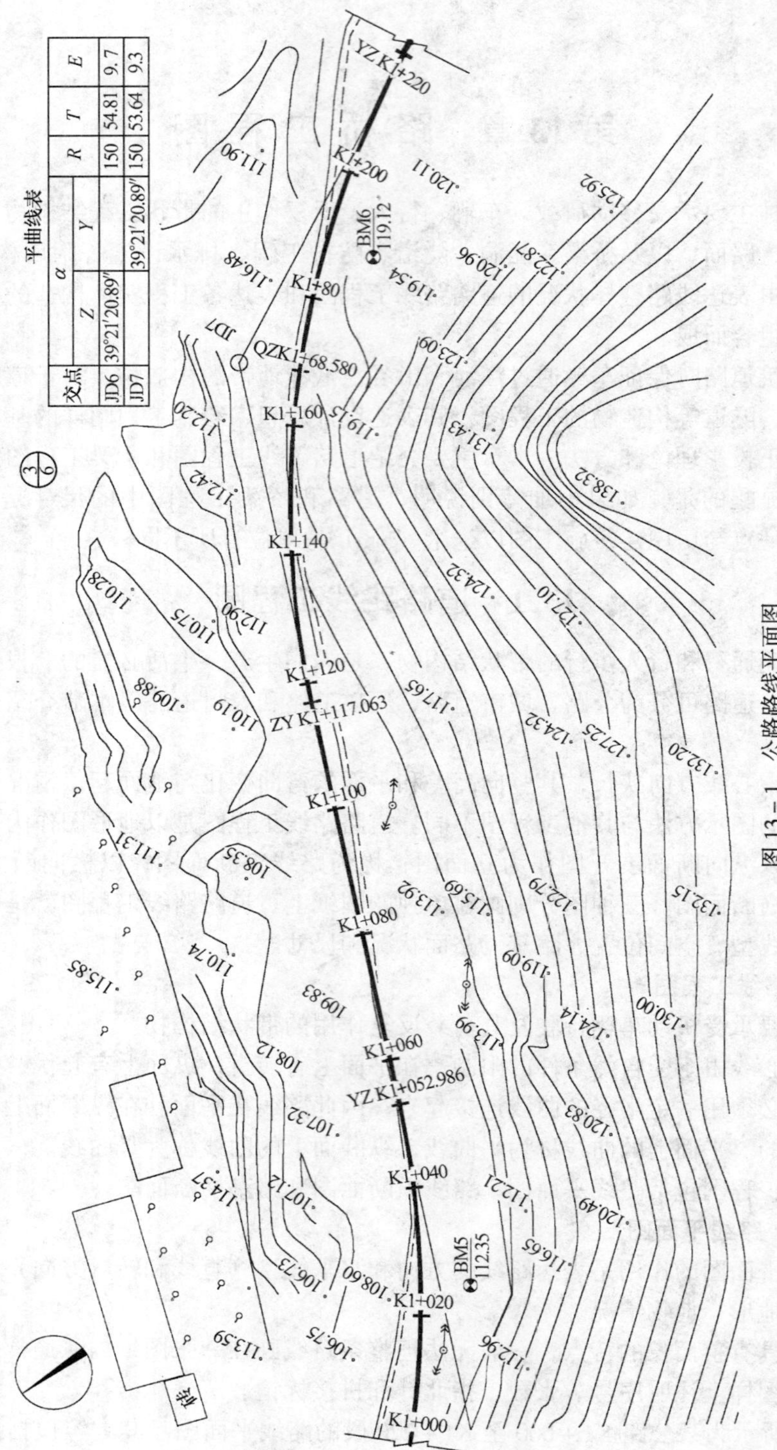

平曲线表

交点	α		R	T	E
	Z	Y			
JD6	39°21′20.89″		150	54.81	9.7
JD7		39°21′20.89″	150	53.64	9.3

图 13－1　公路路线平面图

路线平面图的比例一般为 1∶2000～1∶5000。地形是用等高线和地物图例表示的，表示地物常用的平面图图例见表 13－1。

表 13－1　道路平面图图例

名称	符号	名称	符号	名称	符号
房屋		涵洞		水稻田	
学校	文	桥梁		草地	
医院		菜地		河流	
大车路		旱田		高压线 低压线	
小路		果树		水准点	BM5 38.146

在地形图中，等高线越密表示地势越陡峭，反之则地势越平坦。图中标注了若干点的地面高程数值。沿线有两个水准点符号，用来作为地面高程测量的参照。

图形左侧有一片房屋，山坡上种植了一些果树。沿线还有一些高压线。

为了确定方位和路线的走向，地形图上需画出指北针或坐标网。

（2）路线部分

在《道路工程制图标准》中规定，道路中心线应采用细点划线表示，路基边缘线应该采用粗实线表示。由于公路路线平面图所采用的比例太小，公路的宽度无法按实际尺寸画出，所以，路线是用粗实线沿着路线中心表示的。

路线的长度是用里程表示的。里程桩号应标注在道路中心线上，从路线起点至终点，按从小到大，从左到右的顺序排列。公里桩宜标注在路线前进方向的左侧，用符号“◐”表示，百米桩宜标注在路线前进方向的右侧，用垂直于路线的短线表示；也可在路线的同一侧，均采用垂直于路线的短线表示公里桩和百米桩。图 13－1 中的设计路线用粗实线表示，里程由 K1＋000 到 K1＋220，每隔 20 米标注一个里程桩号。图中由西向东方向还有一条大车路（一虚一实表示）。

路线的平面线型有直线型和曲线型两种。对于路线转弯处的平面曲线（简称平曲线），在平面图中要标出交点（也称交角点）的位置，并列出平曲线要素表。图 13－1 中有一个 7 号交点 JD7，此段曲线的起点在路线上用 ZY（直圆）表示，曲线的终点用 YZ（圆直）表示，曲线的中点用 QZ（曲中）表示。图中分别标注出了这三个点的位置和里程桩号。在 K1＋052.986 处还有 YZ（圆直）表示前一个交点（JD6）的曲线终点。图的右上角列出了两个交点的平曲线要素表。其中 α 为偏角（Z 为左偏角，Y 为右偏角），表示沿路线前进方向，向左或向右偏转的角度。R 为曲线半径，T 为切线长，E 为外距。图 13－2 是平曲线要素的示意图。

13.1.1.2　路线纵断面图

路线纵断面图是沿路线中心线的竖向断面图。由于公路是由直线和曲线组成的，因此，

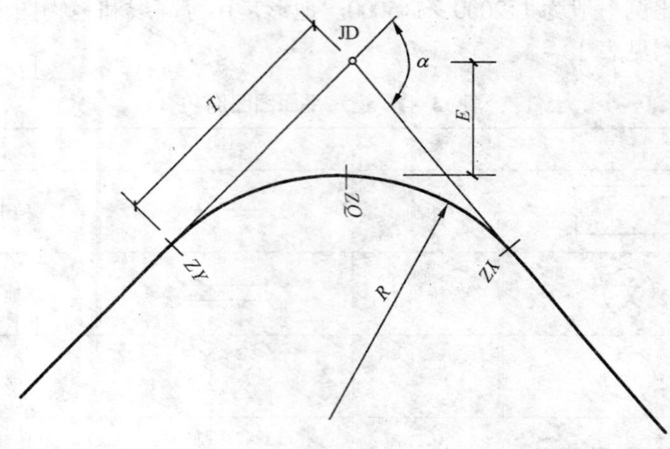

图 13－2　平曲线要素

剖切平面由平面和柱面组成。为了清晰地表达路线纵断面情况，特采用展开的方法将断面展平成一平面，然后进行投影。

路线纵断面图的作用是表达路中心线地面高低起伏的情况，设计路线的坡度、地质情况，以及沿线设置构造物的概况。

图 13－3 所示为 K1＋000 至 K1＋220 段的路线纵断面图。其内容包括图样和资料表两大部分，图样应布置在图幅上部，资料表应采用表格形式布置在图幅下部，图样与资料表的内容要对应。

（1）图样部分

图样中由左至右表示路线的前进方向，由于路线纵断面图是用展开剖切方法获得的断面图，因此它的长度就表示了路线的长度。在图样中，水平方向表示长度，垂直方向表示高程。

由于路线的高差与其长度相比小很多，为了清晰显示垂直方向路线高度的变化，规定断面图中的水平距离与垂直高程宜按不同的比例绘制，水平比例尺与平面图一致，采用 1∶2000～1∶5000，垂直比例尺相应地用 1∶200～1∶500，即垂直方向的比例按水平方向的比例放大十倍。

图中不规则的细折线表示设计中心线处的纵向地面线，它是沿中心线的原地面各点高程的连线。粗实线表示公路路线纵向设计线。比较设计线和地面线的相对高度，可以决定填挖方地段和填挖高度。

当路线纵向坡度发生变化时，为保证车辆顺利行驶，应设置竖向曲线（简称竖曲线）。竖曲线分为凸曲线和凹曲线两种，分别用“┌┬┐”和“└┴┘”符号表示，并在其上标注竖曲线的半径（R）、切线长（T）和外距（E）。竖曲线符号一般画在图样的上方，切线应用细虚线表示，变坡点用直径为 2mm 的中粗线圆圈表示。本图在 K1＋100 和 K1＋180 处分别设置一个凹曲线和一个凸曲线。

根据需要，图样中还应在所在里程处标出桥梁、涵洞、立体交叉和通道等人工构造物的名称、规格和中心里程。

（2）资料表部分

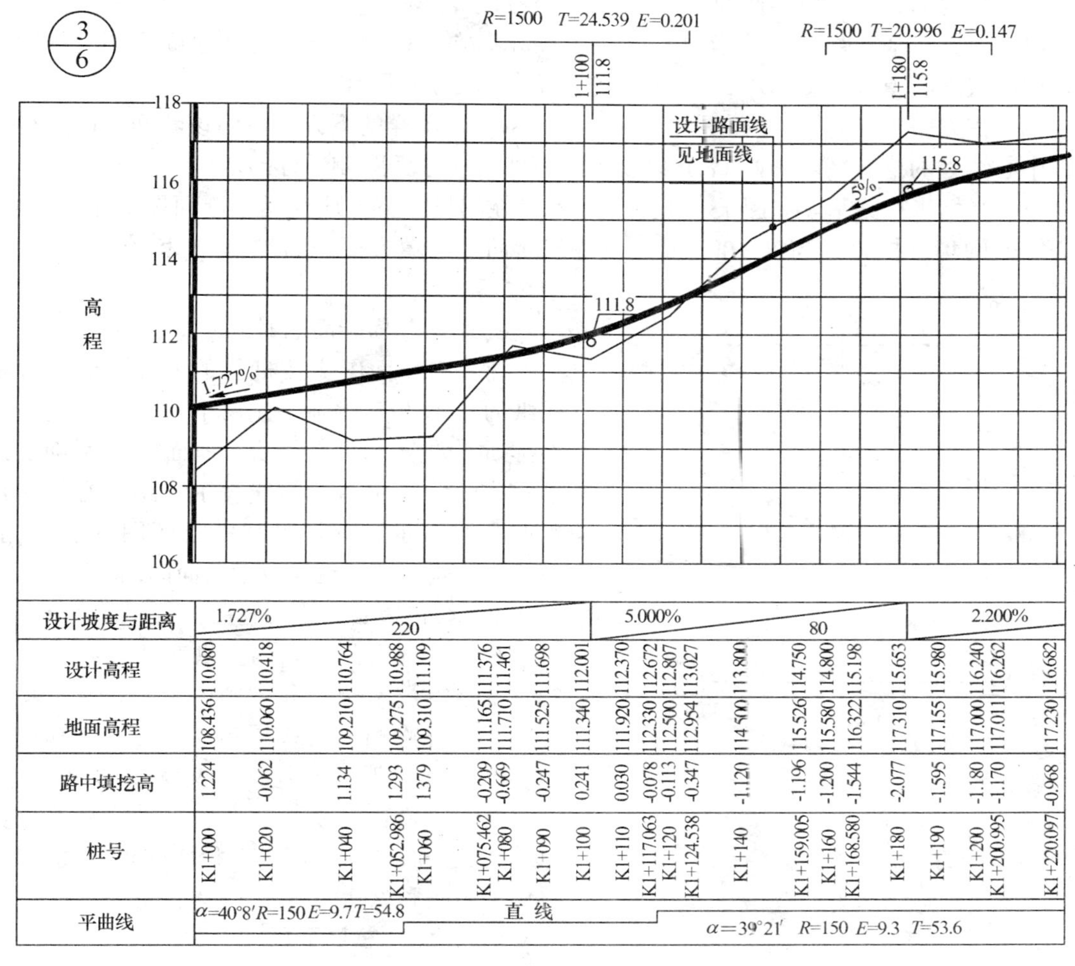

设计坡度与距离	1.727% 220									5.000% 80								2.200%			
设计高程	110.080	110.418	110.764	110.988	111.109	111.376	111.461	111.698	112.001	112.370	112.672	112.807	113.027	113.800	114.750	114.800	115.198	115.653	115.980	116.240	116.262	116.682
地面高程	108.436	110.060	109.210	109.275	109.310	111.165	111.710	111.525	111.340	111.920	112.330	112.500	112.954	114.500	115.526	115.580	116.322	117.310	117.155	117.000	117.011	117.230
路中填挖高	1.224	-0.062	1.134	1.293	1.379	-0.209	-0.669	-0.247	0.241	0.030	-0.078	-0.113	-0.347	-1.120	-1.196	-1.200	-1.544	-2.077	-1.595	-1.180	-1.170	-0.968
桩号	K1+000	K1+020	K1+040	K1+052.986	K1+060	K1+075.462	K1+080	K1+090	K1+100	K1+110	K1+117.063	K1+120	K1+124.538	K1+140	K1+159.005	K1+160	K1+168.580	K1+180	K1+190	K1+200	K1+200.995	K1+220.097
平曲线	α=40°8′ R=150 E=9.7 T=54.8					直 线					α=39°21′ R=150 E=9.3 T=53.6											

图 13－3　路线纵断面图

为了便于对照查阅，资料表与图样应上下对应布置。资料表中一般列有里程桩号、设计坡度与距离、设计高程、地面高程、填挖高度、平曲线等内容。注意资料表中里程桩号的位置要按照水平方向的比例确定，桩号数值的字底应与所表示桩号的位置对齐。设计高程、地面高程的数据应对准其桩号，单位以 m 计。

表中“平曲线”一栏表示路线的平面线型，“‾‾__‾‾”表示为左偏角的圆曲线，“__‾‾__”表示为右偏角的圆曲线。这样，利用资料表中的平曲线结合图样中的竖曲线，就可以想像出该路段的空间情况。

每张图上应注明该图纸的序号及纵断面图的总张数。

13.1.1.3　路基横断面图

路基横断面图是在垂直于道路中心线的方向上所作的断面图。路基横断面图的作用是表达各中心桩处地面横向起伏状况以及设计路基的形状和尺寸。它主要用来计算公路的土石方工程量，并为路基施工提供资料数据。比例一般采用 1∶100～1∶200。

1. 路基横断面图的基本形式

一般情况下，路基横断面的基本形式有三种：

(1) 填方路基（路堤）。如图 13－4（a）所示，在图样的下方应注明该断面图的里程桩号，中心线处的填方高度 *HT*（m）以及该断面处的填方面积 *AT*（m^2）。

(2) 挖方路基（路堑）。如图 13－4（b）所示，在图样的下方应注明该断面图的里程桩号，中心线处的挖方高度 *HW*（m）以及该断面处的挖方面积 *AW*（m^2）。

(3) 半填半挖路基。如图 13－4（c）所示，在图样的下方应注明该断面图的路程桩号，中心线处的填（挖）方高度 *HW*（m）以及该断面处的填方面积 *AT*（m^2）和挖方面积 *AW*（m^2）。

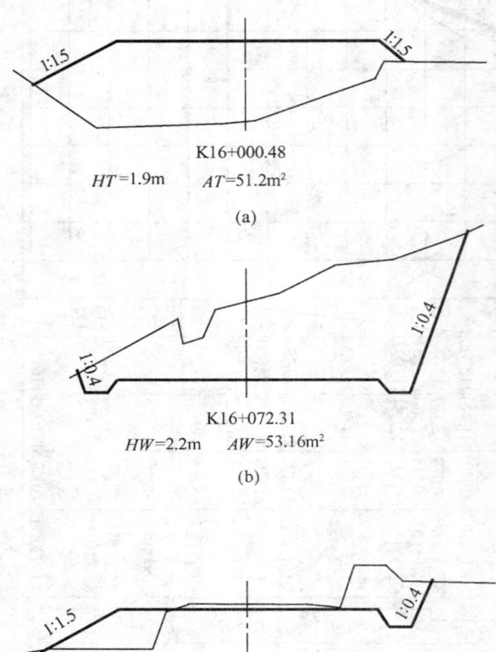

图 13-4　路基横断面图

2. 画路基横断面图时的注意事项

路基横断面图应按桩号的顺序排列，并从图纸的左下方开始画，先由下向上，再由左向右排列，如图 13－5 所示。地面线应用细实线表示，设计线应用粗实线表示，路中心线应用细点画线表示。每张路基横断面图的右上角，应注明该张图纸的编号及横断面图的总张数。

13.1.2　城市道路路线工程图

凡位于城市范围以内，供车辆及行人通行的具备一定技术条件和设施的道路，称为城市道路。与公路相比，它具有组成复杂、功能多样、行人和车辆交通量大、交叉点多等特点，因此首先需要在横断面的布置设计中综合解决技术问题。所以城市道路工程图先做横断面图，再做平面图和纵断面图。

13.1.2.1　横断面图

道路的横断面图在直线段是垂直于道路中心线方向的断面图，而在平曲线上则是法线方向的断面图。道路的横断面是由车行道、人行道、绿化带和分车带等几部分组成。

1. 横断面的基本形式

根据机动车道和非机动车道不同的布置形式，城市道路横断面的布置有以下四种基本形式：

(1)“一块板”断面。把所有车辆都组织在同一个车行道上混合行驶，车行道布置在道路中央。如图 13－6a 所示。

(2)“两块板”断面。利用分隔带把一块板型式的车行道一分为二，分向行驶。如图 13－6b所示。

(3)“三块板”断面。利用分隔带把车行道分隔为三块，中间的为双向行驶的机动车车行道，两侧的为单向行驶的非机动车车行道。如图 13－6c 所示。

(4)“四块板”断面。在三块板断面型式的基础上，再用分隔带把中间的机动车车行道分隔为二，分向行驶。如图 13－6d 所示。

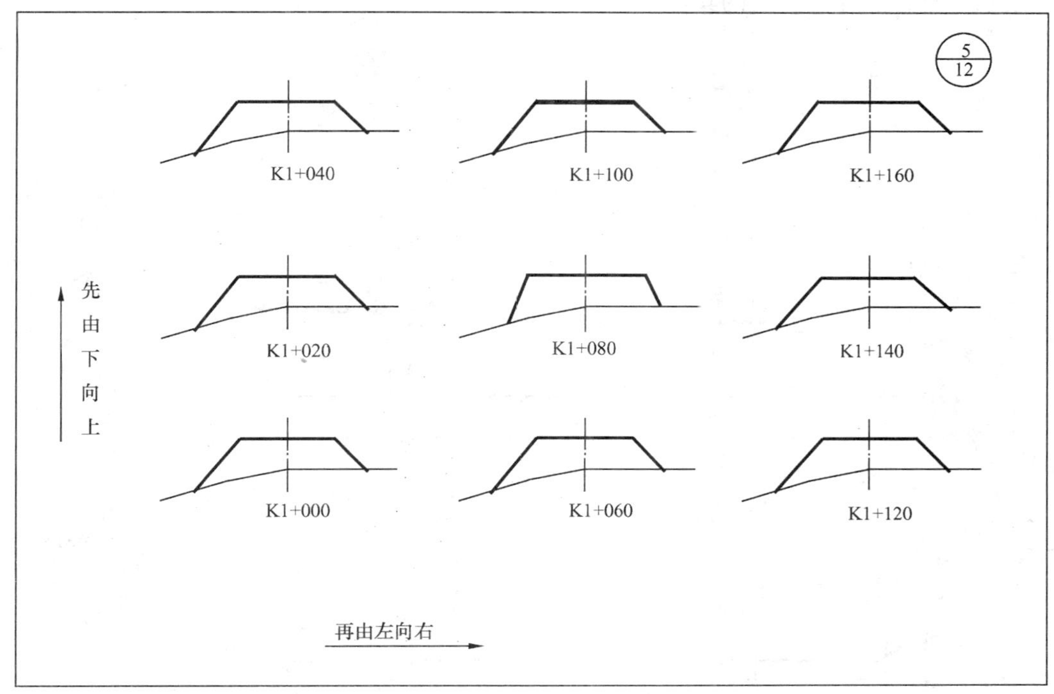

图 13－5　路基横断面示意图

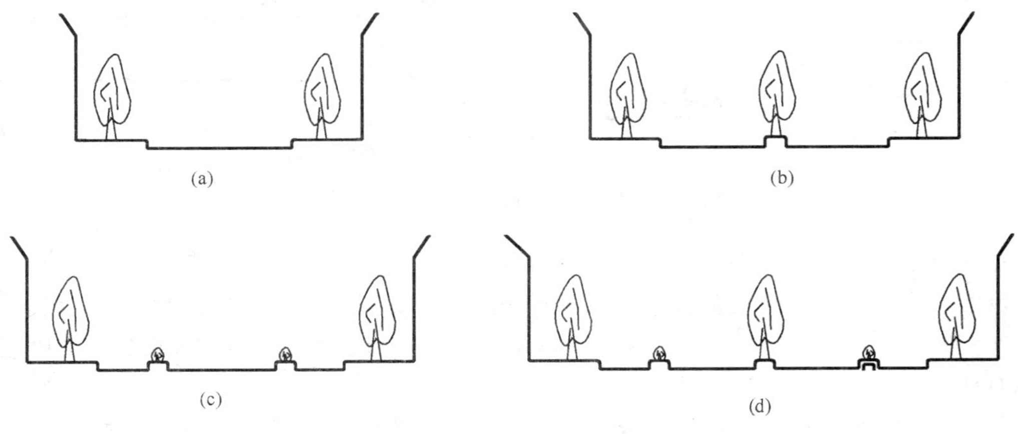

图 13－6　城市道路横断面示意图

2. 横断面图的内容

当道路分期修建、改建时，应在同一张图纸中表示出规划、设计和原有道路的横断面，并注明各道路中心线之间的位置关系。规划道路中心线应采用双点画线表示，在图中还应绘出车行道、人行道、绿化带、照明、新建或改建的地下管道等各组成部分的位置和宽度，以及排水方向、横坡等。

图 13－7 所示为某路段的横断面形式，道路宽 18m，其中车行道宽 10m，两侧人行道各

宽 4m。路面排水坡度为 1.5%，箭头表示流水方向。路面结构图采用 1:10 的详图表示方法，图中表示了车行道和人行道的具体做法。

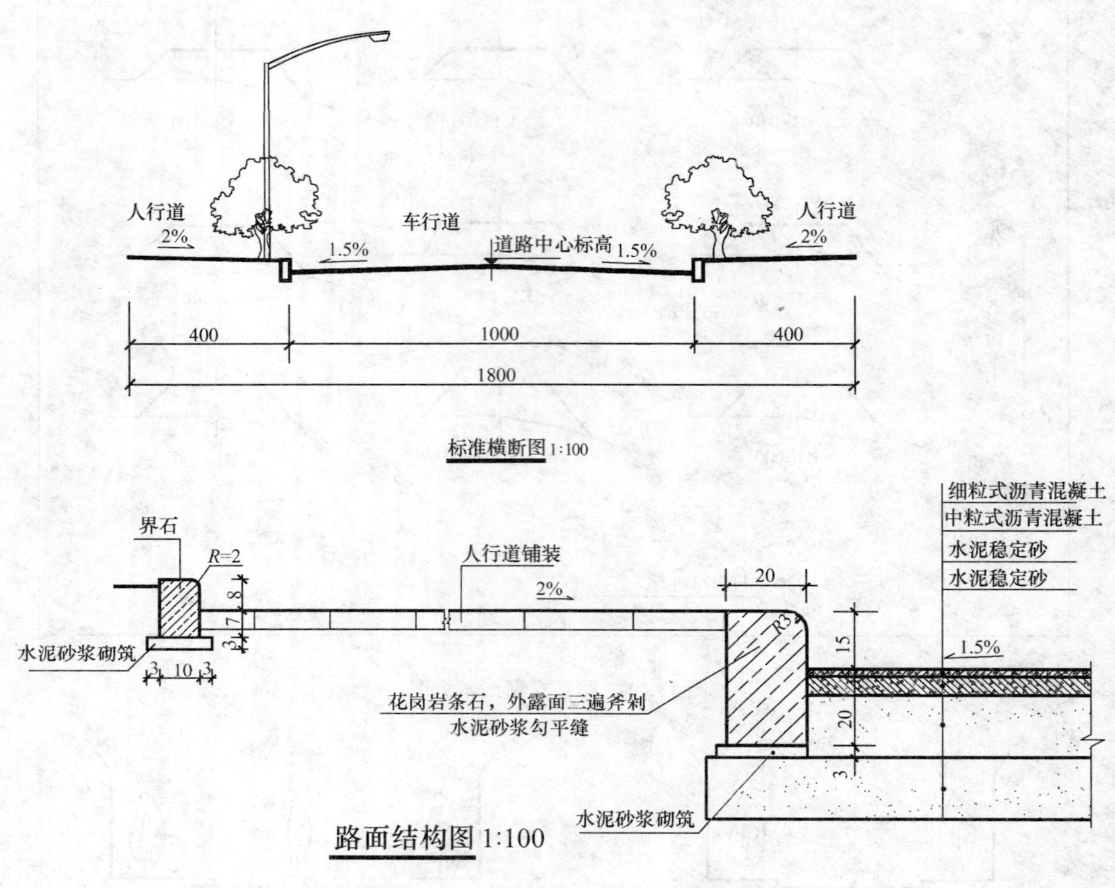

图 13－7　道路横断面图

13.1.2.2　路线平面图

城市道路平面图是用来表示城市道路方向、平面线型和车行道、人行道布置以及沿路两侧一定范围内的地形、地物情况。从中可以了解道路走向、占地面积以及修建该路段应拆除的原有地物情况。

图 13－8 所示为某段道路的改建平面设计图，比例为为 1:500；图中粗实线表示为该段道路的设计线，加粗的折线为建筑规划红线；道路转角处设置了 5m 宽的无障碍人行道。图中标注了各条车行道、人行道的宽度尺寸，标注了路口转弯处的圆弧半径。

十字路口中的虚线是规划 16 号线和 25 号线的分界线；十字路口的北侧有一条原有山东路，山东路的东侧有一个建筑物。

13.1.2.3　纵断面图

沿道路中心线所作的断面图为纵断面图，其作用和图示方法与公路纵断面图相同。不再赘述。

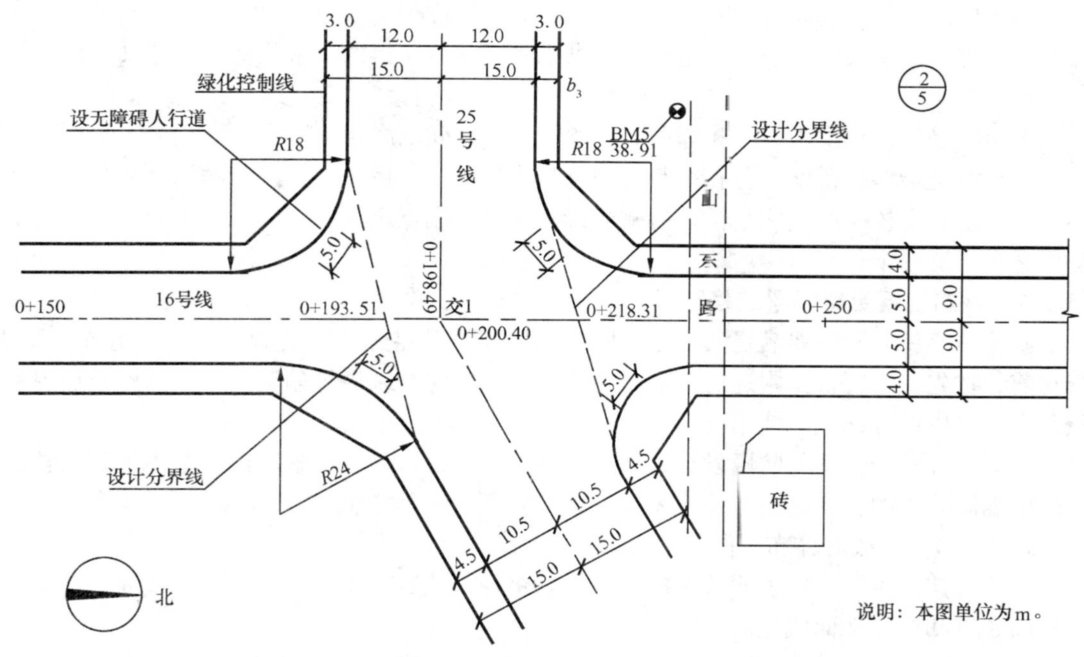

图 13－8　道路路线平面图

13.2　桥梁工程图

道路路线在跨越天然或人工障碍物时，就需要修筑桥梁。它一方面可以保证桥上的交通运行，又可以保证桥下渲泄流水，保障船只的通行或公路、铁路的运行。

13.2.1　桥梁的基本组成

如图 13－9 所示，桥梁主要是由桥跨结构、桥墩和桥台、附属构造物（护岸、导流结构物）等组成。

桥跨结构是在路线中断时，跨越障碍的主要承载结构，还习惯称之为桥的上部结构。

桥墩和桥台是支撑桥跨结构并将恒载和车辆等活载传至地基的建筑物，又称之为下部结构。

支座是在桥跨结构与桥墩和桥台的支撑处之间所设置的传力装置。

在路堤与桥台衔接处，一般还在桥台两侧设置石砌的锥形护坡，以保证迎水部分路堤边坡的稳定。

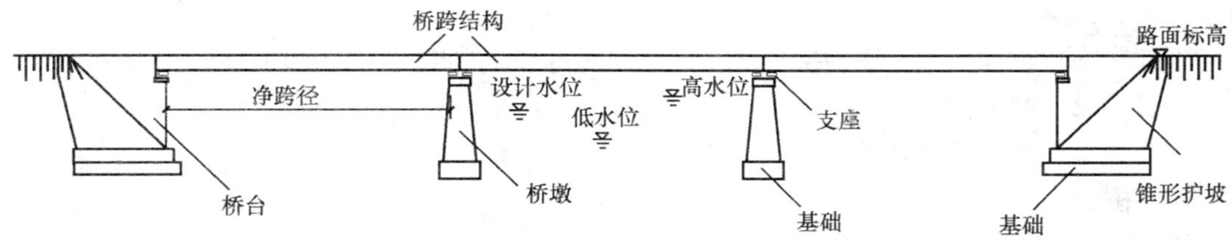

图 13－9　桥梁示意图

河流中的水位是变动的，在枯水季节的最低水位称为低水位，洪峰季节河流中的最高水位称为高水位，桥梁设计中按规定的设计洪水频率计算所得的高水位称为设计洪水位，简称设计水位。

净跨径是指设计洪水位上相邻两个桥墩（台）之间的净距。

总跨径是指多孔桥梁中各孔净跨径的总和，它反映了桥下渲泄洪水的能力。

桥梁全长是桥梁两端两个桥台的侧墙或八字墙后端点之间的长度。对于无桥台的桥梁为桥面系行车道的全长。

13.2.2 钢筋混凝土梁桥梁工程图

修建一座桥，不但要满足其使用上的要求，还要满足经济、美观、施工等方面的要求。修建前，首先要进行桥位附近的地形、地质、水文、建材来源等的调查，绘制出地形图和地质断面图，供设计和施工使用。

桥梁设计一般分两个阶段设计，第一阶段（初步设计）着重解决桥梁总体规划问题，第二阶段编制施工图。在这一节中主要介绍第二阶段：编制施工图。

13.2.2.1 桥梁总体布置图

桥梁总体布置图主要表明桥梁的形式、总跨径、孔数、桥道标高、桥面宽度、桥跨结构横断面布置和桥梁平面线型。

以图 13－10 所示的梁式桥为例，介绍桥梁总体布置图的内容和表达方法。

（1）立面图

在立面图中，反映出该桥全长为 58.42m，净跨径为 15m，总跨径为 45m，共 3 孔的梁式桥。桥台为重力式桥台，桥墩为桩柱式轻型桥墩。由于桩基础较长，故采用折断画法。由于立面图的比例较小，因此桥面铺垫层、人行道和栏杆均未表示出。

在工程图中，人们习惯假设没有填土或填土为透明体，因此埋在土里的基础和桥台部分，仍用实线表示，并且只画出结构物可以看见的部分，不可见的部分省略不画。

（2）平面图

此图也只画出可见部分，由于比例较小，桥栏杆也未表示，只表示出车行道和人行道的宽度，以及锥形护坡的一部分投影。

（3）侧面图

此图是由 1/2 1—1 剖面和 1/2 2—2 剖面拼成的一个侧面图，在工程图中常常采用这种表示法，并且为了表达清楚，该图的比例比平面图和立面图的比例放大一倍。

由图中可以看出桥梁的上部结构为 6 片 T 型梁组成，桥面宽为 10.50m，车行道宽为 7m，两侧的人行道宽各为 1.5m，即表示为净 $7.0+2\times1.5$（m）。由于 T 型梁断面面积较小，故采用涂黑的方式表示。

下部构造一半为桥台，一半为桥墩，且只画出可见部分，详细尺寸及构造均在构造详图中介绍。

13.2.2.2 施工图

施工图是对桥梁各部分构件进行详细的设计、计算，绘制的施工详图。

（1）桥台图

图 13－11 所示为桥台施工图，桥台由基础、前墙、侧墙和台帽组成。由于它的平面形式像“U”字形，所以称之为 U 形桥台；又因它的自重较大，又称之为重力式桥台。它的主要作用是支撑桥跨结构的主梁，并且靠它的自重和土压力来平衡由主梁传下来的压力，以防止倾覆。

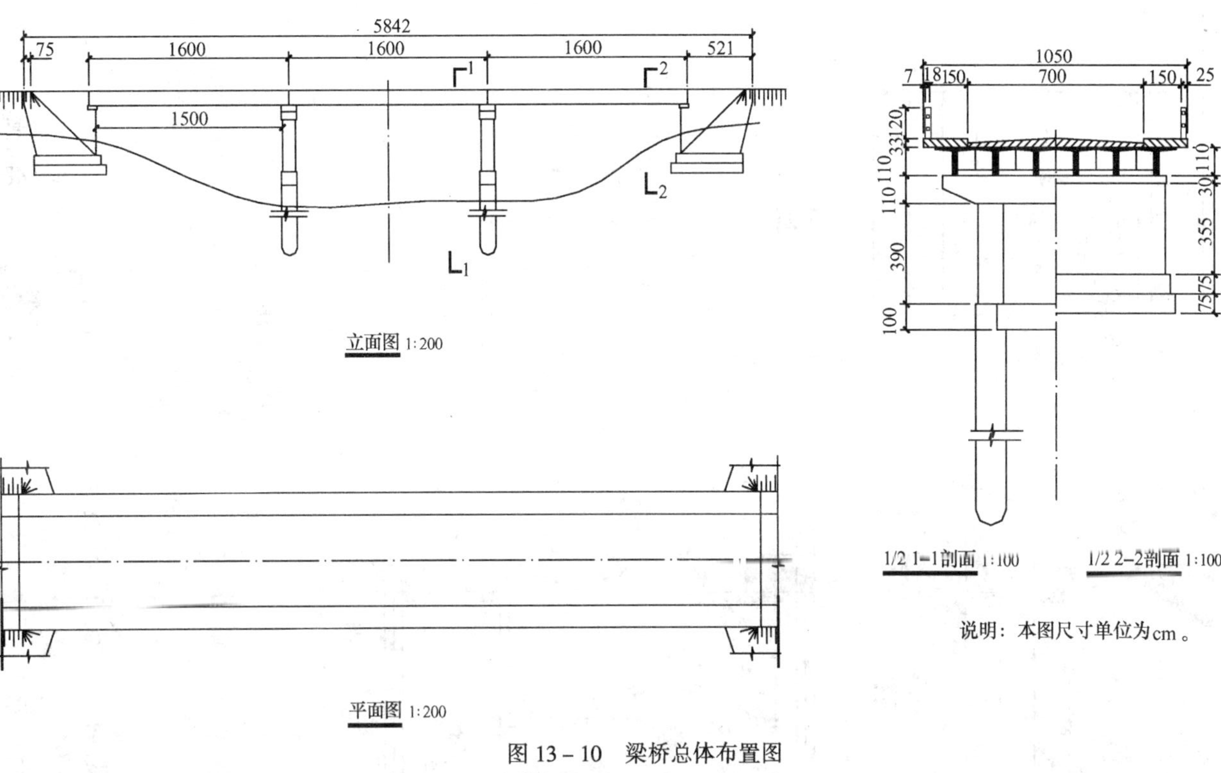

图 13-10 梁桥总体布置图

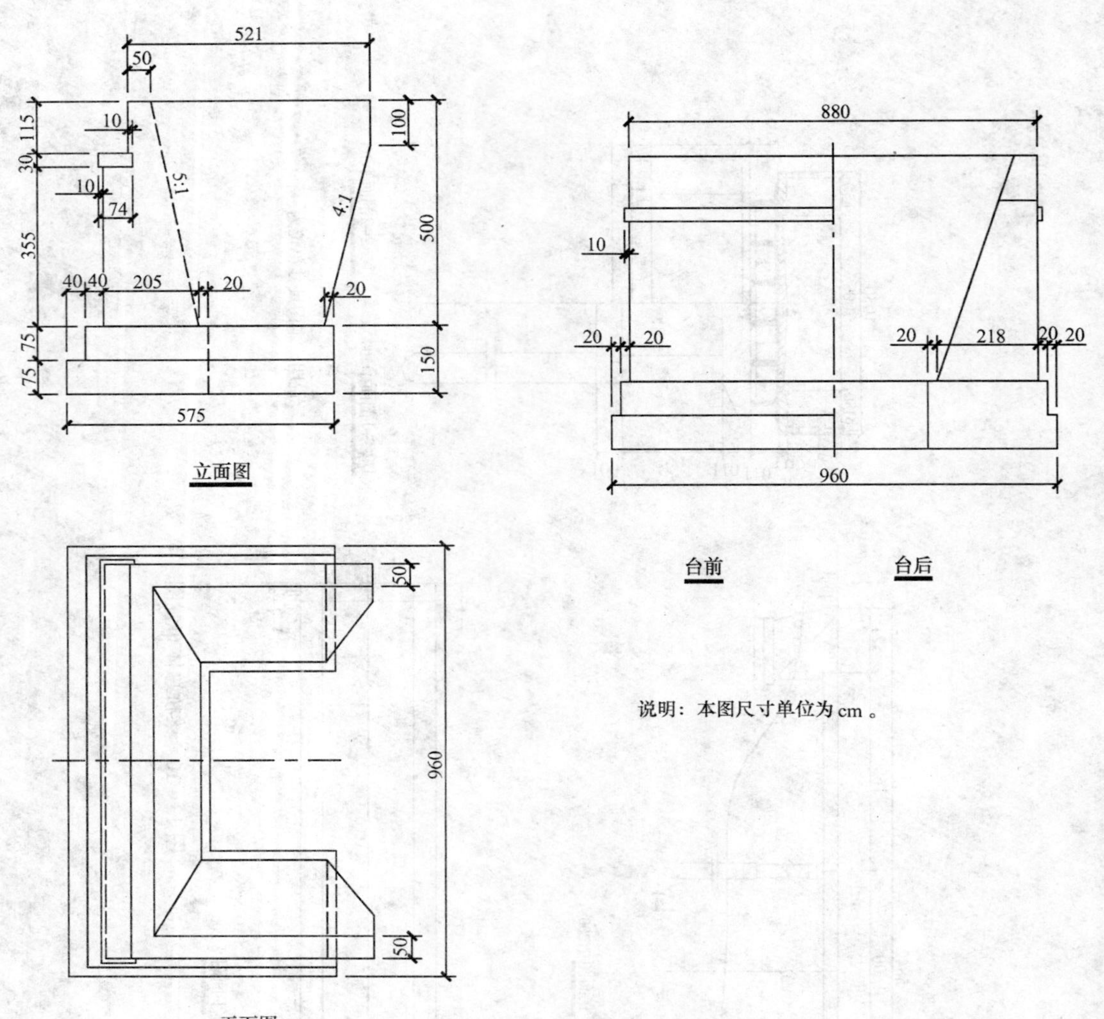

图 13－11　桥台施工图

侧面图是由 1/2 台前和 1/2 台后合成表示的。所谓台前，是指人站在桥下观看桥台，所得到的投影。所谓台后，是指人站在路堤上观看桥台，得到的投影，此图只画可以看到的部分。

桥台图是人们考虑没有填土情况下画出的。

(2）桥墩图

图 13－12 所示为钻孔桩双柱式桥墩的一般构造图，它是由墩帽（上盖梁）、双柱、联系梁和桩基础组成。由于构造简单，它只用立面图和侧面图表示，上盖梁长 900cm，高 110cm，宽 120cm；立柱直径为 D100cm，轴间距 520cm；联系梁高 100cm，宽 70cm；钻孔桩直径为 D120cm。

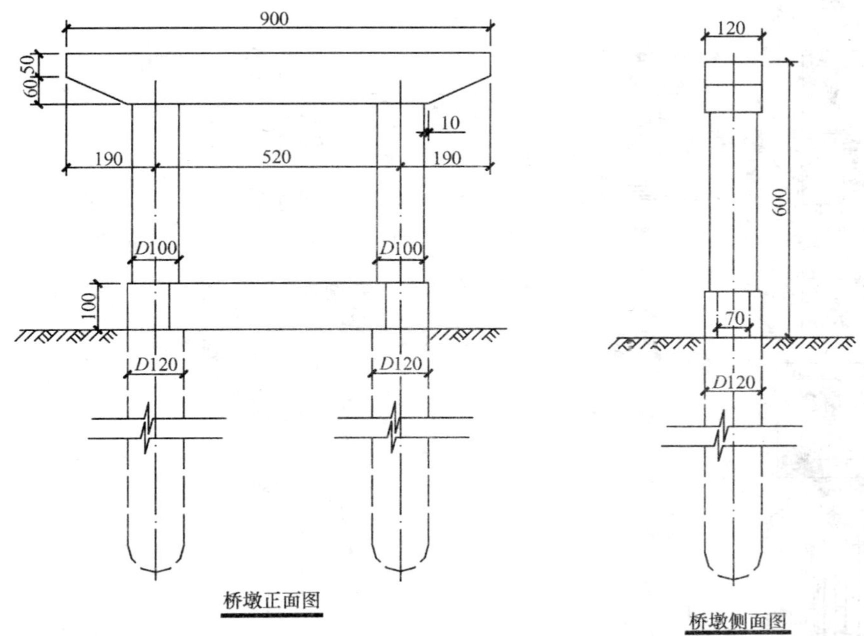

图 13－12　桥墩构造图

（3）主梁图（T 型梁梁肋钢筋布置图）

图 13－13 所示为主梁的断面图，T 型主梁是由梁肋、横隔板和翼板组成的。因为 T 型梁每根宽度较小，因此在使用中常常是几根并在一起，所以人们习惯上称两侧的 T 型梁为边主梁，中间的 T 型梁为中主梁。T 型梁之间主要是靠横隔板联系在一起，所以中主梁两侧均有横隔板，而边主梁只有一侧有横隔板。

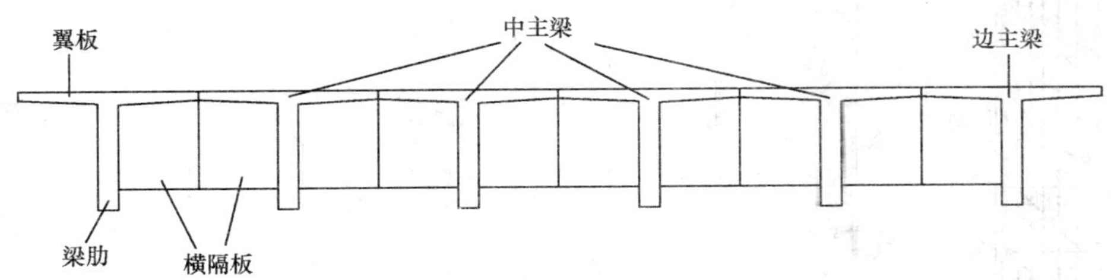

图 13－13　主梁断面示意图

图 13－14 所示为长 16m 的 T 型梁的梁肋骨架钢筋布置图，其中 1、2、3、5 为主筋（受力主筋），4 为架立钢筋，12、13 为箍筋，10 为分布钢筋，6、7、8、9 为受力钢筋。

跨中断面图清楚地反映出 1、2、3、5、10、4 的钢筋布置情况，在支点断面图中可以看到上、下均有 4 号钢筋出现，这是因为 4 号钢筋在支点处作回弯造成的。

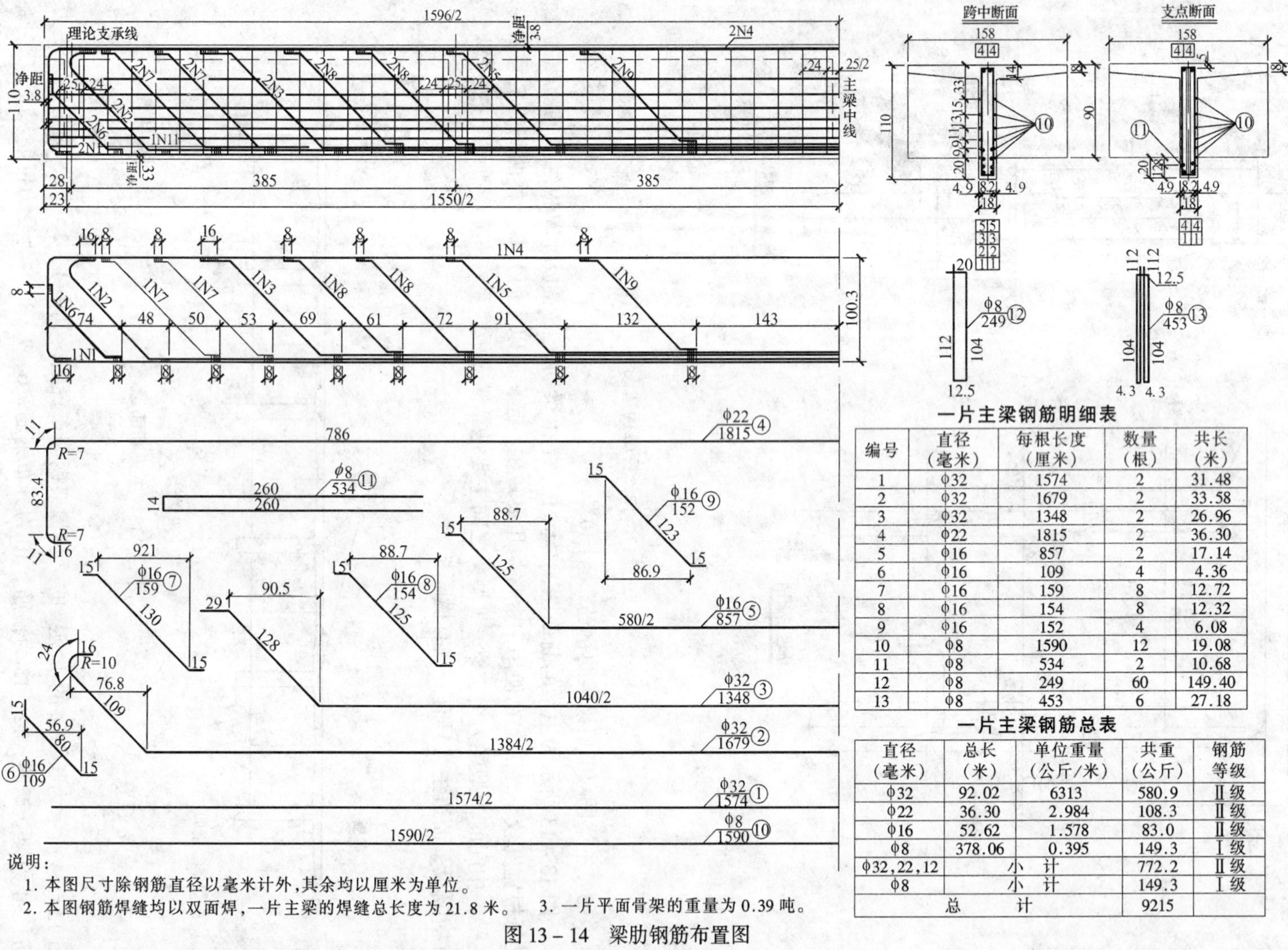

一片主梁钢筋明细表

编号	直径（毫米）	每根长度（厘米）	数量（根）	共长（米）
1	φ32	1574	2	31.48
2	φ32	1679	2	33.58
3	φ32	1348	2	26.96
4	φ22	1815	2	36.30
5	φ16	857	2	17.14
6	φ16	109	4	4.36
7	φ16	159	8	12.72
8	φ16	154	8	12.32
9	φ16	152	4	6.08
10	φ8	1590	12	19.08
11	φ8	534	2	10.68
12	φ8	249	60	149.40
13	φ8	453	6	27.18

一片主梁钢筋总表

直径（毫米）	总长（米）	单位重量（公斤/米）	共重（公斤）	钢筋等级
φ32	92.02	6313	580.9	Ⅱ级
φ22	36.30	2.984	108.3	Ⅱ级
φ16	52.62	1.578	83.0	Ⅱ级
φ8	378.06	0.395	149.3	Ⅰ级
φ32,22,12	小计		772.2	Ⅱ级
φ8	小计		149.3	Ⅰ级
总计			9215	

说明：

1. 本图尺寸除钢筋直径以毫米计外，其余均以厘米为单位。
2. 本图钢筋焊缝均以双面焊，一片主梁的焊缝总长度为 21.8 米。 3. 一片平面骨架的重量为 0.39 吨。

图 13－14　梁肋钢筋布置图

第 14 章　机　械　图

14.1　机械图的图示特点

在土木工程的设计、施工和养护过程中，经常会遇到各种机械设备的选型、安装和维修问题。因此，作为从事土木工程的技术人员，除了要掌握绘制和阅读土木工程图样的有关方法和技能外，还应了解有关机械图的基本知识。

表达机器和机件的图样称为机械图。机器是由若干部件和零件装配而成的。装配时，通常是先把零件组装成部件，然后再由部件和零件组装成整个机器。因此，机械图主要有零件图和装配图两种。机械图和土木工程图都是用正投影法获得形体的投影，但是由于二者所表达的对象不同，因此采用不同的制图标准。机械图采用《技术制图》和《机械制图》等国家标准。

下面将机械图常用的表达方法以及与土木工程图的区别说明如下：

14.1.1　材料图例、图线和剖面符号

在机械图中，粗实线为可见轮廓线，细虚线为不可见轮廓线。金属材料用 45°细实线表示，砖及固体材料则用 45°双细实线表示。

14.1.2　视图

14.1.2.1　基本视图

机械图中六个基本视图名称为主视图、俯视图、左视图、右视图、仰视图和后视图，视图名称写在图形的上方。六个基本视图的配置如图 14－1 所示，在机械图中，视图若按图 14－1配置，一般不写视图名称。

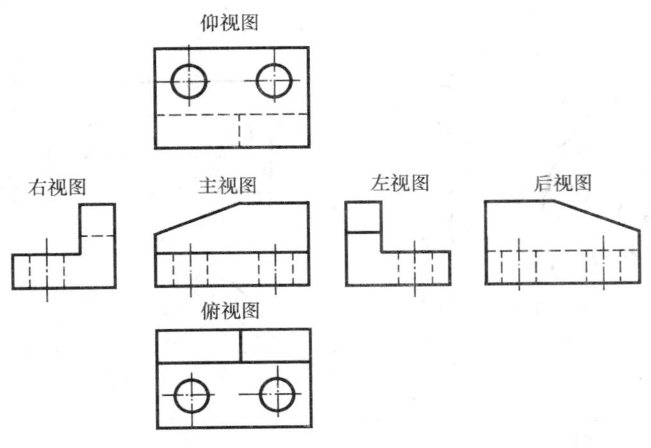

图 14－1　基本视图

14.1.2.2 斜视图

将机件的倾斜部分向不平行基本投影面的平面投射所得的视图称为斜视图，如图 14－2 中视图 A 所示。斜视图一般只表达倾斜部分的局部形状，其余部分不必全部画出，可用波浪线或双折线断开。必要时，允许将斜视图旋转配置，旋转符号的箭头表示旋转的方向，如图 14－2 所示。

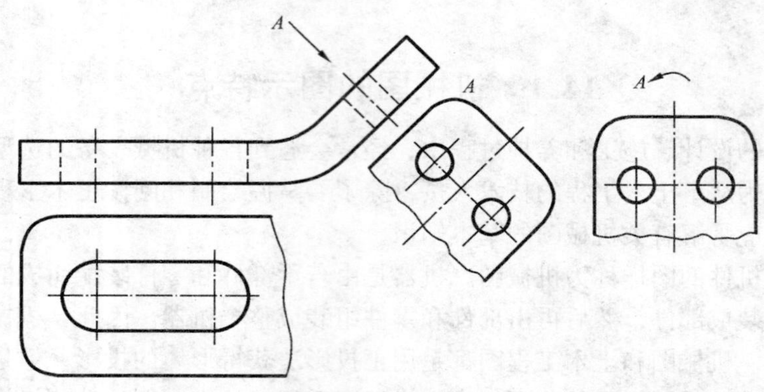

图 14－2 斜视图和局部视图

14.1.2.3 局部视图

将机件的某一部分向基本投影面投射所得的视图称为局部视图，图 14－2 中俯视图位置画出的为局部视图，它实际上是某一视图的一部分，其断裂处的边界线用波浪线或双折线表示，波浪线是细实线。

14.1.3 剖视图和断面图

14.1.3.1 剖视图

机械图中的剖视图相当于某些土建图中的剖面图。在剖切符号上用带箭头的细实线表示剖视的投射方向。剖切符号处的剖视图名称（字母或数字），不像土建制图那样一定要标注在投射方向线的端部，如图 14－3 所示。

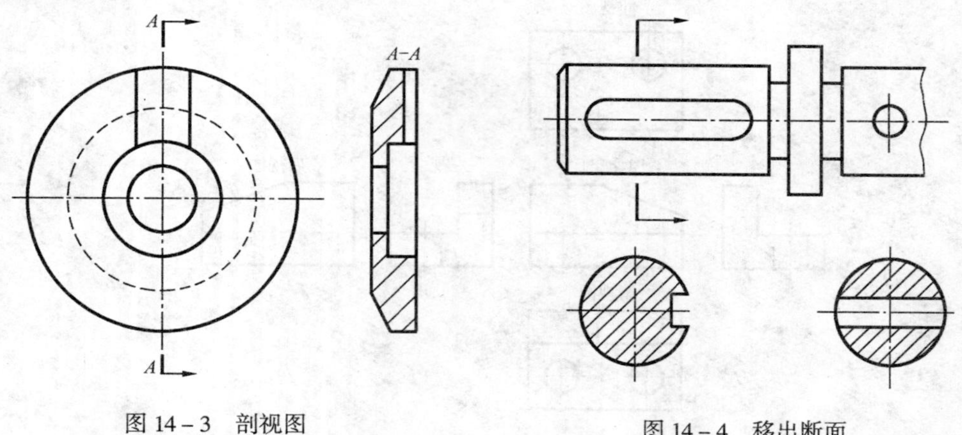

图 14－3 剖视图

图 14－4 移出断面

14.1.3.2 断面图

移出断面。当画在剖切位置线延长线上时，若图形不对称可省略字母，若图形对称时可省略标注，如图 14 – 4 所示。重合断面将断面与投影图重合画在一起，如图 14 – 5 所示。

14.1.4 简化画法

除建筑制图规定的一些简化画法外，机械图中还常用下列几种简化画法。

(1) 当图形不能充分表达平面时，可用如图 14 – 6 所示符号表示。

(2) 零件上对称结构的局部视图，可按图 14 – 7 所示方法绘制。

(3) 对于机件的肋、轮辐和薄壁等。如按纵向剖切，结构不画剖面符号，用粗实线将它们与其邻接部分分开。当回转体零件上均匀分布的肋、轮辐、孔等结构不处于剖切平面上时，可将这些结构旋转到剖切平面上画出。如图 14 – 8 所示。

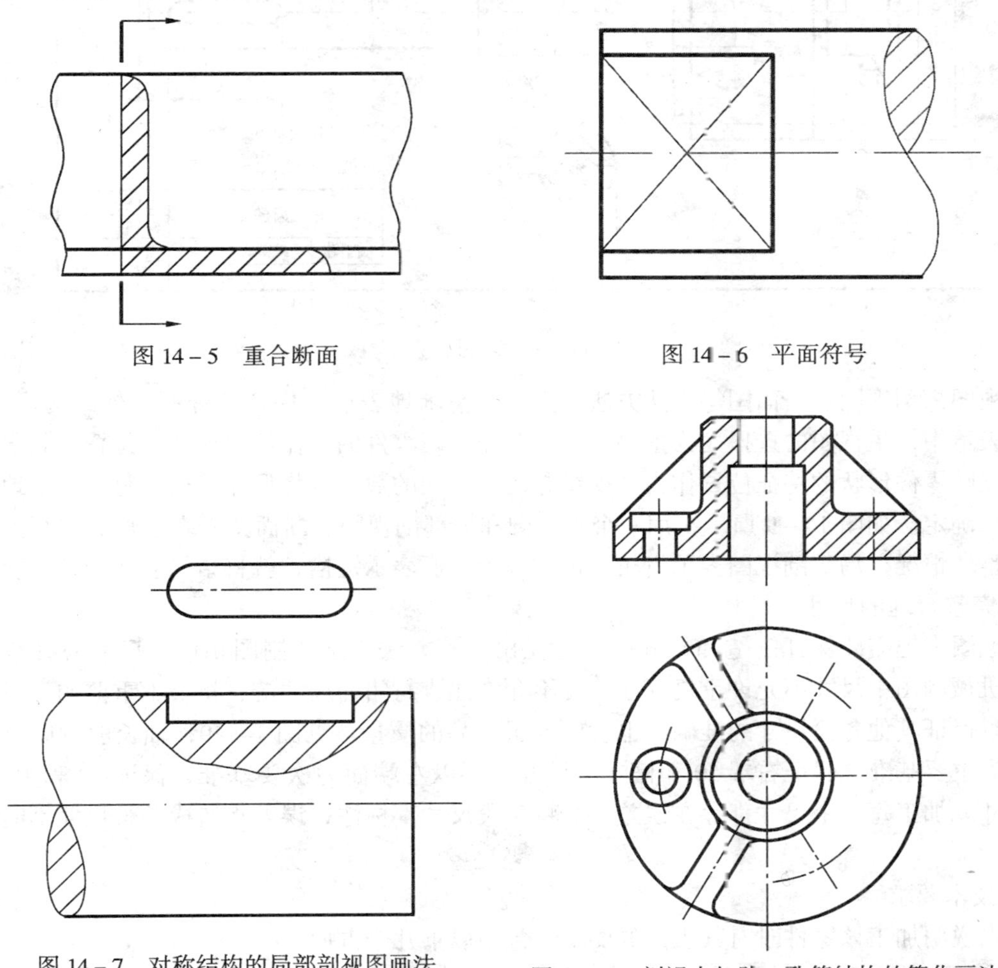

图 14 – 5 重合断面

图 14 – 6 平面符号

图 14 – 7 对称结构的局部剖视图画法

图 14 – 8 剖视中的肋、孔等结构的简化画法

14.2 机械图的表达方法

14.2.1 零件图的表达方法

图 14 – 9 是齿轮油泵主动轴的零件图，一张完整的零件图应具备制造和检验零件所必需的资料。因此，它应包括以下几个方面：

1. 一组图形

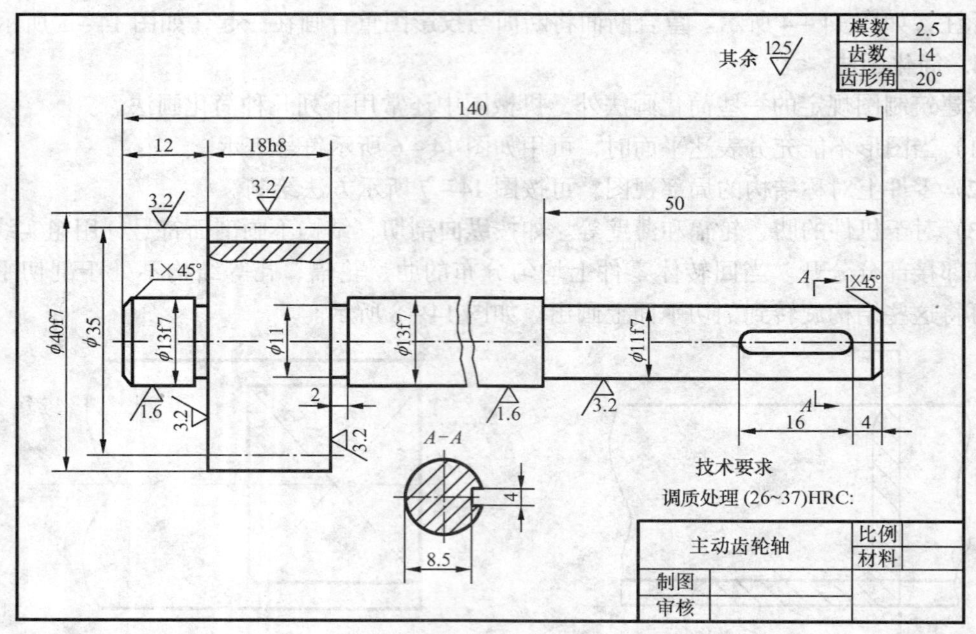

图 14－9　零件图

用视图、剖视图、断面图等表达方法，完整、清晰地表达零件各部分的内外结构形状。在视图表达中，主视图的选择尤为重要，一般首先考虑零件的工作位置或加工位置，其次选择最能反映零件形状的特征位置作为主视图方向。视图的数目以将形体结构完整、清晰地表达清楚来确定。如图 14－9 所示，用一个主视图和局部剖视图、断面图来表达轴。主视图表示轴的整体情况，局部剖视图表示齿轮，再加一个断面表示键槽，就将结构表达清楚了。

2. 完整合理的尺寸

机械图中把需要保证制造和检验的尺寸注出，其方法与土建制图相似，尺寸应齐全合理，但机械制图中尺寸不允许重复标注，且不允许注成封闭的尺寸链，将最不重要的一段不标注，以保证其他各段尺寸的准确，也就保证了产品的质量。见图 14－9，轴长度方向以右端面作为主要基准，保证右端 50 和槽 4 的尺寸，再以左端面为次要基准，保证 12 和 18 的加工尺寸。加工每一个尺寸都存在误差，若将各段尺寸都标注，误差将造成总长尺寸不能保证。

3. 技术要求

用来说明加工该零件时对其表面的要求，包括以下几个方面：

（1）表面粗糙度：零件表面经加工后遗留的痕迹。常用去除材料符号$\bigtriangledown\!\!/$和不去掉材料符号$\bigcirc\!\!\!/$表示加注表面粗糙高度值表示。粗糙度的数值越大，说明表面越粗糙，数值单位用 μm。例如图14－9中$\overset{3.2}{\bigtriangledown\!\!/}$比$\overset{1.6}{\bigtriangledown\!\!/}$要粗糙，其余未注表面粗糙度的在图右上角写出。

（2）公差：零件的尺寸在加工时允许的最大变动量称为尺寸公差，简称公差。如图 14－9 所示，有三个重要尺寸注上公差，$\phi 40f7$、$\phi 13f7$、$18h8$，它是由基本尺寸、基本偏差代号、标准公差等级表示的，根据机械制图标准中极限与配合的有关数值表，得 $\phi 40f7$ 的尺寸变动值为上偏

差 -0.025，下偏差为 -0.050，即表示尺寸允许在 $\phi39.950 \sim \phi39.975$ 之间变动。

同理，查表 $\phi13f7$ 的尺寸允许在 $\phi12.984 \sim \phi12.966$ 之间变动；$18h8$ 的尺寸允许在 $\phi18 \sim \phi17.922$ 之间变动。

（3）其他技术要求：集中写在标题栏上方适当位置，内容包括热处理及表面镀涂等要求，可参看有关资料。

4. 标题栏

在零件图右下角画出标题栏，写出零件的名称、数量、材料、图号及绘图比例等。

14.2.2 标准件和常用件的表达方法

螺栓、螺钉、齿轮、键、销等是机器中常用的零件。这些零件由于使用量大，其结构和尺寸都已全部或部分标准化，列在机械设计手册中，以便设计时选用。因此机械图中它们的表示方法往往采用简化画法，不必画出其真实形状。下面就介绍它们的画法。

14.2.2.1 螺纹

1. 螺纹的各要素

螺纹是零件上用来起连接传动作用的一种结构。在圆柱体外表面上形成的螺纹称为外螺纹。见图 14-10a；在圆柱孔内表面上形成的螺纹称为内螺纹，见图 14-10b。内外螺纹有大径和小径之分。螺纹凸起部分称为牙，不同的牙型用代号表示，常用普通螺纹牙型用 M 表示。

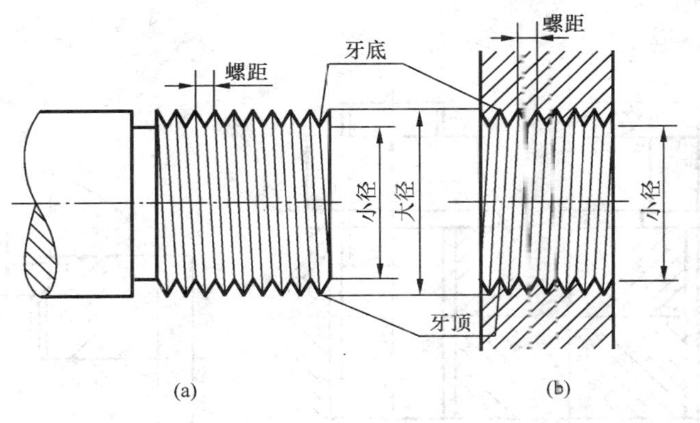

图 14-10 螺纹的各要素

2. 螺纹的画法

外螺纹画法规定用大径、小径、螺纹终止线表示，它使用的线型和画法，如图 14-11 所示。内螺纹及画法，常用剖视图表示，其画法如图 14-12 所示。

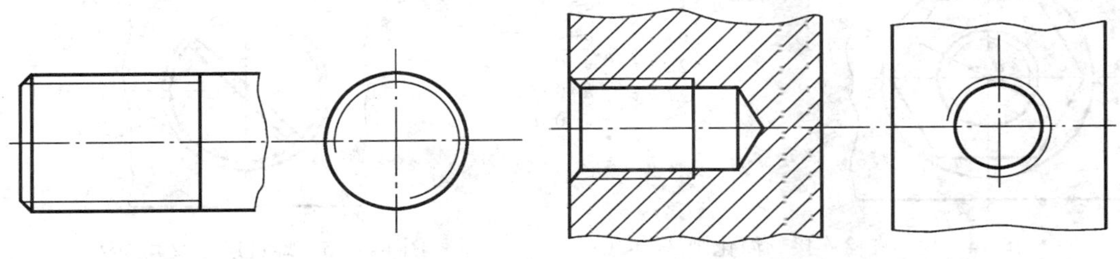

图 14-11 外螺纹的画法

图 14-12 内螺纹的画法

旋合的内外螺纹，旋合部分按外螺纹画出，其余部分按各自的画法画出。如图 14－13 所示。

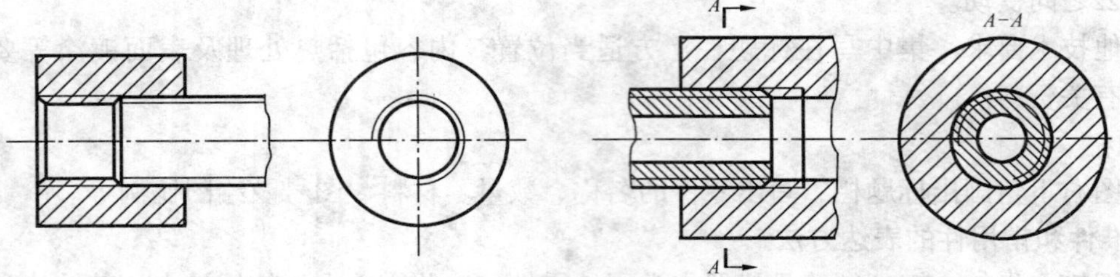

图 14－13　内外螺纹的旋合画法

14.2.2.2　螺纹紧固件

（1）螺栓连接

由螺栓、螺母和垫圈组成，用于连接两个不太厚的零件，如图 14－14 所示，为螺栓连接的简化画法。已知两个被连接件的厚度 δ_1、δ_2 和螺栓直径 d 后，根据各部分尺寸与螺栓直径 d 的比例关系，计算后即可画出。在剖视图中，标准件按未剖切绘制。

（2）螺钉连接

如图 14－15 所示，为沉头螺钉简化画法。

14.2.2.3　齿轮

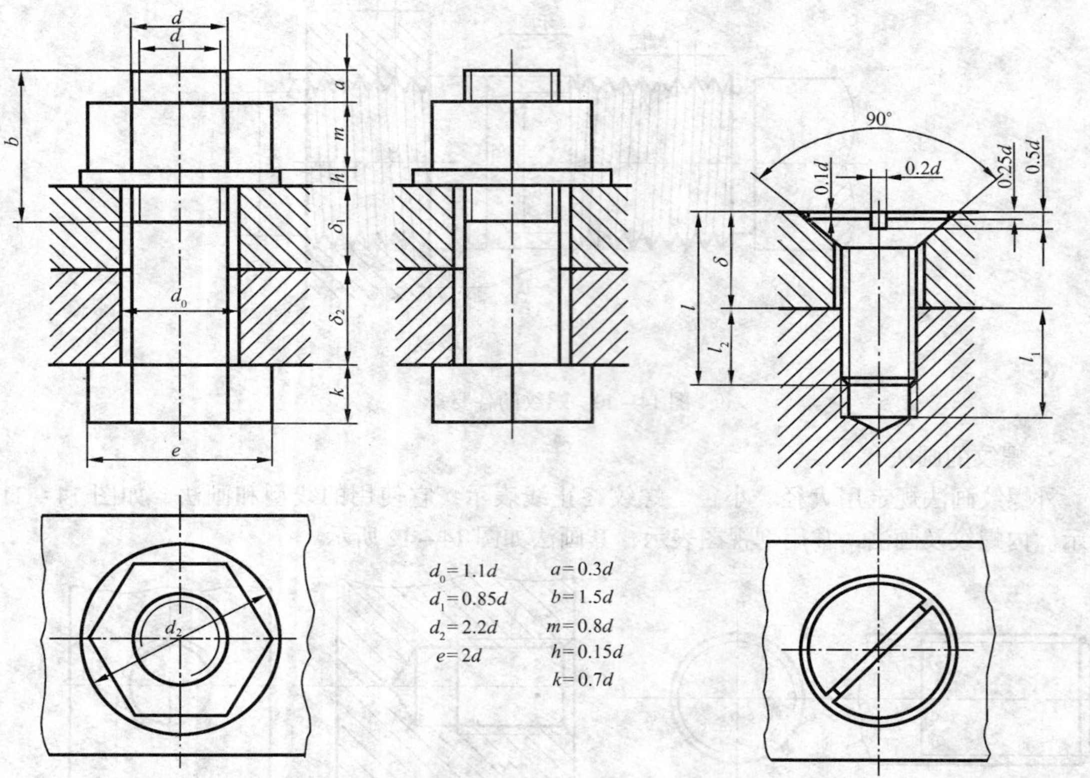

图 14－14　螺栓连接的简化画法　　　图 14－15　螺钉连接及其画法

（1）齿轮简介

齿轮是机器中常用的传动零件，它能将主动轴的运动和动力传递给从动轮，并有变速、换向的作用。齿轮的种类较多，圆柱齿轮常用于平行两轴之间的传动，锥齿轮用于相交两轴之间的传动，蜗杆与蜗轮用于交叉两轴之间的传动。这里仅就渐开线直齿圆柱齿轮作介绍。图 14－16 为两圆柱齿轮啮合情况。以两齿轮中心 O_1 和 O_2 为圆心，过中心连线 O_1O_2 上啮合点 C 所作的两个圆称为节圆。对标准齿轮来说，齿厚与槽宽相等的那个圆称为分度圆。

在两个标准齿轮正确啮合时，节圆与分度圆重合。齿距是分度圆上相邻两齿对应点之间的弧长，它等于分度圆上槽宽和齿厚弧长之和。设分度圆直径为 d，齿距为 p，齿数为 z，则分度圆周长 $\pi d = zp$。令 $p/\pi = m$，$d = mz$，m 为齿轮模数，它等于齿距 p 与 π 的比值。因为两啮合齿轮的齿距应相等，所以它们的模数必须相等。

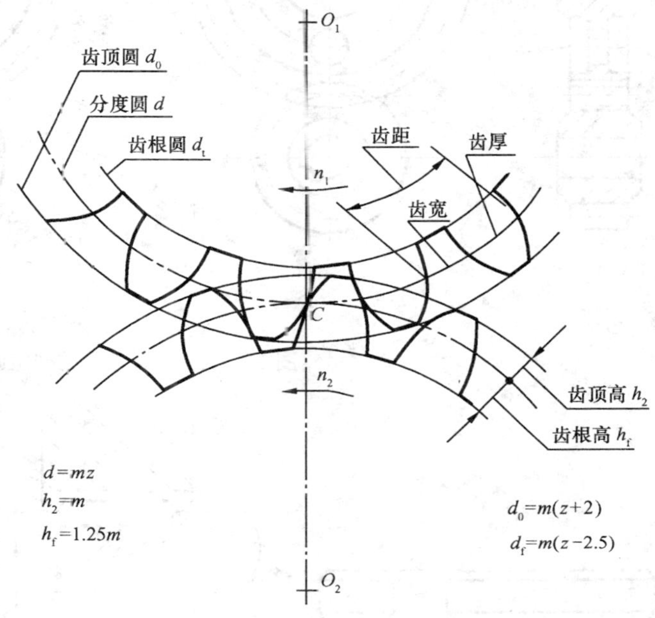

图 14－16 啮合的圆柱齿轮

(2) 圆柱齿轮的规定画法

单个齿轮的规定画法，见图 14－17。

啮合齿轮的规定画法，见图 14－18。

14.2.2.4 键

用来连接轴和装在轴上的传动零件，使轴与转动零件之间没有相对运动，起传递扭矩的作用。图 14－19 为常用的普通平键视图。在装配图中键底面与轴之间没有间隙，而键顶面与轮毂之间留有间隙，如图 14－20 所示。

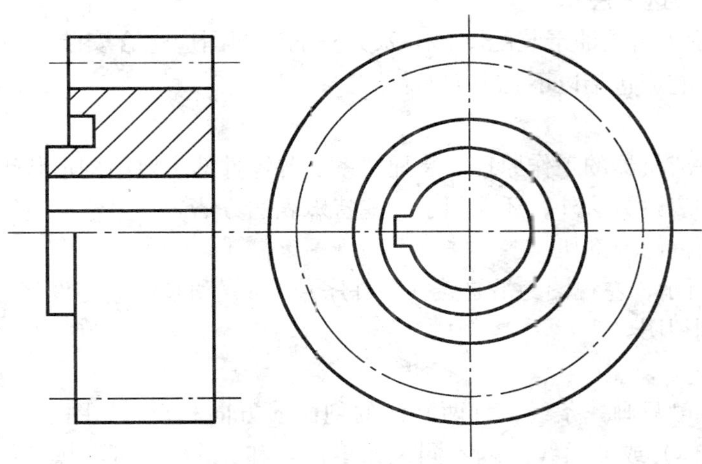

图 14－17 单个齿轮的规定画法

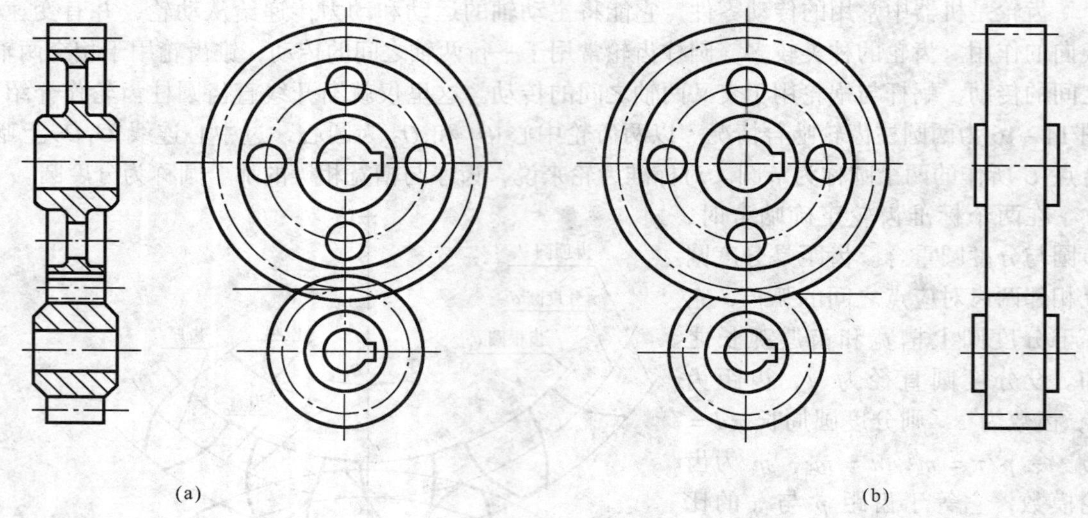

图 14-18　啮合齿轮的规定画法

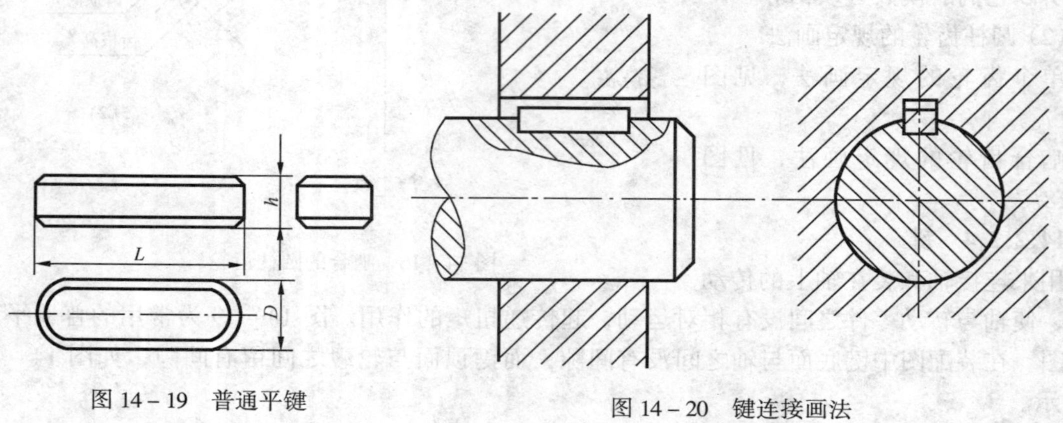

图 14-19　普通平键

图 14-20　键连接画法

14.2.3　装配图的表达方法

图 14-21 所示为齿轮油泵装配图，一张完整的装配图应包含安装、检验和使用时所必需的资料。因此，它应包括以下几个方面：

1. 一组图形

用来表达部件或机器的工作原理、装配关系、各零件的主要结构形状等。其表达方法除前面所学过的各种表达方法外，还采用了一些特殊表达方法。

（1）沿结合面拆卸或剖切

如图 14-21 所示，左视图为沿泵盖（零件序号为 1）和泵体（零件序号为 4）的结合面剖切后画出的半剖视图。

（2）规定画法

相邻两零件接触只画一条线，且两断面的剖面线方向相反，如图 14-21 中零件 1（泵盖）和零件 4（泵体）或剖面线间隔不同，如零件 4 和 5；窄面可涂黑，如零件 3（垫片）；紧固件及实心件按不剖处理，如零件 6（轴）及零件 8（键）。

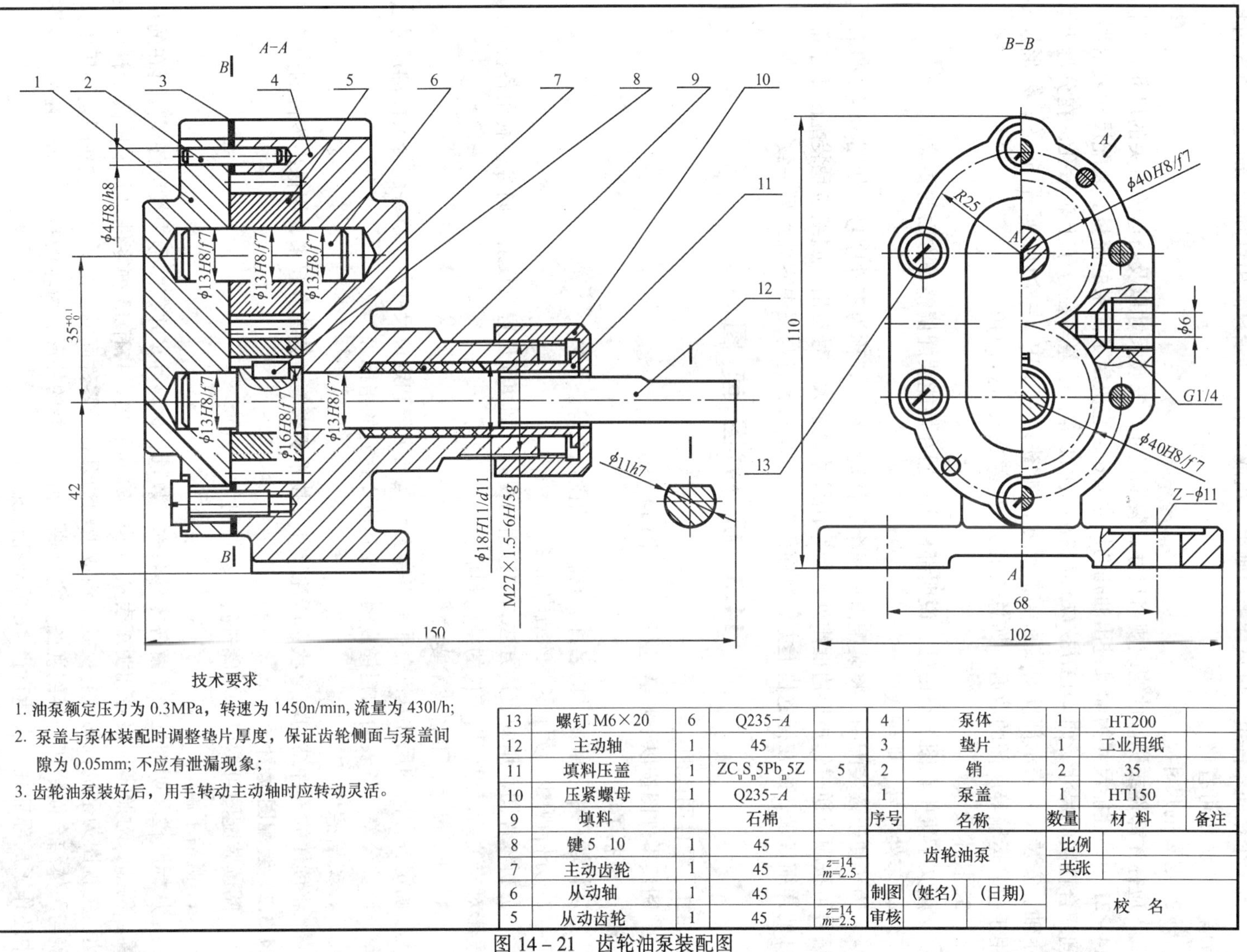

技术要求

1. 油泵额定压力为 0.3MPa，转速为 1450n/min, 流量为 430l/h;
2. 泵盖与泵体装配时调整垫片厚度，保证齿轮侧面与泵盖间隙为 0.05mm; 不应有泄漏现象;
3. 齿轮油泵装好后，用手转动主动轴时应转动灵活。

序号	名称	数量	材料	备注
13	螺钉 M6×20	6	Q235−A	
12	主动轴	1	45	
11	填料压盖	1	$ZC_uS_n5Pb_n5Z$	5
10	压紧螺母	1	Q235−A	
9	填料		石棉	
8	键 5 10	1	45	
7	主动齿轮	1	45	$z=14$ $m=2.5$
6	从动轴	1	45	
5	从动齿轮	1	45	$z=14$ $m=2.5$
4	泵体	1	HT200	
3	垫片	1	工业用纸	
2	销	2	35	
1	泵盖	1	HT150	

齿轮油泵		比例	
		共张	
制图	(姓名)	(日期)	校 名
审核			

图 14－21 齿轮油泵装配图

(3) 简化画法

若干个相同零件组，可只详细地画出一组或几组，其余只需用点画线表示位置。零件的倒角、小圆角可省略。

2. 必要的尺寸

应标注部件或机器性能或规格尺寸、装配尺寸、安装尺寸以及与运输有关的尺寸。在图14－21中，性能尺寸为油泵进出油孔的尺寸 $\Phi6$，它决定了油泵的流量。装配尺寸表示零件间配合性质的尺寸，如 $\Phi13H8/f7$，$\Phi18H11/d11$ 等，公差写在分子上表示孔，在分母上表示轴。安装尺寸表示部件安装所需的尺寸，如图14－21中2－$\Phi11$、间距68等；外形尺寸用于包装运输等所需的数据，如总长150、总宽102、总高110。

3. 技术要求

用文字集中在图纸空白处，说明部件或机器在性能装配调整等方面的要求。

4. 零件序号、明细表

为了便于读装配图，将装配图中每个零件进行编号，称为零件序号，如图14－21所示。编号可按顺或逆时针矩形边框排列。数字比尺寸数字大一号写出。明细表是装配图中全部零件的详细目录，画在标题栏上方，顺序由下向上填写，且与图中零件编号一致。

14.3 机 械 图 读 图

14.3.1 零件图读图

阅读零件图按以下步骤进行（参考图14－9）

1. 概括了解

从标题栏中了解零件的名称、材料、绘图比例等。

2. 分析视图、读懂零件的结构和形状

分析零件图采用的表达方法，如选用的视图、剖切面位置及投射方向等，利用各视图的投影对应关系，想像出零件的结构和形状。

3. 分析尺寸、了解技术要求

确定各方向的尺寸基准，了解各部分结构的定形和定位尺寸；了解各配合表面的尺寸公差、形位公差、各表面的粗糙度要求及其他要达到的指标等。

4. 综合想像

将读懂的零件结构、形状、所注尺寸及技术要求等内容综合起来，想像出零件的全貌。

14.3.2 装配图读图

阅读装配图可按以下步骤进行（参考图14－21）

1. 概括了解

从标题栏和明细栏中了解各零件名称、数量、材料等，并在图形中找出各零件所在的位置。例如，对照零件序号和明细表从图14－21可看出，共有13种零件，并采用两个视图表达。主视图为全剖视图，它反映了组成齿轴油泵各个零件间的装配关系。左视图是采用沿泵盖与泵体结合面剖切的半剖视图，它反映了齿轮油泵的外形、齿轮的啮合情况。在半剖视图中还作了局部剖视，表达直径 $\phi6$ 的油孔情况。

2. 了解各部件的工作原理及作用

泵体4是齿轮油泵中的主要零件之一，它的空腔内可容纳一对吸油和压油的齿轮，将一对带轴的齿轮 5、7 装入泵体后，用螺钉 13 将泵盖和泵体连接成整体。为了防止齿轮轴 12 伸出端漏油，分别用填料 9、填料压盖 11 及压紧螺母 10 密封。

3. 了解各零件装配尺寸

图 13－21 中齿轮油泵配合尺寸有压紧螺母与泵体的 $M27\times1.5-6H/5g$，填料压盖与泵体的 $\phi18H11/d11$ 主动轴与泵体的 $\phi13H8/f7$，主动轴与主动齿轮的 $\phi16H8/H7$，主动轴与泵盖的 $\phi13H8/f7$，从动轴与从动齿轮的泵体、泵盖的 $\phi13H8/f7$，销与泵体、泵盖的 $\phi4H8/h8$，齿轮与泵体的 $\phi40H8/f7$。另外，还有性能尺寸、外形尺寸、安装尺寸等就不一一介绍了。

4. 综合归纳

经过以上各步骤的分析，对整个部件齿轮油泵的工作原理、装配关系、安装方法等就有了较全面的了解。

附录　总平面图的图例

序号	名　　称	图　　例	附　　注
1	新建建筑物		1. 需要时，可用▲表示出入口，可在图形内右上角用点数或数字表示层数 2. 建筑物外形（一般以±0.00高度处的外墙定位轴线或外墙面线为准）用粗实线表示。需要时，地面以上建筑物图中用粗实线表示，地面以下建筑用细虚线表示
2	原有建筑物		用细实线表示
3	计划扩建的预留地或建筑物		用中粗虚线表示
4	拆除的建筑物		用细实线表示
5	建筑物下面的通道		
6	散状材料露天堆场		需要时可注明材料名称
7	其他材料露天堆场或露天作业场		
8	铺砌场地		
9	敞棚或敞廊		
10	高架式料仓	或	
11	漏斗式储仓		左、右图为底卸式，中图为侧卸式
12	冷却塔（池）		应注明冷却塔或冷却池

续表

序号	名　称	图　例	附　注
13	水塔、贮罐		左图为水塔或立式贮罐，右图为卧式贮罐
14	水池、坑槽		也可以不涂黑
15	烟囱		实线为烟囱下部直径，虚线为基础，必要时可注写烟囱高度和上、下口直径
16	围墙及大门	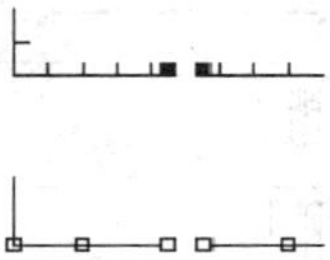	上图为实体性质的围墙，下图为通透性质的围墙，若仅表示围墙时不画大门
17	挡土墙		被挡土在“突出”的一侧
18	挡土墙上设围墙		
19	台阶	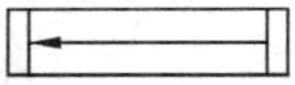	箭头指向表示向下
20	露天桥式起重机	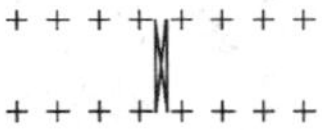	“+”为柱子位置
21	露天电动葫芦	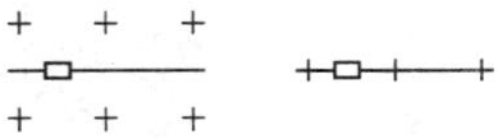	“+”为支架位置
22	门式起重机		左图表示有外伸臂，右图表示无外伸臂
23	架空索道		“I”为支架位置
24	斜坡卷扬机道		
25	斜坡栈桥、皮带廊等	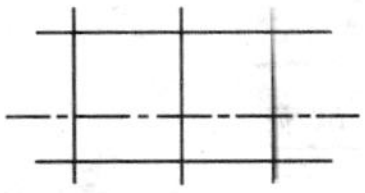	细实线表示支架中心线位置
26	坐标	X105.00 / Y425.00　　A105.00 / B425.00	左图表示测量坐标，右图表示建筑坐标

续表

序号	名　称	图　例	附　注
27	方格网交叉点标高	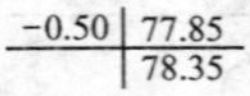 −0.50 | 77.85 / 78.35	“78.35”为原地面标高 “77.85”为设计标高 “−0.50”为施工高度 “−”表示挖方（“+”表示填方）
28	填方区、挖方区、未整平区及零点线	+ − 　 + −	“+”表示填方区，“−”表示挖方区，中间为未整平区，点画线为零点线
29	填挖边坡	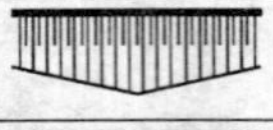	1. 边坡较长时，可在一端或两端局部表示 2. 下边线为虚线时表示填方
30	护坡	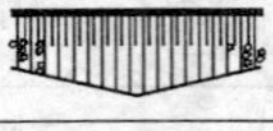	
31	分水脊线与谷线		左图表示脊线，右图表示谷线
32	排水明沟	 107.50 1 40.00 　 107.50 1 40.00	1. 左图用于比例较大的图面，右图用于比例较小的图面 2.“1”表示1%的沟底纵向坡度，“40.00”表示变坡点间距离，箭头表示水流方向 3.“107.50”表示沟底标高
33	铺砌的排水明沟	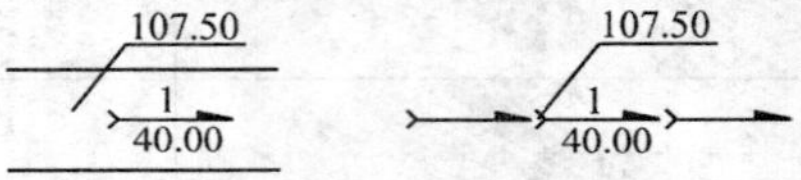 107.50 1 40.00 　 107.50 1 40.00	
34	有盖的排水明沟	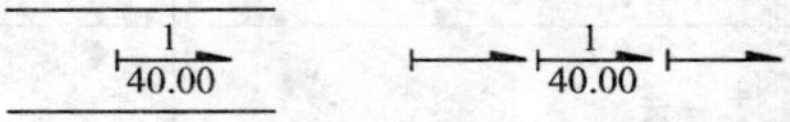 1 40.00 　 1 40.00	1. 左图用于比例较大的图面，右图用于比例较小的图面 2.“1”表示1%的沟底纵向坡度，“40.00”表示变坡点间距离，箭头表示水流方向
35	雨水口		
36	急流槽		箭头表示水流方向
37	跌水	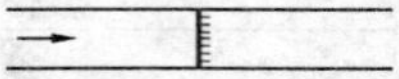	
38	室内标高	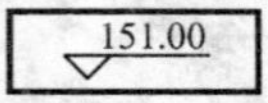 151.00	
39	室外标高	143.00 　 143.00	室外标高也可以采用等高线表示
40	新建的道路	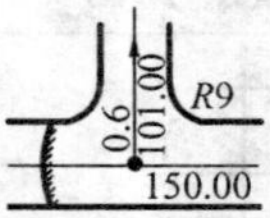 101.00 0.6 R9 150.00	“$R9$”表示道路转弯半径为9m，“150.00”为路面中心控制点标高，“0.6”表示0.6%的纵向坡度，“101.00”表示变坡点间距
41	原有道路		
42	计划扩建的道路		

续表

序号	名　　称	图　　例	附　　注
43	拆除的道路		
44	人行道		
45	三面坡式缘石坡道		
46	桥梁		1. 上图为公路桥，下图为铁路桥 2. 用于旱桥时应注明
47	落叶针叶树		
48	常绿阔叶灌木		
49	草坪		
50	花坛		
51	绿篱		
52	落叶阔叶乔木		
53	花卉		
54	植草砖铺地		

参 考 文 献

[1] 丁宇明，黄水生 主编 . 土建工程制图 . 北京：高等教育出版社，2004
[2] 罗有才 .AutoCAD 在《建筑制图》教学中的应用 . 闽西职业大学学报 .2001（3）：91 ~ 92
[3] 赵景伟，魏秀婷，张晓玮 编著 . 建筑制图与阴影透视 . 北京：北京航空航天大学出版社，2005
[4] GB/T 50001—2001 房屋建筑制图统一标准 . 北京：中国计划出版社，2002
[5] GB/T 50103—2001 总图制图标准 . 北京：中国计划出版社，2002
[6] GB/T 50104—2001 建筑制图标准 . 北京：中国计划出版社，2002
[7] GB/T 50106—2001 给水排水制图标准 . 北京：中国计划出版社，2002
[8] GB/T 50114—2001 暖通空调制图标准 . 北京：中国计划出版社，2002
[9] GB/T 50105—2001 建筑结构制图标准 . 北京：中国计划出版社，2002
[10] 朱育万等编著 . 画法几何及土木工程制图 . 第三版 . 北京：高等教育出版社，2005
[11] 何斌等编著 . 建筑制图 . 第五版 . 北京：高等教育出版社，2005
[12] 文佩芳，施林祥，雷光明，陆国栋主编 . 土建图学教程 . 北京：高等教育出版社，2004
[13] 张凤梅，李西琴 . 制图标准的发展及展望 . 标准化报道 .1998（1）：40 ~ 42
[14] 李必喻主编 . 房屋建筑学 . 武汉：武汉工业大学出版社，2000
[15] 03G101—1 混凝土结构施工图平面整体表示方法制图规则和构造详图 . 中国建筑标准设计研究院 . 2003.2.15